高职高专“十二五”规划教材

冷冲压工艺与模具设计

LENGCHONGYA GONGYI YU MUJU SHEJI

主 编 潘祖聪 王桂英 **主 审** 余承辉

上海科学技术出版社

图书在版编目(CIP)数据

冷冲压工艺与模具设计 / 潘祖聪,王桂英主编. —上海:
上海科学技术出版社,2011.7(2014.6 重印)
高职高专“十二五”规划教材
ISBN 978-7-5478-0764-4

Ⅰ.①冷… Ⅱ.①潘…②王… Ⅲ.①冷冲压—工艺—
高等职业教育—教材②冷冲模—设计—高等职业教育—教材
Ⅳ.①TG386②TG385.2

中国版本图书馆 CIP 数据核字(2011)第 055343 号

冷冲压工艺与模具设计
主编/潘祖聪 王桂英

上海世纪出版股份有限公司
上 海 科 学 技 术 出 版 社 出版
(上海钦州南路 71 号 邮政编码 200235)
上海世纪出版股份有限公司发行中心发行
200001 上海福建中路 193 号 www.ewen.cc
常熟市兴达印刷有限公司印刷
开本 787×1092 1/16 印张 19
字数:425 千字
2011 年 7 月第 1 版 2014 年 6 月第 3 次印刷
ISBN 978-7-5478-0764-4/TG·34
定价:39.50 元

本书如有缺页、错装或坏损等严重质量问题,
请向工厂联系调换

内容提要

Synopsis

本书是根据全国高等职业技术院校对技术应用型人才的专业技术应用能力的培养要求，按照高职高专模具设计和制造专业的基本要求，采用较为新颖实用的观点，对原有的教学体系和内容进行重组和优化，以项目为导向，结合编者多年来从事专业教学和生产实践的经验编写而成。

本书以通俗易懂的文字和丰富的图表，内容由浅入深，以案例引出任务式教学。全书共8个项目，主要内容有：冷冲压概述；垫片冲裁工艺及模具设计；压板弯曲工艺及模具设计；拉深工艺及模具设计；限速环成形工艺及模具设计；阶梯轴冷挤压工艺及模具设计；冷冲压模具的寿命、材料、安全措施及设计步骤；模具报价等。

本书可作为高职高专院校模具专业的教材，也可供从事模具专业的工程技术人员参考使用。

配套电子课件下载说明

本书按其主要内容编制了各项目课件，在上海科学技术出版社网站公布，欢迎读者登录 www. sstp. cn/pebooks/download/下载。

作者名单

Authors

主　编　潘祖聪　王桂英

副主编　赵华新　贾全义　郝彦琴

参　编　俞　蓓　王贤才　温莉敏　成良平
阚海涛　何　芳　贾　芸　王贤虎

主　审　余承辉

前　言
Preface

本书根据教育部《高职高专教育专门课程基本要求》和《高职高专专业人才培养目标及规格》的要求，从高等职业技术教育的教学特点出发，依据从事冷冲模设计与制造的工程技术应用型人才的实际要求，在总结近几年各院校模具专业教学改革经验的基础上，结合编者多年来的冷冲压模具教学和实践编写而成。

本书按70～90学时编写，可作为高等职业技术院校机械制造、模具设计、数控加工和机电一体化等专业的教学用书，也可供从事机械制造、模具设计、数控加工和机电一体化等工作的工程技术人员参考使用，亦可供成人教育院校机械相关专业使用。

教材具有以下特点：

1. 理论以"必需、够用"为度，突出应用性；通俗易懂，着眼于解决现场实际问题，具有较强的实用性；融合了相关专业知识于一体，突出综合素质的培养，强调综合性。

2. 以能力为本位，加强实践环节，体现"教、学、做"合一的职教特色，突出职业技能和实际可操作性。

3. 将项目教学法与任务驱动教学法两者结合起来进行整合课程开发，设计"项目"和"任务"，以达到两种教学法整合使用培养学生综合职业能力的目标。

本书由安徽水利水电职业技术学院潘祖聪和安徽机电职业技术学院王桂英担任主编，安徽水利水电职业技术学院赵华新、淮南联合大学贾全义及怀化职业技术学院郝彦琴担任副主编，安徽水利水电职业技术学院余承辉担任主审。具体分工如下：赵华新编写项目一；潘祖聪编写项目二；王桂英编写项目三；贾全义编写项目四；安徽机电职业技术学院俞蓓编写项目五；蚌埠学院王贤才和淮南联合大学温莉敏编写项目六；郝彦琴编写项目七；安徽机电职业技术学院成良平编写项目八；中国电子科技集团公司第38研究所阚海涛，安徽水利水电职业技术学院何芳、贾芸、王贤虎等参与本书实训项目的编写。

在教材编写过程中，得到中国电子科技集团公司第38研究所、合肥众邦模具开发有限公司等企业的大力支持，在此表示衷心的感谢。

由于编写时间和编者水平有限，书中缺点和错误在所难免，敬请专家、同仁和广大读者批评指正，并请反馈给我们。

编　者

目 录

Contents

项目一　冷冲压概述

在日常生活中，经常遇到如图 1-1 所示的各种制品，它们与我们的生活息息相关。那么此类制品是采用什么样的加工方法生产的？是采用什么材料生产的？要生产这些制件需要什么设备或工具？这些工具又是采用什么材料制造的？这些问题就是项目一要学习的内容。

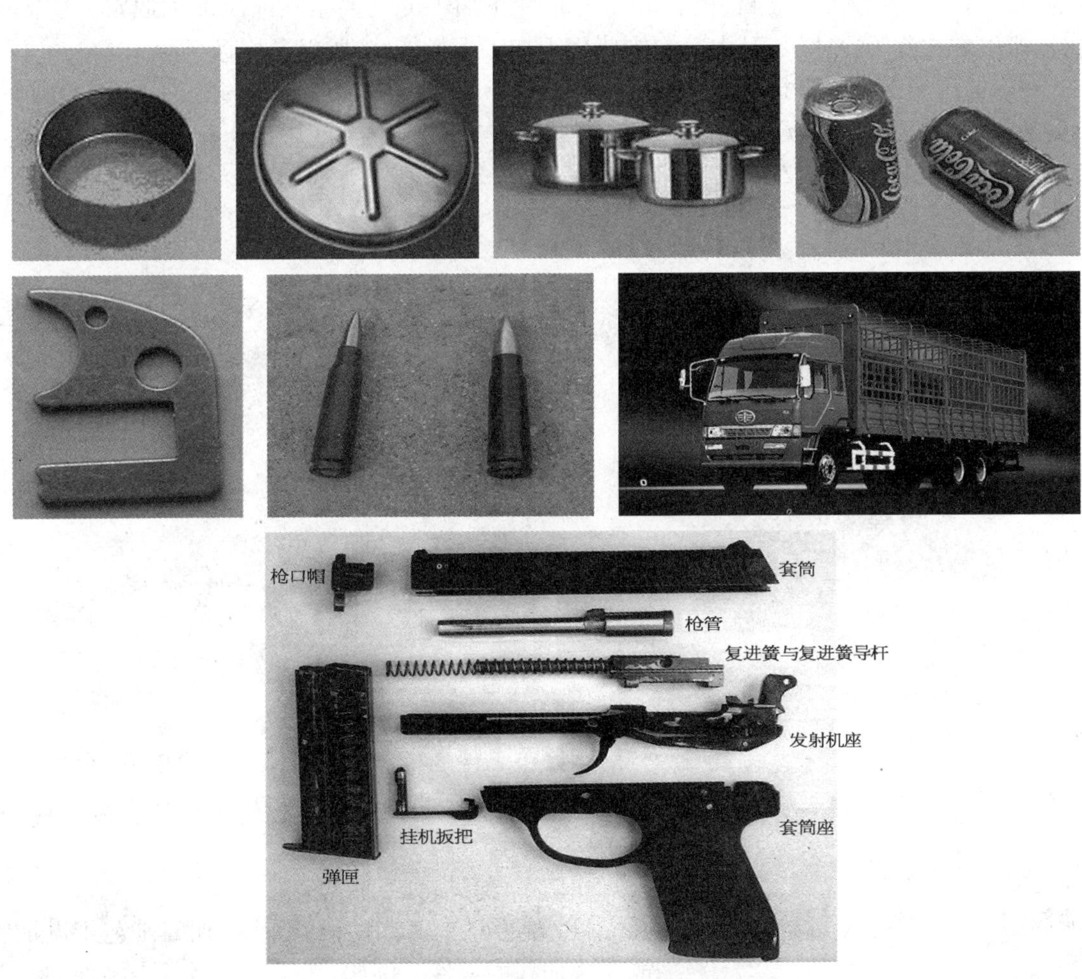

图 1-1　常见冷冲压制品

任务一 冷冲压定义、特点及应用

【学习目标】

1. 掌握冷冲压加工及冷冲模的概念。
2. 熟悉冷冲压生产的基本工艺。

一、冷冲压概述

冲压加工是现代机械制造业中塑性加工的基本方法之一，它是利用安装在压力机上的模具，在室温下对板料施加压力使其变形或分离，从而获得具有一定形状、尺寸和性能的零件的一种压力加工方法。板料、模具和压力是冲压加工的三要素。冲压加工通常在室温下进行，所以常常称为冷冲压；又由于它主要用于加工板料零件，所以又称板料冲压。

在冷冲压加工中，将材料（金属或非金属）加工成零件（或半成品）的专用工具是一种特殊工艺装备，称为冷冲压模具（俗称冷冲模）。冷冲模在实现冷冲压加工中是必不可少的工艺装备，没有先进的模具技术，先进的冲压工艺就无法实现。冷冲模的设计制造是冲压加工的关键，一个冲压零件往往要用几副模具才能加工成形。图 1－2 所示为常用冷冲模。

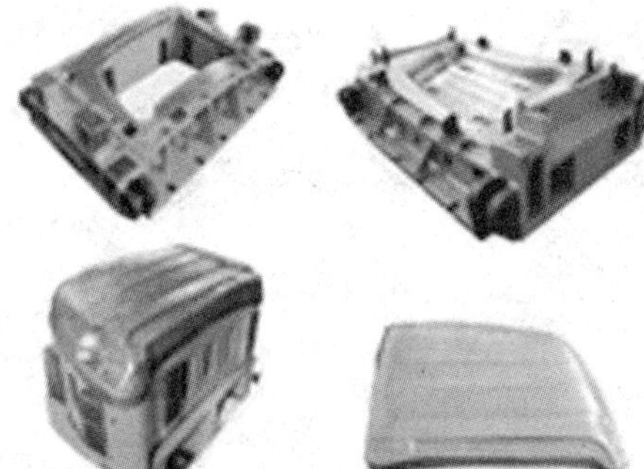

图 1－2 常用冷冲模

图 1－3 影响冲压件质量的因素

（一）冲压加工的特点

在冲压零件的生产过程中，先进的模具、合理的冲压成形工艺、高效的冲压设备将决定冲压件的质量，如图 1－3 所示。

冲压生产具有如下特点：

（1）能冲压出形状复杂、用其他加工工艺难以加工或无法加工的零件。例如，从小型仪器仪表零件到大型汽车覆盖件、纵梁等零件，以及一些薄壁复杂件均可由冲压加工完成。

（2）冲压件具有重量轻、强度高、刚性好和表面粗糙度小等特点，且质量稳定、尺寸精度高。由于冲压加工是靠模具成形，模具制造精度高、使用寿命长，故冲压件质量稳定，制件互换性好。尺寸精度一般可达到 IT10～IT14 级，最高可达到 IT6 级，有的制件不需再机械加工即可满足装配和使用要求。

（3）材料利用率高，一般为 70%～85%。冲压加工能实现少、无切屑加工，废料少。在某些情况下，边角余料也可充分利用。

（4）操作简单，易于实现机械化与自动化生产，生产率高。由于冲压加工所用毛坯多为条料或带料，又是冷态加工，大批量生产时易于实现机械化和自动化。汽车覆盖件这样的大型冲压件的生产效率，可达每分钟数件；高速冲压小型制件，每分钟可达到上千件。

（5）冷冲模结构一般比较复杂，制造周期长，成本高，故不适于单件小批量生产。

另外，冷冲压生产多采用机械压力机。由于滑块往复运动快，手工操作时劳动强度较大，易发生事故，故必须特别重视安全生产、安全管理以及采取必要的安全技术措施。

综上所述，冲压生产与其他加工方法相比具有独到的特点，所以在汽车、拖拉机、电机、电器、仪表、玩具以及日常生活用品的生产方面，尤其是在大批量生产中应用十分广泛。在这些部门中，冲压件所占的比重都相当大，不少过去用铸造、锻造、切削加工方法制造的零件，现都已被质量轻、刚度好的冲压件所代替。据粗略统计，汽车制造业中 60%～70%的零件是采用冲压工艺制成的，冲压生产所占的劳动量为整个汽车工业劳动量的 25%～30%。某联合收割机有 1 613 个零件，其中冲压件为 1 023 个，占 63.4%。另外，在国防工业生产中，如飞机、导弹、各种枪弹与炮弹的生产，冲压加工也占有很大比例。某冲锋枪 120 个零件中有 56 个冲压件，占 46.7%。采用冲压加工制造方法，大大提高了生产率，降低了成本。

（二）冲压生产的发展方向

早在春秋战国时期，冲压工艺便用于生产兵器、盔甲、金银首饰等，但冲压技术的真正发展是在新中国成立后。目前，我国冲压技术与先进工业发达国家相比还相当落后，主要原因是我国在冲压基础理论及成形工艺、模具标准化、模具设计、模具制造工艺及设备等方面与工业发达国家尚有相当大的差距，导致我国模具在寿命、效率、加工精度、生产周期等方面与先进工业发达国家的模具相比差距相当大。

在今后相当长的一段时间内，冲压加工技术发展趋势将围绕以下四点：

1. 冲压基本原理的研究

冲压生产的发展与冲压变形基本原理的研究取得的成果是分不开的。只有加强冷冲压变形基础理论的研究，才能提供更加准确、实用、方便的计算方法，更准确地确定冲压工艺参数和模具工作部分的几何形状与尺寸，解决冷冲压变形中出现的各种实际问题，进一步提高冲压件的质量。诸如冲压成形过程应力应变分析和计算机模拟，板料变形规律的研究，从坯料变形规律出发进行坯料与冲模之间相互作用的研究，在冲压变形条件下的摩擦、润滑机理方面的研究等，可为逐步建立起紧密结合生产实际的先进冲压工艺及冲压模设计方法奠定坚实的基础。因此，可以说冲压成形基本理论的研究是提高冲压技术的基础。

2. 冲压工艺的改进

冲压生产中，提高劳动生产率及产品质量、降低成本、扩大冲压工艺应用范围的各种冲压新工艺（如冷挤压、精冲工艺、超塑性成形工艺以及其他高效率、经济成形工艺等）是当前技术研究和推广的大方向。

(1) 冷挤压是一种生产率高、产品质量好的现代加工工艺。用冷挤压的方法生产的零件一般不需要或只需要进行少量切削加工。目前,冷挤压不但用于生产有色金属零件,而且还用于生产黑色金属零件。随着模具设计与制造技术及模具材料的发展,冷挤压的应用范围将越来越广泛。

(2) 精密冲裁是提高冲裁零件质量的有效方法,它可以扩大冲压加工范围。目前,精密冲裁技术已用于大型、厚、硬材料的加工,精密冲裁零件的厚度已达 25 mm。一部分过去用切削加工方法生产的零件现在已改用精密冲裁方法制造。不仅如此,三维精冲件也已经在生产中开发和应用。

(3) 超塑性成形方法具有突出的特点,即能在很低的变形抗力下得到非常大的变形,这对于制造形状复杂和大型板料零件具有突出的优越性,可以用一次成形代替多道普通的冲压成形工序。目前,这种新工艺虽然还处于开发和推广的应用阶段,但在实际生产中已显示出其优越性,可用超塑性加工的金属材料的品种也正在不断增加。

3. 冷冲模的设计、制造新工艺

冷冲模是实现冲压生产的基本条件。工业产品质量的不断提高,冲压产品生产正呈现多品种、少批量,复杂、大型、精密,更新换代速度快的变化特点。冲压模具正向高效、精密、长寿命、大型化方向发展,同时大力提倡和发展模具的标准化、系列化、专业化也是缩短模具制造周期、降低成本的一大方向。

随着计算机技术的飞跃发展和塑性变形理论的进一步完善,近年来国内外已开始应用塑性成形过程的计算机模拟技术,即利用有限元等数值分析方法模拟金属的塑性成形过程,通过分析数值模拟结果,帮助设计人员优化模具设计。

模具制造技术现代化是模具工业发展的基础。计算机技术、机械设计与制造技术的迅速发展和有机结合,形成了计算机辅助设计与计算机辅助制造(CAD/CAM)这一新型技术。CAD/CAM 是改造传统模具生产方式的关键技术,是一项高科技、高效益的系统工程,它以计算机软件的形式为用户提供一种有效的辅助工具,使工程技术人员能借助计算机对产品和模具结构、成形工艺、数控加工及成本等进行设计和优化。模具 CAD/CAM 能显著缩短模具设计及制造周期、降低生产成本、提高产品质量已成为人们的共识。随着功能强大的专业软件和高效集成制造设备的出现,以三维造型为基础,基于并行工程(CE)的模具 CAD/CAM 技术正成为发展方向。它能实现面向制造和装配的设计,实现成形过程的模拟和数控加工过程的仿真,使设计、制造一体化。

随着产品质量的提高,对模具质量和寿命要求越来越高。而提高模具质量和寿命最有效的办法就是开发和应用模具新材料及热、表处理新工艺,不断提高使用性能,改善加工性能。

为了适应工业生产中多品种、小批量生产的需要,加快模具的制造速度、降低模具生产成本、开发和应用快速经济制模技术越来越受到人们的重视。目前,快速经济制模技术主要有低熔点合金制模技术、锌基合金制模技术、环氧树脂制模技术、喷涂成形制模技术、叠层钢板制模技术等。应用快速经济制模技术制造模具,能简化模具制造工艺、缩短制造周期(比普通钢模制造周期缩短 70%~90%)、降低模具生产成本(比普通钢模制造成本降低 60%~80%),在工业生产中取得了显著的经济效益。对提高新产品的开发速度,促进生产的发展也有非常重要的作用。

4. 冲压设备和冲压生产的自动化进程

性能良好的冲压设备是提高冲压生产技术水平的基本条件。冲压生产的自动化是提高劳动生产率和改善劳动条件的有效措施。由于冲压操作简单、坯料和冲压件形状比较规则、一致性好，所以容易实现生产的自动化。冲压生产的自动化包括原材料的输送、冲压工艺过程及检测、冲模的安装和更换、废料的处理等各个环节，但最基本的是压力机自动化和冲模自动化。高精度、高寿命、高效率的冲模需要高精度、高自动化的压力机与之相匹配。目前主要是从两个方面予以研究和发展：一是对目前我国大量使用的普通冲压设备加以改进，即在普通压力机的基础上加上送料装置和检测装置，以实现半自动化或全自动化生产；改进冲压设备结构，保证必要的刚度和精度，提高其工艺性能，以提高冲压件精度、延长冲压的使用寿命。二是积极发展高速压力机和多工位自动压力机，开发数控压力机、冲压柔性制造系统(FMS)及各种专用压力机，以满足大批量生产的需要。

二、冷冲压工艺分类

冲压加工的零件由于其形状、尺寸和精度要求、生产批量、原材料性能等各不相同，因此生产中所采用的冷冲压加工的方法也是多种多样的。根据材料的变形特点及企业现行的习惯，冷冲压的基本工序可分为分离工序与变形工序两大类。

分离工序是使板料按一定的轮廓线分离，而获得一定形状、尺寸和切断面质量冲压件(俗称冲裁件)的冲压加工方法。

变形工序是使冲压毛坯在不破裂的条件下发生塑性变形，以获得所要求的形状、尺寸的冲压件的冲压加工方法。

主要冲压工序的分类见表 1-1。

表 1-1　主要冲压工序的分类

类别	工序名称		工序简图	工序特征	模具简图
分离工序	切断		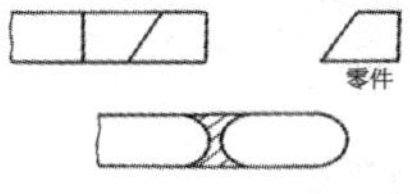 零件	用剪刀或模具切断板料，切断线不是封闭的	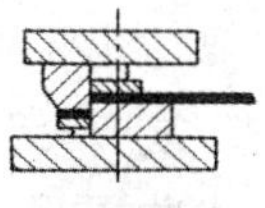
	冲裁	落料	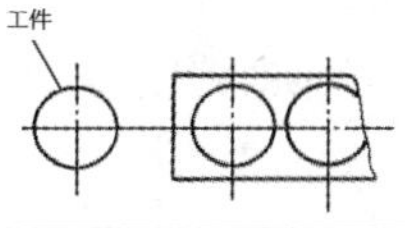 工件	用模具沿封闭线冲切板料，冲下的部分为工件	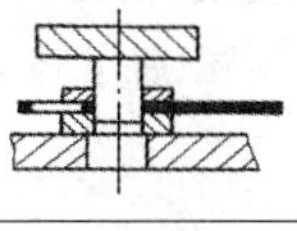
		冲孔	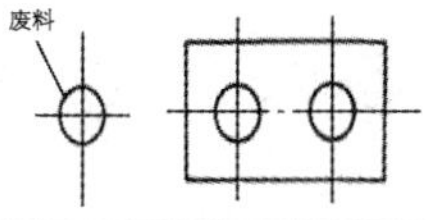 废料	用模具沿封闭线冲切板料，冲下的部分为废料	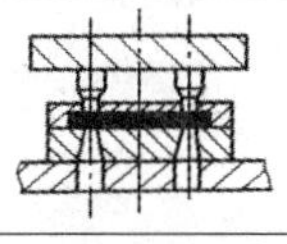
	切口		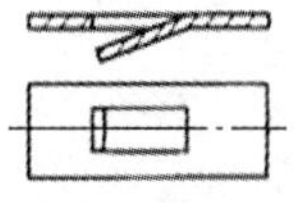	用模具将板料局部切开而不完全分离，切口部分材料发生弯曲	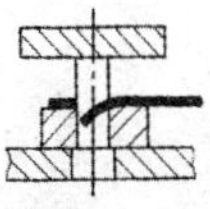
	切边		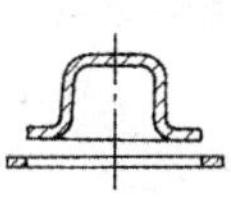	用模具将工件边缘多余的材料冲切下来	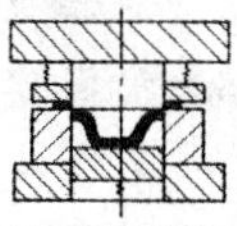

（续表）

类别	工序名称		工序简图	工序特征	模具简图
变形工序	弯曲		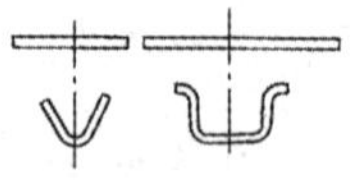	用模具使板料弯成一定角度或一定形状	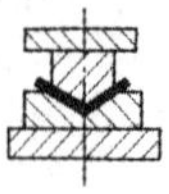
	拉深		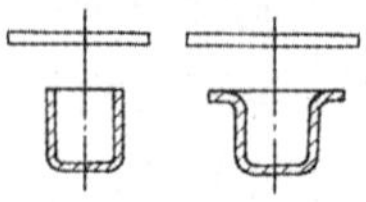	用模具将板料压成一定形状的空心件	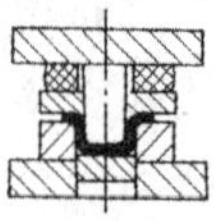
	成形	起伏（压肋）	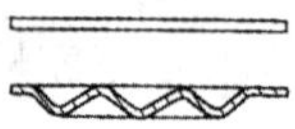	用模具将板料局部拉伸成凸起和凹进形状	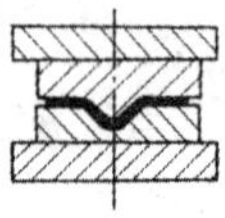
		翻边	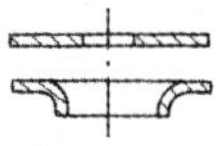	用模具将板料上的孔或外缘翻成直壁	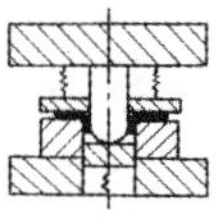
	缩口		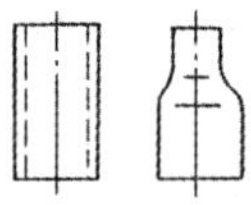	用模具对空心件口部施加由外向内的径向压力，使局部直径缩小	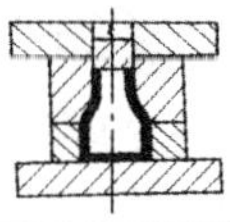
	胀形		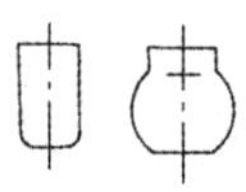	用模具对空心件加向外的径向力，使局部直径扩张	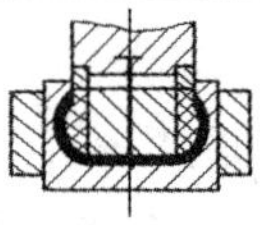
	整形		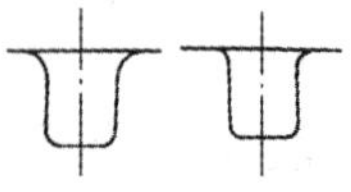	将工件不平的表面压平；将原先弯曲或拉深件压成正确形状	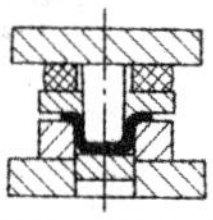

在实际生产中，当生产批量大时，若以表中所列工序进行生产，则生产率很低，不能满足生产需要。为了提高劳动生产率，常将两个以上的基本工序合并成一个工序，构成所谓复合、级进、复合-级进的组合工序。

上述冲压成形的分类方法比较直观、真实地反映出了各类零件的实际成形过程和工艺特点，便于制定各类零件的冲压工艺并进行冲模设计，因此在实际生产中得到广泛的应用。

任务二 常见冲压设备及工作原理

【学习目标】

1. 熟悉曲柄压力机结构、类型、规格等基本参数。
2. 了解液压机等冲压设备的结构、类型、规格等基本参数。
3. 掌握模具的作用和类型。
4. 掌握冲压设备的日常使用维护方法以及安全生产规范。

用来完成冲压件各种冲压工艺的机床通称为冲压设备或压床。冲压设备与其他机械加工设备相比有以下几个特点：①在冲压生产中，制件的成形主要由模具完成，因此冲压设备的工作机构运动仅为简单的往复运动，这样机床的传动结构大为简化，且制造容易、操作简便，并具有很多的功能；②冲压设备工作部分有良好的导向，故所冲压成的制件精度高、互换性较好；③冲压设备的传动系统灵敏可靠，具有规律的往复运动，因而易于实现机械化和自动化生产。

冲压设备种类很多，常用的冲压设备主要有机械压力机、液压机、剪切机、弯曲校正机等，它们都属于锻压机械。按 JB/T 9965—1999《锻压机械型号编制方法》，锻压机械的分类见表 1-2。

表 1-2 锻压机械类别代号表

类别名称	拼音代号	类别名称	拼音代号
机械压力机	J	锻机	D
液压压力机	Y	剪切机	Q
自动压力机	Z	弯曲校正机	W
锤机	C	其他	T

在生产中用得最多的是机械压力机，包括曲柄压力机、摩擦压力机等。

一、曲柄压力机

曲柄压力机是主要的冲压设备。它是一种使旋转运动变为直线往复运动的机械，能进行冲裁、弯曲、拉深和挤压等冲压工艺。

(一) 曲柄压力机的型号表达

机械压力机的型号是按照锻压机械的类别、列、组编制而成的，分别用字母和数字表示：

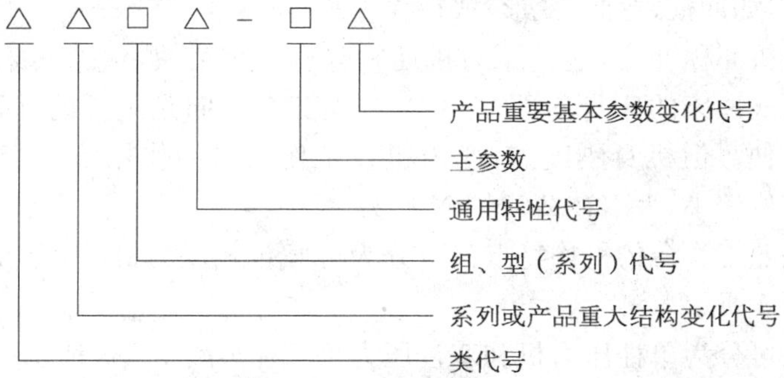

如 JA31-160A，其中型号的第一个字母“J”表示类别，即机械压力机；第二个字母“A”表示压力机经过与基本型号不同的第一次改型；字母后面的第一个数字“3”表示压力机的列别，第二个数字“1”表示压力机的组别，“31”表示闭式曲柄压力机系列中的闭式单点压力机组；“-”后面的数字表示压力机的公称压力，也就是主要规格；“160”表示公称压力 1 600 kN；型号最后面的字母“A”表示对压力机结构和性能经过第一次改进。

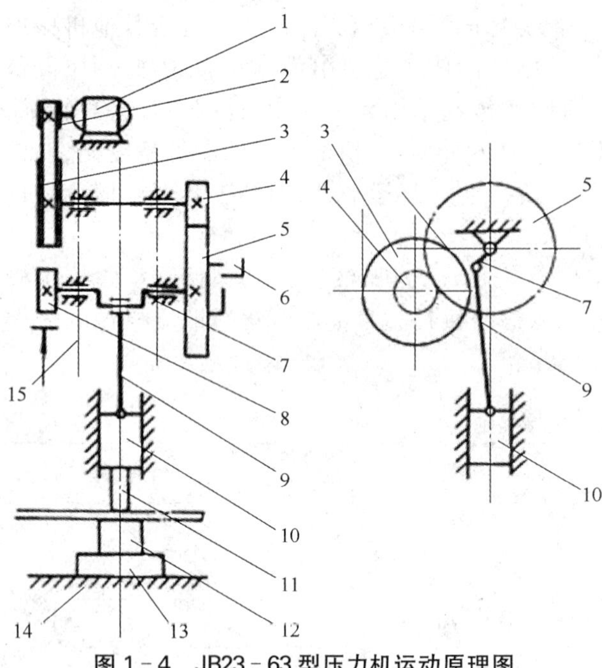

图 1-4 JB23-63 型压力机运动原理图

1—电动机；2—小带轮；3—大带轮；4—小齿轮；5—大齿轮；6—离合器；7—曲轴；8—制动器；9—连杆；10—滑块；11—上模；12—下模；13—垫板；14—工作台；15—机身

(二) 曲柄压力机的工作原理

结合图 1-4 所示的 JB23-63 型压力机的运动原理图，其工作过程是：电动机 1 通过 V 带把运动传给大带轮 3，再经小齿轮 4、大齿轮 5 传给曲轴 7。连杆 9 上端装在曲轴上，下端与滑块 10 连接，把曲柄的旋转运动变为滑块的直线往复运动。滑块运动的最高位置称为上止点位置，而最低位置称为下止点位置。冲压模具的上模 11 装在滑块上，下模 12 装在垫板 13 上。因此，当板料放在上、下模之间时，即能进行冲压加工。另外，曲轴 7 上装有离合器 6 和制动器 8，只有当离合器 6 和大齿轮 5 啮合时，曲轴 7 才开始转动。曲轴停止转动可通过离合器与齿轮脱开和制动器制动。当制动器制动时，曲轴停止转动，但大齿轮仍在曲轴上自由旋转。压力机在一个工作周期内有负荷的工作时间很短，大部分时间为无负荷的空程时间。为了使电动机的负荷均匀、有效地利用能量，装有用来存储能量的飞轮，大带轮 3 即起着飞轮作用。

(三) 曲柄压力机的类型

在生产中，为了适应不同的工艺要求采用各种不同类型的曲柄压力机，这些压力机都具有自己的独特结构形式及作用特点。

按工艺用途不同，曲柄压力机可分为通用压力机和专用压力机两大类。通用压力机适用于多种工艺用途，如冲裁、弯曲、变形、浅拉深等。

通用曲柄压力机亦称冲床，这种压力机通常只有一个滑块，根据其床身结构不同，有开式和闭式之分。开式冲床的床身前面、左面和右面三个方向是敞开的，因此模具的安装、调整和操作等都很方便。但机身刚度差，压力机在工作负荷的作用下会产生角变形，影响精度。开式压力机吨位较小，大多在 2 000 kN 压力之下。

开式压力机按照工作台的机构特点又可分为可倾台式压力机、固定台式压力机、升降台式压力机，如图 1-5 所示。

开式压力机又可分为单柱压力机和双柱压力机两种。图 1-5a 所示为双柱压力机，因其机身后壁开口形成两个立柱，故称双柱压力机。双柱压力机便于向后排料。图 1-5b 所示为单柱压力机，其机身也是前面及左、右三向敞开，但后壁无开口。

闭式压力机机身结构如图 1-5d 所示，它只能从前后方向接近模具，且装模距离远，操作不太方便。但因为机身为龙门式，形状对称、刚度好、压力机精度高，且一般吨位较大，所以压力超过 2 500 kN 的大、中型压力机几乎都采用这种形式，某些精度要求较高的小型压力机也采用这种形式。

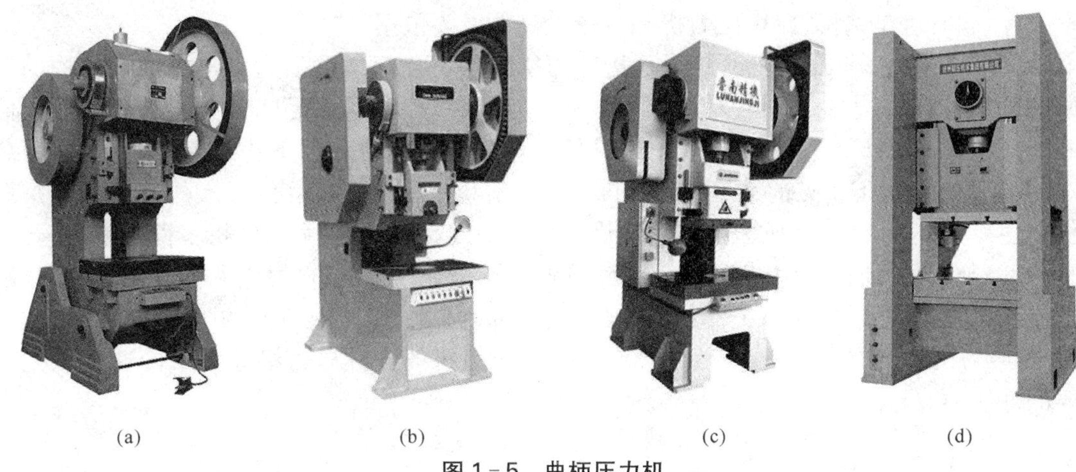

(a)　(b)　(c)　(d)

图 1-5　曲柄压力机

(a) 可倾台式压力机；(b) 固定台式压力机；(c) 升降台式压力机；(d) 闭式压力机

专用压力机用途较单一，如拉深压力机、板料折弯机、挤压机等。

(四) 曲柄压力机的结构组成

各种曲柄压力机虽然吨位大小和形状不同，但是它们的基本结构都由下面三个部分组成：

1) 传动系统　由皮带轮、皮带、齿轮及传动轴组成。它的作用是将电动机的能量和运动传递给工作机构。

2) 工作机构　主要由曲轴、连杆和滑块组成。它的作用是将曲轴的旋转运动变为滑块的直线往复运动，从而带动上模完成冲压工作。

3) 床身　是机床传动系统、工作机构等部件安装的基体。床身把压力机所有部分连接成一个整体。

此外，传动系统中还装有离合器和制动器。离合器和制动器是曲柄压力机上的重要部件，用以控制滑块的启动和停止。电机启动以后并不希望滑块立即运转，要待完成了一系列准备工作和工艺操作以后才能启动滑块；冲压过程中也需要随时控制滑块停车；单次行程则是手入模内操作的作业所必须采用的规范。这些都说明离合器和制动器是压力机中不可缺少的重要部件。如果它们发生了故障(哪怕是短暂的临时故障)，就会引起滑块运动失控或者不能启动，或者不能停车而造成连冲，还会造成机床设备损坏。这些都给作业带来很大不便，甚至可能危及人身安全。为了保护人身和机器的安全，压力机还设有人身安全装置和过载保护装置。

操纵系统是控制离合器和制动器动作的系统，包括机械构件和电器元件。它对人身安全有直接影响：其一，操纵系统是操作者经常操作的器械，其使用方便与否，直接影响生产效率和人身安全。如果操纵不便、操作费力、不能准确和及时地控制滑块的运动，就会使操作紊乱，甚至造成事故；其二，操纵系统会发生故障，如果故障导致了滑块连冲，也可能引起事故。因此，分析操纵系统的安全性指出其常见的故障，是一项十分重要的工作。

(五) 曲柄压力机的主要技术参数

压力机的技术参数反映一台压力机的工艺能力、所能加工制件的尺寸范围以及有关生产率指标，同时也是选择、使用压力机和设计模具的重要依据。

1) 公称压力 F_g　压力机的压力是指压力机滑块下压时的冲击力。根据曲柄机构的工作原理可知，该冲击力在滑块运动的整个行程中不是一个常数，而是随着曲柄转角的变化而不断变化的，如图 1-6 所示。曲柄压力机的公称压力是指滑块至下止点前，某一特定距离 S_0 或曲柄旋转到离下止点前某一特定角度 α_0 时，滑块上所允许承受的最大作用力。它是压力机的主参数。图 1-6 为压力机的滑块许用负荷曲线，该曲线是由压力机零件强度（主要是曲轴强度）确定的，曲线表明随着曲柄转角 α 的变化，滑块上所允许的作用力也随之改变。因此选用压力机时，要严格注意工作角度，工件变形抗力必须位于图 1-6 的阴影线之内。称角度 α_0 为压力机的公称压力角，一般为 20°～30°。压力机的公称压力必须大于冷冲压工艺所需要的冲压力。

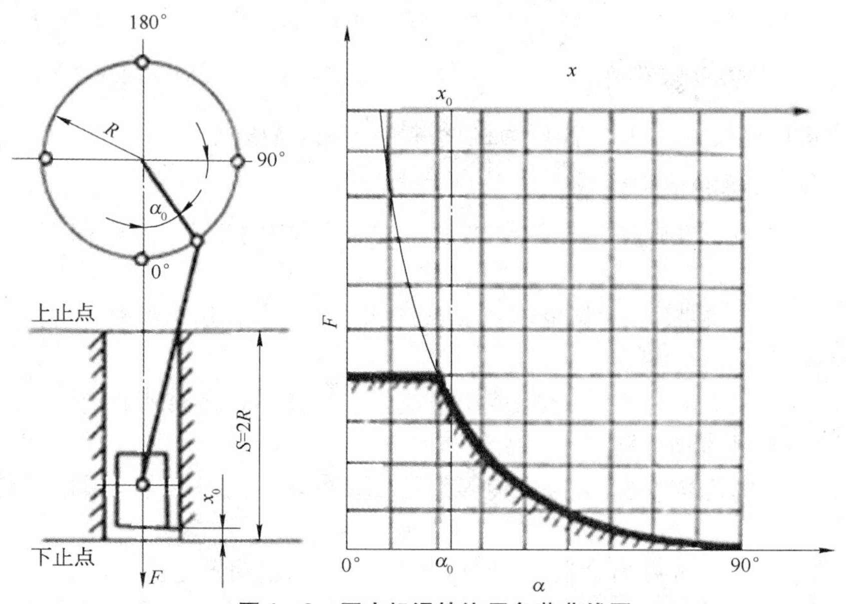

图 1-6　压力机滑块许用负荷曲线图

2) 滑块行程 S　滑块行程是指压力机滑块从上止点到下止点所经过的距离，一般为曲柄半径的两倍，但其数值与压力机的使用范围、压力机的结构、操作的方便程度有关。行程长度短的压力机在模具开启时能见区较小，操作者有所不便；行程长度长的压力机则有较大的能见区，安全感较强，但机构高度明显增高，重量增加，价格也提高。

3) 滑块行程次数 n　指滑块每分钟从上止点到下止点、再回到上止点的往复次数。

4) 闭合高度　压力机的闭合高度是指滑块在下死点位置时，滑块下端面到工作台上表面的距离。

5) 装模高度调节量　即连杆调节长度。曲柄压力机的连杆通常做成两部分，其长度可在一定范围内调整，以适应安装不同高度的模具。装入机床的模具闭合高度值绝对不许大于压力机的最大装模高度，否则会出现压力机严重过载，产生不堪设想的后果。闭合高度过低的模具装入压力机时要加垫板。操作者的作业姿势受装模高度的影响，下模过高或过低都会使操作者操作不便。比较合适的高度应在胸腹之间，操作姿势比较自然，能够减少疲劳。闭合高度与垫板厚度的差值，称为压力机的装模高度。没有垫板的压力机，其装模高度与闭合高度相等。

6）压力机工作台面尺寸及滑块底面尺寸　工作台面尺寸 $A\times B$ 与滑块底面尺寸 $J\times K$ 是与模架平面尺寸有关的尺寸。通常对于闭式压力机，这两者尺寸大体相同；而开式压力机则为 $(J\times K)<(A\times B)$。

7）漏料孔尺寸　当制件或废料漏料时，工作台或垫板孔（漏料孔）的尺寸应大于制件或废料尺寸。当模具需要装有弹性顶料装置时，弹性顶料装置的外形尺寸应小于漏料孔尺寸。模具下模板的外形尺寸应大于漏料孔尺寸，否则需增加附加垫板。

8）模柄孔尺寸　当模具需要用模柄与滑块相连时，滑块内模柄孔的直径和深度应与模具模柄尺寸相协调。

除上述技术参数外，喉口深度、滑块顶杆过孔、气垫尺寸等也是设计、安装模具所必须考虑的。表 1-3 列出了 J23 系列曲柄压力机不同型号及其技术参数。

表 1-3　J23 系列曲柄压力机型号及其技术参数

序号	技术参数		单位	型号								
				J23-3.15	J23-6.3	J23-10	J23-16	J23-25	J23-40	J23-63	J23-80	J23-100
1	公称力		kN	31.5	63	100	160	250	400	630	800	1 000
2	滑块行程		mm	25	35	45	55	65	80	100	120	130
3	行程次数		次/min	200	170	145	120	55	45	40	40	38
4	最大装模高度		mm	90	120	100	180	200	265	310	300	380
5	装模高度调节量		mm	25	30	35	45	55	65	80	80	100
6	滑块中心至机身距离		mm	90	110	130	160	200	250	310	310	380
7	工作台尺寸	前后	mm	60	200	240	300	366	440	570	570	710
		左右		250	310	370	450	560	685	860	860	1 080
8	滑块底面尺寸	前后	mm	90	120	150	180	210	245	340	340	370
		左右		100	140	170	200	250	300	400	400	450
9	模柄孔尺寸	直径	mm	25	25	30	40	40	50	50	50	60
		深度		40	55	55	60	70	70	80	80	75
10	机身可倾角度		°	45	45	35	35	30	30	30	30	30
11	电动机	型号		Y180L-4	Y90L-6	Y90L-6	Y100L-6	Y100L-4	Y132S-4	Y132M-4	Y132M-4	Y180L-6
		功率	kW	0.55	0.75	1.1	1.5	2.2	5.5	7.5	7.5	15
12	外形尺寸	长	mm	674	730	895	1 130	1 345	1 685	1 940	1 940	2 470
		宽		489	550	713	834	1 150	1 325	1 502	1 502	1 735
		高		1 323	1 503	1 653	1 890	2 130	2 470	2 870	2 870	3 020
13	重量		kg	194	400	576	1 055	1 780	3 540	5 600	6 000	10 300

二、其他常用冲压设备

1. 剪板机

剪板机俗称剪床，是板料剪切设备，常用于下料工序，将尺寸较大的板料或成卷的带料按零件排样要求剪成所需宽度的长条坯料。剪板机按剪切性质可分为平刃剪板机和斜刃剪板机两类。

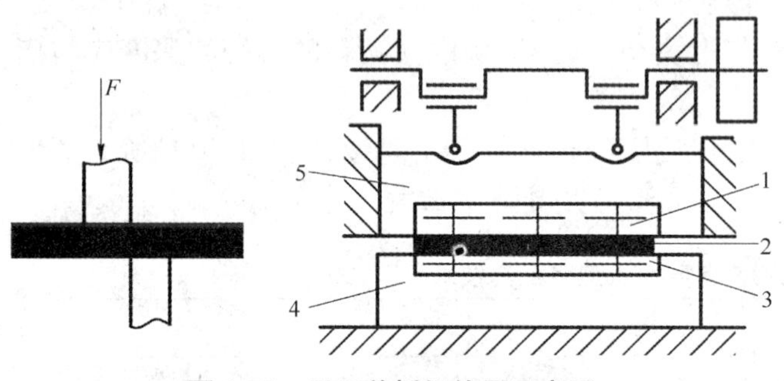

图 1-7 平刃剪板机使用示意图

1—上刀片；2—板材；3—下刀片；4—工作台；5—滑块

如图 1-7 所示，剪板机的工作原理比较简单，曲柄滑块机构拽拉剪板机的上刀片上下运动，与下刀片形成剪切力矩，进而使板料产生分离。平刃剪板机上、下刀片刃口同时与板料接触，虽然剪切力较大，但剪切质量较好。

剪板机的规格型号按所能剪裁的板料宽度和厚度来表示。如：剪板机 Q11-6×2000 表示可剪裁的板料最大尺寸(厚×宽)为 6 mm×2 000 mm。

2. 摩擦压力机

摩擦压力机是一种螺旋压力机，通过螺杆相对于螺母旋转带动滑块沿导轨作上下往复运动。螺杆的旋转力矩是靠飞轮与摩擦盘之间的摩擦力获得的。摩擦压力机有单盘式、双盘式、三盘式等几种，其中双盘式压力机应用最广泛，图 1-8 所示为双盘摩擦压力机实物图。

双盘摩擦压力机的工作过程为：如图 1-9 所示的摩擦压力机传动系统，电动机 1 通过皮带传动使轴 4 带动摩擦盘 3、5 一起高速转动；操作手柄 13 的向上(或向下)运动，借助传动系

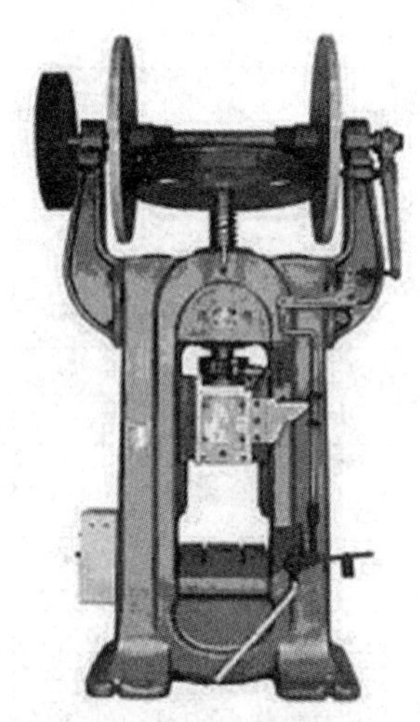

图 1-8 双盘摩擦压力机

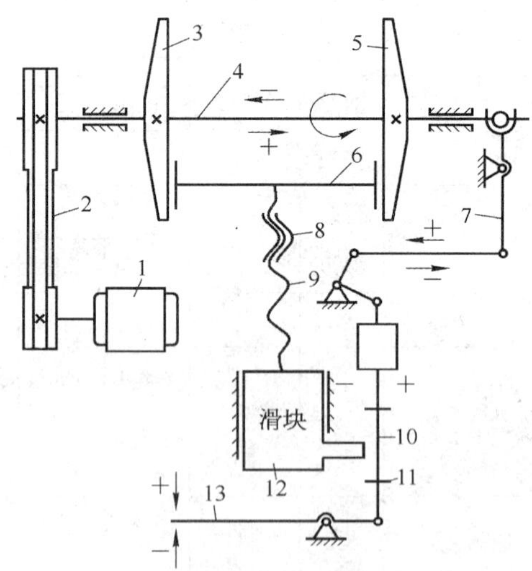

图 1-9 摩擦压力机传动系统

1—电动机；2—传送带；3、5—摩擦盘；4—轴；6—飞轮；7、10—连杆；8—螺母；9—螺杆；11—挡块；12—滑块；13—手柄

统右下部分的连杆传动机构，推拽轴 4 向左（或向右）移动。两个摩擦盘之间的距离比飞轮 6 的直径稍大，向左（或向右）移动的轴 4 上的摩擦盘 5（或摩擦盘 3）与飞轮 6 的边缘接触产生巨大的摩擦力，使得飞轮 6 和螺杆 9 旋转，根据螺杆与螺母相对运动原理，滑块 12 便能随之向上或向下运动，完成冲压工序。

由此可见，摩擦压力机具有结构简单、制造容易、维修方便、生产成本低等特点。同时，摩擦压力机工作时灵活性大，滑块的行程和冲压力的大小不固定，可以根据需要来调节，冲压生产中超负荷时，仅仅会引起飞轮与摩擦盘之间打滑，而不会损坏模具及设备。摩擦压力机既可进行冲裁、弯曲、校平等冲压工艺，还可用来进行热模锻、热挤压等锻造工艺。但摩擦压力机也有比较明显的缺点：压力机飞轮轮缘的磨耗比较大，冲压件精度低，滑块行程速度低，故生产效率也不高。不同型号摩擦压力机的主要技术参数见表 1-4。

表 1-4　摩擦压力机的主要技术参数

型号	技术参数							
	公称压力/kN	最大动能/J	滑动行程/mm	行程次数/(次/min)	滑块尺寸(前后×左右)/mm	工作台尺寸(前后×左右)/mm	模柄孔尺寸(孔径×孔深)/mm	最小闭合高度/mm
J53-100	1 000	5 000	310	19	380×355	500×450	ϕ70×90	220
J53-160	1 600	10 000	360	17	400×458	560×510	ϕ70×90	260
J53-300	3 000	25 000	380	15	520×400	650×570	ϕ70×100	300
J53-400	4 000	40 000	500	14	635×635	820×730	—	400

3. 液压机

液压机是进行拉深、弯曲、成形和挤压等工艺的重要设备，如板材成形，管、线、型材挤压，粉末冶金、塑料及橡胶制品、胶合板压制、打包，耐火砖压制、碳极压制成形，轮胎压装、校直等。

液压机虽有多种规格，但其工作原理是一致的，都是液体静压力传递原理。图 1-10 所示为液压机原理图。图中，一端是一个端面积为 S_1 的小柱塞，另一端是一个端面积为 S_2 的大柱塞，两个柱塞之间以连通管相连，且设有密封装置，使连通管内形成一个密闭的空间，不使液体外泄。这样，若小柱塞上施加一个外力 F_1 时，作用在液体上的单位压力为 $p = F_1/S_1$；按照液体静压力传递原理，这个单位压力 p 将传递到液体的全部，其数值不变，而方向为垂直物体的表面，故大柱塞上产生的推力 $F_2 = pS_2$。

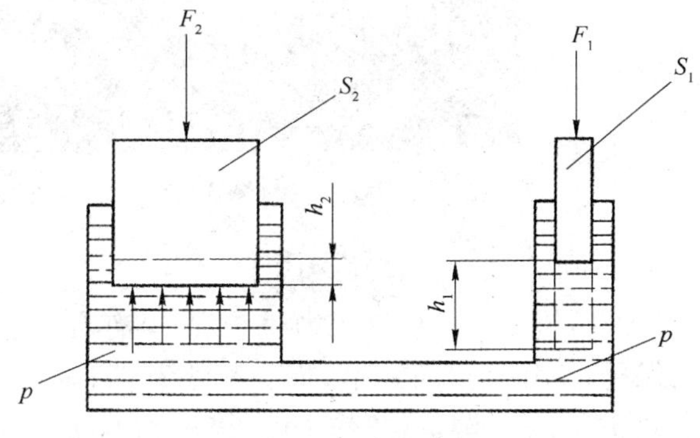

图 1-10　液压机原理图

可见，在小柱塞上施加一个较小的力，便可在大柱塞上获得了一个放大了若干倍的较大的力。如 Y32-300 型液压机，高压泵提供压力油的压力是 20 MPa，液压缸的工作活塞直径为 440 mm,则工作活塞能获得 3 000 kN 的冲压力。

液压机的实物及本体结构如图 1-11 所示。液压机的结构一般有本体和液压传动系统两部分组成。其本体是由上横梁、下横梁、四根立柱组成的。每根立柱都用螺母分别与上、下横梁紧固地连接在一起,组成一个封闭的框架,即机身。机身承受工作时的全部载荷。液压机的各部件都安装在机身上,工作主缸 3 固定在上横梁的缸孔中,主缸内装有活塞,活塞的下端与活动横梁 4 相连接,活动横梁 4 借助四个拐角位置孔内的导向套沿着立柱 5 上下滑动。活动横梁的下表面和下横梁 6 的上表面都加工有 T 形槽,便于安装模具。在下横梁(工作台)6 的中间孔内还安装有顶出缸 7,供顶出工件。压力机工作时,在工作主缸上腔内注入高压液体,在液体压力作用下推动活塞、活动横梁及固定在活动横梁上的模具向下运动,使坯料在上、下模之间成形。回程时,工作主缸下腔内压入液体,推动活塞带着活动横梁、上模一起向上运动,返回其初始位置。若需把冲压模下模内的冲压件取出,只需在顶出缸 7 的下腔注入高压液体,使顶出缸 7 内的活塞上移,把冲压件顶出,从而达到取件的目的,最后向顶出缸上腔内通入高压液体,使其返回,这样就完成了一个工作循环。

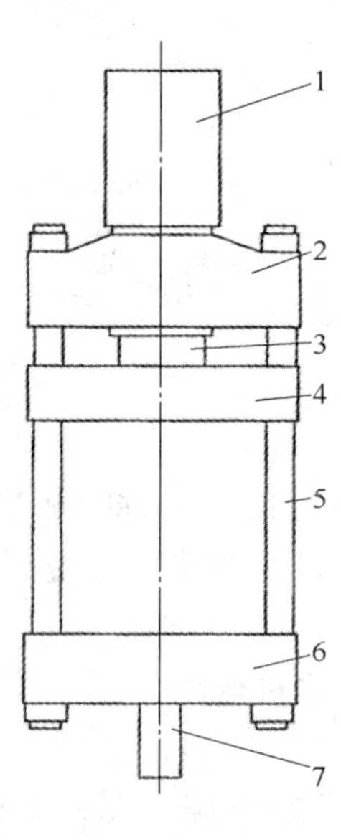

图 1-11 液压机实物及本体结构图

1—充液罐；2—上横梁；3—主缸及活塞；4—活动横梁；5—立柱；6—下横梁(工作台)；7—顶出缸

液压机相对于机械压力机来说,具有自身独特的特点:在全行程内都能实现全压和长时间保压;工作速度可调节,如空行程和回程时可快速,合模时慢速,既利于操作,又可提高生产效率;此外,还具有工作平稳、撞击和振动小、噪声低等优点。最大的缺点就是液体流动时存在压力损失,能量利用率低。

三、冷冲压设备的选用

1. 冲压设备类型的选择

根据所要完成的冲压工艺的性质、生产批量的大小、冲压件的几何尺寸和精度要求来选择设备的类型。

对于中小型的冲裁件、弯曲件或拉深件的生产，主要应采用开式机械压力机。虽然开式冲床的刚度差，在冲压力的作用下床身的变形能够破坏冲裁模的间隙分布，降低模具的寿命或冲裁件的表面质量。可是，由于它提供了极为方便的操作条件和非常容易安装机械化附属装置的特点，使它成为目前中小型冲压设备的主要形式。

对于大中型冲压件的生产，多采用闭式结构形式的机械压力机，其中有一般用途的通用压力机，也有台面较小而刚度大的专用挤压压力机、精压机等。在大型拉深件的生产中，应尽量选用双动拉深压力机，因其可使所用模具结构简单，调整方便。

在小批量生产中，尤其是大型厚板冲压件的生产多采用液压机。液压机没有固定的行程，不会因为板料厚度变化而超载，而且在需要很大的施力行程加工时，与机械压力机相比具有明显的优点。但是，液压机速度小，生产效率低，而且零件的尺寸精度有时因受到操作因素的影响而不是十分稳定。

摩擦压力机具有结构简单、造价低、不易发生超负荷损坏等特点，所以在小批量生产中常用来完成弯曲、成形等冲压工作。但是，摩擦压力机的行程次数较少，生产率低，而且操作也不太方便。

在大批量生产或形状复杂零件的大量生产中，应尽量选用高速压力机或多工位自动压力机。

2. 冲压设备规格的确定

在冲压设备的类型选定之后，应该进一步根据冲压件的尺寸、模具的尺寸和冲压力来确定设备的规格。

(1) 所选压力机的公称压力必须大于冲压所需的总冲压力，即

$$F_{压力} > F_{总}$$

(2) 压力机的行程大小应适当。由于压力机的行程影响模具的开模高度，因此对于冲裁、弯曲等模具，其行程不宜过大，以免发生凸模与导板分离(导板模)或滚珠导向装置脱开的不良后果。对于拉深模，压力机的行程至少应大于成品零件高度的两倍以上，以保证毛坯的放进和成形零件的取出。

(3) 所选压力机的闭合高度应与冲模的闭合高度相适应。即满足冲模的闭合高度介于压力机的最大闭合高度和最小闭合高度之间的要求。

如图 1－12 所示，模具安装时一般应满足

理论上：

$$H_{min} - H_1 \leqslant H \leqslant H_{max} - H_1$$

实际上：

$$H_{min} - H_1 + 10 \leqslant H \leqslant H_{max} - H_1 - 5$$

式中　H——闭合高度；

H_{min}——最小闭合高度；

H_{max}——最大闭合高度；

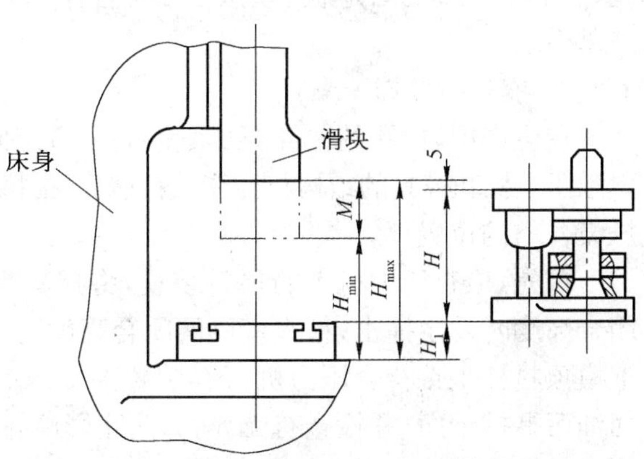

图 1－12　压力机装模高度与模具闭合高度的关系

H_1——压力机工作垫板厚度。

(4) 压力机工作台面的尺寸必须大于模具下模座的外形尺寸，并且要留有安装固定的余地。但在过大的工作台面上安装过小尺寸的冲模时，对工作台的受力条件也是不利的。

四、冷冲压模具

1. 模具的分类

冷冲模的种类和结构形式很多，为研究方便，可以按照不同的特征进行分类。

1) 按冲压工序分类　可分为冲裁模(包括落料模、切边模、冲孔模等各种分离工序模具)、弯曲模、拉深模、成形模、整形模等。

2) 按工序组合分类　可分为单工序模、连续模、复合模等。

单工序模是指在压力机的一次行程下，只完成一道工序的冲模。

连续模又称级进模，是一种连续单制组合而成的模具。在模具的工件部位，分成若干个等距离工位，条料沿各工位连续冲压后，便完成各种不同工序的冲压。

复合模是利用压力机的一次行程，在模具同一位置完成两道以上工序的冲模。

3) 按模具导向形式分类　可分为敞开模、导柱模、导板模等。

敞开模是指无导向的冲模。

导柱模是指模具上、下模由导柱、导套进行导向。

导板模是指利用导板进行导向的冲模。

2. 模具的结构

模具的结构十分复杂，可以拆分成若干个零部件，根据这些零部件在模具使用过程中的作用不同，大致可以分为工艺部件和结构部件两部分。

1) 工艺部件　直接参与模具完成冲压工艺过程并和坯料直接发生作用的这类零部件就是工艺部件，它可分为工作零件(凸模、凹模、凸凹模等)、定位零件(定位板、定位销、挡料销、导正销、导尺、侧刃等)、压卸料及出件零部件(卸料板、推件装置、顶件装置、压边圈、弹簧、橡胶垫等)三部分。

2) 结构部件　结构部件就是模具上除工艺部件外保证模具完成工艺过程及完善模具功能作用的零部件，可分为导向零件(导柱、导套、导板等)、固定零件(上模座、下模座、模柄、凸凹模固定板、垫板、限位器等)，以及紧固用、连接用零件(螺钉、销钉、键等)三部分。

3. 模具的装卸

在生产中，模具的装卸要尽量做到定机定向(指定压力机和进出料方向)，调整模具前，要熟悉压力机和模具的结构与性能，而且要严格执行安全操作规程。如图 1-13 所示为模具在冲压设备上的位置。

首先，检查压力机上的顶料装置，将挡头螺钉暂时调整到最高位置，以免在调整压力机闭合高度时发生撞击；检查模具的闭合高度与压力机装模高度是否匹配；检查下模顶料杆与上模顶料杆是否符合压力机打料装置的要求(大型压力机则应检查气垫)；将垫板和滑块底面油污揩拭干净，并检查有无异物，防止影响正确的安装和发生意外事故。

根据冲模的闭合高度调整压力机的装模高度，使滑块在下死点时底面与工作台面的距离大于冲模的闭合高度。先将滑块升到上死点，将模放在压力机工作中的规定位置上，再将滑块降到下死点，然后调节滑块的高度，使其底平面与冲模上模座的上平面接触或者接近。注意，此时将滑块从上死点向下死点移动时，不能使用一般的冲压工件运动形式。对于刚性离合器压力机，常用手扳动飞轮，使滑块慢速移到最下位置；对于摩擦离合器压力机，则用点动方式，使滑块逐渐靠近下死点；有些压力机上装备有微动装置，可以使滑块微动向下或者向上，操作特别方便。在滑块接近下死点时，对带有模柄的冲模应使模柄进入模柄孔，并且夹持块紧固；对于无模柄的大型冲模，一般用螺钉将上模紧固在压力机滑块上，同时将下模初步固定在压力机工作台上。将压力机滑块再上调 3～5 mm，开动压力机，空行程 1～2 次，然后将滑块停下来，紧固住所有螺钉。若无导柱导套，则需在上下模对准后，方可紧固安装螺钉。

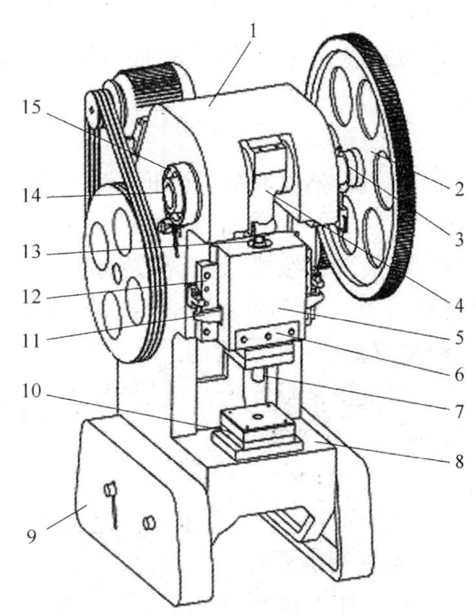

图 1-13 模具在曲柄压力机上的安装

1—床身；2—大齿轮；3—离合器；4—连杆；5—滑块；6—压块；7—模具(上模部分)；8—工作台；9—底座；10—模具(下模部分)；11—横杆；12—导轨；13—调节螺杆；14—曲轴；15—制动器

进行试冲，并逐步调整滑块的闭合高度，逐步调整顶料装置和顶料位置。

五、冲压设备管理及日常维护

1. 操作工人职责

(1) 为了延长设备的使用寿命，必须根据设备所处的工作条件及结构性能特点掌握优劣的规律。

(2) 创造适合设备工作的环境条件，遵守正确合理的使用方法和允许的工作规范，控制设备的负荷和持续工作时间，精心维护设备。

(3) 做好设备的维护工作，及时处理随时发生的各种问题，改善设备的运行条件，防患于未然，避免不应有的损失。

(4) 对所操作的设备运行情况、工作性能、磨损程度进行校验。

(5) 落实“三好(管好、用好、修好)”、“四会(会使用、会维护、会检查、会排除故障)”原则。

(6) 严格实行“定人定机”，确保正确使用设备、保证日常维护工作的落实。

(7) 润滑工作保证“五定(定点、定质、定量、定期、定人)”、“三过滤(入库过滤、发放过滤、加油过滤)”原则。

(8) 关键、重点设备要做好运行记录与点检工作。

2. 冲剪压设备的日常维护标准

(1) 清洗机床外表及各罩盖保持清洁、无锈蚀、无黄袍，做到漆见本色铁见光。

(2) 检查补齐螺钉、螺母、手柄并紧固。

(3) 检查补齐各润滑点油杯，清洗各润滑油路滤油网，做到油路畅通，油管整齐牢固，杜绝漏油。

(4) 飞轮轴、轴承离合器、主轴承、齿轮轴轴承、滚轮轴轴承的加油润滑。

(5) 导轨清洁见光后，再加注润滑油。

(6) 滑动轴承座和凸轮槽油质，保持良好。

(7) 调整皮带紧松，检查离合器和弹簧，保持安全可靠，检查调整工作台、滑块导轨压板，检查气压、液压、转动机、油水分离器、油雾器，此项可在维修工指导下进行。

(8) 检查电器箱、电动机、电器装置，做到牢固、安全、可靠。

(9) 调整安全限位装置，达到牢固、安全、标准。

3. 每日工作要求

开始工作前：

(1) 收拾工作地点；在压力机上及压力机附近，周围与工作无关的物件必须收拾干净，并将工件及毛坯摆放合适。

(2) 检查压力机摩擦部分及润滑部分有无磨损现象，油杯应灌满润滑油。

(3) 检查冲模安装是否准确可靠，刃口有无裂纹、凹痕及缺口现象。

(4) 一定要在离合器脱开后，才可以开动电动机。

(5) 试验制动器、离合器、操纵器各部分的动作是否合适、灵活、准确可靠，并做几次空行程试冲无误后，再开始正常工作。

(6) 准备好工作中所需要的工具。

在工作时间：

(1) 定时用手动转动各部分的油杯，应注满润滑油。

(2) 不应同时冲裁两块板料。

(3) 工作时及时把工作台上的冲压件、飞边废料清除，清除时要用专用工具，严禁用手清除。

(4) 作浅拉深时，注意材料清洁，并要加润滑油。

(5) 发现压力机工作不正常时，如滑块下落、有不正常的冲击声、成品有毛刺等现象，应立即停止工作、关闭电源、寻找故障，采取妥善解决办法后再进行工作。

工作完毕后：

(1) 先使离合器脱开后关闭电源。对于有缓冲器的压力机，要放出缓冲器的空气，关闭气阀。

(2) 清除工作台上的杂物。

(3) 擦净压力机及冲模油污，并在冲模与压力机上涂保护防锈油。

(4) 做好现场卫生工作。

4. 冲压工作个人安全防护知识

(1) 正确穿戴个人防护用品（上衣塞入裤内，袖口扣紧，头发拢入帽内等）。

(2) 检查工作地点照明等设施，整理场所。

(3) 检查设备、冲模是否正常，润滑是否良好，防护罩等安全设施是否可靠、完好。确认后再开机，试机。

(4) 工作时精神集中，不打闹、说笑、吸烟、瞌睡等，头手不伸入危险区内。

(5) 更换零件或调整时，脚、手离开踏板或操作按钮。

(6) 工作中，勿使零件、材料、毛坯等触及电线。

(7) 材料、毛坯和成品按规定置放，通道严禁堵塞，保证工作场所通道畅通。

(8) 暂时离机或清理冲模及设备维护时，应关机并等设备完全停止后再离开或做清理等工作。

(9) 设备出现故障或异响应立即停机并上报车间或请修理工维修。

(10) 严禁开动他人设备或启动自己不熟悉的设备。

(11) 不私自拆除安全装置。

(12) 做好自保互保工作，严格遵守安全操作规程。

(13) 工作结束后，清理设备，整理现场，检查关闭设备及电源等工作，坚持做到"五不走(设备未维护好不走，材料和工具未清理好不走，现场未打扫干净不走，门窗、开关没关好不走，交接班不清不走)"。

任务三　常见冲压材料

【学习目标】

1. 掌握常见冲压材料的性能要求。
2. 了解常见冲压材料的类型。
3. 掌握板材的规格表示及选用方法。

冲压所用材料的性质与冲压生产的关系非常密切，直接影响冲压工艺设计、冲压件的质量和使用寿命，还影响组织均衡生产和冲压生产成本。在选定冲压件材料时，不仅要考虑使用性能，还要满足冲压加工和工艺性能需求。

一、冲压工艺对材料的基本要求

冲压所用的材料，不仅要满足产品设计的技术要求，如强度、刚度、电磁性、导热性、防腐蚀性等物理化学性能，还应当满足冲压工艺的要求和冲压后的加工要求(如切削加工、电镀、焊接等)。冲压工艺对材料的基本要求主要有以下三方面：

1. 对冲压成形性能的要求

板料的冲压成形性能是指板料对各种冲压工艺的适应能力。

对于变形工序，为了有利于冲压变形和制件质量的提高，要求材料应具良好的冲压成形性能，即良好的抗破裂性、贴模性和定形性。

对于分离工序，为了保证较好的断面质量，要求材料应具有一定的塑性，塑性又不能太好，塑性越好的材料，越不易分离。

材料的冲压成形性能与材料的强度、刚性、塑性、各向异性等力学性能密切相关。不同冲压工序对板材性能的具体要求见表1-5。

表 1-5 不同冲压工序对板材性能的具体要求

工序名称	性能要求	举例
冲裁	具有足够的塑性，在进行冲裁时板料不易开裂；材料的硬度一般应低于冲模工作部分的硬度	材质比较软的黄铜，能够得到光滑而倾斜度很小的零件断面，青铜也能达到较高的冲裁质量 硬度高的高碳钢和不锈钢，其冲裁质量不好，断面的平面度很差，且材料越厚情况越严重 材料越脆，冲裁时越容易产生撕裂。非金属材料冲裁时大多需要进行去毛刺或修整等辅助工序
弯曲	具有足够的塑性、较低的屈服极限和较高的弹性模量	含碳量不超过 0.2%的软钢、黄铜和铝等最适合弯曲工序；对于脆性较大的材料如磷青铜、弹簧钢，要求较大的弯曲半径；对于非金属材料，只有塑性较大的纸板、有机玻璃才能弯曲，一般还需要预加热（如有机玻璃一般需要加热到 60℃左右）以及较大的弯曲半径
拉深	塑性好、屈服极限低和板厚方向性系数大，板料的屈强比（σ_s/σ_b）小，板平面方向性系数小	含碳量不超过 0.14%的软钢、含铜量 68%～72%软黄铜、纯铝以及铝合金、奥氏体不锈钢常用于拉深制件的生产制造
冷挤压	高塑性、低屈服极限	铝、铜、软钢适合冷挤压

2. 对材料厚度公差的要求

材料的厚度公差应符合国家标准。因为一定的模具间隙适用于一定厚度的材料，材料厚度公差太大，不仅直接影响制件的质量，还可能导致模具和冲床的损坏。

3. 对表面质量的要求

材料的表面应光洁平整，无分层和机械性质的损伤，无锈斑、氧化皮及其他附着物。表面质量好的材料，冲压时不易破裂，不易擦伤模具，工件表面质量也好。

总之，选择材料时要认真考虑材料供应情况以及经济因素，最大限度地利用材料的冲压性能，必要时，应修改一些过高的设计要求和工艺要求，或采用代用材料。

二、板料的种类及规格

冷冲压用材料形态大部分是各种规格的板料、带料和块料。板料的尺寸较大，一般用于大型零件的冲压，规格主要有 500 mm×1 500 mm、900 mm×1 800 mm、1 000 mm×2 000 mm。对于中小型零件，多数是将板料剪裁成条料后使用。带料（又称卷料）有各种规格的宽度，展开长度可达几十米，适用于大批量生产的自动送料，材料厚度很小时也可做成带料供应。块料只用于少数钢号和价钱昂贵的有色金属的冲压，并且广泛运用于冷挤压生产。

1. 黑色金属板料

常用的黑色金属板料主要有普通碳素结构钢、优质碳素结构钢、合金结构钢、碳素工具钢、电工硅钢和不锈钢等。

对冷轧钢板，根据 GB/T 708—2006《冷轧钢板和钢带的尺寸、外形、重量及允许偏差》规定，对于厚度在 4 mm 以下的轧制薄钢板，按轧制精度（钢板厚度精度）可分为 A、B、C 三级：

A——高级精度；

B——较高精度；

C——普通精度。

对厚度 4 mm 以下的优质碳素结构钢冷轧薄钢板，根据 GB/T 13237—2008《优质碳素结构钢冷扎薄钢板和钢带》规定，按钢板表面质量可分为Ⅰ、Ⅱ、Ⅲ、Ⅳ四级。按拉深级别又分为 Z、S、P 三级：

Ⅰ——特别高级的精整表面；

Ⅱ——高级的精整表面；

Ⅲ——较高级的精整表面；

Ⅳ——普通的精整表面。

Z——最深拉深级；

S——深拉深级；

P——普通拉深级。

2. 有色金属板料或卷料

常用的有色金属板料或卷料主要有铜板（或铜带）、黄铜板和铝板（或铝带）。牌号有铜磷合金 T1、T2、T3，H68 黄铜，QSn4 - 4 - 2.5 锡青铜，1060 铝板带，1050A 铝板，1200 铝板，2A12 硬铝合金及 3A21 防锈铝等。

3. 非金属材料

冷冲压用的非金属材料主要有纸板、胶木板、橡胶板、塑料板、纤维板、皮革和云母等。

在冲压工艺资料和图样上，对材料的表示方法有特殊的规定。现以优质碳素结构钢冷轧薄板标记为例。例如，08 钢，尺寸 1.0 mm×1 000 mm×1 500 mm，较高精度，高级的精整表面，深拉深级的冷轧钢板可表示为

$$\text{钢板}\quad\frac{\text{B - 1.0} \times \text{1 000} \times \text{1 500 - GB 708—2006}}{\text{08 - Ⅱ - S - GB 13237—2008}}$$

关于部分冲压材料的牌号、规格和性能，可参阅表 1 - 6 冲压生产常用材料的力学性能。

表 1 - 6　冲压生产常用材料的力学性能

材料名称	牌号	材料状态及代号	力学性能			
			抗剪强度 τ/MPa	抗拉强度 σ_b/MPa	屈服点 σ_s/MPa	伸长率 δ/%
普通碳素钢	Q195	未经退火	255～314	315～390	195	28～33
	Q235		303～372	375～460	235	26～31
	Q275		392～490	490～610	275	15～20
碳素结构钢	08F	已退火	230～310	275～380	180	27～30
	08		260～360	215～410	200	27
	10F		220～340	275～410	190	27
	10		260～340	295～430	210	26
	15		270～380	335～470	230	25

（续表）

材料名称	牌号	材料状态及代号	力学性能			
			抗剪强度 τ/MPa	抗拉强度 σ_b/MPa	屈服点 σ_s/MPa	伸长率 δ/%
碳素结构钢	20	已退火	280～400	355～500	250	24
	35		400～520	490～635	320	19
	45		440～560	530～685	360	15
	50		440～580	540～715	380	13
不锈钢	1Cr13	已退火	320～380	440～470	120	20
	1Cr18Ni9Ti	经热处理	460～520	560～640	200	40
铝	1060、1050 A、1200	已退火	80	70～110	50～80	20～28
		冷作硬化	100	130～140	—	3～4
硬铝	2A12	已退火	105～125	150～220	—	12～14
		淬硬并经自然时效	280～310	400～435	368	10～13
		淬硬后冷作硬化	280～320	400～465	340	8～10
纯铜	T1、T2、T3	软	160	210	70	29～48
		硬	240	300	—	25～40
黄铜	H62	软	260	294～300	—	3
		半硬	300	343～460	200	20
		硬	420	≥12	—	10
	H68	软	240	294～300	100	40
		半硬	280	340～441	—	25
		硬	400	392～400	250	13

三、板料的选用

冲压材料的选用要考虑冲压件的使用要求、冲压工艺要求及经济性等。

1. 满足冲压件的使用要求

所选材料应能使冲压件在机器或部件中正常工作，并具有一定的使用寿命。为此，应根据冲压件的使用条件，使所选材料满足相应强度、刚度、韧性、耐蚀性和耐热性等方面的要求。

2. 满足冲压工艺要求

对于任何一种冲压件，所选的材料应按照其冲压工艺的要求，能被稳定地冲压成不至于出现开裂或起皱等缺陷的合格制品，这是最基本也是最重要的选材要求。为此，可采用以下方法辅助选材：

1）试冲　根据以往的生产经验及可能条件，选择几种基本能满足冲压件使用要求的板料进行试冲，最后根据结果选定没有出现开裂、褶皱等缺陷的材料。这种方法比较直观，但具有太大的盲目性。

2）对比分析 在分析冲压变形性质的基础上，把冲压成形时的最大变形程度与板料冲压成形性能所允许采用的极限变形程度进行对比，并以此为依据选取适合的板材。

另外，同一牌号或同一厚度的板材，还有热轧和冷轧之分。我国生产的板材，板厚超过4 mm的为热轧板，厚度小于4 mm的薄板一般为冷轧板，但也有热轧板。相对于热轧板，冷轧板尺寸精确，表面缺陷小、光亮，内部组织致密，冲压性能好。

3. 满足经济性要求

所选的材料在满足使用性能及冲压工艺要求的前提下，尽量价格低廉，来源方便，以降低冲压件的成本。

思考与练习

1. 什么是冷冲压加工？冲压加工常用的设备和工艺装备是什么？

2. 简述冲压工序的类型及特征，结合常见的生活冲压制品列举它们采取的工序名称。

3. 结合各种压力机的工作过程，对比其特点，归纳其应用的不同场合。

4. 某拉深件高度60 mm，直径为150 mm，需要冲压力245 kN，生产纲领为20万件/年。试确定压力机的型号、规格。

5. 如何正确地在曲柄压力机上安装模具？

6. 概述冲压设备的使用、维护准则。

7. 简述冲压板材的性能需求、类型及选用原则。

项目二　垫片冲裁工艺及模具设计

垫片是常见的机电产品，实际生产中用量比较大，其生产采用冲压工艺。如图 2-1 所示为垫片的零件图，本项目以垫片的冲裁模为学习任务，将冲裁模具理论与学习任务有机联系在一起。

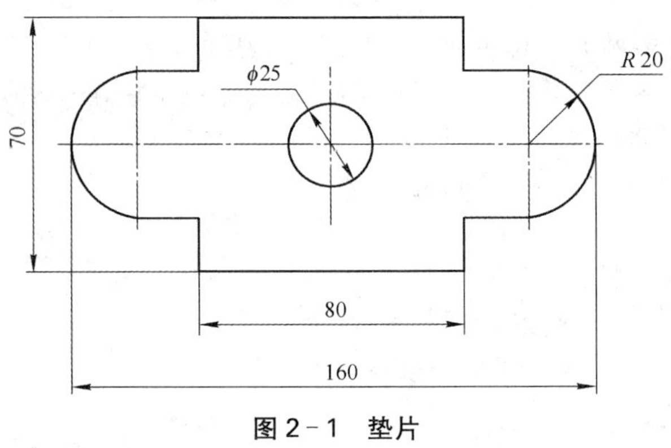

图 2-1　垫片

任务一　冲裁变形分析

【学习目标】

1. 了解冲裁变形过程。
2. 了解冲裁断面分析。
3. 了解提高冲裁件质量的方法。

一、冲裁变形过程

冲裁是利用模具使板料沿着一定的轮廓形状产生分离的一种冲压工序。根据变形机理的差异，冲裁可分为普通冲裁和精密冲裁。通常说的冲裁是指普通冲裁，它包括落料、冲孔、切口、剖切、修边等。冲裁所使用的模具称为冲裁模，如落料模、冲孔模、切边模、冲切模等。冲裁工艺与冲裁模在生产中使用广泛，它可为弯曲、拉深、成形、冷挤压等工序准备毛坯，也可直接制作零件、冲压板状零件。

冲裁工艺的种类很多，常用的有落料和冲孔。从板料上沿封闭曲线冲下所需形状的冲件称为落料；从工序件上冲出所需形状的孔（冲去部分为废料）称为冲孔。落料与冲孔的变形性质完全相同，但在进行模具设计时，模具尺寸的确定方法不同，因此，工艺上必须作为两个工序加以区分。图 2-2 所示为冲裁加工示意图。由图可见，冲裁加工必须使用模具。图中凸模端部及凹模孔口边缘的轮廓形状与工件形状对应，并有锋利的刃口。凸模刃口轮廓尺寸略小于凹模，其差值称为冲裁间隙。

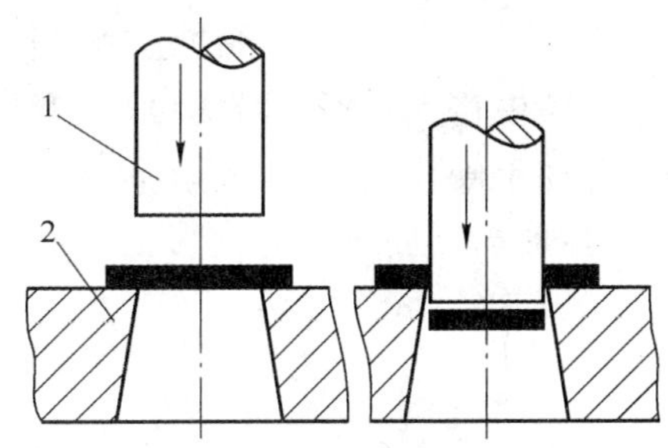

图 2-2　冲裁加工示意图

1—凸模；2—凹模

从凸模接触板料到板料相互分离的过程是瞬间完成的。当凸、凹模间隙正常时，冲裁变形过程大致可分为以下三个阶段：

1. 弹性变形阶段

如图 2-3 所示，当凸模接触板料并下压时，在凸、凹模压力作用下，板料开始产生弹性压缩、弯曲、拉伸（$AB'>AB$）等复杂变形。这时，凸模略微挤入板料，板料下部也略微挤入凹模孔口，并在与凸、凹模刃口接触处形成很小的圆角。

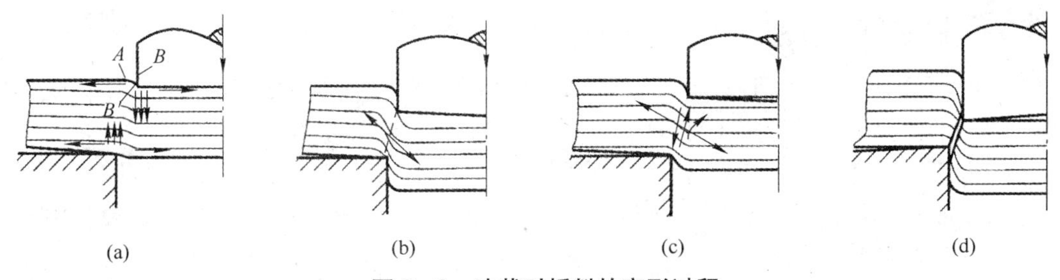

图 2-3　冲裁时板料的变形过程

(a) 弹性变形；(b) 裂纹延伸；(c) 塑性变形；(d) 断裂分离

材料越硬，凸、凹模间隙越大，穹弯越严重。随着凸模的下压，刃口附近板料所受的应力逐渐增大，直至达到弹性极限，弹性变形阶段就结束。

2. 塑性变形阶段

当凸模继续下压，使板料变形区的应力达到塑性条件时，便进入塑性变形阶段。这时，凸模挤入板料和板料挤入凹模的深度逐渐增大，产生塑性剪切变形，形成光亮的剪切断面。随着凸模的下降，塑性变形程度增加，变形区材料硬化加剧，变形抗力不断上升，冲裁力也相应增大，直到刃口附近的应力达到抗拉强度时，塑性变形阶段便告终。由于凸、凹模之间间隙的存在，此阶段中冲裁变形区还伴随有弯曲和拉伸变形，且间隙越大，弯曲和拉伸变形越大。

3. 断裂分离阶段

当板料内的应力达到抗压强度后，凸模再向下压入时，在板料上与凸、凹模刃口接触的部位先产生微裂纹。裂纹的起点一般在距刃口很近的侧面，且一般首先在凹模刃口附近的侧面产生，继而才在凸模刃口附近的侧面产生。随着凸模的继续下压，已产生的上、下微裂纹将沿最大切应力方向不断地向板料内部扩展，当上、下裂纹重合时，板料便被剪断分离。随后，凸模将分离的材料推入凹模孔口，冲裁变形过程便告结束。

由上述冲裁变形过程的分析可知，冲裁过程的变形是很复杂的。冲裁变形是在以凸、凹模刃口连线为中心而形成纺锤形区域(图 2－4a),即从模具刃口向板料中心变形区逐步扩大。凸模挤入材料一定深度后,变形区域也同样按纺锤形区域来考虑,但变形区被此前已变形并加工硬化的区域所包围(图 2－4b)。其变形性质是以塑性剪切变形为主,还伴随有拉伸、弯曲与模向挤压等变形。

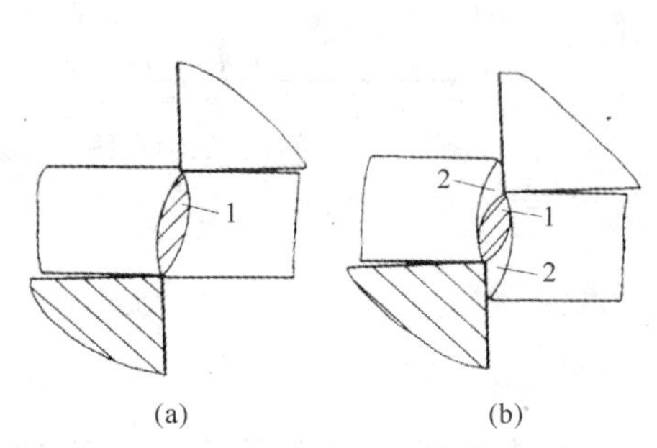

图 2－4 冲裁变形区

(a) 初始冲裁;(b) 切入板料
1—变形区;2—已变形区

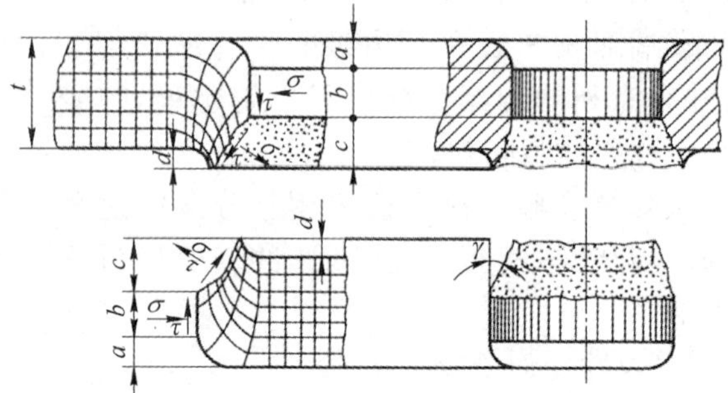

图 2－5 冲裁区应力、变形情况及冲裁断面状况

二、冲裁断面分析

冲裁变形区的应力与变形情况和冲裁断面状况如图 2－5 所示。由于冲裁件的变形特点,冲裁件的断面具有四个明显的特征区,即圆角带、光亮带、断裂带和毛刺区。

1) 圆角带 a 它是由于冲裁过程中刃口附近的材料被牵连拉入变形(弯曲和拉伸)的结果。

2) 光亮带 b 它是紧挨圆角带并与板平面垂直的光亮部分,是在塑性变形阶段凸模(或凹模)挤压切入材料后,材料受刃口侧面的剪切和挤压作用形成的。光亮带越宽,说明断面质量越好。正常状况下,普通冲裁的光亮带占全断面的 1/3～1/2。

3) 断裂带 c 它是表面粗糙且带有锥度的部分,是由于刃口附近的微裂纹在拉应力作用下不断扩展断面形成的。因断裂带都是向材料体内倾斜,所以对一般应用的冲裁件并不影响其使用性能。

4) 毛刺区 d 毛刺是由于裂纹的起点不在刃口,而是在刃口附近的侧面而自然形成的。普通冲裁的毛刺都是不可避免的,但间隙合适时,毛刺的高度很小,易于除去。毛刺影响冲裁件的外观、手感和使用性能,因此冲裁件总是希望毛刺区越小越好。

三、提高冲裁件质量的方法

冲裁件的四个特征区域在整个断面上各占的比例是变化的。要提高冲裁件的质量,就要增大光面的宽度,缩小塌角和毛刺高度,并减小冲裁件翘曲。主要途径是:

1. 合理选择材料

塑性差的材料,断裂倾向严重,毛面增宽,而光面、塌角所占的比例较小,毛刺也较小。反之,塑性较好的材料,光面所占的比例较大,塌角和毛刺也较大,而毛面则小一些。

2. 合理选择冲裁间隙

冲裁间隙是指冲裁模中凸、凹模刃口之间的间隙,它是影响冲裁件质量的主要因素。间隙合适时,断面质量较好,一般尽可能采用合理间隙的下限值。

3. 保持模具刃口锋利

当凸、凹模刃口磨钝后，因挤压作用增大，冲裁件的圆角和光面增大。同时，因产生的裂纹偏离刃口较远，故即使间隙合理，也将在冲裁件上产生明显的毛刺。实践表明，当凸模刃口磨钝时，会在落料件上产生明显的毛刺；当凹模刃口磨钝时，会在冲孔件的孔口下端产生明显毛刺；当凸、凹模刃口均磨钝时，则会在落料件的上端和冲孔件的下端都会产生毛刺。因此，凸、凹模磨钝后，应及时修磨凸、凹模工作断面，使刃口保持锋利状态。

要说明的是，普通冲裁方法所得冲裁件的断面质量和尺寸精度都不太高。一般金属冲裁件所能达到的经济精度为 IT14～IT11，高的也只能达到 IT10～IT8，厚料比薄料更差。若要进一步提高冲裁件的质量，则要在普通冲裁的基础上增加整形工序或采用精密冲裁方法。

任务二　冲裁模具的间隙

【学习目标】

1. 了解冲裁间隙的定义。
2. 了解冲裁间隙对冲裁工艺的影响。
3. 了解冲裁合理间隙值的确定。

一、冲裁间隙的定义

冲裁间隙是指冲裁模中凸、凹模刃口横向尺寸的差值。凸模与凹模间每侧的间隙称为单面间隙，用 $Z/2$ 表示；两侧间隙之和称为双面间隙，用 Z 表示。其值可为正，也可为负，但在普通冲裁中，均为正值。如无特殊说明，冲裁间隙都是指双面间隙。

冲裁间隙的数值等于凸、凹模刃口尺寸的差值，如图 2－6 所示，即

$$Z = D_d - d_p \tag{2-1}$$

式中　D_d——凹模刃口尺寸；

d_p——凸模刃口尺寸。

冲裁间隙是冲裁工艺与冲裁模设计中一个非常重要的工艺参数。

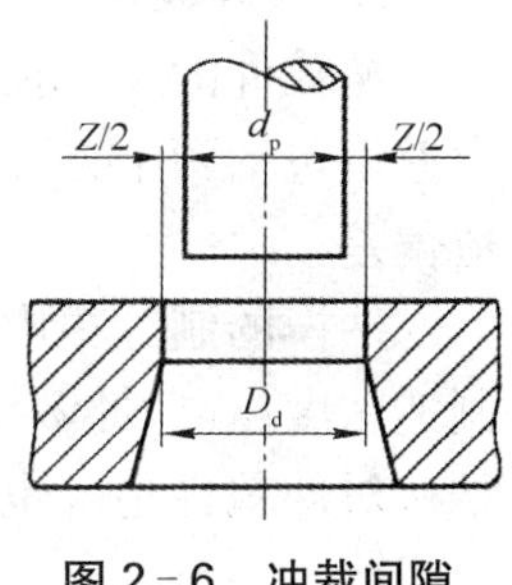

图 2－6　冲裁间隙

二、冲裁间隙对冲裁工艺的影响

冲裁间隙对冲裁过程有很大的影响，不仅对冲裁件质量起决定性作用，而且对模具寿命和冲压力也有较大的影响。

(一) 冲裁间隙对冲裁件质量的影响

冲裁件的质量是指冲裁件的断面状况、尺寸精度和形状误差。冲裁件的断面应尽可能垂直、光滑、毛刺小；尺寸精度应保证在图样规定的公差范围以内；冲裁件外形应符合图样要求，表面尽可能平直。

1. 对断面质量的影响

冲裁间隙合适时，上、下刃口处产生的剪切裂纹基本重合，这时光面占板厚的 1/3～1/2，塌角、毛刺和毛面斜角均较小，断面质量较好，如图 2－7a 所示。

当冲裁间隙过小时，凸模刃口处的裂纹相对凹模刃口处的裂纹向外错开，上、下裂纹不重合，材料将发生二次剪裂，上裂纹表面压入凹模时受到凹模壁的挤压产生第二光面，同时部分材料被挤出，在表面形成薄而高的毛刺，如图 2－7b 所示。当间隙过大时，材料的弯曲与拉伸增大，拉应力增大，易产生裂纹，塑性变形阶段较早结束，致使断面光面减小，毛面增大，塌角、毛刺区也较大。

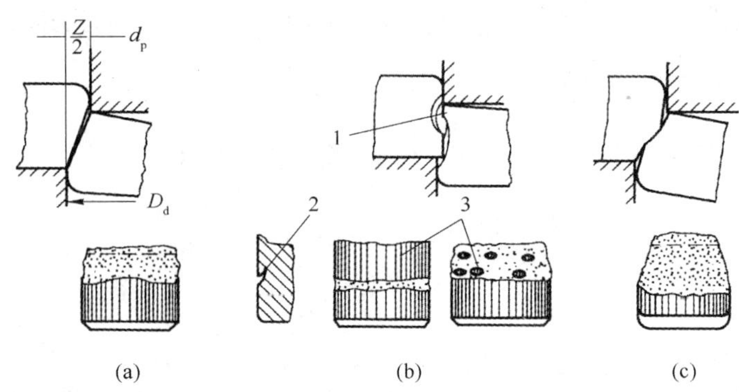

图 2－7 冲裁间隙对断面质量影响

1—二次剪切部分；2—潜伏裂纹；3—第二光面

同时，上、下裂纹不重合，凸模刃口处的裂纹相对凹模刃口处的裂纹向内错开了一段距离，致使毛面斜角增大，断面质量不理想，如图 2－7c 所示。由于模具制造或装配的误差，往往造成模具间隙不均，可能在凸、凹模之间存在间隙合适、间隙过小和间隙过大几种情况，因而将在冲裁件断面上分布着上述各种情况的断面。

2. 对冲裁件尺寸精度的影响

冲裁件的尺寸精度是指冲裁件实际尺寸与基本尺寸的差值，差值越小，则精度越高。这个差值包括两个方面的偏差，一是冲裁件相对于凸模或凹模尺寸的偏差；二是模具本身的制造偏差。

冲模的制造精度（主要是凸、凹模制造精度）对冲裁件尺寸精度有直接的影响。冲模的制造精度越高，冲裁件的精度亦越高。冲模制造精度与冲裁件精度的关系见表 2－1。冲模结构对冲裁件精度也有较大影响。

表 2－1 冲模制造精度与冲裁件精度的关系

冲模制造精度	冲裁件精度											
	材 料 厚 度 t/mm											
	0.5	0.8	1.0	1.5	2	3	4	5	6	8	10	12
IT6～IT7	IT8	IT8	IT9	IT10	IT10	—	—	—	—	—	—	—
IT7～IT8	—	IT9	IT10	IT10	IT12	IT12	IT12	—	—	—	—	—
IT9	—	—	—	IT12	IT12	IT12	IT12	IT12	IT14	IT14	IT14	IT14

冲裁件相对于凸、凹模尺寸的偏差，主要是冲裁材料所受的挤压、拉伸和翘曲变形，都要在冲裁结束后产生弹性回复，当冲裁件从凹模内推出（落料）或从凸模上卸下（冲孔）时，相对于凸、凹模的尺寸就会产生偏差。

凸、凹模冲裁间隙 Z 对冲裁件尺寸精度（δ 为冲裁件相对于凸、凹模尺寸的偏差）影响的一般规律如图 2－8 所示。从图中可以看出，当冲裁间隙较大时，材料所受拉伸作用增大，冲裁后因材料的弹性回复使落料件尺寸小于凹模刃口尺寸，冲孔件孔径大于凸模刃口尺寸；当冲裁间隙较小时，则由于材料受凸、凹模侧面挤压力增大，故冲裁后材料的弹性回复使落料尺寸增大，冲孔孔径尺寸减小；当冲裁间隙为某一恰当值（即曲线与横轴的交点）时，冲裁件尺寸与凸、凹模尺寸完全一样，这时 $\delta=0$。

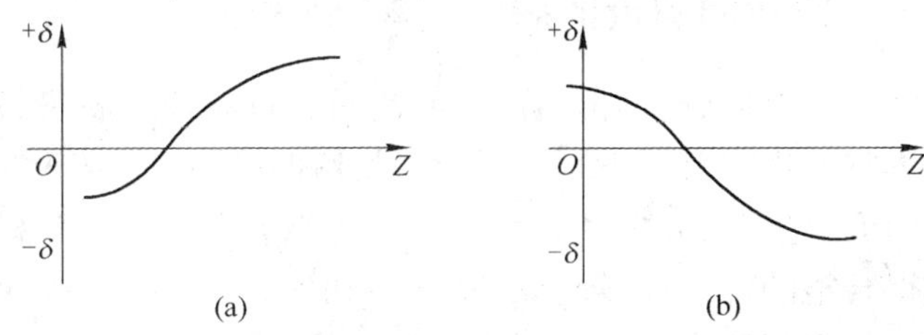

图 2－8　冲裁间隙对冲裁件尺寸精度的影响

(a) 冲孔；(b) 落料

材料性质直接决定了该材料在冲裁过程中的弹性变形量。对于比较软的材料，弹性变形量较小，冲裁后的弹性恢复量亦较小，因而冲裁件的精度较高。硬的材料则情况正好相反。

材料的相对厚度 t/D（t 为冲裁件材料的厚度，D 为冲裁件外径）越大，弹性变形量越小，因而冲裁件的精度越高。

冲裁件形状越简单，尺寸越小，则精度越高。这是因为模具精度易于保证，间隙均匀，冲裁件翘曲小，以及冲裁件的弹性变形绝对量小的缘故。

（二）冲裁间隙对模具寿命的影响

模具寿命通常是用模具失效前所冲得的合格冲裁件数量来表示。冲裁模的失效形式一般有磨损、变形、崩刃和凹模胀裂。冲裁间隙是影响模具寿命诸多因素中最主要的因素之一，间隙大小主要对模具的磨损及凹模的胀裂产生较大影响。

在冲裁过程中，由于材料的弯曲变形，材料对模具的反作用力主要集中在凸、凹模刃口部分。如果间隙小，垂直冲裁力和侧向挤压力将增大，摩擦力也增大，且间隙小时，光面变宽，摩擦距离增大，摩擦发热严重，所以小间隙将使凸、凹模刃口磨损加剧，甚至使模具与材料之间产生黏结现象，严重的还会产生崩刃。另外，小间隙还易产生小凸模折断，凸、凹模相互啃刃等异常现象。凸、凹模磨损后，其刃口处形成圆角，冲裁件上就会出现不正常的毛刺，且因刃口尺寸发生变化，冲裁件的尺寸精度也降低，模具寿命降低。因此，为了减少模具的磨损，延长模具使用寿命，在保证冲裁件质量的前提下，应选用较大的间隙值。若采用小间隙，就必须提高模具硬度和精度，减小模具表面粗糙度值，提供良好润滑，以减少磨损。

（三）冲裁间隙对冲裁工艺力的影响

随着冲裁间隙的增大，材料所受的拉应力增大，容易断裂分离，因此冲裁力减小。通常冲裁力的降低并不明显，当单面间隙为材料厚度的 5%～20%时，冲裁力降低不超过 5%～10%。因此，在正常情况下，间隙对冲裁力的影响不是很大。

冲裁间隙对卸料力、顶件力、推件力的影响比较显著。由于间隙的增大，使冲裁件的光面变窄，材料弹性回复使落料件尺寸小于凹模尺寸，冲孔件尺寸大于凸模尺寸，因而使卸料力、推件力或顶件力随之减小。一般当单面间隙增大到材料厚度的 5%～20%时，卸料力几乎降为零。

三、冲裁间隙值的确定

由上述分析可以看出，冲裁间隙对冲裁件质量、冲压力、模具寿命等都有很大的影响，但影响的规律有所不同。因此，设计模具时一定要选择一个合理的冲裁间隙，以保证冲裁件的断面质量、尺寸精度等满足产品的要求，冲裁力小，模具寿命长。在冲压实际生产中，为了获得合格的冲裁件、较小的冲压力和保证模具有一定的寿命，给冲裁间隙值规定一个范围，这个间隙值范围就称为合理间隙。只要间隙在这个范围内，就可以冲出良好的制件，这个范围的最小值称为最小合理间隙(Z_{min})，最大值称为最大合理间隙(Z_{max})，考虑到冲裁模具在使用过程中会逐渐磨损，间隙会增大，因此在设计和制造新模具时，应采用最小合理间隙。

确定凸、凹模合理间隙的方法有理论确定法和经验确定法两种。

1. 理论确定法

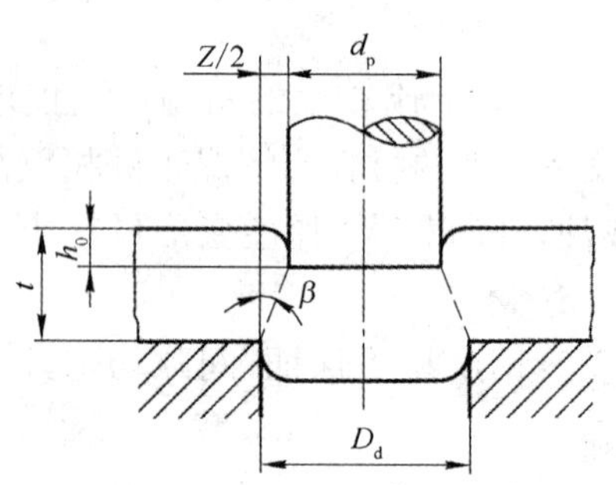

图 2-9　冲裁产生裂纹的瞬时状态

用理论法确定合理间隙值，是根据凸、凹模刃口处产生的上、下裂纹相互重合的原则进行计算。图 2-9 所示为冲裁过程中开始产生裂纹的瞬时状态，根据图中三角形的几何关系，可求得间隙 Z 的计算公式为

$$Z = 2t(1 - h_0/t)\tan\beta \qquad (2-2)$$

式中　t——材料厚度；

h_0——产生裂纹时凸模挤入材料的深度；

h_0/t——产生裂纹时凸模挤入材料的相对深度；

β——剪裂纹与垂线间的夹角。

由上式可以看出，合理间隙与材料厚度 t、相对挤入深度 h_0/t 及裂纹角 β 有关，而 h_0/t 与 β 及材料性质有关，见表 2-2。因此，影响间隙值的主要因素是材料性质和厚度。厚度越大、塑性越差的材料，其合理间隙值就越大；反之，厚度越薄、塑性越好的材料，其合理间隙值就越小。

表 2-2　h_0/t 与 β 值

材　料	h_0/t		β/°	
	退火	硬化	退火	硬化
软铜、纯铜、软黄铜	0.5	0.35	6	5
中硬钢、硬黄铜	0.3	0.2	5	4
硬钢、硬青铜	0.2	0.1	4	4

理论确定法在生产中使用不方便，主要用来分析间隙与上述几个因素之间的关系。实际生产中广泛采用经验确定法来确定间隙值。

2. 经验确定法

经验确定法是根据经验数据来确定间隙值。有关间隙值的经验数值，可在一般冲压手册中查到，选用时结合冲裁件的质量要求和实际生产条件考虑。

这里推荐两种实用间隙表供设计时参考：对于尺寸精度、断面垂直度要求高的工件宜选用小间隙(表 2-3)；对于尺寸精度、断面垂直度要求不高的工件，应以降低冲裁力、提高模具寿命为主，可采用较大的间隙值(表 2-4)。

表 2-3　冲裁模初始用双面间隙 Z(一)　(mm)

材料厚度 t	软铝		纯铜、黄铜、软钢 $\omega_c=0.08\%\sim0.2\%$		杜拉铝、中等硬钢 $\omega_c=0.3\%\sim0.4\%$		硬钢 $\omega_c=0.5\%\sim0.06\%$	
	Z_{min}	Z_{max}	Z_{min}	Z_{max}	Z_{min}	Z_{max}	Z_{min}	Z_{max}
0.2	0.008	0.012	0.010	0.014	0.012	0.016	0.014	0.018
0.3	0.012	0.018	0.015	0.021	0.018	0.024	0.021	0.027
0.4	0.016	0.024	0.020	0.028	0.024	0.032	0.028	0.036
0.5	0.020	0.030	0.025	0.035	0.030	0.040	0.035	0.045
0.6	0.024	0.036	0.030	0.042	0.036	0.048	0.042	0.054
0.7	0.028	0.042	0.035	0.049	0.042	0.056	0.049	0.063
0.8	0.032	0.048	0.040	0.056	0.048	0.064	0.056	0.072
0.9	0.036	0.054	0.045	0.063	0.054	0.072	0.063	0.081
1.0	0.040	0.060	0.050	0.070	0.060	0.080	0.070	0.090
1.2	0.050	0.084	0.072	0.096	0.084	0.108	0.096	0.120
1.5	0.075	0.105	0.090	0.120	0.105	0.135	0.120	0.150
1.8	0.090	0.126	0.108	0.144	0.126	0.162	0.144	0.180
2.0	0.100	0.140	0.120	0.160	0.140	0.180	0.160	0.200
2.2	0.132	0.176	0.154	0.198	0.176	0.220	0.198	0.242
2.5	0.150	0.200	0.175	0.225	0.200	0.250	0.225	0.275
2.8	0.168	0.224	0.196	0.252	0.224	0.280	0.252	0.308
3.0	0.180	0.240	0.210	0.270	0.240	0.300	0.270	0.330
3.5	0.245	0.315	0.280	0.350	0.315	0.385	0.350	0.420
4.0	0.280	0.360	0.320	0.400	0.360	0.440	0.400	0.480
4.5	0.315	0.405	0.360	0.450	0.405	0.490	0.450	0.540
5.0	0.350	0.450	0.400	0.500	0.450	0.550	0.500	0.600
6.0	0.480	0.600	0.540	0.660	0.600	0.720	0.660	0.780
7.0	0.560	0.700	0.630	0.770	0.700	0.840	0.770	0.910
8.0	0.720	0.880	0.800	0.960	0.880	1.040	0.960	1.120
9.0	0.870	0.990	0.900	1.080	0.990	1.170	1.080	1.260
10.0	0.900	1.100	1.000	1.200	1.100	1.300	1.200	1.400

注：1. 初始间隙值的最小值相当于间隙的公称数值。
2. 初始间隙的最大值是考虑到凸模和凹模的制造公差所增加的数值。
3. 在使用过程中，由于模具工作部分的磨损，间隙将有所增加，因而间隙的使用最大数值要超过表中数值。
4. 本表适用于尺寸精度和断面质量要求较高的冲裁件。

表 2-4 冲裁模初始用双面间隙 Z(二) (mm)

材料厚度 t	08、10、35 09Mn2、Q235		Q345		40、50		65Mn	
	Z_{min}	Z_{max}	Z_{min}	Z_{max}	Z_{min}	Z_{max}	Z_{min}	Z_{max}
<0.5	极 小 间 隙							
0.5	0.040	0.060	0.040	0.060	0.040	0.060	0.040	0.060
0.6	0.048	0.072	0.048	0.072	0.048	0.072	0.048	0.072
0.7	0.064	0.092	0.064	0.092	0.064	0.092	0.064	0.092
0.8	0.072	0.104	0.072	0.104	0.072	0.104	0.064	0.092
0.9	0.090	0.126	0.090	0.126	0.090	0.126	0.090	0.126
1.0	0.100	0.140	0.100	0.140	0.100	0.140	0.090	0.126
1.2	0.126	0.180	0.132	0.180	0.132	0.180		
1.5	0.132	0.240	0.170	0.240	0.170	0.240		
1.75	0.220	0.320	0.220	0.320	0.220	0.320		
2.0	0.246	0.360	0.260	0.380	0.260	0.380		
2.1	0.260	0.380	0.280	0.400	0.280	0.400		
2.5	0.360	0.500	0.380	0.540	0.380	0.540		
2.75	0.400	0.560	0.420	0.600	0.420	0.600		
3.0	0.460	0.640	0.480	0.660	0.480	0.660		
3.5	0.540	0.740	0.580	0.780	0.580	0.780		
4.0	0.640	0.880	0.680	0.920	0.680	0.920		
4.5	0.720	1.000	0.680	0.960	0.780	1.040		
5.5	0.940	1.280	0.780	1.100	0.980	1.320		
6.0	1.080	1.440	0.840	1.120	1.140	1.500		
6.5			0.940	1.130				
8.0			1.200	1.680				

注：1. 冲裁皮革、石棉和纸板时，间隙取 08 钢的 25%。
2. 本表适用于尺寸精度和断面质量要求不高的冲裁件。

任务三 冲裁模刃口尺寸计算

【学习目标】

1. 了解凸、凹模刃口尺寸计算的基本原则。
2. 掌握凸、凹模刃口尺寸的计算。

一、凸、凹模刃口尺寸计算的基本原则

冲裁件的尺寸精度主要决定于凸、凹模刃口的尺寸精度，模具的合理间隙值也是靠凸、凹模刃口尺寸及其公差来保证。因此，正确确定凸、凹模尺寸及其公差，是冲裁模设计的主要任务之一。

在冲裁尺寸的测量和使用中，都是以光面的尺寸为基准。由前述冲裁过程可知，由于在冲裁时凸、凹模之间存在间隙，使冲裁件的断面带有锥度。落料件的光面是凹模刃口挤切材料产生的，而孔的光面是凸模挤切材料产生的。所以，在计算刃口尺寸时，应按落料和冲孔两种情况分别考虑，其遵循的原则如下：

(1) 落料时，因落料件光面尺寸与凹模尺寸相等或基本一致，应先确定凹模刃口尺寸，即以凹模刃口尺寸为基准。又因落料件尺寸会随凹模刃口的磨损而增大，为保证凹模磨损到一定程度仍能冲出合格零件，故凹模基本尺寸应取落料件尺寸公差范围内的较小尺寸。落料凸模的基本尺寸则是在凹模基本尺寸上减去最小合理间隙。

(2) 冲孔时，因孔的光面尺寸与凸模刃口尺寸相等或基本一致，应先确定凸模刃口尺寸，即以凸模刃口尺寸为基准。又因冲孔的尺寸会随凸模刃口的磨损而减小，故凸模基本尺寸应取冲件孔尺寸公差范围内的较大尺寸。冲孔凹模的基本尺寸是在凸模基本尺寸上加上最小合理间隙。

(3) 确定凸、凹模刃口的制造公差时，应考虑冲裁件的尺寸公差要求。如果对刃口尺寸精度要求过高，会使模具制造困难，成本增加，生产周期延长；若冲模制造公差过大，冲出的工件可能不合格，模具寿命短。一般来说，模具制造精度比制件精度高 3～4 级。对于形状简单的圆形、方形刃口，其精度可按 IT6～IT7 级制造，或者查表 2-5。冲压件的尺寸公差应按照“入体”原则进行标注，即落料件上偏差为零，下偏差为负；冲孔件下偏差为零，上偏差为正。

表 2-5 规则形状(圆形、方形)冲裁时凸、凹模的制造公差 (mm)

基本尺寸	凸模偏差 δ_p	凹模偏差 δ_d	基本尺寸	凸模偏差 δ_p	凹模偏差 δ_d
≤18	0.020	0.020	>180～260	0.030	0.045
>18～30	0.020	0.025	>260～360	0.035	0.050
>30～80	0.020	0.030	>360～500	0.040	0.060
>80～120	0.025	0.035	>500	0.050	0.070
>120～180	0.030	0.040			

二、凸、凹模刃口尺寸的计算

由于模具加工方法不同，凸、凹模刃口部分尺寸的计算方法也不同，一般可分为两类。

1. 凸、凹模分开加工法

凸、凹模分开加工是指凸模与凹模分别按照各自图样上标注的尺寸公差进行加工，冲裁间隙由凸、凹模刃口尺寸及公差来保证。主要适用于简单规则形状(圆形、方形或矩形)的冲

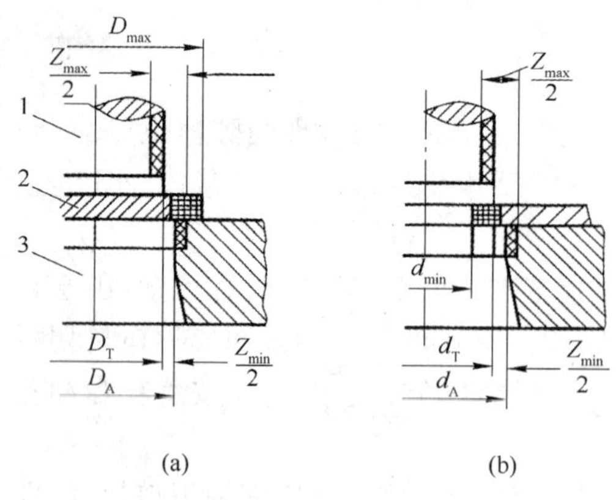

▨ —— 凸、凹模制造公差

▦ —— 工件公差

图 2-10　落料、冲孔时各部分尺寸及公差的分布状态

(a) 落料；(b) 冲孔

1—凸模；2—工件；3—凹模

件。分开加工法具有凸、凹模互换性，制造周期短，便于成批制造等优点。其缺点是模具的制造公差小，模具制造困难，成本较高，特别是单件生产时，采用这种方法更不经济。凸、凹模刃口与冲件尺寸及公差分布情况如图 2-10 所示。

分开加工法计算公式如下：设落料件的外形尺寸为 D，冲孔件内孔尺寸为 d，根据刃口尺寸计算原则，可得

落料时：

$$D_d = (D_{max} - x\Delta)^{+\delta_d}_{0} \tag{2-3}$$

$$D_p = (D_d - Z_{min})^{0}_{-\delta_p} = (D_{max} - x\Delta - Z_{min}) \tag{2-4}$$

冲孔时：

$$d_p = (d_{min} + \Delta x)^{0}_{-\delta_p} \tag{2-5}$$

$$d_d = (d_p + Z_{min})^{+\delta_d}_{0} = (d_{min} + x\Delta + Z_{min}) \tag{2-6}$$

式中 D_d、D_p——落料凸、凹模刃口尺寸(mm)；

d_p、d_d——冲孔凸、凹模刃口尺寸(mm)；

D_{max}——落料件的最大极限尺寸(mm)；

Δ——冲件的制造公差(mm)，若冲件为自由尺寸，可按 IT14 级精度处理；

Z_{min}——最小合理间隙(mm)；

δ_p、δ_d——凸、凹模的制造公差(mm)，可查表 2-5，或取 $\delta_p \leqslant 0.4(Z_{max} - Z_{min})$，$\delta_d \leqslant 0.6(Z_{max} - Z_{min})$；

x——磨损系数，x 值在 0.5～1 之间，它与工件精度有关，可查表 2-6 或按下列关系选取：工件精度为 IT10 以上，$x = 1$；工件精度为 IT11～IT13，$x = 0.75$；工件精度为 IT14 以下，$x = 0.5$。

表 2-6　磨损系数 x

料厚 t/mm	非圆形冲件			圆形冲件	
	1	0.75	0.5	0.75	0.5
	冲件公差 Δ/mm				
1	<0.16	0.17～0.35	≥0.36	<0.16	≥0.16
1～2	<0.20	0.21～0.41	≥0.42	<0.20	≥0.20
2～4	<0.24	0.25～0.49	≥0.50	<0.24	≥0.24
>4	<0.30	0.31～0.59	≥0.60	<0.30	≥0.30

采用凸、凹模分开加工时，因要分别标注凸、凹模刃口尺寸与制造公差，所以无论是冲孔还是落料，为了保证间隙值，凸、凹模的制造公差必须满足下列条件：

$$\delta_p + \delta_d \leqslant Z_{max} - Z_{min} \tag{2-7}$$

如果 $\delta_p + \delta_d > Z_{max} - Z_{min}$，可以取 $\delta_p = 0.4(Z_{max} - Z_{min})$，$\delta_d = 0.6(Z_{max} - Z_{min})$。如果 $\delta_p + \delta_d \gg Z_{max} - Z_{min}$，则应采用凸、凹模配作加工法。

例 2－1　冲裁如图 2－11 所示垫圈零件，材料为 08 钢，料厚 $t = 1$ mm，计算凸、凹模刃口尺寸及公差。

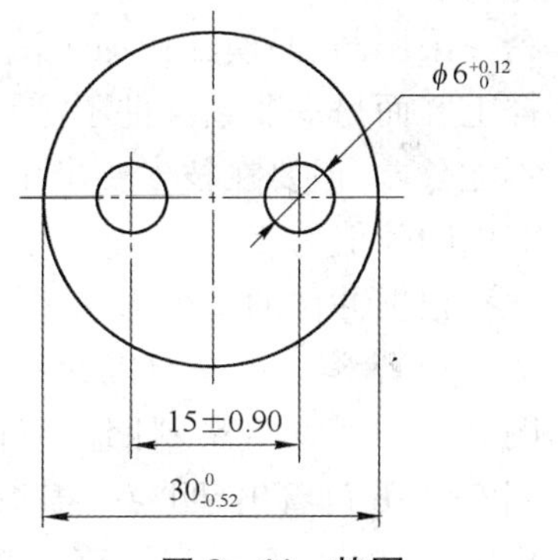

图 2－11　垫圈

解　由图可知，该零件为一般冲孔、落料件，无特殊要求，外形 $\phi30$ 尺寸由落料获得，内形 $\phi6$ 和 15 尺寸由冲孔获得，工件内外形公差均为 IT14。查表 2－4 得，$Z_{min} = 0.100$ mm，$Z_{max} = 0.140$ mm。

（1）落料（$\phi30_{-0.52}^{\ 0}$）

$$D_d = (D_{max} - x\Delta)^{+\delta_d}_{\ 0}$$
$$D_p = (D_d - Z_{min})^{\ 0}_{-\delta_p}$$

查表 2－5 和表 2－6 得，$\delta_d = 0.025$ mm，$\delta_p = 0.020$ mm，$x = 0.5$。

因为 $\delta_p + \delta_d = 0.020\text{ mm} + 0.025\text{ mm} = 0.045\text{ mm} > Z_{max} - Z_{min} = 0.04$ mm，说明所取凸、凹模公差不能满足 $\delta_p + \delta_d \leqslant Z_{max} - Z_{min}$ 条件，但相差不大，此时可调整如下：

$$\delta_p = 0.4(Z_{max} - Z_{min}) = 0.4 \times 0.04 = 0.016\text{ mm}$$
$$\delta_d = 0.6(Z_{max} - Z_{min}) = 0.6 \times 0.04 = 0.024\text{ mm}$$

将已知和查表的数据代入公式，即得

$$D_d = (30 - 0.5 \times 0.52)^{+0.024}_{\ 0} = 29.74^{+0.024}_{\ 0}\text{ mm}$$
$$D_p = (29.74 - 0.10)^{\ 0}_{-0.016} = 29.64^{\ 0}_{-0.016}\text{ mm}$$

（2）冲孔（$\phi6^{+0.12}_{\ 0}$）

$$d_p = (d_{min} + \Delta x)^{\ 0}_{-\delta_p}$$
$$d_d = (d_p + Z_{min})^{+\delta_d}_{\ 0}$$

查表 2－5 和表 2－6 得，$\delta_d = 0.02$ mm，$\delta_p = 0.02$ mm，$x = 0.75$。

因为 $\delta_p + \delta_d = 0.02\text{ mm} + 0.02\text{ mm} = 0.04\text{ mm} = Z_{max} - Z_{min}$，所以符合 $\delta_p + \delta_d \leqslant Z_{max} - Z_{min}$ 的条件。

将已知和查表的数据代入公式，即得

$$d_p = (6 + 0.75 \times 0.12)^{\ 0}_{-0.020} = 6.09^{\ 0}_{-0.020}\text{ mm}$$
$$d_d = (6.09 + 0.10)^{+0.020}_{\ 0} = 6.19^{+0.020}_{\ 0}\text{ mm}$$

孔心距　$$L_d = L \pm \frac{1}{8}\Delta = 15 \pm \frac{1}{8} \times 0.18 = (15 \pm 0.023)\text{mm}$$

2. 凸、凹模配作加工法

凸、凹模配作加工法是指先按图样设计尺寸加工好凸模或凹模中的一件作为基准件（落料时加工凹模，冲孔时加工凸模），然后根据基准件的实际尺寸按间隙要求配作另一件。这种加工方法的特点是模具的间隙由配作保证，工艺比较简单，不必校核 $\delta_p + \delta_d \leqslant Z_{max} - Z_{min}$ 的条件，并且还可以放大基准件的制造公差（一般可取冲件公差的 $\Delta/4$），使制造容易，因此是目前一般工厂广泛采用的方法，特别适用于冲裁薄板件(因其 $Z_{max}-Z_{min}$ 很小)和复杂形状件的冲模加工。

采用凸、凹模配作加工法时，只需计算基准件的刃口尺寸及公差，并详细标注在设计图样上。而另一非基准件不需计算，且设计图样上只标注基本尺寸(与基准件尺寸对应一致)，不注公差，但要在技术要求中注明："凸(凹)模刃口尺寸按凹(凸)模实际刃口尺寸配作，保证双面间隙值为 $Z_{min}\sim Z_{max}$。"

根据冲件的结构形状不同，刃口尺寸的计算方法如下：

1) 落料　落料时以凹模为基准，配作凸模。设落料件的形状与尺寸如图 2-12a 所示，图 2-12b所示为落料凹模刃口的轮廓，图中双点划线表示凹模磨损后尺寸的变化情况。从图2-12b 可看出，凹模磨损刃口尺寸的变化有增大、减小和不变三种情况，故凹模刃口尺寸也应分三种情况进行计算：凹模磨损后变大的尺寸(如图中 A 类尺寸)，按一般落料凹模尺寸公式计算；凹模磨损后变小的尺寸(如图中 B 类尺寸)，因它在凹模上相当于冲孔凸模尺寸，故按一般冲孔凸模尺寸公式计算；凹模磨损后不变的尺寸(如图中 C 类尺寸)。具体计算公式见表 2-7。

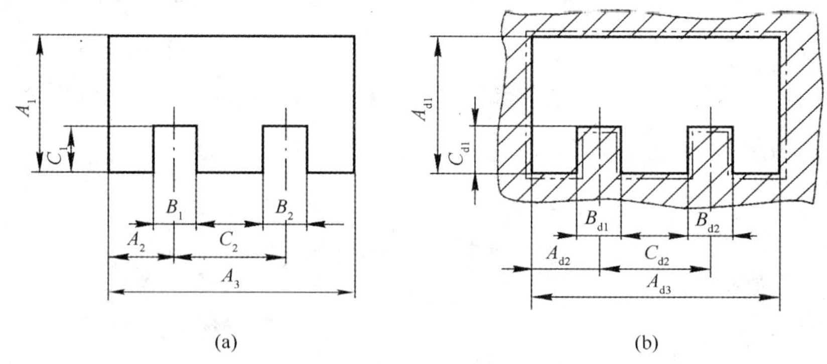

图 2-12　落料件与落料凹模

(a) 落料件；(b) 落料凹模刃口轮廓

表 2-7　以落料凹模为基准的刃口尺寸计算

工序性质	落料件尺寸(图 2-12a)	落料凹模尺寸(图 2-12b)	落料凸模尺寸
落料	A 类尺寸　$A_{-\Delta}^{\ 0}$	$A_d=(A_{max}-x\Delta)_{\ 0}^{+\Delta/4}$	按凹模实际刃口尺寸配作，保证双面间隙值为 $Z_{min}\sim Z_{max}$
	B 类尺寸　$B_{\ 0}^{+\Delta}$	$B_d=(B_{min}+x\Delta)_{-\Delta/4}^{\ 0}$	
	C 类尺寸　$C\pm\Delta/2$	$C_d=(C_{min}+0.5\Delta)\pm\Delta/8$	

2) 冲孔　冲孔时以凸模为基准，配作凹模。设冲件孔的形状和尺寸如图 2-13a 所示，图 2-13b 为冲孔凸模刃口的轮廓图，图中双点划线表示凸模磨损后尺寸的变化情况。从图 2-13b 中可以看出，冲孔凸模刃口尺寸的计算同样要考虑三种不同的磨损情况：凸模磨损后变大的尺寸(如图中 a 类尺寸)，因它在凸模上相当于落料凹模尺寸，故按一般落料凹模尺寸公式计算；凸模磨损后变小的尺寸(如图中 b 类尺寸)，按一般冲孔凸模尺寸公式计算；凸模磨损后不变的尺寸(如图中 c 类尺寸)。具体计算公式见表 2-8。

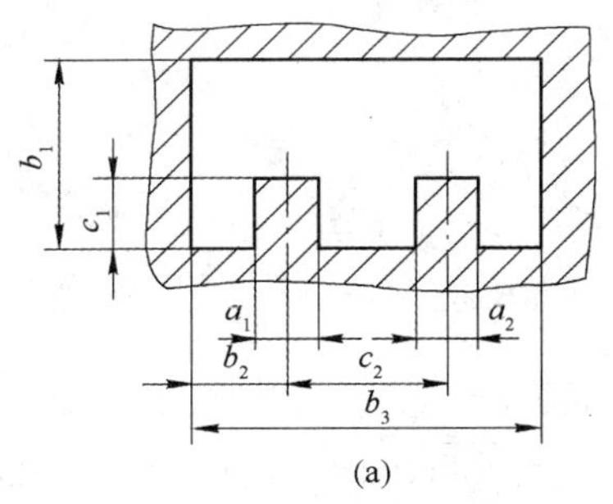

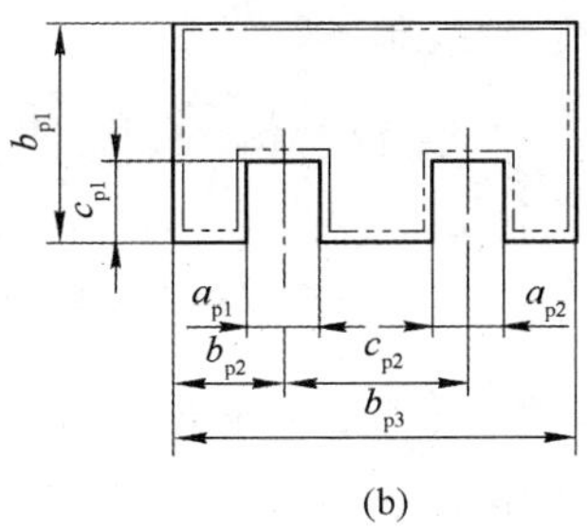

图 2－13　冲孔件与冲孔凸模

(a) 冲孔件；(b) 冲孔凸模刃口轮廓

表 2－8　以冲孔凸模为基准的刃口尺寸计算

工序性质	冲孔凸模尺寸(图 2－13a)	冲孔凸模尺寸(图 2－13b)	冲孔凹模尺寸
冲孔	a 类尺寸　$a_{-\Delta}^{\ 0}$	$a_p=(a_{max}-x\Delta)_{\ 0}^{+\Delta/4}$	按凸模实际刃口尺寸配作，保证双面间隙值为 $Z_{min}\sim Z_{max}$
	b 类尺寸　$b_{\ 0}^{+\Delta}$	$b_p=(b_{min}+x\Delta)_{-\Delta/4}^{\ 0}$	
	c 类尺寸　$c\pm\Delta/2$	$c_p=(c_{min}+0.5\Delta)\pm\Delta/8$	

例 2－2　如图 2－14a 所示零件，材料为 10 钢，料厚 $t=2$ mm，按配作加工法计算落料凸、凹模的刃口尺寸及公差。

解　由于工件为落料件，故以凹模为基准，配作凸模。凹模磨损后其尺寸变化有变大、变小和不变三种情况，如图 2－14b 所示。

(1) 凹模磨损后变大的尺寸：$A_1(120_{-0.72}^{\ 0})$、$A_2(70_{-0.6}^{\ 0})$、$A_3(160_{-0.8}^{\ 0})$。$A_4(R60)$刃口尺寸计算公式为

$$A_d=(A_{max}-x\Delta)_{\ 0}^{+\Delta/4}$$

因圆弧 $R60$ 与尺寸 $120_{-0.72}^{\ 0}$ 相切，故 A_{d4} 不需采用刃口尺寸公式计算，而直接取 $A_{d4}=A_{d1}/2$。查表 2－6 得 $x_1=x_2=x_3=0.5$，所以

$$A_{d1}=(120-0.5\times0.72)_{\ 0}^{+0.72/4}=119.64_{\ 0}^{+0.18}\text{ mm}$$
$$A_{d2}=(70-0.5\times0.6)_{\ 0}^{+0.6/4}=69.70_{\ 0}^{+0.15}\text{ mm}$$
$$A_{d3}=(160-0.5\times0.8)_{\ 0}^{+0.8/4}=159.60_{\ 0}^{+0.20}\text{ mm}$$
$$A_{d4}=A_{d1}/2=119.64_{\ 0}^{+0.18}/2=59.82_{\ 0}^{+0.09}\text{ mm}$$

(2) 凹模磨损后变小的尺寸：$B_1(40_{\ 0}^{+0.4})$、$B_2(20_{\ 0}^{+0.2})$。

刃口尺寸计算公式为

$$B_d=(B_{min}+x\Delta)_{-\Delta/4}^{\ 0}$$

查表 2－6 得 $x_1=0.75$，$x_2=1$，所以

$$B_{d1}=(40+0.75\times0.4)_{-0.4/4}^{\ 0}=40.30_{-0.10}^{\ 0}\text{ mm}$$
$$B_{d2}=(20+1\times0.2)_{-0.2/4}^{\ 0}=20.20_{-0.05}^{\ 0}\text{ mm}$$

(3) 凹模磨损后不变的尺寸：C_1(40±0.37)、C_2($30^{+0.3}_{0}$)。

刃口尺寸计算公式为

$$C_d = (C_{min} + 0.5\Delta) \pm \Delta/8$$

$$C_{d1} = (39.63 + 0.5 \times 0.74) \pm 0.74/8 = (40 \pm 0.09)\text{mm}$$

$$C_{d2} = (30 + 0.5 \times 0.3) \pm 0.3/8 = (30.15 \pm 0.04)\text{mm}$$

查表 2-4 得 $Z_{min} = 0.246$ mm，$Z_{max} = 0.360$ mm，故落料凸模刃口尺寸按凹模实际刃口尺寸配作，保证双面间隙值 0.246～0.360 mm。落料凹、凸模刃口尺寸的标注如图 2-14c、d 所示。

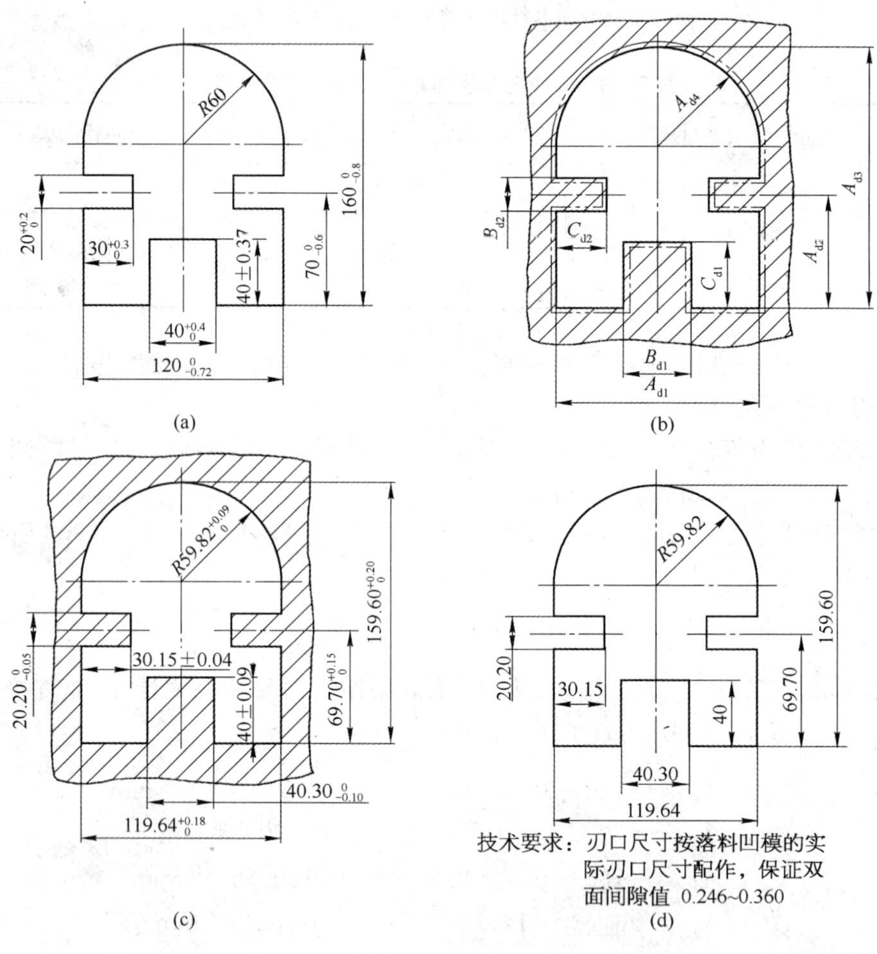

图 2-14 工件及落料凸、凹模刃口尺寸

(a) 工件图；(b) 落料凹模刃口轮廓；(c) 落料凹模尺寸标注；(d) 落料凸模尺寸标注

任务四 排样设计

【学习目标】

1. 了解冲裁排样方法。
2. 掌握搭边值的确定以及条料宽度与导料板间距的确定方法。
3. 了解排样图的设计，材料利用率的确定等。

一、冲裁排样方法

冲裁件在条料、带料或板料上的布置方法称为排样。合理排样对于提高材料利用率，降低成本，保证冲件质量及提高生产效率、模具寿命等具有重要的意义。因此，排样是冲压工艺中一项重要的、技术性很强的工作。根据材料的合理利用情况，条料排样方法可分为三种，如图 2-15 所示。

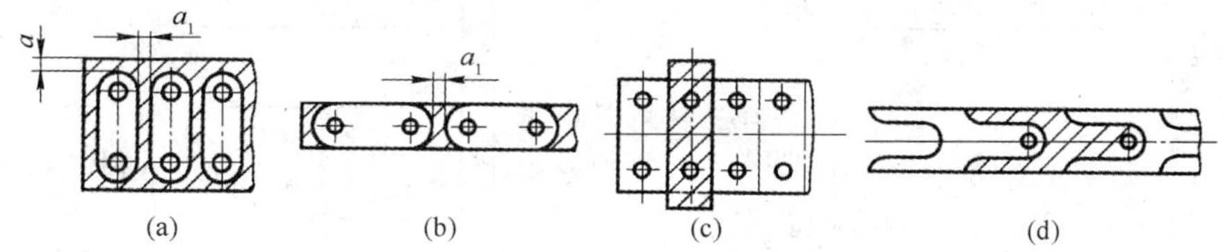

图 2-15 排样方法

(a) 有废料排样；(b) 少废料排样；(c)、(d) 无废料排样

1. 有废料排样(图 2-15a)

沿冲件全部外形冲裁，冲件与冲件之间、冲件与条料之间都存在搭边(a、a_1)。冲件尺寸完全由冲模来保证，因此精度高，模具寿命长，但材料利用率低，常用于冲裁形状较复杂、尺寸精度要求较高的冲件。

2. 少废料排样(图 2-15b)

沿冲件部分外形切断或冲裁，只在冲件与冲件之间或冲件与条料侧边之间留有搭边。因受剪裁条料质量和定位误差的影响，其冲件质量稍差，同时边缘毛刺被凸模带入间隙也影响模具寿命，但材料利用率比有废料排样稍高，冲模结构简单，一般用于形状较规则、某些尺寸精度要求不高的冲件。

3. 无废料排样(图 2-15c、d)

冲件与冲件之间或冲件与条料侧边之间均无搭边，沿直线或曲线切断条料而获得冲件。冲件的质量和模具寿命更差一些，但材料利用率最高。此外，如图 2-19c 所示，当送进步距为两倍零件宽度时，一次切断便能获得两个冲件，有利于提高劳动生产率，可用于形状规则对称、尺寸精度不高或贵重金属材料的冲件。

此外，对有废料排样和少、无废料排样还可以进一步按冲裁件在条料上的布置方法加以分类，其主要形式列于表 2-9。

表 2-9 有废料排样和少、无废料排样主要形式的分类

排样形式	有废料排样		少、无废料排样	
	简图	应用	简图	应用
直 排	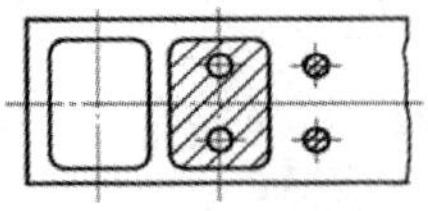	用于简单几何形状（方形、矩形、圆形）的冲件	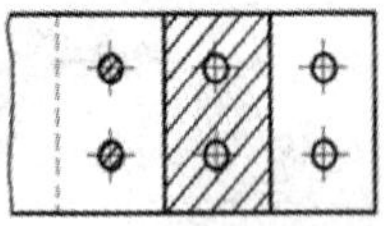	用于矩形或方形冲件
斜 排	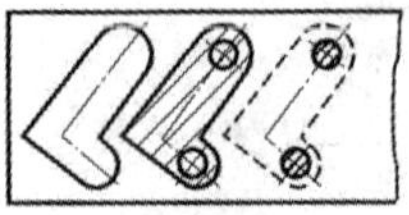	用于T形、L形、S形、十字形、椭圆形的冲件	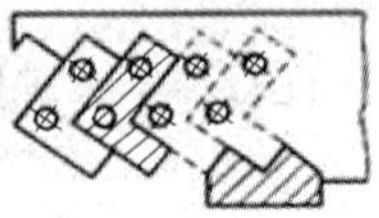	用于L形或其他形状的冲件，在外形上允许有不大的缺陷
直对排	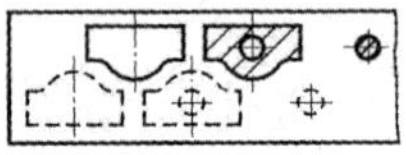	用于T形、冂形、山形、梯形、三角形、半圆形的冲件	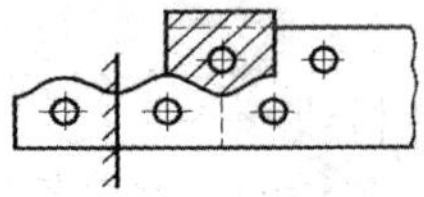	用于T形、冂形、山形、梯形、三角形零件，在外形上允许有不大的缺陷
斜对排	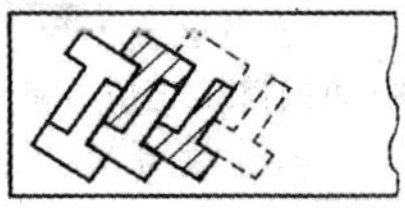	用于材料利用率比直对排时高的情况	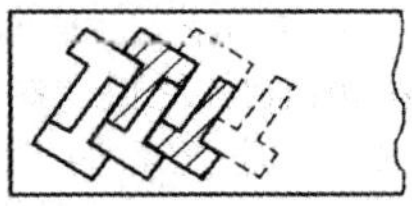	多用于T形冲件
混合排	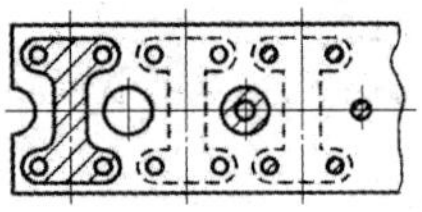	用于材料及厚度都相同的两种以上的冲件	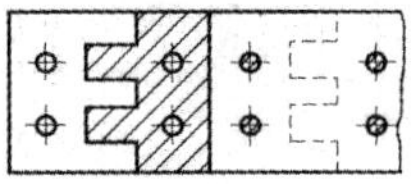	用于两个外形互相嵌入的不同冲件（铰链等）
多 排	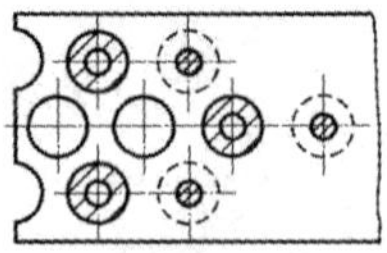	用于大批生产中尺寸不大的圆形、六角形、方形、矩形冲件	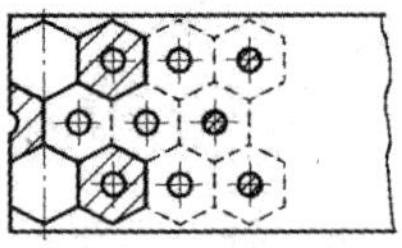	用于大批生产中尺寸不大的方形、矩形及六角形冲件
冲裁搭边	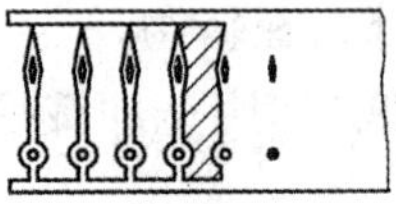	用于大批生产中小的窄形冲件（表针及类似的冲件）或带料的连续拉深	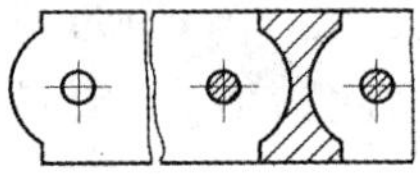	用于以宽度均匀的条料或带料冲制长形件

确定排样时，通常可先根据冲件的形状和尺寸列出几种可能的排样方案，经分析和计算，再综合考虑冲件的精度、批量、经济性、模具结构与寿命、生产率、操作与安全、原材料供应等各方面因素，最后选择出最合理的排样方案。

二、搭边值的确定

排样时冲裁件之间以及冲裁件与条料侧边之间留下的工艺废料称为搭边。

搭边虽然是废料，但在冲裁工艺中却有很大的作用：补偿定位误差和剪板误差，确保冲出合格零件；增加条料刚度，方便条料送进，提高劳动生产率；避免冲裁时条料边缘的毛刺被拉入模具间隙，从而提高模具寿命。

搭边宽度对冲裁过程和冲裁件质量有很大影响，因此要合理确定搭边值。搭边值过大，材料利用率低；搭边值过小，搭边的强度和刚度不够，冲裁时容易翘曲或被拉断，不仅会增大

冲裁件毛刺,有时甚至单边拉入模具间隙,造成冲裁力不均,损坏模具刃口。

在确定搭边值时,主要考虑以下因素:

1) 材料的力学性能 硬材料的搭边值可小一些;软材料、脆材料的搭边值要大一些。

2) 材料厚度 厚材料的搭边值要取大一些。

3) 冲裁件的形状与尺寸 零件形状复杂,圆角半径小,搭边值取大些。

4) 送料及挡料方式 用手工送料,有侧压装置的搭边值可以小一些;用侧刃定距比用挡料销定距的搭边小一些。

5) 卸料方式 弹性卸料比刚性卸料的搭边小一些。

搭边值一般是由经验确定的,表 2-10 为最小搭边值的经验数表之一,供设计时参考。

表 2-10 最小搭边值 (mm)

材料厚度	圆件及 $r>2t$ 的工件		矩形工件边长 $L<50$ mm		矩形工件边长 $L>50$ mm 或 $r<2t$ 的工件	
	工件间 a_1	沿边 a	工件间 a_1	沿边 a	工件间 a_1	沿边 a
<0.25	1.8	2.0	2.2	2.5	2.8	3.0
0.25~0.5	1.2	1.5	1.8	2.0	2.2	2.5
0.5~0.8	1.0	1.2	1.5	1.8	1.8	2.0
0.8~1.2	0.8	1.0	1.2	1.5	1.5	1.8
1.2~1.6	1.0	1.2	1.5	1.8	1.8	2.0
1.6~2.0	1.2	1.5	1.8	2.0	2.0	2.2
2.0~2.5	1.5	1.8	2.0	2.2	2.2	2.5
2.5~3.0	1.8	2.2	2.2	2.5	2.5	2.8
3.0~3.5	2.2	2.5	2.5	2.8	2.8	3.2
3.5~4.0	2.5	2.8	2.5	3.2	3.2	3.5
4.0~5.0	3.0	3.5	3.5	4.0	4.0	4.5
5.0~12	0.6t	0.7t	0.7t	0.8t	0.8t	0.9t

三、条料宽度与导料板间距

在排样方案和搭边值确定之后,就可以确定条料的宽度,进而确定导料板的间距(采用导料板导向的模具时)。条料的宽度要保证冲裁时冲件周边有足够的搭边值,导料板间距应使条料能在冲裁时顺利地在导料板之间送进,并与条料之间有一定的间隙。因此,条料宽度和导料板间距与冲模送料定位方式有关,应根据不同结构分别进行计算。

1. 用导料板导向且有侧压装置时(图 2－16a)

这种情况下,条料是在侧压装置作用下紧靠导料板一侧送进的,计算公式如下:

条料宽度　　$B_{-\Delta}^{\ 0} = (D_{max} + 2a)_{-\Delta}^{\ 0}$　　(2－8)

导料板间距　　$B_0 = B + Z = D_{max} + 2a + Z$　　(2－9)

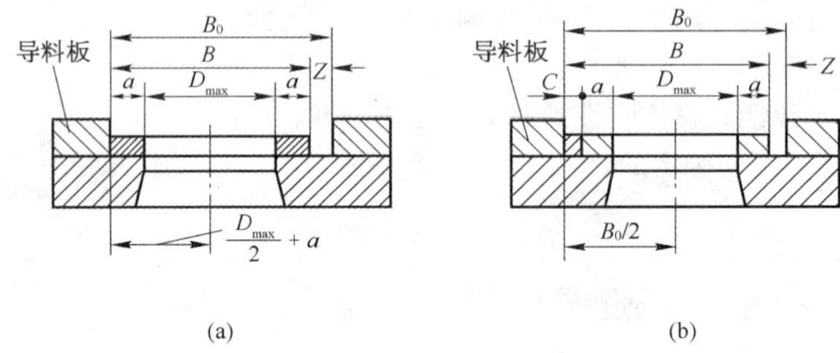

图 2－16　条料宽度

(a) 有侧压装置的条料宽度;(b) 无侧压装置的条料宽度

2. 用导料板导向且无侧压装置时(图 2－16b)

无侧压装置的模具,应考虑在送料过程中因条料在导料板之间摆动而使侧面搭边值减小的情况。为了补偿侧面搭边的减少,条料宽度应增加一个条料可能的摆动量(其值为条料与导料板之间的间隙 Z),按下列公式计算:

条料宽度　　$B_{-\Delta}^{\ 0} = (D_{max} + 2a + Z)_{-\Delta}^{\ 0}$　　(2－10)

导料板间距　　$B_0 = B + Z = D_{max} + 2a + 2Z$　　(2－11)

式中　D_{max}——条料宽度方向冲裁件的最大尺寸;

a——侧搭边值,可参考表 2－10;

Δ——条料宽度的单向(负向)偏差,见表 2－11;

Z——导料板与最宽条料之间的间隙,其值见表 2－12。

表 2－11　条料宽度偏差 Δ　　(mm)

条料宽度 B	材料厚度 t				
	～0.5	0.5～1	1～2	2～3	3～5
～20	0.05	0.08	0.10	0.7	0.9
20～30	0.08	0.10	0.15	0.8	1.0
30～40	0.10	0.15	0.20	0.9	1.1
40～50		0.4	0.5	1.0	1.2
50～100		0.5	0.6	1.1	1.3
100～150		0.6	0.7		
150～220		0.7	0.8		
200～300		0.8	0.9		

表 2-12　导料板与条料之间的最小间隙 Z_{min}　(mm)

材料厚度 t	无侧压装置			有侧压装置	
	条料宽度 B			条料宽度 B	
	100 以下	100～200	200～300	100 以下	100 以上
～1	0.5	0.5	1	5	8
1～5	0.5	1	1	5	8

3. 用侧刃定距时(图 2-17)

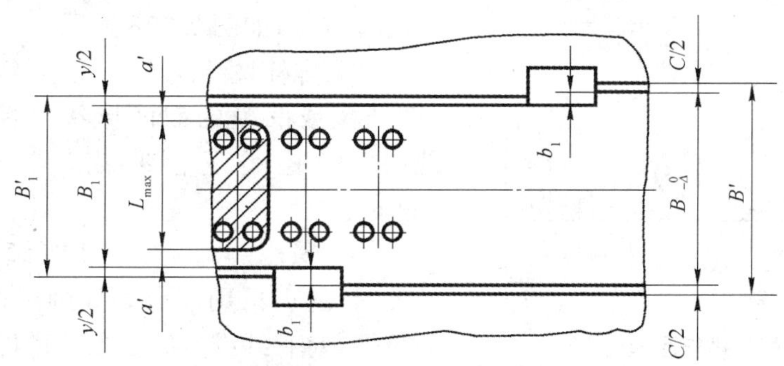

图 2-17　用侧刃定距的条料宽度

当条料的送进步距用侧刃定位时，条料宽度必须增加侧刃切去的部分，按下列公式计算：

条料宽度　$$B_{-\Delta}^{\ 0} = (D_{max} + 2a + nb_1)_{-\Delta}^{\ 0} \tag{2-12}$$

导料板间距　$$B' = B + Z = D + 2a + nb_1 + Z \tag{2-13}$$

$$B' = D_{max} + 2a + y \tag{2-14}$$

式中　D_{max}——条料宽度方向冲件的最大尺寸；

a——侧搭边值；

b_1——侧刃冲切的料边宽度，见表 2-13；

n——侧刃数；

Z——冲切前的条料与导料板间的间隙，见表 2-12；

y——冲切后的条料与导料板间的间隙，见表 2-13。

表 2-13　b_1、y 值　(mm)

材料厚度 t	b_1		y
	金属材料	非金属材料	
～1.5	1～1.5	1.5～2	0.10
>1.5～2.5	2.0	3	0.15
>2.5～3	2.5	4	0.20

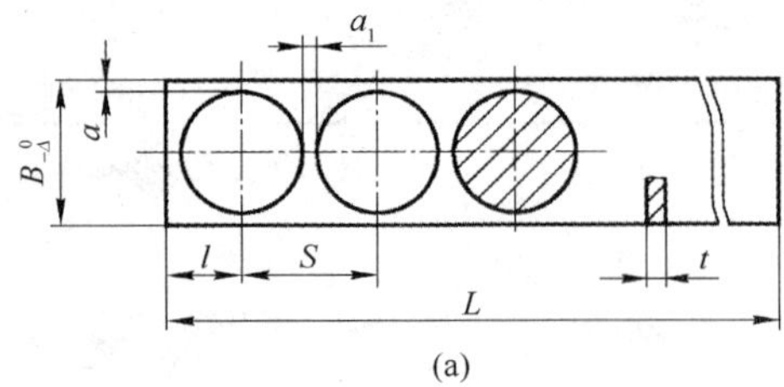

(a)

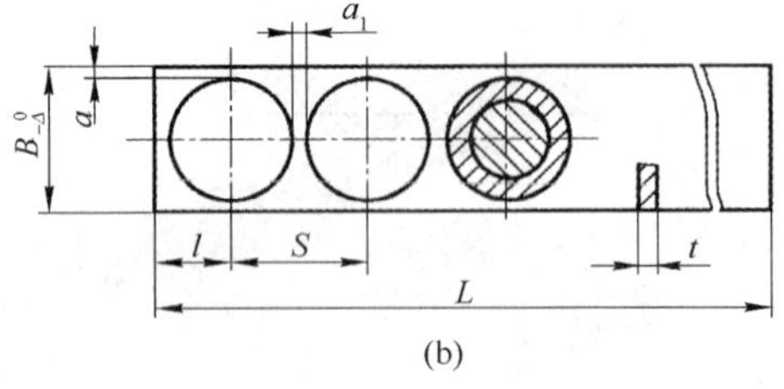

(b)

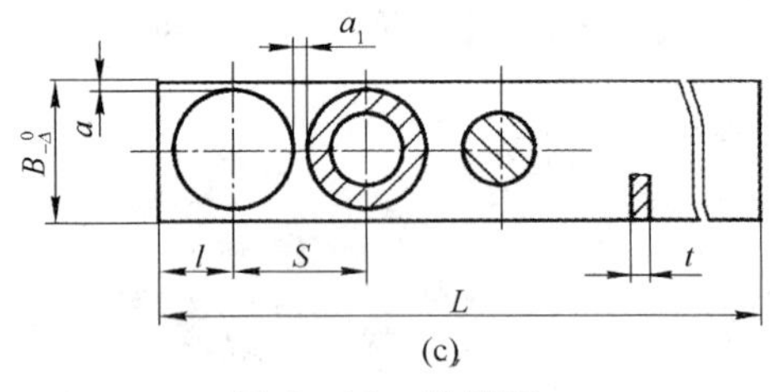

(c)

图 2-18 排样图

(a) 单工序冲裁；(b) 复合冲裁；(c) 级进冲裁

四、排样图设计

排样图是排样设计的最终表达形式，通常绘制在冲压工艺规程卡片上和冲裁模总装图的右上角。

排样图的绘制一般有如下要求：

(1) 一张完整的排样图应标注条料宽度尺寸 $B_{-\Delta}^{\ 0}$、条料长度 L、板料厚度 t、端距 l、步距 S、工件间搭边 a_1 和侧搭边 a，侧刃定距时侧刃的截面尺寸与位置等，如图 2-18 所示。

(2) 排样图上习惯以剖面线表示冲压位置(即凸模或凹模的截面形状)，反映是单工序冲裁(图 a)还是复合冲裁(图 b)或级进冲裁(图 c)。

(3) 采用斜排时，应注明倾斜角度的大小。必要时，还可采用双点划线画出送料时定位元件的位置，对有纤维方向要求的排样图，应用箭头表示条料的纹向。

五、材料的经济利用

在批量生产中，材料费用约占冲裁件成本的 60%以上。因此材料的经济利用是排样设计主要考虑的因素之一。不合理的排样会浪费材料，衡量排样经济性的指标是材料的利用率。

1. 材料利用率的计算

冲裁件的实际面积与所用板料面积的百分比称为材料利用率，它是衡量材料合理利用的一项重要经济指标。

如图 2-19 所示，一个步距内的材料利用率 η 为

$$\eta = \frac{A}{BS} \times 100\% \qquad (2-15)$$

式中 A——一个进距内的冲裁件的实际面积(mm^2)；

B——条料宽度(mm)；

S——进距(冲裁时条料在模具上每次送进的距离，其值为两个对应冲件间对应点的间距，mm)。

图 2-19 废料的种类

1—结构废料；2—工艺废料

一张板料(或带料、条料)上总的材料利用率 η_0 为

$$\eta_0 = \frac{nA_1}{LB} \times 100\% \qquad (2-16)$$

式中 n——一张板料(或带料、条料)上冲裁件的总数目；

A_1——一个冲裁件的实际面积(mm^2);

L——板料(或带料、条料)的长度(mm);

B——板料(或带料、条料)的宽度(mm)。

η 或 η_0 值越大,材料利用率就越高。

2. 提高材料利用率的方法

要提高材料利用率,主要从减少废料着手。冲裁所产生的废料可分为两类:一类是结构废料,是由冲件的形状特点产生的;另一类是工艺废料,是由于冲件之间和冲件与条料边缘之间存在余料(即搭边),以及料头、料尾和边余料而产生的废料。

要减少废料,主要应从减少工艺废料着手。但在特殊情况下,也可利用结构废料。提高材料利用率的措施主要有:

1) 设计合理的排样方案　同一形状和尺寸的冲裁件,排样方法不同,材料利用率也会不同。如图 2－20 所示,在同一圆形冲件的四种排样方案中,图 a 采用单排方法,材料利用率为 71%;图 b 采用平行双排方法,材料利用率为 72%;图 c 采用交叉三排方法,材料利用率为 80%;图 d 采用交叉双排方法,材料利用率为 77%。从提高材料利用率角度出发,图 c 的方法最好。

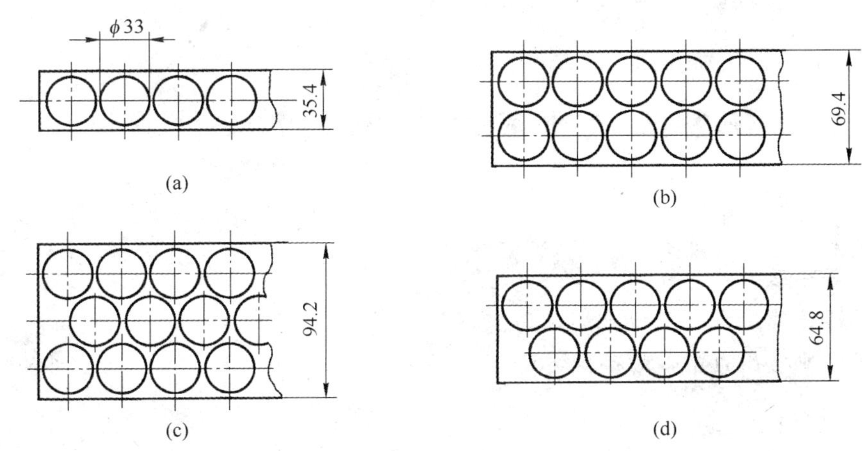

图 2－20　圆形冲件的四种排样方法

(a) 单排;(b) 平行双排;(c) 交叉三排;(d) 交叉双排

2) 选择合适的板料规格和合理的裁板法　在确定了排样方法、条料宽度和进距大小后,可选用合适的板料规格和合理的裁板方法。板料一般为长方形,裁板方式有纵裁(沿长边裁,也即沿板料轧制的纤维方向裁)和横裁(沿短边裁)两种。尽量减少料头、料尾和裁板后剩余的边料,从而提高材料利用率。

3) 利用结构废料冲制小零件　对一定形状的冲件,结构废料是不可避免的,但充分利用是可能的。图 2－21 所示是材料和厚度相同的两个冲件,尺寸较小的垫圈可在尺寸较大的"工"字形件的结构废料中冲制出来。

4) 改进零件结构形状　图 2－22 所示零件 A 的三种排样方法中,图 c 的利用率最高,但也只能达到 70%左右。在使用条件许可的情况下,当取得产品零件设计单位同意后,将零件 A 修改成 B 的形状,采用直排(图 2－22d),利用率可提高到 80%,且不需掉头冲裁,操作简单。

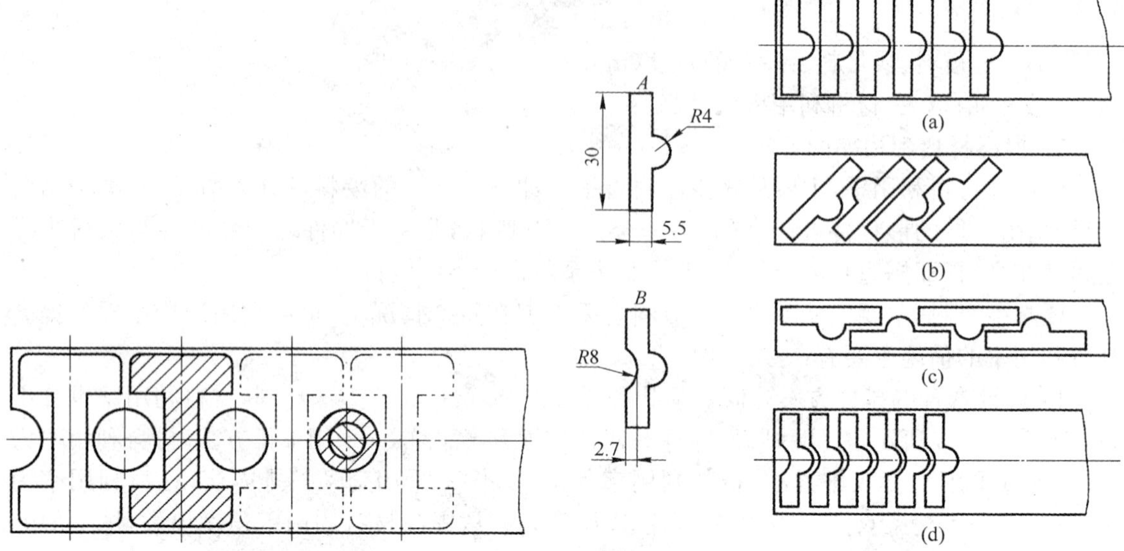

图 2－21 利用结构废料冲制小零件

图 2－22 修改零件结构形状提高材料利用率

任务五 冲裁力与压力中心计算

【学习目标】

1. 了解冲压力的计算。
2. 了解公称压力及压力机的选用。
3. 掌握冲模压力中心的确定方法。

一、冲压力的计算

在冲裁过程中，冲压力是指冲裁力、卸料力、推件力和顶件力的总称。冲压力是选择压力机、设计冲裁模和校核模具强度的重要依据。

1. 冲裁力

冲裁力是冲裁时凸模冲穿板料所需的压力。在冲裁过程中，冲裁力是随凸模进入板料的深度(凸模行程)而变化的。图 2－23 所示为冲裁 Q235 钢时的冲裁力变化曲线，图中 OA 段是冲裁的弹性变形阶段，AB 段是塑性变形阶段，B 点为冲裁力的最大值，在此点材料开始被剪断，BC 段是断裂分离阶段，CD 段是凸模克服与材料间的摩擦和将材料从凹模内推出所需的压力。通常，冲裁力是指冲裁过程中的最大值(即图中 B 点压力 F_{max})。

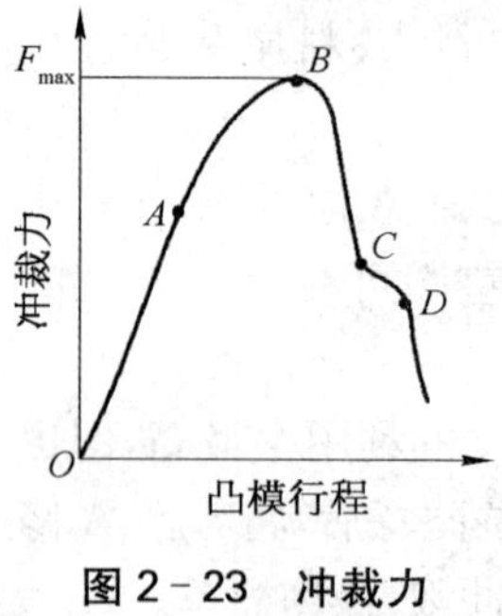

图 2－23 冲裁力变化曲线

影响冲裁力的主要因素是材料的力学性能、厚度、冲件轮廓周长及冲裁间隙、刃口锋利程度与表面粗糙度值等。综合考虑上述影响因素，平刃口模具的冲裁力可按下式计算：

$$F = KLt\tau_b \tag{2-17}$$

式中　F——冲裁力(N)；

L——冲件轮廓周长(mm)；

t——材料厚度(mm)；

τ_b——材料抗剪强度(MPa)；

K——考虑模具间隙的不均匀、刃口的磨损、材料力学性能与厚度的波动等因素引入的修正系数，一般取 $K=1.3$。

2. 卸料力、推件力与顶件力

在冲裁结束时，由于材料的弹性回复及摩擦的存在，从板料上冲裁下的部分会梗塞在凹模孔口内，而冲裁剩下的材料则会紧箍在凸模上。为使冲裁工作继续进行，必须将箍在凸模上和卡在凹模内的材料(冲件或废料)卸下或推出。从凸模上卸下箍着的料所需要的力称为卸料力，用 F_X 表示；将卡在凹模内的料顺冲裁方向推出所需要的力称为推件力，用 F_T 表示；逆冲裁方向将料从凹模内顶出所需要的力称为顶件力，用 F_D 表示，如图 2-24 所示。

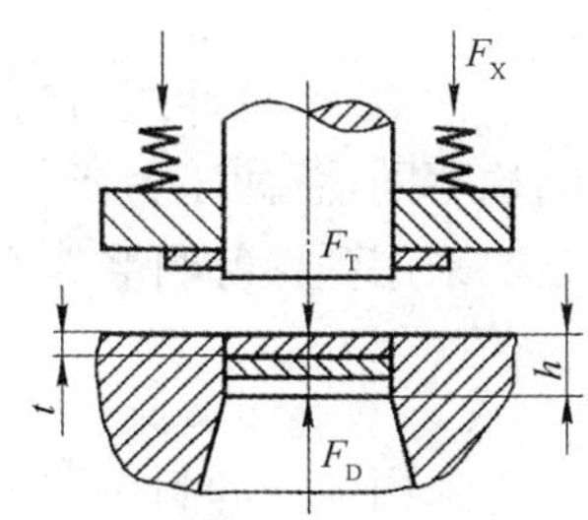

图 2-24　卸料力、推件力与顶件力

卸料力、推件力与顶件力是从压力机和模具的卸料、推件和顶件装置中获得的，所以在选择压力机的标称压力和设计冲模以上装置时，应分别予以考虑。影响这些力的因素较多，主要有材料的力学性能与厚度、冲件形状与尺寸、冲模间隙与凹模孔口结构、排样的搭边大小及润滑情况等。在实际计算时，常用下列经验公式：

卸料力
$$F_X = K_X F \tag{2-18}$$

推件力
$$F_T = nK_T F \tag{2-19}$$

顶件力
$$F_D = K_D F \tag{2-20}$$

式中　F——冲裁力(N)；

K_X、K_T、K_D——卸料力、推件力和顶件力系数，其值见表 2-14；

n——同时卡在凹模孔内的冲件(或废料)数。

表 2-14　卸料力、推件力与顶件力系数

冲件材料		K_X	K_T	K_D
钢(料厚 t/mm)	～0.1	0.065～0.075	0.1	0.14
	>0.1～0.5	0.045～0.055	0.063	0.08
	>0.5～2.5	0.04～0.05	0.055	0.06
	>2.5～6.5	0.03～0.04	0.045	0.05
	>6.5	0.02～0.03	0.025	0.03
铝、铝合金		0.025～0.08	0.03～0.07	
纯铜、黄铜		0.02～0.06	0.03～0.09	

$$n = h/t \tag{2-21}$$

式中 h——凹模孔口的直刃壁高度；

t——材料厚度。

二、压力机公称压力的确定

对于冲裁工序，压力机的公称压力应大于冲裁时总冲压力的 1.1～1.3 倍，即

$$P \geqslant (1.1 \sim 1.3) F_{\Sigma} \tag{2-22}$$

式中 P——压力机的公称压力；

F_{Σ}——冲裁时的总冲压力。

冲裁时，总冲压力为冲裁力和与冲裁力同时发生的卸料力、推件力或顶件力之和。模具结构不同，总冲压力所包含的力的组成有所不同，具体可分为以下情况计算。

采用弹性卸料装置和下出料方式的冲模时

$$F_{\Sigma} = F + F_{X} + F_{T} \tag{2-23}$$

采用弹性卸料装置和上出料方式的冲模时

$$F_{\Sigma} = F + F_{X} + F_{D} \tag{2-24}$$

采用刚性卸料装置和下出料方式的冲模时

$$F_{\Sigma} = F + F_{T} \tag{2-25}$$

三、降低冲裁力的方法

冲裁高强度材料或厚料和大尺寸冲件需要冲裁力很大，当生产现场没有足够吨位的压力机时，为实现小设备冲裁大工件，或使冲裁过程平稳以减小压力机振动和噪声，常用以下方法降低冲裁力。

1. 阶梯凸模冲裁

在多凸模的冲裁中，将凸模设计成不同长度，使工作端面呈阶梯形布置(图 2-25)，各凸模冲裁力的最大值不同时出现，从而达到降低总冲裁力的目的。

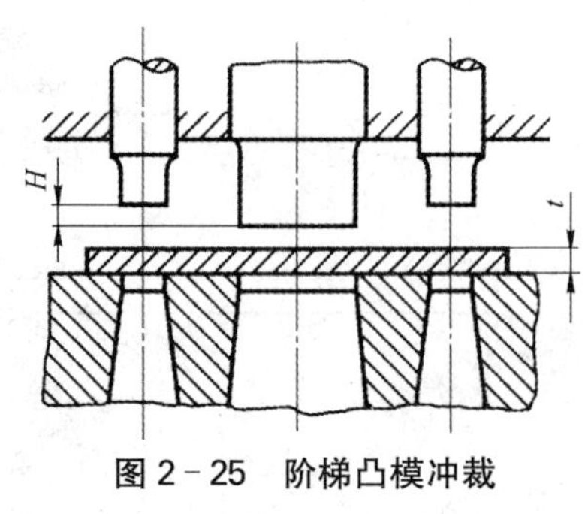

图 2-25 阶梯凸模冲裁

在几个凸模直径相差悬殊、相距又很近的多孔冲裁中，为避免小直径凸模因受材料流动挤压的作用而产生倾斜或折断现象，应采取阶梯布置，即将小直径凸模做短一些。此外，各层凸模的布置要尽量对称，使模具受力平衡。

阶梯凸模间的高度差 H 与板料厚度 t 有关，即：$t < 3$ mm 时，$H = t$；$t \geqslant 3$ mm 时，$H = 0.5t$。

阶梯凸模冲裁的冲裁力，一般只按产生最大冲裁力的那一层阶梯进行计算。

2. 斜刃冲裁

用平刃口模具冲裁时，沿刃口整个周边同时切入材料，所需冲裁力较大。若将凸模或凹模刃口平面制成与其轴线倾斜一定角度，即斜刃口冲裁，则冲裁时整个刃口就不是全部同时

切入，而是逐步将材料切断，因而能显著降低冲裁力。

各种斜刃形式如图 2－26 所示。斜刃配置的原则是：必须保证冲件平整，只允许废料产生弯曲变形。因此，这时凸模应为平刃，将凹模做成斜刃（图 2－26a、b）；冲孔时则凹模应为平刃口，凸模做成斜刃（图 2－26c、d、e）。斜刃还应对称布置，以免冲裁时模具承受单向侧压力而发生偏移，啃伤刃口。向一边倾斜的单边斜刃口冲模，只能用于切口或切断。

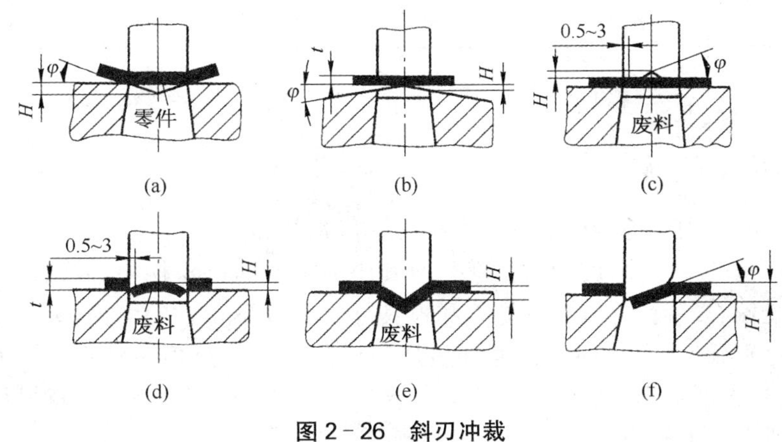

图 2－26　斜刃冲裁

斜刃主要参数的设计：斜刃角 φ 和斜刃高度 H 与板料厚度有关。可参考表 2－15 选用。

表 2－15　斜刃参数 φ、H 值

材料厚度 t/mm	φ/°	H	材料厚度 t/mm	φ/°	H
<3	<5	$2t$	3～10	<8	t

斜刃冲裁力可按下面简化公式计算：

$$F' = K'Lt\tau_b \tag{2-26}$$

式中　F'——斜刃口冲裁时的冲裁力（N）；

K'——减力系数，与斜刃高度 H 有关，当 $H = t$ 时，$K' = 0.4 \sim 0.6$；$H = 2t$ 时，$K' = 0.2 \sim 0.4$。

斜刃冲裁虽有降低冲裁力使冲裁过程平稳的优点，但刃口制造与刃磨比较复杂，刃口易磨损，冲件也不够平整，且不适用于冲裁外形复杂的冲件，因此一般情况下尽量不用，只用于大型、厚板冲件的冲裁。

3. 加热冲裁

金属材料在加热状态下的抗剪强度会显著降低，表 2－16 为部分钢在加热状态时的抗剪强度。从表中可以看出，当钢加热至 900℃时，其抗剪强度最低，冲裁最为有利，所以一般加热冲裁是把钢加热到 800～900℃时进行。

加热冲裁的冲裁力按平刃口冲裁力公式计算，但材料的抗剪强度应根据冲裁温度（一般比加热温度低 150～200℃）按表 2－16 查取。

表 2-16　钢在加热状态的抗剪强度 τ_b　(MPa)

材料 \ 加热温度/℃	200	500	600	700	800	900
Q195、Q215、10、15	360	320	200	110	60	30
Q235、Q255、20、25	450	450	240	130	90	60
Q275、30、35	530	520	330	160	90	70
40、45、50	600	580	380	190	90	70

加热冲裁工艺复杂，一般只用于厚板或表面质量与精度要求都不高的零件。

四、冲模压力中心的确定

冲压力合力的作用点称为模具的压力中心。模具的压力中心应该通过压力机滑块的中心线。对于有模柄的中小型冲模来说，就是使其压力中心通过模柄中心线。否则，冲压时压力机滑块会承受偏心载荷，导致滑块导轨和模具导向部分不正常的磨损，刃口迅速变钝。还会使合理间隙得不到保证，从而降低冲件质量和模具寿命甚至损坏模具。若因冲件的形状特殊，从模具结构方面考虑不宜使压力中心与模柄中心线相重合，也应注意尽量使压力中心的偏离不超出所选压力机模柄孔投影面积的范围。

压力中心的确定有解析法、作图法和实验法，这里主要介绍解析法。

1. 简单或对称形状零件

模具压力中心即位于冲件轮廓图形的几何中心。

冲裁直线段时，模具压力中心位于直线段的中心。冲裁圆弧段时，如图 2-27 所示，其压力中心的位置按下式计算

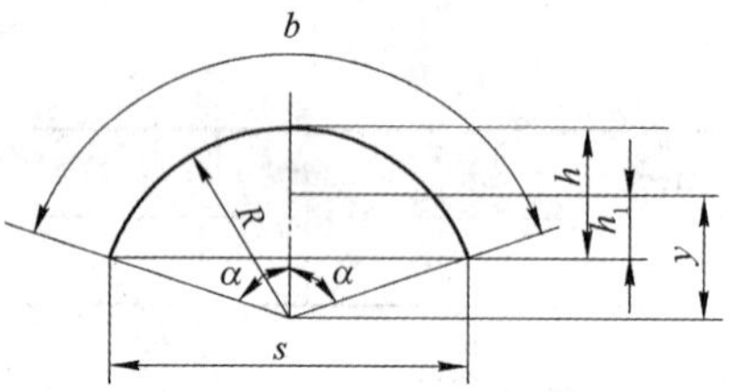

$$y = 180R\sin\alpha/\pi\alpha = Rs/b \qquad (2-27)$$

式中　s——跨距；

b——弧长。

图 2-27　圆弧线段的压力中心

2. 复杂形状零件

可先将组成图形的轮廓线划分为若干简单的直线段和圆弧段，分别计算其冲裁力，这些即为分力，由各分力之和算出合力。然后任意选定直角坐标轴 $x-y$，并算出各线段的压力中心至 x 轴和 y 轴的距离。根据“合力对某轴之力矩等于各分力对同轴力矩之和”的力学原理，即可求出压力中心坐标。

如图 2-28 所示，设图形轮廓线段（包括直线段和圆弧段）的冲裁力为 F_1、F_2、F_3、…、F_n，各线段压力中心至坐标轴的距离分别为 x_1、x_2、x_3、…、x_n 和 y_1、y_2、y_3、…、y_n，则模具压力中心坐标计算公式为

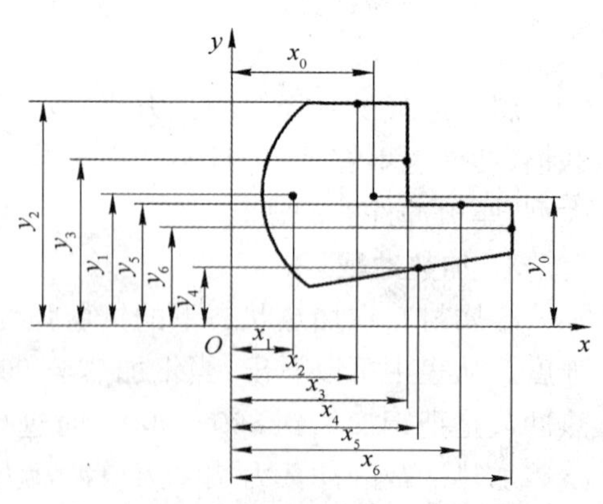

图 2-28　复杂形状件压力中心计算

$$x_0 = \frac{L_1 x_1 + L_2 x_2 + \cdots + L_n x_n}{L_1 + L_2 + \cdots + L_n} = \frac{\sum_{i=1}^{n} L_i x_i}{\sum_{i=1}^{n} L_i} \tag{2-28}$$

$$y_0 = \frac{L_1 y_1 + L_2 y_2 + \cdots + L_n y_n}{L_1 + L_2 + \cdots + L_n} = \frac{\sum_{i=1}^{n} L_i y_i}{\sum_{i=1}^{n} L_i} \tag{2-29}$$

由于线段的冲裁力与线段长度成正比，所以可以用各线段的长度 L_1、L_2、L_3、…、L_n，代替各线段的冲裁力 F_1、F_2、F_3、…、F_n，这时压力中心坐标计算公式只需将 L 替换成 F 即可。

3. 多凸模冲裁压力中心

多凸模冲裁时，其压力中心的计算公式与单凸模复杂形状零件冲裁压力中心求解公式相同，如图 2－29 所示，其计算过程如下：

(1) 按比例画出每一个凸模刃口轮廓的位置。

(2) 在任意位置画出坐标轴线 x、y。坐标轴位置选择适当可使计算简化。在选择坐标轴位置时，应尽量把坐标原点取在某一刃口轮廓的压力中心，或使坐标轴线尽量多地通过凸模刃口轮廓的压力中心，坐标原点最好是几个凸模刃口轮廓压力中心的对称中心。

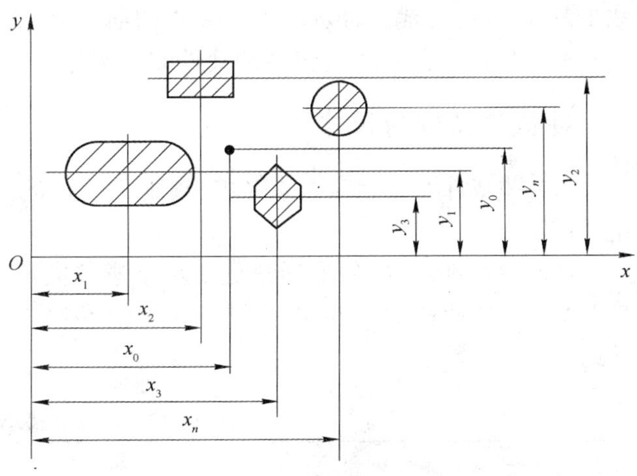

图 2－29　多凸模冲裁压力中心计算

(3) 分别计算凸模刃口轮廓的压力中心及坐标位置 x_1、x_2、x_3、…、x_n 和 y_1、y_2、y_3、…、y_n。

(4) 分别计算凸模刃口轮廓的冲裁力 F_1、F_2、F_3、…、F_n 或每一个凸模刃口轮廓的周长 L_1、L_2、L_3、…、L_n。

(5) 对于平行力系，冲裁力的合力等于各分力的代数和，即 $F = F_1 + F_2 + F_3 + \cdots + F_n$。

(6) 根据力学定理，合力对某轴之力矩等于各分力对同轴力矩之代数和，则可得式(2－28)、式(2－29)的压力中心坐标计算公式。

冲裁模压力中心的确定，除上述的解析法外，还可以用作图法和悬挂法。但因作图法精确度不高，方法也不简单，因此在应用中受到一定限制。

悬挂法的理论根据是：用匀质金属丝代替均布于冲裁件轮廓的冲裁力，该模拟件的重心就是冲裁的压力中心。具体做法是：用匀质细金属丝沿冲裁轮廓弯制成模拟件，然后用缝纫线将模拟件悬吊起来，并从吊点作铅垂线；再取模拟件的另一点，以同样的方法作另一铅垂线，两垂线的交点即为压力中心。悬挂法多用于确定复杂零件的模具压力中心。

任务六　冲裁工艺设计

【学习目标】

1. 了解冲裁件结构与尺寸对工艺的适应性。
2. 了解冲裁件精度与断面粗糙度对工艺的影响。

在编制冲压工艺规程和设计模具之前，应从工艺角度分析零件设计是否合理，是否符合冲裁的工艺要求。

冲裁件的工艺性是指冲裁件对冲裁工艺的适应性，即冲裁加工的难易程度。良好的冲裁工艺性，是指在满足冲裁件使用要求的前提下，能以最简单、最经济的冲裁方式加工出来。

冲裁件的工艺性主要包括冲裁件的结构与尺寸、精度与断面粗糙度、材料三个方面。

一、冲裁件结构与尺寸

(1) 冲裁件的形状应力求简单、规则、对称，有利于材料的合理利用，提高模具寿命，降低生产成本。

(2) 冲裁件的内、外形转角处要尽量避免尖角，应以圆弧过渡，便于模具加工，减少热处理开裂，减少冲裁时尖角处的崩刃和过快磨损。冲裁件的最小圆角半径可参照表 2 - 17 选取。

表 2 - 17　冲裁件最小圆角半径

工序种类		最小圆角半径/mm			
		黄铜、铝	合金钢	软钢	备注
落料	交角≥90°	$0.18t$	$0.35t$	$0.25t$	≥0.25
	交角<90°	$0.35t$	$0.70t$	$0.50t$	≥0.50
冲孔	交角≥90°	$0.20t$	$0.45t$	$0.30t$	≥0.30
	交角<90°	$0.40t$	$0.90t$	$0.60t$	≥0.60

注：t 为料厚。

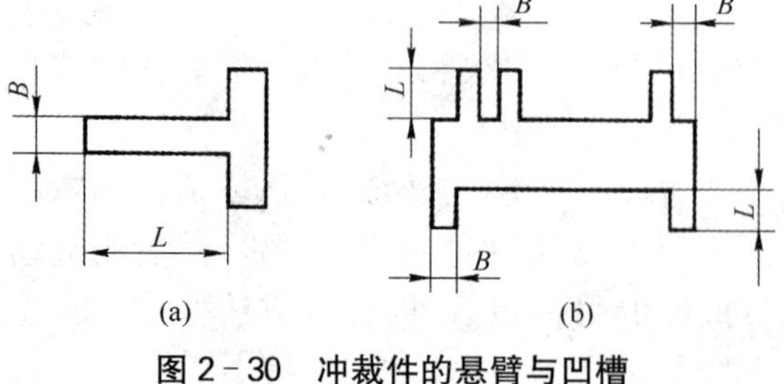

图 2 - 30　冲裁件的悬臂与凹槽

(3) 尽量避免冲裁件上过于窄长的凸出悬臂和凹槽，否则会降低模具寿命和冲裁件质量。如图 2 - 30 所示，一般情况下，悬臂和凹槽的宽度 $B \geqslant 1.5t$（t 为料厚，当 $t<1$ mm 时，按 $t=1$ mm 计算）；当冲件材料为黄铜、铝、软钢时，$B \geqslant 1.2t$；当冲件材料为高碳钢时，$B \geqslant 2t$。悬臂和凹槽的深度 $L \leqslant 5B$。

(4) 冲孔时，因受凸模强度的限制，孔的尺寸不应太小。用无导向凸模和带护套凸模所能冲制的孔的最小尺寸可分别参考表 2-18 和表 2-19。

表 2-18　无导向凸模冲孔的最小尺寸　(mm)

冲件材料	圆形孔（直径 d）	方形孔（孔宽 b）	矩形孔（孔宽 b）	长圆形孔（孔宽 b）
钢 τ_b>700 MPa	1.5t	1.35t	1.2t	1.1t
钢 τ_b=400～700 MPa	1.3t	1.2t	1.0t	0.9t
钢 τ_b=700 MPa	1.0t	0.9t	0.8t	0.7t
黄铜、铜	0.9t	0.8t	0.7t	0.6t
铝、锌	0.8t	0.7t	0.6t	0.5t

注：τ_b 为抗剪强度；t 为料厚。

表 2-19　带护套凸模冲孔的最小尺寸　(mm)

冲件材料	圆形孔（直径 d）	矩形孔（孔宽 b）
硬钢	0.5t	0.4t
软钢及黄铜	0.35t	0.3t
铝、锌	0.3t	0.28t

注：t 为料厚。

(5) 冲裁件的孔与孔之间、孔与边缘之间的距离，受模具强度和冲裁件质量的制约，其值不应过小，一般要求 $c \geqslant (1 \sim 1.5)t$，$c' \geqslant (1.5 \sim 2)t$，如图 2-31a 所示。

(6) 弯曲件或拉深件上冲孔时，孔边与直壁之间应保持一定的距离，避免冲孔时凸模受水平推力而折断，一般要求 $L \geqslant R + 0.5t$，如图 2-31b 所示。

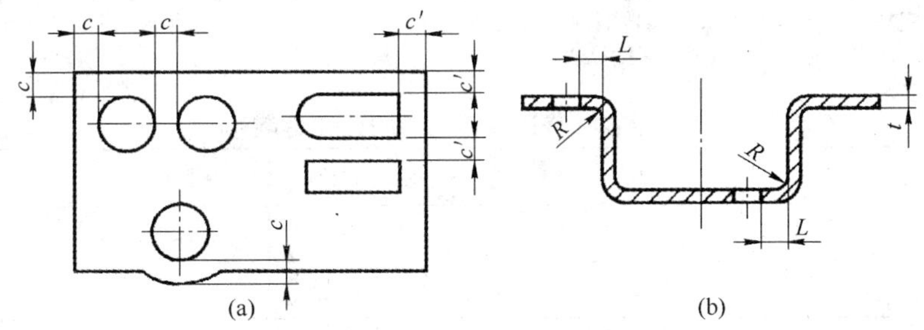

图 2-31　工件上的孔距及孔边距

二、冲裁件精度与断面粗糙度

冲裁件的经济公差等级不高于 IT11 级，一般落料件公差等级最好低于 IT10 级，冲孔件公差等级最好低于 IT9 级。

冲裁可达到的工件公差列于表 2-20 和表 2-21。如果工件要求的公差值小于表中数值，则冲裁后需进行修整或采用精密冲裁。

表 2-20 冲裁件外形与内孔尺寸公差 (mm)

料厚 t	冲裁件尺寸							
	一般精度的冲裁件				较高精度的冲裁件			
	<10	10～50	50～150	150～300	<10	10～50	50～150	150～300
0.2～0.5	$\frac{0.08}{0.05}$	$\frac{0.10}{0.08}$	$\frac{0.14}{0.12}$	0.20	$\frac{0.025}{0.02}$	$\frac{0.03}{0.04}$	$\frac{0.05}{0.08}$	0.08
0.5～1	$\frac{0.12}{0.05}$	$\frac{0.16}{0.08}$	$\frac{0.22}{0.12}$	0.30	$\frac{0.03}{0.02}$	$\frac{0.04}{0.04}$	$\frac{0.06}{0.08}$	0.10
1～2	$\frac{0.18}{0.06}$	$\frac{0.22}{0.10}$	$\frac{0.30}{0.16}$	0.50	$\frac{0.04}{0.03}$	$\frac{0.06}{0.06}$	$\frac{0.08}{0.10}$	0.12
2～4	$\frac{0.24}{0.08}$	$\frac{0.28}{0.12}$	$\frac{0.40}{0.20}$	0.70	$\frac{0.06}{0.04}$	$\frac{0.08}{0.08}$	$\frac{0.10}{0.12}$	0.15
4～6	$\frac{0.30}{0.10}$	$\frac{0.35}{0.15}$	$\frac{0.50}{0.25}$	1.0	$\frac{0.10}{0.06}$	$\frac{0.12}{0.10}$	$\frac{0.15}{0.15}$	0.20

注：1. 分子为外形尺寸公差，分母为内孔尺寸公差。

2. 一般精度的冲裁件采用 IT8～IT7 级精度的普通冲裁模；较高精度的冲裁件采用 IT7～IT6 精度的高级冲裁模。

表 2-21 冲裁件孔中心距公差 (mm)

料厚 t	孔距基本尺寸					
	普通冲裁模			高级冲裁模		
	<50	50～150	150～300	<50	50～150	150～300
<1	±0.10	±0.15	±0.20	±0.03	±0.05	±0.08
1～2	±0.12	±0.20	±0.30	±0.04	±0.06	±0.10
2～4	±0.15	±0.25	±0.35	±0.06	±0.08	±0.12
4～6	±0.20	±0.30	±0.40	±0.08	±0.10	±0.15

注：1. 表中所列孔距公差适用于两孔同时冲出的情况。

2. 冲裁件的断面粗糙度及毛刺高度与材料塑性、材料厚度、冲裁间隙、刃口锋利程度、冲模结构及凸、凹模工作部分表面粗糙度值等因素有关。用普通冲裁方式冲裁厚度为 2 mm 以下的金属板料时，其断面粗糙度 Ra 一般可达 12.5～3.2 μm。毛刺允许高度见表 2-22。

表 2-22 普通冲裁毛刺的允许高度 (mm)

料厚 t	≤0.3	>0.3～0.5	>0.5～1.0	>1.0～1.5	>1.5～2.0
试模时	≤0.015	≤0.02	≤0.03	≤0.04	≤0.05
生产时	≤0.05	≤0.08	≤0.10	≤0.13	≤0.15

三、冲裁件材料

冲裁件所用的材料，既要满足使用性能要求，又应满足冲裁工艺基本要求。材料的品种与厚度尽量采用国家标准，尽可能采取“廉价代贵重，薄料代厚料，黑色代有色”等措施，降低冲裁件成本。

任务七　冲裁模典型结构设计

【学习目标】

1. 了解冲裁模具的分类。
2. 掌握冲裁模零部件组成。
3. 掌握常用冲裁模典型结构。

冲裁模是冲压生产中不可缺少的工艺装备，良好的模具结构是实现工艺方案的可靠保证。冲压零件的质量好坏和精度高低，主要决定于冲裁模的质量和精度。冲裁模结构是否合理、先进，又直接影响生产效率及冲裁模本身的使用寿命和操作的安全性、方便性等。

由于冲裁件形状、尺寸、精度和生产批量及生产条件不同，冲裁模的结构类型也不同，故主要讨论冲压生产中常见的典型冲裁模类型和结构特点。

一、冲裁模的分类

冲裁模的结构类型很多，一般可按下列不同特征分类：

1）按工序性质分类　可分为落料模、冲孔模、切断模、切口模、切边模等。

2）按工序组合程度分类　可分为如下三种：

（1）单工序模（又称简单模），即在压力机的一次行程内只完成一道冲裁工序的模具，如落料模、冲孔模、切断模等。单工序模可以由一个凸模和一个凹模孔口组成；也可以是多个凸模和多个凹模孔口组成。

（2）复合模，是指在压力机的一次行程中，在模具的同一个工位上同时完成两道或两道以上不同冲压工序的模具。

（3）级进模（又称连续模），是指在压力机的一次行程中，依次在同一模具的不同工位上同时完成多道工序的模具。级进模所完成的同一零件的不同冲压工序是按一定顺序、相隔一定步距排列在模具的送料方向上，压力机一次行程得到一个或数个冲压件。

3）按模具有无导向装置和导向方式分类　可分为无导向的开式模和有导向的导板模、导柱模等。

4）按模具专业化程度分类　可分为通用模、专用模、自动模、组合模、简易模等。

5）按模具工作零件所用材料分类　可分为钢制冲模、硬质合金冲模、锌基合金冲模、橡胶冲模、钢带冲模等。

6）按模具结构尺寸分类　可分为大型冲模和中小型冲模等。

另外，按送料步距定位方法不同可分为挡料销式、导正销式、侧刃式等模具。按卸料方法不同可分为刚性卸料式和弹性卸料式等模具。

对于一副冲模，上述几种特征可能兼有，如导柱导套导向、固定卸料、侧刃定距的冲孔落料级进模等。

二、冲裁模零部件组成

冲裁模的类型虽然很多，但一副模具总是分为上模和下模两个部分。上模通过模柄或上模座固定在压力机的滑块上，可随滑块作上下往复运动，是冲模的活动部分；下模通过下模座固定在压力机工作台或垫板上，是冲模的固定部分。

冲裁模的组成零件分类及作用如下：

1）工作零件　直接对坯料分离或塑性成形的零件，如模具中的凸模、凹模、凸凹模等。工作零件是冲裁模中最重要的零件。

2）定位零件　确定坯料或工序件在模具中正确位置的零件，如模具中的挡料销、导料销、导料板、导正销等。

3）卸料与出件零件　将箍在凸模上或卡在凹模孔内的废料或冲件卸下、推出或顶出，以保证冲压工作能继续进行的零件，如卸料板、卸料螺钉、橡胶、打杆、推件块等。

4）导向零件　确定上、下模的相对位置并保证运动导向精度的零件，如导柱、导套等。

5）支承与固定零件　将上述各类零件固定在上、下模上以及将上、下模连接在压力机上，是冲裁模的基础零件，如固定板、垫板、上模座、下模座、模柄等。

6）其他零件　除上述零件以外的零件，如紧固件（主要为螺钉、销钉）和侧孔冲裁模中的滑块、斜楔等。

当然，不是所有的冲模都具备上述各类零件，但工作零件和必要的支承固定零件是不可缺少的。

组成冲裁模的零部件各有其独特的作用，并在冲压时相互配合，以保证冲压过程正常进行，从而冲出合格冲压件。

三、冲裁模典型结构分析

（一）单工序模

1. 无导向单工序冲裁模

图 2－32 所示为冲裁圆形零件的无导向单工序落料模，工作零件为凸模 2 和凹模 5，定位零件为导料板 4 和定位板 7，卸料零件为卸料板 3，其余为支承固定零件。上、下模之间无直接导向关系。工作时，条料沿导料板 4 送至定位板 7 定位后进行冲裁，从条料上分离下来的冲件靠凸模直接从凹模孔口依次推下，箍在凸模上的废料由固定卸料板 3 刮下来。照此循环，完成冲裁工作。

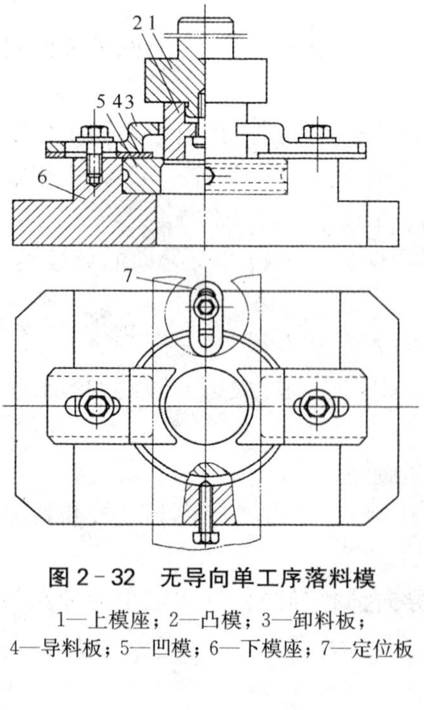

图 2－32　无导向单工序落料模

1—上模座；2—凸模；3—卸料板；4—导料板；5—凹模；6—下模座；7—定位板

该模具具有一定的通用性，通过更换凸模和凹模，调整导料板、定位板、卸料板位置，可以冲裁不同尺寸的零件。另外，改变定位零件和卸料零件的结构，还可用于冲孔，即成为冲孔模。

无导向冲裁模的特点是结构简单，制造容易，可用边角料冲裁，有利于降低冲件成本。但使用时安装调整凸、凹模之间间隙较麻烦，冲件精度不高，模具寿命和生产效率较低，操作也不够安全。适用于冲裁精度要求不高，形状简单和生产批量小的冲件。

2. 导板式单工序冲裁模

图 2-33 所示为导板式单工序落料模，其上、下模的导向是依靠导板 9 与凸模 5 的间隙配合（一般为 H7/h6）进行的，故称导板模。冲模的工作零件为凸模 5 和凹模 13；定位零件为导料板 10 和固定挡料销 16、始用挡料销 20；导向零件是导板 9（兼起固定卸料板作用）；支承零件是凸模固定板 7、垫板 6、上模座 3、模柄 1、下模座 15；此外还有紧固螺钉、销钉等。

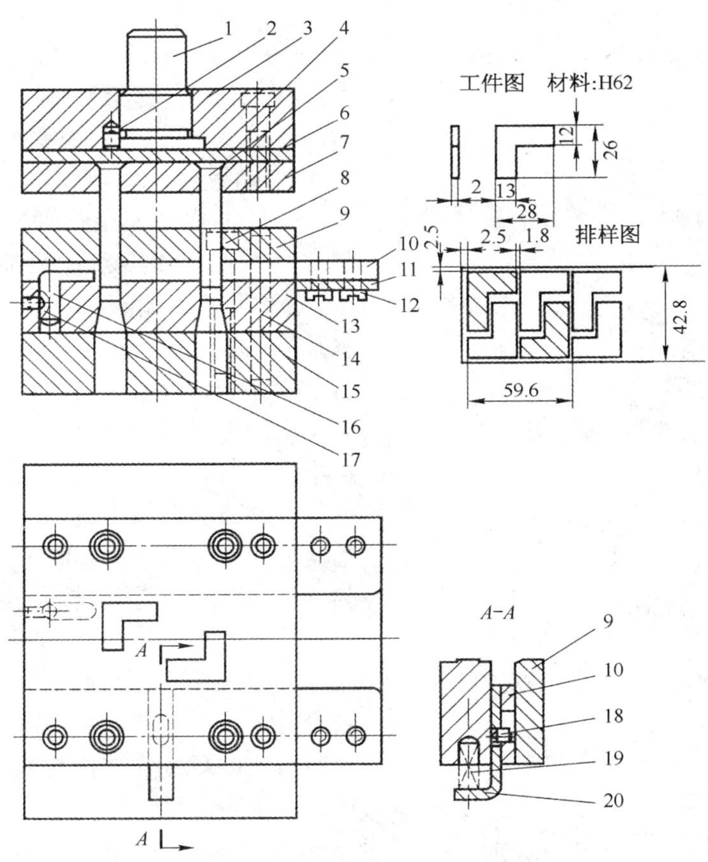

图 2-33 导板式单工序落料模

1—模柄；2—止动销；3—上模座；4、8—内六角螺钉；5—凸模；6—垫板；7—凸模固定板；9—导板；10—导料板；11—承料板；12—螺钉；13—凹模；14—圆柱销；15—下模座；16—固定挡料销；17—止动销；18—限位销；19—弹簧；20—始用挡料销

根据排样的需要，这副冲模的固定挡料销所设置的位置对首次冲裁起不到定位作用，为此采用了始用挡料销 20。在首次冲裁之前，用手将始用挡料销压入以限定条料的位置，在以后各次冲裁中，放开始用挡料销，始用挡料销被弹簧弹出，不再起挡料作用，而靠固定挡料销对条料定位。

这副冲模的冲裁过程如下：当条料沿导料板 10 送到始用挡料销 20 时，凸模 5 由导板 9 导向而进入凹模，完成首次冲裁，冲下一个零件。条料继续送至固定挡料销 16 时，进行第二次冲裁,第二次冲裁时落下两个零件。此后,条料继续送进,其送进距离就由固定挡料销 16 来控制,而且每一次冲压都是同时落下两个零件,分离后的零件靠凸模从凹模孔口中依次推出。

这种冲模的主要特征是,凸、凹模的正确配合是依靠导板导向。为了保证导向精度和导板的使用寿命,工作过程不允许凸模离开导板,为此,要求压力机行程较小。根据这个要求,选用行程较小且可调节的偏心式冲床较合适。在结构上,为了拆装和调整间隙的方便,固定导板的两排螺钉和销钉内缘之间距离(见俯视图)应大于上模相应的轮廓宽度。

导板模比无导向单工序模的精度高,寿命也较长,使用时安装较容易,卸料可靠,操作较安全,轮廓尺寸也不大。导板模一般用于冲裁形状比较简单、尺寸不大、厚度大于 0.3 mm 的冲裁件。

图 2－34 所示是斜楔式水平冲孔模。冲孔模的结构与一般落料模相似,但冲孔模有其特点,冲孔模的对象是已经落料或其他冲压加工后的半成品,所以冲孔模要解决半成品在模具上如何定位、如何使半成品放进模具以及冲好后取出既方便又安全;而冲小孔模具,必须考虑凸模的强度和刚度,以及快速更换凸模的结构;成形零件上侧壁孔冲压时,必须考虑凸模水平运动方向的转换机构等。

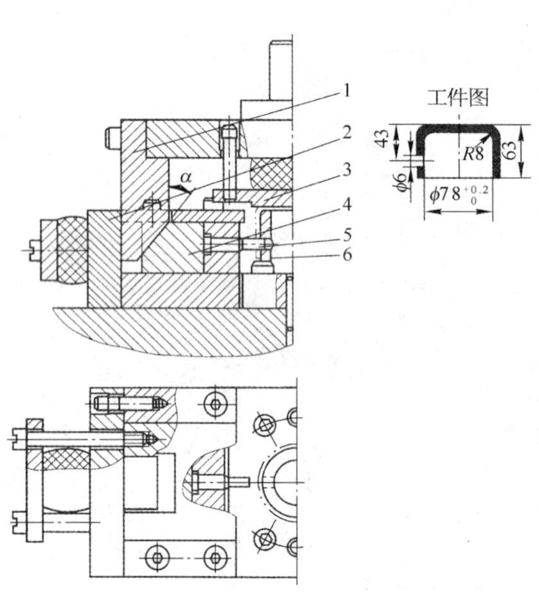

图 2－34 斜楔式水平冲孔模

1—斜楔;2—座板;3—弹簧板;4—滑块;5—凸模;6—凹模

图 2－34 所示模具的最大特征是,依靠斜楔 1 把压力机滑块的垂直运动变为滑块 4 的水平运动,从而带动凸模 5 在水平方向上进行冲孔。凸模与凹模 6 的对准,依靠滑块在导滑槽内移动来保证。斜楔的工作角 α 以 40°～50° 为宜,一般取 40°;需要较大冲裁力时,α 也可用 30°,以增大水平推力。如果为了获得较大的工作行程,α 可增大到 60°。为了排除冲孔废料,应该注意开设漏料孔并与下模座漏料孔相通。滑块的复位依靠橡胶来完成,也可靠弹簧或斜楔本身的另一工作角度完成。

工序件以内形定位,为了保证冲孔位置的准确,弹簧板 3 在冲孔之前就把工序件压紧。该模具在压力机一次行程中冲一个孔。类似这种模具,如果安装多个斜楔滑块机构,可以同时冲多个孔,孔的相对位置由模具精度来保证。其生产率高,但模具结构较复杂,轮廓尺寸较大。这种冲模主要用于冲空心件或弯曲件等成形零件的侧孔、侧槽、侧切口等。

3. 导柱式单工序冲裁模

图 2－35 所示是导柱式单工序落料模。这种冲模的上、下模正确位置利用导柱 14 和导套 13 的导向来保证。凸、凹模在进行冲裁之前,导柱已经进入导套,从而保证了在冲裁过程中凸模 12 和凹模 16 之间间隙的均匀性。

上、下模座和导套、导柱装配组成的部件为模架。凹模 16 用内六角螺钉和销钉与下模座 18 紧固并定位。凸模 12 用凸模固定板 5、螺钉、销钉与上模座紧固并定位,凸模背面垫上垫板 8。压入式模柄 7 装入上模座并用止动销 9 防止其转动。

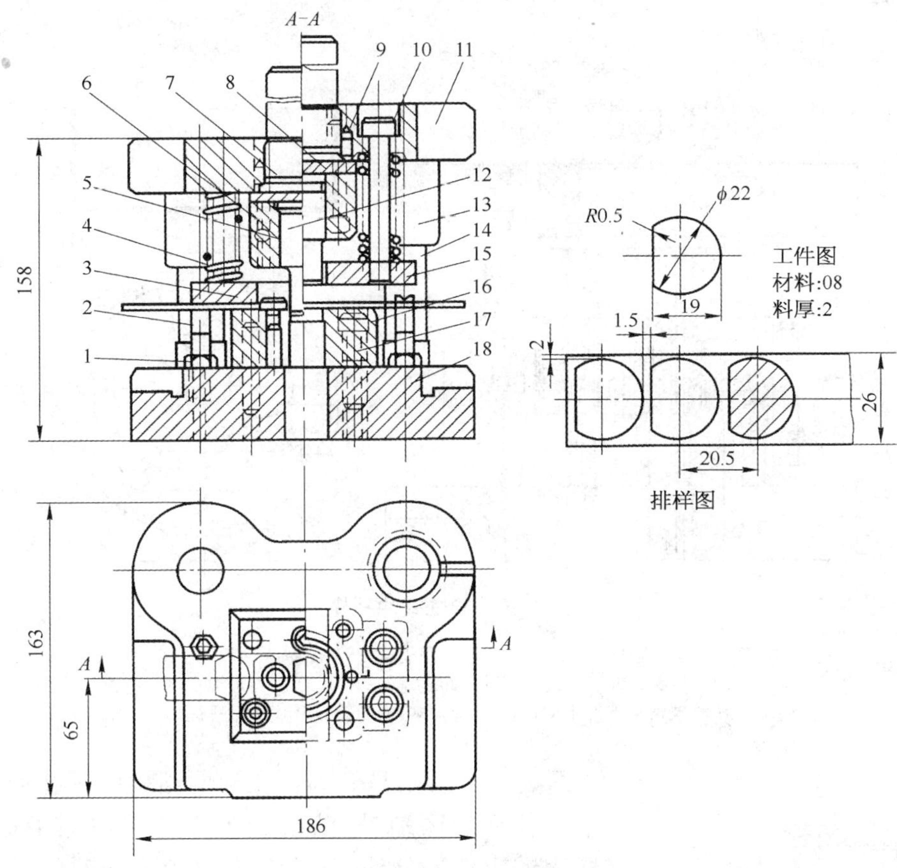

图 2-35　导柱式单工序落料模

1—螺母；2—导料螺钉；3—挡料销；4—弹簧；5—凸模固定板；6—销钉；7—模柄；8—垫板；9—止动销；10—卸料螺钉；11—上模座；12—凸模；13—导套；14—导柱；15—卸料板；16—凹模；17—内六角螺钉；18—下模座

条料沿导料螺钉 2 送至挡料销 3 定位后进行落料。箍在凸模上的边料靠弹压卸料装置进行卸料，弹压卸料装置由卸料板 15、卸料螺钉 10 和弹簧 4 组成。在凸、凹模进行冲裁工作之前，由于弹簧力的作用，卸料板先压住条料，上模继续下压时进行冲裁分离，此时弹簧被压缩（如图左半边所示）。上模回程时，弹簧回复推动卸料板把箍在凸模上的边料卸下。

导柱式冲裁模的导向比导板模的可靠，精度高，寿命长，使用安装方便，但轮廓尺寸较大，模具较重、制造工艺复杂、成本较高。它广泛用于生产批量大、精度要求高的冲裁件。

图 2-36 所示是导柱式冲孔模。冲件上的所有孔一次全部冲出，是多凸模的单工序冲裁模。由于工序件是经过拉深的空心件，而且孔边与侧壁距离较近，因此采用工序件口部朝上，用定位圈 5 实行外形定位，以保证凹模有足够强度。但增加了凸模长度，设计时必须注意凸模的强度和稳定性问题。如果孔边与侧壁距离大，则可采用工序件口部朝下，利用凹模实行内形定位。该模具采用弹性卸料装置，除卸料作用外，该装置还可保证冲孔零件的平整，提高零件的质量。

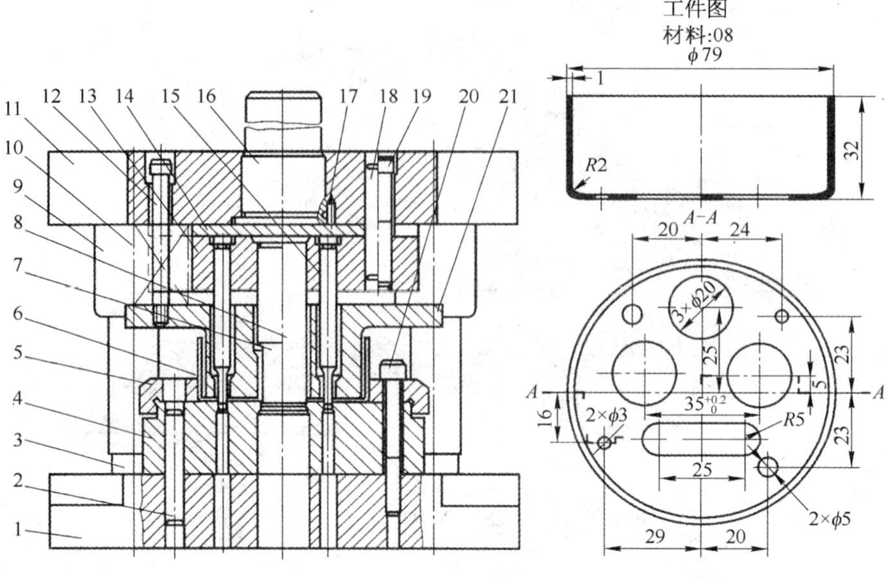

图 2-36 导柱式冲孔模

1—上模座；2、18—圆柱销；3—导柱；4—凹模；5—定位圈；6、7、8、15—凸模；9—导套；10—弹簧；11—下模座；12—卸料螺钉；13—凸模固定板；14—垫板；16—模柄；17—止动销；19、20—内六角螺钉；21—卸料板

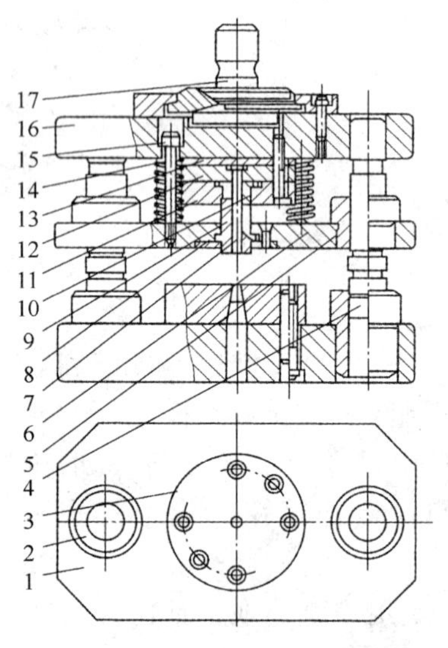

图 2-37 全长导向结构的小孔冲模

1—下模座；2、5—导套；3—凹模；4—导柱；6—弹压卸料板；7—凸模；8—托板；9—凸模护套；10—扇形块；11—扇形块固定板；12—凸模固定板；13—垫板；14—弹簧；15—阶梯螺钉；16—上模座；17—模柄

图 2-37 所示是一副全长导向结构的小孔冲模，其与一般冲孔模的区别是：凸模在工作行程中除了进入被冲材料内的工作部分外，其余全部得到不间断的导向作用，因而大大提高凸模的稳定性和强度。该模具的结构特点是：

1）导向精度高　这副模具的导柱不但在上、下模座之间进行导向，而且对卸料板也导向。在冲压过程中，导柱装在上模座上，在工作行程中上模座、导柱、弹压卸料板一同运动，严格地保持与上、下模座平行装配的卸料板中的凸模护套精确地与凸模滑配，当凸模受侧向力时，卸料板通过凸模护套承受侧向力，保护凸模不致发生弯曲。

为了提高导向精度，排除压力机导轨的干扰，这副模具采用了浮动模柄的结构。但必须保证在冲压过程中，导柱始终不脱离导套。

2）凸模全长导向　该模具采用凸模全长导向结构。冲裁时，凸模 7 由凸模护套 9 全长导向，伸出护套后，即冲出一个孔。

3）在所冲孔周围先对材料加压　从图中可见，凸模护套伸出卸料板，冲压时，卸料板不接触材料。由于凸模护套与材料的接触面积上的压力很大，使其产生了立体的压应力状态，改善了材料的塑性条件，有利于塑性变形过程。因而，在冲制的孔径小于材料厚度时，仍能获得断面光洁孔。

图 2－38 所示是短凸模多孔冲孔模，用于冲裁孔多而尺寸小的冲裁件。该模具的主要特点是采用了厚垫板短凸模的结构。由于凸模大为缩短，同时凸模以卸料板 5 为导向，其配合为 H7/h6，而与凸模固定板 2 以 H8/h6 间隙配合，得到良好导向，因此大大提高了凸模的刚度。卸料板 5 与导板 1 用螺钉、销钉紧固定位，导板以固定板为导向（两者以 H7/h6 配和）作上、下运动，保证了卸料板不产生水平偏摆，避免了凸模承受侧压力而折断。该模具配备了较强压力的弹性元件，这是小孔冲裁模的共同特点，其卸料力一般取冲裁力的 10%，以利于提高冲孔的质量。

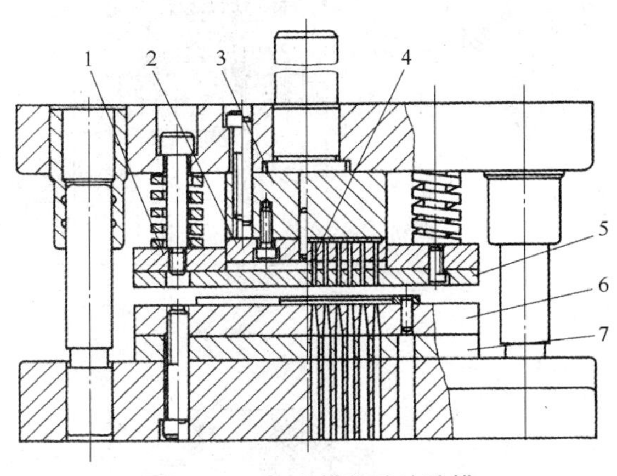

图 2－38　短凸模多孔冲孔模

1—导板；2—凸模固定板；3—垫板；4—凸模；5—卸料板；6—凹模；7—垫板

（二）复合模

复合模是一种多工序冲模，其设计难点是如何在同一工作位置上合理地布置好几对凸、凹模。复合模在结构上的主要特征是有一个或几个具有双重作用的工作零件——凸凹模，如在落料冲孔复合模中有一个既能作落料凸模又能作冲孔凹模。按照复合模工作零件的安装位置不同，分为倒装式复合模和正装式复合模两种。

1. 倒装式复合模

图 2－39 所示是冲制垫圈的倒装式复合模。落料凹模 17 在上模，倒装复合模一般采用刚性推件装置，把卡在凹模中的制件推出。刚性推件装置由打杆 12、打板 11、内打杆 10 和推件块 9 推出制件。冲孔废料直接由凸模从凸凹模内孔推出，外形落料后的废料由弹性卸料装置从凸凹模外部卸到工作面，随送料移出。

采用刚性推件装置的倒装式复合模，条料不是处于被压紧状态下分离，因而冲件的平直度不高。同时由于冲孔废料直接从凸凹模内孔推下，当采用直刃壁凹模孔口时，凸凹模内孔中会聚集废料，凸凹模壁厚较小时可能引起胀裂，因而这种复合模结构适用于冲裁材料较硬或厚度大于 0.3 mm 且孔边距较大的冲件。如果在上模内设置弹性元件，即可用来冲制材料较软或料厚小于 0.3 mm、平直度要求较高的冲件。

2. 正装式复合模

图 2－40 所示是正装式落料冲孔复合模，凸凹模 6 在上模，落料凹模 8 和冲孔凸模 11 在下模。

正装式复合模工作时，板料以导料销 13 和挡料销 12 定位。上模下压，凸凹模外轮廓和落料凹模 8 进行落料，落下料卡在凹模中，同时冲孔凸模与凸凹模内孔进行冲孔，冲孔废料卡在凸凹模孔内。卡在凹模中的冲件由顶件装置顶出凹模面。顶件装置由带肩顶杆 10 和顶件块 9 及装在下模座底下的弹顶器组成。

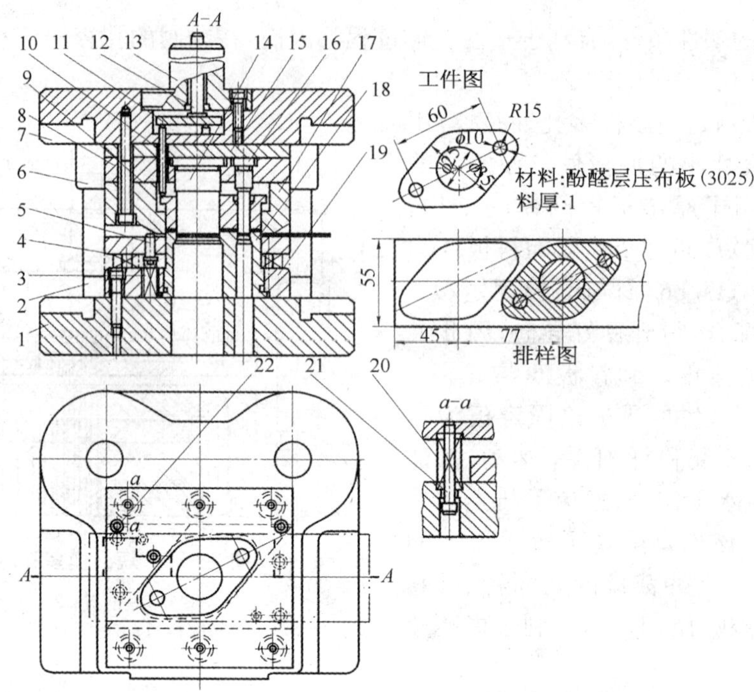

图 2-39 冲制垫圈的倒装式复合模

1—下模座；2—导柱；3、20—弹簧；4—卸料板；5—活动挡料销；6—导套；7—上模座；8—凸模固定板；9—推件块；10—内打杆；11—打板；12—打杆；13—模柄；14、16—冲孔凸模；15—垫板；17—落料凹模；18—凸凹模；19—固定板；21—卸料螺钉；22—导料销

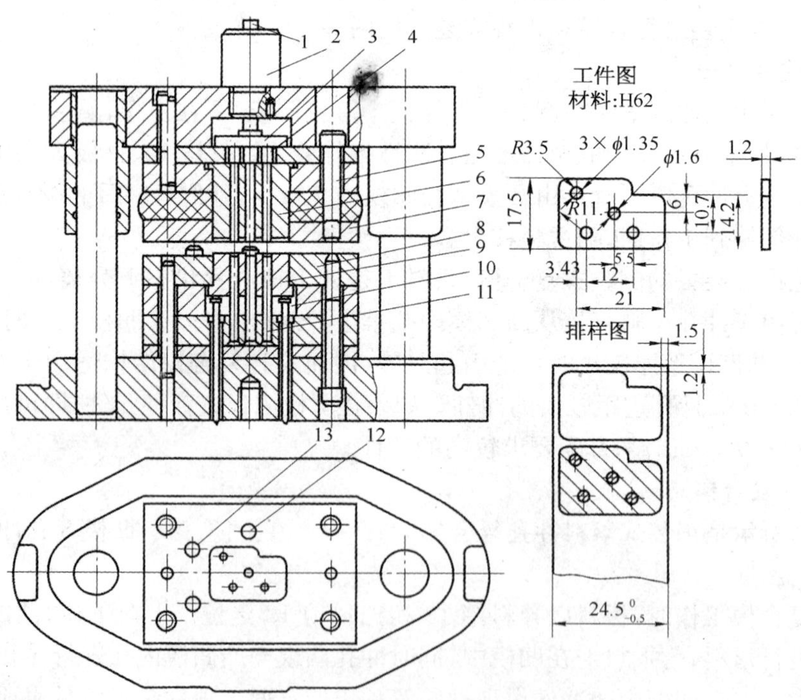

图 2-40 正装式落料冲孔复合模

1—打杆；2—模柄；3—推板；4—推杆；5—卸料螺钉；6—凸凹模；7—卸料板；8—落料凹模；9—顶件块；10—带肩顶杆；11—冲孔凸模；12—挡料销；13—导料销

该模具采用装在下模座底下的弹顶器推动顶杆和顶件块，弹性元件高度不受模具有关空间的限制，顶件力大小容易调节，可获得较大的顶件力。卡在凸凹模内的冲孔废料由推件装置推出。推件装置由打杆 1、推板 3 和推杆 4 组成。当上模上行至上止点时，把废料推出。每冲裁一次，冲孔废料被推下一次，凸凹模孔内不积存废料，胀力小，不易破裂。但冲孔废料落在下模工作面上，清除废料麻烦，尤其孔较多时。边料由弹压卸料装置卸下。由于采用固定挡料销和导料销，在卸料板上需钻出让位孔，或采用活动导料销或挡料销。

从上述工作过程可以看出，正装式复合模工作时，板料是在压紧的状态下分离，冲出的冲件平直度较高。但由于弹顶器和弹压卸料装置的作用，分离后的冲件容易被嵌入边料中影响操作，从而影响生产率。

从正装式和倒装式复合模结构分析中可以看出，两者各有优缺点：正装式复合模较适用于冲制材料较软或料厚较薄、平直度较高的冲件，还可以冲制孔边距较小的冲件；而倒装式复合模结构简单，又可以直接利用压力机的打杆装置进行推件，卸件可靠，便于操作，并为机械化出件提供了有利条件，故应用十分广泛。

复合模的特点是生产率高，冲裁件的内孔与外缘的相对位置精度高，板料的定位精度要求比级进模低，冲模的轮廓尺寸较小。但复合模结构复杂，制造精度要求高，成本高，主要用于生产批量大、精度要求高的冲裁件。

（三）级进模

级进模是一种工位多、效率高的冲模。整个冲件的成形是在连续过程中逐步完成的。连续成形是工序集中的工艺方法，可使切边、切口、切槽、冲孔、塑性成形、落料等多种工序在一副模具上完成。根据冲压件的实际需要，按一定顺序安排了多个冲压工序（在级进模中称为工位）进行连续冲压。它不但可以完成冲裁工序，还可以完成成形工序，甚至装配工序，许多需要多工序冲压的复杂冲压件可以在一副模具上完全成形，为高速自动冲压提供了有利条件。由于级进模工位数较多，因而用级进模冲制零件，必须解决条料或带料的准确定位问题，才有可能保证冲压件的质量。根据级进模定位零件的特征，级进模有以下几种典型结构。

1. 用导正销定位的级进模

图 2－41 所示是用导正销定距的冲孔落料级进模。上、下模用导板导向。冲孔凸模 3 与落料凸模 4 之间的距离就是送料步距 S。送料时由固定挡料销 6 进行粗定位，由两个装在落料凸模上的导正销 5 进行精定位。导正销与落料凸模的

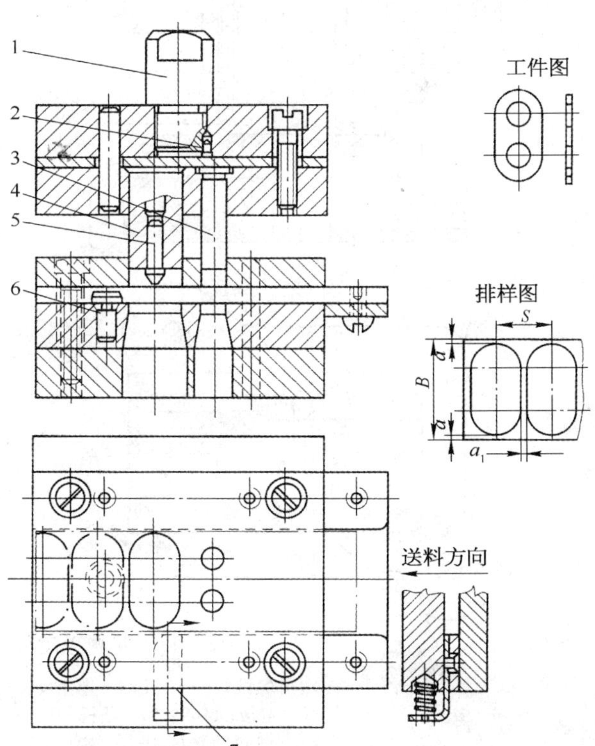

图 2－41　用导正销定距的冲孔落料级进模

1—模柄；2—螺钉；3—冲孔凸模；4—落料凸模；5—导正销；6—固定挡料销；7—始用挡料销

配合为 H7/r6，其连接应保证在修磨凸模时的装拆方便，因此，落料凸模安装导正销的孔是个通孔。导正销头部的形状应有利于在导正时插入已冲的孔，它与孔的配合应略有间隙。为了保证首件的正确定距，在带导正销的级进模中，常采用始用挡料装置。它安装在导板下的导料板中间。在条料上冲制首件时，用手推始用挡料销 7，使它从导料板中伸出来抵住条料的前端即可冲第一件上的两个孔。以后各次冲裁时就都由固定挡料销 6 控制送料步距作粗定位。

这种定距方式多用于较厚板料，冲件上有孔，精度低于 IT12 级的冲件冲裁。它不适用于软料或板厚小于 0.3 mm 的冲件，也不适于孔径小于 1.5 mm 或落料凸模较小的冲件。

2. 侧刃定距的级进模

图 2－42 所示是双侧刃定距的冲孔落料级进模。它以侧刃 16 代替了始用挡料销、挡料销和导正销控制条料送进距离（进距或俗称步距）。侧刃是特殊功用的凸模，其作用是在压力机每次冲压行程中，沿条料边缘切下一块长度等于步距的料边。由于沿送料方向上，在侧刃前后，两导料板间距不同，前宽后窄形成一个凸肩，所以条料上只有切去料边的部分方能通过，通过的距离即等于步距。为了减少料尾损耗，尤其工位较多的级进模，可采用两个侧刃前后对角排列。由于该模具冲裁的板料较薄（0.3 mm），所以选用弹压卸料方式。

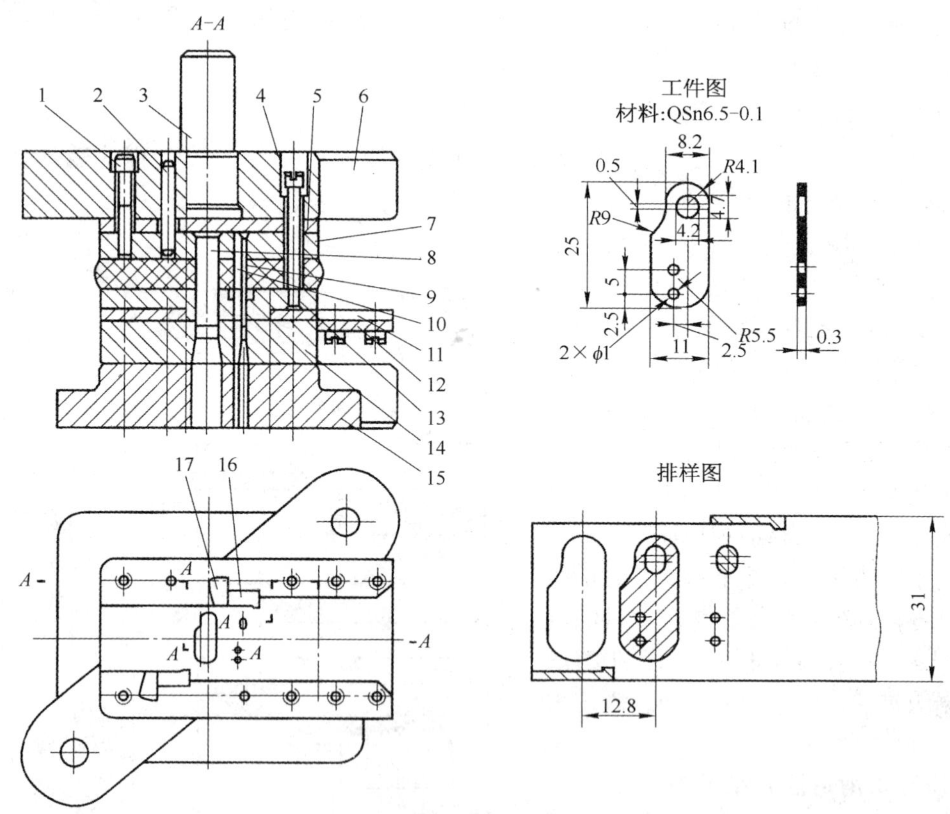

图 2－42 双侧刃定距的冲孔落料级进模

1—内六角螺钉；2—销钉；3—模柄；4—卸料螺钉；5—垫板；6—上模座；7—凸模固定板；8、9、10—凸模；11—导料板；12—承料板；13—卸料板；14—凹模；15—下模座；16—侧刃；17—侧刃挡块

图 2－43 所示是侧刃定距的弹压导板级进模。该模具除了具有上述侧刃定距级进模的特点外，还具有如下特点：

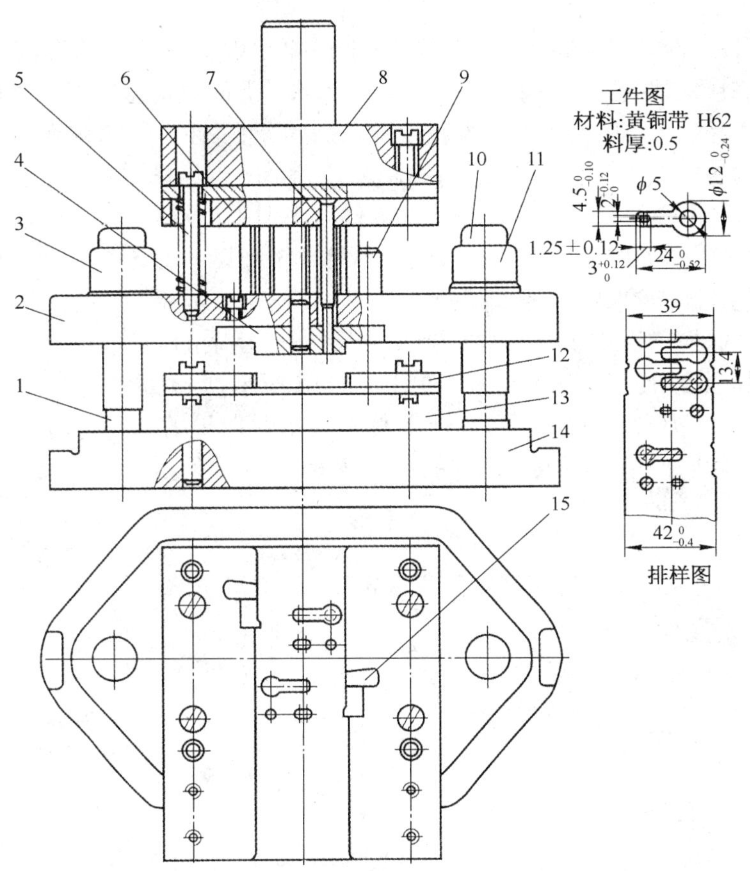

图 2-43　侧刃定距的弹压导板级进模

1、10—导柱；2—弹压导板；3、11—导套；4—导板镶块；
5—卸料螺钉；6—凸模固定板；7—凸模；8—上模座；9—限位柱；
12—导料板；13—凹模；14—下模座；15—侧刃挡块

(1) 凸模以装在弹压导板 2 中的导板镶块 4 导向，弹压导板以导柱 1、10 导向，导向准确，保证凸模与凹模的正确配合，并且加强了凸模纵向稳定性，避免小凸模产生纵弯曲。

(2) 凸模与固定板为间隙配合，凸模装配调整和更换较方便。

(3) 弹压导板用卸料螺钉与上模连接，加上凸模与固定板是间隙配合，因此能消除压力机导向误差对模具的影响，对延长模具寿命有利。

(4) 冲裁排样采用直对排，一次冲裁获得两个零件，两件的落料工位离开一定距离，以增强凹模强度，也便于加工和装配。

这种模具适用于冲压零件尺寸小而复杂、需要保护凸模的场合。

在实际生产中，对于精度要求高的冲压件和多工位的级进冲裁，采用了既有侧刃(粗定位)又有导正销定位(精定位)的级进模。

总之，级进模比单工序模生产率高，减少了模具和设备的数量，工件精度较高，便于操作和实现生产自动化。对于特别复杂或孔边距较小的冲压件，用简单模或复合模冲制有困难时，可用级进模逐步冲出。但级进模轮廓尺寸较大，制造较复杂，成本较高，一般适用于大批量小型冲压件。

应用级进模冲压时，排样设计十分重要，它不但要考虑材料的利用率，还应考虑零件的精度要求、冲压成形规律、模具结构及模具强度等问题。下面讨论这些因素对排样的要求。

1）零件的精度对排样的要求　零件精度要求高的，除了注意采用精确的定位方法外，还应尽量减少工位数，以减小工位积累误差；孔距公差较小的应尽量在同一工步中冲出。

2）模具结构对排样的要求　零件较大或零件虽小但工位较多的，应尽量减少工位数，可采用连续-复合排样法，如图 2-44a 所示，以减小模具轮廓尺寸。

3）模具强度对排样的要求　孔间距小的冲件，其孔要分步冲出，如图 2-44b 所示；工位之间凹模壁厚小的，应增设空步，如图 2-44c 所示；外形复杂的冲件应分步冲出，以简化凸、凹模形状，增强其强度，便于加工和装配，如图 2-44d 所示；侧刃的位置应尽量避免导致凸、凹模局部工作而损坏刃口，如图 2-44b 所示；侧刃与落料凹模刃口距离增大 0.2～0.4 mm，就是为了避免落料凸、凹模切下条料端部的极小宽度。

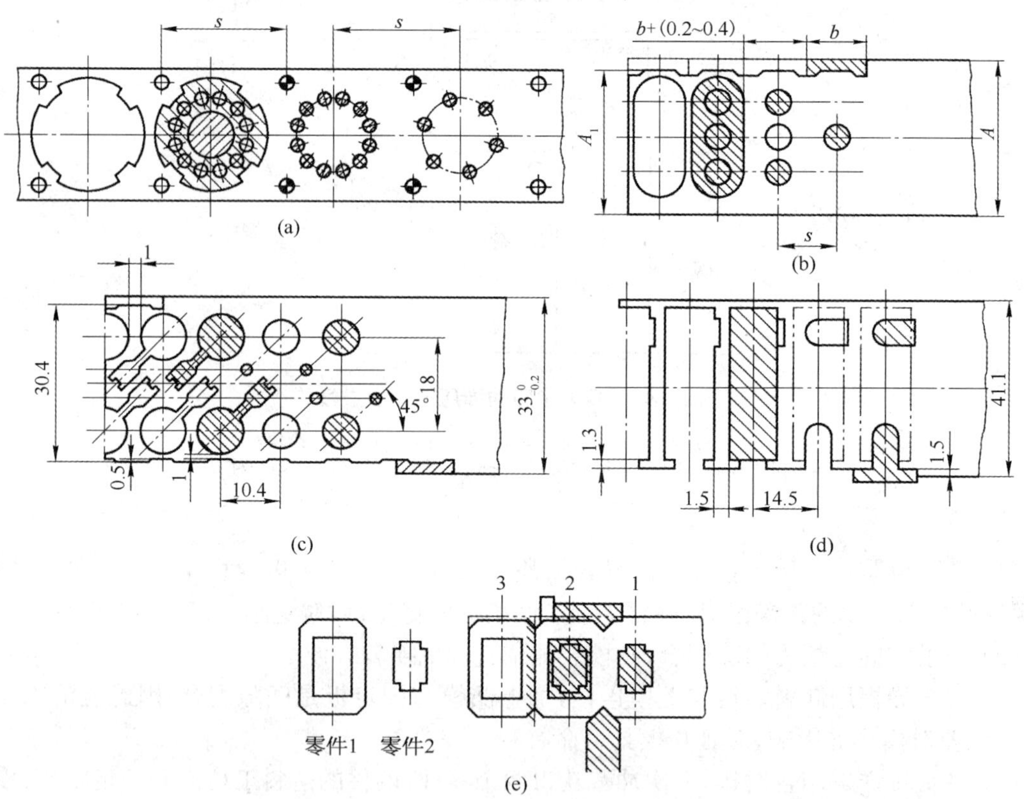

图 2-44　级进模的排样图

4）零件成形规律对排样的要求　需要弯曲、拉深、翻边等成形工序的零件，采用级进模冲压时，位于成形过程变形部位上的孔，一般应安排在成形工步之后冲出，落料或切断工步一般安排在最后工位上。

全部为冲裁工步的级进模，一般是先冲孔后落料或切断。先冲出的孔可作为后续工位的定位孔，若该孔不适合于定位或定位精度要求较高时，则应冲出辅助定位工艺孔（导正销孔），如图 2-44a 所示。套料级进冲裁时，如图 2-44e 所示，按由里向外的顺序进行冲裁。

前面介绍了单工序模、复合模、级进模三类冲裁模的典型结构，这三类模具的结构特点与适用场合各有不同，表 2-23 列出了它们之间的对比关系，供类型选择时参考。

表 2-23　三类冲裁模的对比关系

比较项目 \ 模具种类	单工序模		复合模	级进模
	无导向的	有导向的		
冲件精度	低	一般	可达 IT10～IT8 级	IT13～IT10 级
冲件平整度	差	一般	因压料较好，冲件平整	不平整，要求质量较高时需校平
冲件最大尺寸和材料厚度	尺寸和厚度不受限制	中小型尺寸、厚度较大	尺寸在 300 mm 以下，厚度在 0.05～3 mm 之间	尺寸在 250 mm 以下，厚度在 0.1～6 mm 之间
生产率	低	较低	冲件或废料落到或被顶到模具工作面上，必须用手工或机械清理，生产率稍低	工序间可自动送料，冲件和废料一般从下模漏下，生产率高
使用高速压力机的可能性	不能使用	可以使用	操作时出件较困难，速度不宜太高	可以使用
多排冲压法的应用	不采用	很少采用	很少采用	冲件尺寸小时应用较多
模具制造的工作量和成本	低	比无导向的稍高	冲裁复杂形状件时比级进模低	冲裁简单形状件时比复合模低
适应冲件批量	小批量	中小批量	大批量	大批量
安全性	不安全，需采取安全措施		不安全，需采取安全措施	比较安全

任务八　冲裁模零部件设计

【学习目标】

1. 了解冲裁模的分类。
2. 掌握凸、凹模的设计方法。
3. 了解其他冲裁零部件的设计及选用。

由冲裁模的典型结构可见，尽管各类冲裁模的结构形式和复杂程度不同，组成模具的零件有多有少，但每一副冲裁模都是由一些能协同完成冲压工作的基本零部件构成的。这些零部件按其在冲裁模中所起作用不同，可分为工艺零件和结构零件两大类：

工艺零件——直接参与完成工艺过程并与板料或冲件直接发生作用的零件，包括工作零件、定位零件、卸料与出件装置等。

结构零件——将工艺零件固定连接起来构成模具整体，是对冲模完成工艺过程起保证和完善作用的零件，包括支承与固定零件、导向零件、紧固零件及其他零件等。

冲裁模零部件的详细分类如图 2-45 所示。

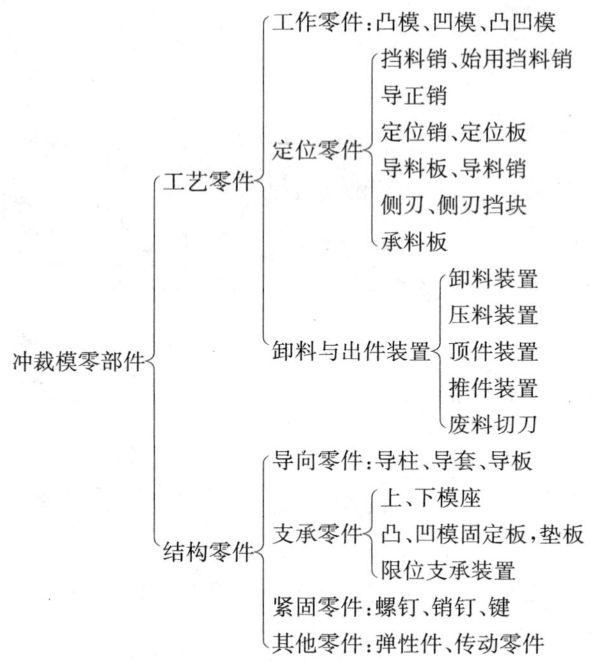

图 2-45 冲裁模零部件分类

一、工作零件

（一）凸模

1. 凸模的结构形式与固定方法

由于冲件的形状和尺寸不同，冲模的加工以及装配工艺等实际条件亦不同，所以在实际生产中使用的凸模结构形式很多，其截面形状有圆形和非圆形；刃口形状有平刃和斜刃等；结构有整体式、镶拼式、阶梯式、直通式和带护套式等。凸模的固定方法有台肩固定，铆接、螺钉和销钉固定，黏结剂浇注法固定等。

下面通过介绍圆形和非圆形凸模，来分析凸模的结构形式、固定方法、特点及应用场合。

1）圆形凸模　按标准规定，圆形凸模有以下几种形式，如图 2-46 所示。其中台阶式的凸模强度刚性较好，装配修磨方便，其工作部分的尺寸由计算而得；与凸模固定板配合部分按过渡配合（H7/m6 或 H7/n6）制造；最大直径的作用是形成台肩，以便固定，保证工作时凸模不被拉出。

图 2-46a 所示是较大直径的凸模；图 2-46b 所示是较小直径的凸模，它们适用于冲裁力和卸料力大的场合；图 2-46c 所示是快换式的小凸模，维修更换方便。

2）非圆形凸模　在实际生产中广泛应用的是非圆形凸模，如图 2-47 所示。

图 2-47a、b 所示是台阶式的。凡是截面为非圆形的凸模，如果采用台阶式的结构，其

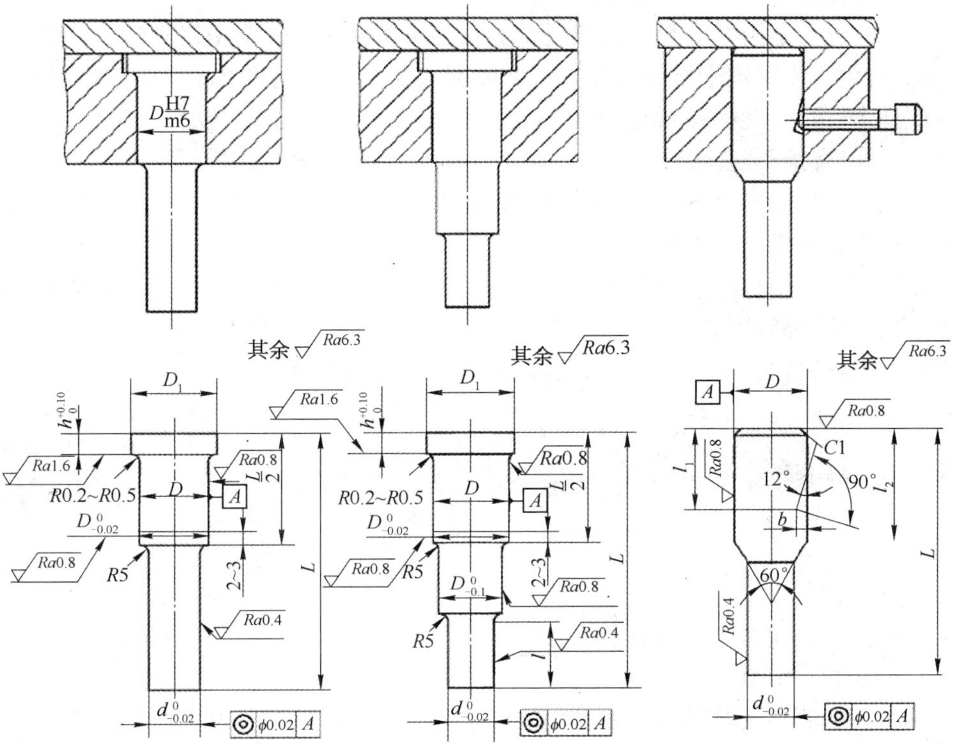

(a)　(b)　(c)

图 2-46　圆形凸模

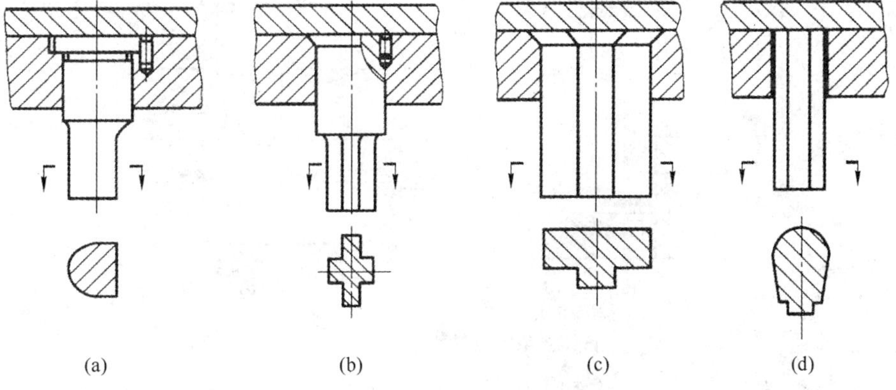

图 2-47　非圆形凸模

固定部分应尽量简化成简单形状的几何截面(圆形或矩形)。

图 2-47a 所示是台肩固定,图 2-47b 所示是铆接固定。这两种固定方法应用较广泛,但不论哪一种固定方法,只要工作部分截面是非圆形的,而固定部分是圆形的,都必须在固定端接缝处加防转销。以铆接法固定时,铆接部位的硬度较工作部分要低。

图 2-47c、d 所示是直通式凸模。直通式凸模用线切割加工或成形铣、成形磨削加工。

截面形状复杂的凸模，广泛应用这种结构。

图 2-47d 所示是用黏结剂固定凸模。其优点在于，当多凸模冲裁时（如电机定、转子冲槽孔），可以简化凸模固定板加工工艺，便于装配时保证凸模与凹模合理均匀的间隙。常用的黏结剂有环氧树脂、无机黏结剂等，各种黏结剂均有一定的配方，也有一定的配制方法，有的在市场上可以直接买到。

用黏结剂固定方法，也可用于凹模、导柱、导套的固定。

2. 凸模长度计算

凸模的长度尺寸应根据模具的具体结构确定，同时要考虑凸模的修磨量及固定板与卸料板之间的安全距离等因素。

当采用固定卸料时（图 2-48a），凸模长度可按下式计算：

$$L = h_1 + h_2 + h_3 + h \tag{2-30}$$

当采用弹性卸料时（图 2-48b），凸模长度可按下式计算：

$$L = h_1 + h_2 + h_a \tag{2-31}$$

式中 L——凸模长度（mm）；

h_1——凸模固定板厚度（mm）；

h_2——卸料板厚度（mm）；

h_a——卸料弹性元件的安装高度，即卸料弹性元件被预压后的高度（mm）；

h——附加长度（mm），它包括凸模的修磨量、凸模进入凹模的深度、凸模固定板与卸料板之间的安全距离等，一般取 h=15～20 mm。

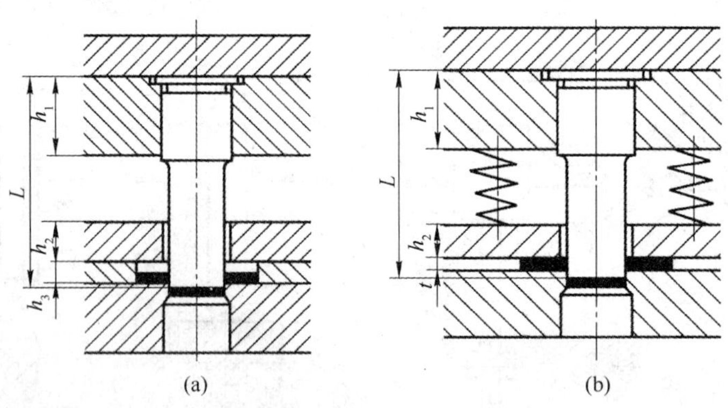

图 2-48 凸模长度尺寸

(a) 固定卸料；(b) 弹性卸料

若选用标准凸模，按照上述方法算得凸模长度后，还应根据冲模标准中的凸模长度系列选取最接近的标准长度作为实际凸模的长度。

3. 凸模的强度与刚度校核

一般情况下，凸模的强度和刚度是足够的，没有必要进行校核。但是当凸模的截面尺寸很小而冲裁的板料厚度较大，或根据结构需要确定的凸模特别细长时，则应进行承压能力和抗纵向弯曲能力的校核。

冲裁凸模的强度与刚度校核计算公式见表 2－24。

表 2－24　冲裁凸模强度与刚度校核计算公式

校核内容	计算公式			式中符号意义
弯曲应力	简图	无导向（简图）	有导向（简图）	L—凸模允许的最大自由长度(mm)； d—凸模最小直径(mm)； J—凸模最小断面的惯性矩(mm^4)； F—冲裁力(N)； t—冲压材料厚度(mm)； τ—冲压材料抗剪强度(MPa)； $[\sigma_{压}]$—凸模材料的许用压应力(MPa)，碳素工具钢淬火后的许用压应力一般为淬火前的 1.5～3 倍
	圆形	$L \leqslant 90\dfrac{d^2}{\sqrt{F}}$	$L \leqslant 270\dfrac{d^2}{\sqrt{F}}$	
	非圆形	$L \leqslant 416\sqrt{\dfrac{J}{F}}$	$L \leqslant 1\,180\sqrt{\dfrac{J}{F}}$	
压应力	圆形	$d \geqslant \dfrac{4t\tau}{[\sigma_{压}]}$		
	非圆形	$d \geqslant \dfrac{F}{[\sigma_{压}]}$		

（二）凹模

凹模类型很多，其外形有圆形和板形；结构有整体式和镶拼式；刃口也有平刃和斜刃。

1. 凹模外形结构及其固定方法

图 2－49a、b 所示是标准中的两种圆形凹模及其固定方法。这两种圆形凹模尺寸都不大，直接装在凹模固定板中，主要用于冲孔。图 2－49c 所示是采用螺钉和销钉直接固定在支承件上的凹模，这种凹模板已经有标准，它与标准固定板、垫板和模座等配合使用。图 2－49d 所示为快换式冲孔凹模固定方法。

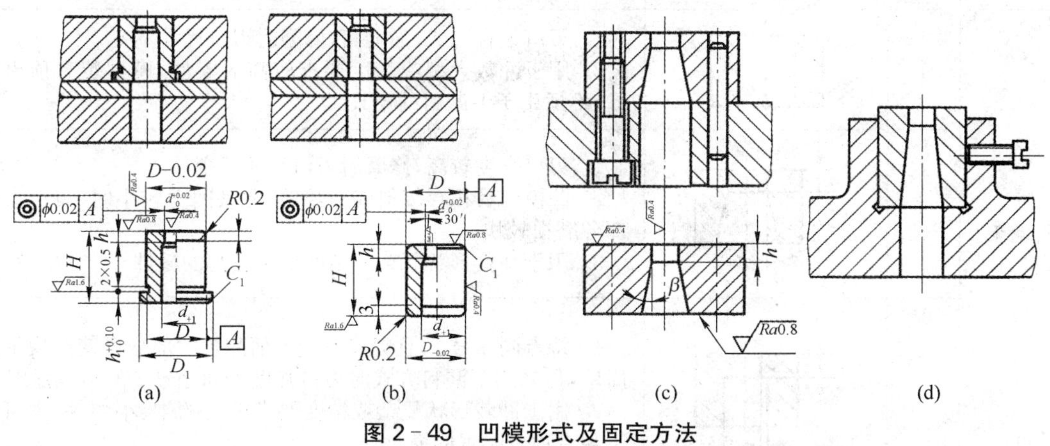

图 2－49　凹模形式及固定方法

凹模采用螺钉和销钉定位固定时，要保证螺孔（或沉孔）间、螺孔与销孔间及螺孔、销孔与凹模刃壁间的距离不能太近，否则会影响模具寿命。孔距的最小值可参考表 2－25。

表 2-25 螺孔(或沉孔)、销孔之间及至刃壁的最小距离

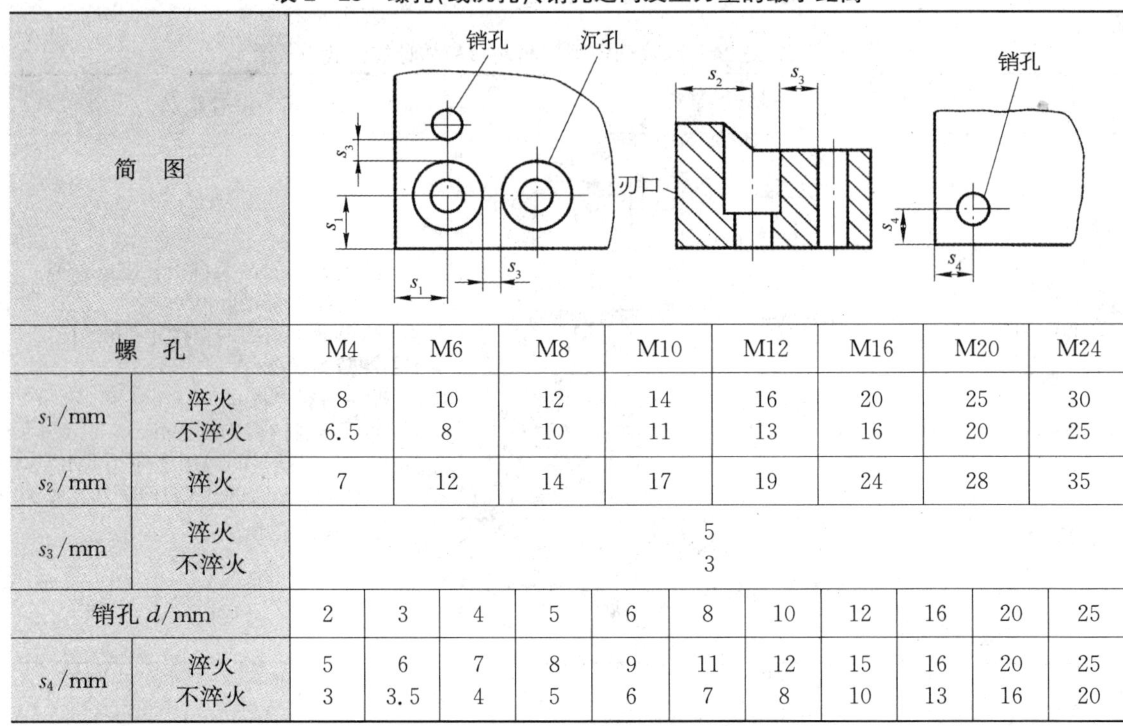

螺　孔		M4	M6	M8	M10	M12	M16	M20	M24
s_1/mm	淬火 不淬火	8 6.5	10 8	12 10	14 11	16 13	20 16	25 20	30 25
s_2/mm	淬火	7	12	14	17	19	24	28	35
s_3/mm	淬火 不淬火	5 3							

销孔 d/mm		2	3	4	5	6	8	10	12	16	20	25
s_4/mm	淬火 不淬火	5 3	6 3.5	7 4	8 5	9 6	11 7	12 8	15 10	16 13	20 16	25 20

2. 凹模刃口形式

凹模按结构分为整体式和镶拼式,这里介绍整体式凹模。冲裁凹模的刃口形式有直筒形和锥形两种。选用刃口形式时,主要应根据冲裁件的形状、厚度、尺寸精度以及模具的具体结构来决定,其刃口形式见表 2-26。

表 2-26 冲裁凹模刃口形式及主要参数

刃口形式	序号	简图	特点及适用范围
直筒形刃口	1		1. 刃口为直通式,强度高,修磨后刃口尺寸不变 2. 用于冲裁大型或精度要求较高的零件,模具装有顶出装置,不适用于下漏料的模具
	2	h β	1. 刃口强度较高,修磨后刃口尺寸不变 2. 凹模内易积存废料或冲裁件,尤其间隙较小时,刃口直壁部分磨损较快 3. 用于冲裁形状复杂或精度要求较高的零件
	3	h 0.5~1	1. 特点同序号 2,且刃口直壁下面的扩大部分可使凹模加工简单,但采用下漏料方式时刃口强度不如序号 2 的刃口强度高 2. 用于冲裁形状复杂或精度要求较高的中、小型件,也可用于装有顶出装置的模具

（续表）

刃口形式	序号	简图	特点及适用范围
直筒形刃口	4	20°～30°　2～5　1～2　3～5	1. 凹模硬度较低(有时可不淬火)，一般为 40HRC，可用于锤子敲击刃口外侧斜面以调整冲裁间隙 2. 用于冲裁薄而软的金属或非金属零件
锥形刃口	5	α	1. 刃口强度较差，修磨后刃口尺寸略有增大 2. 凹模内不易积存废料或冲裁件，刃口内壁磨损较慢 3. 用于冲裁形状简单、精度要求不高的零件

	材料厚度 t/mm	α/′	β/°	刃口高度 h/mm	备注
主要参数	＜0.5 0.5～1 1～2.5	15	2	≥4 ≥5 ≥6	α 值适用于钳工加工。采用线切割加工时，可取 $\alpha=5'\sim20'$
	2.5～6 ＞6	30	3	≥8 ≥10	

3. 整体式凹模轮廓尺寸的确定

凹模轮廓尺寸包括凹模板的平面尺寸 $L\times B$(长×宽)及厚度尺寸 H。由于冲裁时凹模承受冲裁力和侧向挤压力的作用，受力情况比较复杂，目前还不能用理论方法确定凹模轮廓尺寸。在生产中，通常根据冲裁的板料厚度和冲件的轮廓尺寸，或凹模孔口刃壁间距离，按经验公式来确定，如图 2-50 所示。

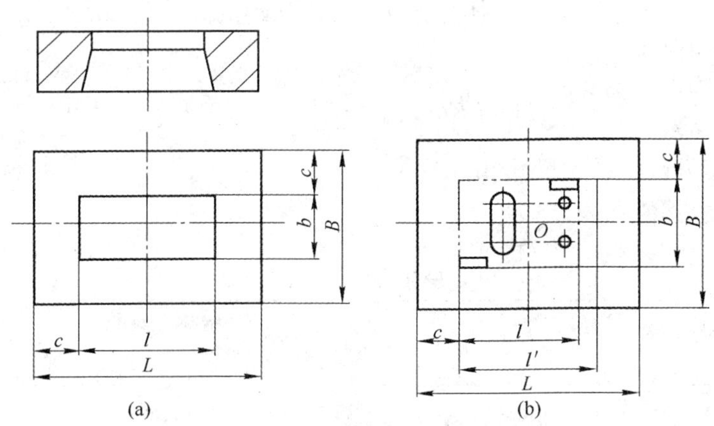

图 2-50　凹模外形尺寸的确定

(a) 单型孔凹模；(b) 多型孔凹模

1) 凹模平面尺寸

$$L = l + 2c \qquad B = b + 2c \tag{2-32}$$

式中 l——沿凹模长度方向刃口型孔的最大距离(mm);

b——沿凹模宽度方向刃口型孔的最大距离(mm);

c——凹模壁厚(mm),从凹模刃口至凹模外边缘的最短距离。主要考虑布置螺钉与销钉的需要,同时也要保证凹模的强度和刚度,计算时可参考表 2-27 选取。

表 2-27 凹模壁厚 c (mm)

条料宽度	冲件材料厚度 t			
	≤0.8	>0.8~1.5	>1.5~3	>3~5
≤40	20~25	22~28	24~32	28~36
>40~50	22~28	24~32	28~36	30~40
>50~70	28~36	30~40	32~42	35~45
>70~90	32~42	35~45	38~48	40~52
>90~120	35~45	40~52	42~54	45~58
>120~150	40~50	42~54	45~58	48~62

注:1. 冲件料薄时取表中较小值,反之取较大值。
2. 型孔为圆弧时取小值,为直边时取中值,为尖角时取大值。

对于多型孔凹模,如图 2-50b 所示,设压力中心 O 沿矩形 $l \times b$ 的宽度方向对称,而沿长度方向不对称,则为了使压力中心与凹模板中心重合,凹模平面尺寸应按下式计算:

$$L = l' + 2c \qquad B = b + 2c \tag{2-33}$$

式中 l'——沿凹模长度方向压力中心至最远刃口间距的 2 倍(mm)。

2) 凹模厚度和壁厚

$$H = Kb \qquad c = (1.5 \sim 2)H \tag{2-34}$$

式中 b——凹模刃口的最大尺寸(mm);

K——系数,其值见表 2-28。

表 2-28 系数 K

料厚 t/mm \ b/mm	0.5	1	2	3	>3
<50	0.3	0.35	0.42	0.5	0.6
>50~100	0.2	0.22	0.28	0.35	0.42
>100~200	0.15	0.18	0.2	0.24	0.3
>200	0.1	0.12	0.15	0.18	0.22

(三) 凸凹模

凸凹模是复合模中同时具有落料凸模和冲孔凹模作用的工作零件。它的内外缘均为刃口,内外缘之间的壁厚取决于冲裁件的尺寸。从强度方面考虑,其壁厚应受最小值限制。凸凹模的最小壁厚与模具结构有关:当模具为正装结构时,内孔不积存废料,胀力小,最小壁厚可以小些;当模具为倒装结构时,若内孔为直筒形刃口形式,且采用下出料方式,则内孔积存废料,胀力大,故最小壁厚应大些。

凸凹模的最小壁厚值,目前一般按经验数据确定,倒装式复合模的凸凹模最小壁厚见表2-29。正装式复合模的凸凹模最小壁厚可比倒装式小些。

表 2-29　倒装式复合模的凸凹模最小壁厚 δ　(mm)

简图											
材料厚度 t	0.4	0.6	0.8	1.0	1.2	1.4	1.6	1.8	2.0	2.2	2.5
最小壁厚 δ	1.4	1.8	2.3	2.7	3.2	3.6	4.0	4.4	4.9	5.2	5.8
材料厚度 t	2.8	3.0	3.2	3.5	3.8	4.0	4.2	4.4	4.6	4.8	5.0
最小壁厚 δ	6.4	6.7	7.1	7.6	8.1	8.5	8.8	9.1	9.4	9.7	10

二、定位零件

冲模的定位零件是用来保证条料的正确送进及在模具中的正确位置。

条料在模具送料平面中必须有两个方向的限位:一是在与条料方向垂直的方向上的限位,保证条料沿正确的方向送进,称为送进导向;二是在送料方向上的限位,控制条料一次送进的距离(步距)称为送料定距。

对于块料或工序件的定位,基本也是在两个方向上的限位,只是定位零件的结构形式与条料的有所不同。

属于送进导向的定位零件有导料销、导料板、侧压板等;属于送料定距的定位零件有挡料销、导正销、侧刃等;属于块料或工序件的定位零件有定位销、定位板等。

选择定位方式及定位零件时应根据坯料形式、模具结构、冲件精度和生产率的要求等。定位零件基本上都已标准化,可根据坯料或工序件形状、尺寸、精度及模具的结构形式与生产率要求等选用相应的标准。

1. 导料销、导料板

导料销或导料板是对条料或带料的侧向进行导向,以免送偏定位零件。

导料销一般设两个,并位于条料的同侧,从右向左送料时,导料销装在后侧;从前向后送料时,导料销装在左侧。固定式和活动式的导料销可选用标准结构。导料销导向定位多用于单工序模和复合模中。

导料板一般设在条料两侧，其结构有两种：一种是标准结构，如图 2－51a 所示，它与卸料板（或导板）分开制造；另一种是与卸料板制成整体的结构，如图 2－51b 所示。为使条料顺利通过，两导料板间距离应等于条料宽度加上一个间隙值（见排样及条料宽度计算）。导料板的厚度 H 取决于导料方式和板料厚度。采用固定挡料销时，导料板厚度见表 2－30。

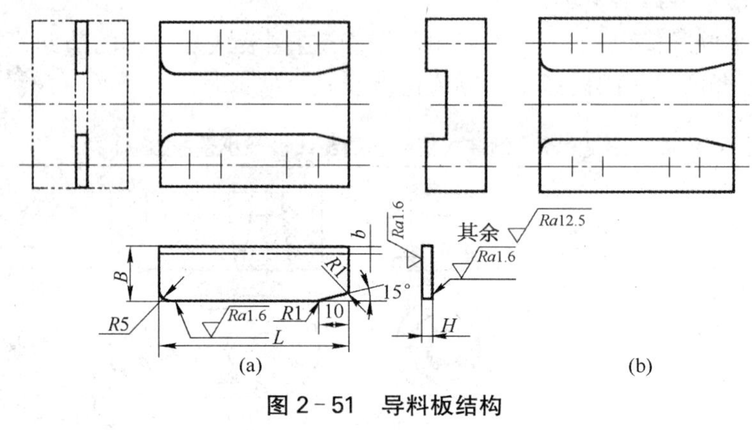

图 2－51　导料板结构

表 2－30　导料板厚度 H　（mm）

简图	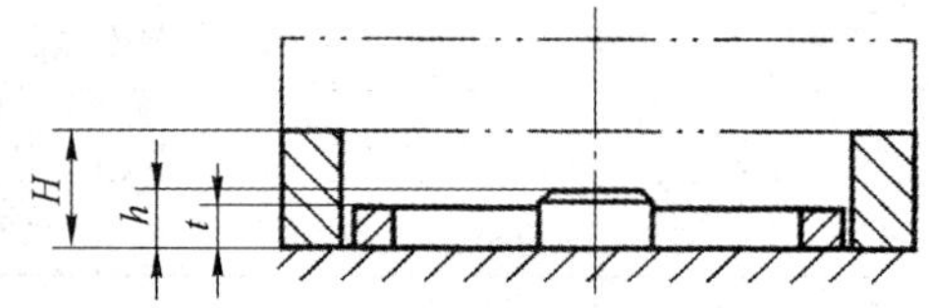		
材料厚度 t	挡料销高度 h	导料板厚度 H	
		固定导料销	自动导料销
0.3～2	3	6～8	4～8
2～3	4	8～10	6～8
3～4	4	10～12	8～10
4～6	5	12～15	8～10
6～10	8	15～25	10～15

如果只在条料一侧设置导料板，其位置与导料销相同。

2. 侧压装置

如果条料的公差较大，为避免条料在导料板中偏摆，使最小搭边得到保证，应在送料方向的一侧装侧压装置，迫使条料始终紧靠另一侧导料板送进。

侧压装置的结构形式如图 2－52 所示。标准中的侧压装置有两种：图 2－52a 所示是弹簧式侧压装置，其侧压力较大，宜用于较厚板料的冲裁模；图 2－52b 所示为簧片式侧压装置，侧压力较小，宜用于板料厚度为 0.3～1 mm 的薄板冲裁模。在实际生产中还有两种侧压装置：图 2－52c 所示是簧片压块式侧压装置，其应用场合与图 2－52b 相似；图 2－52d 所示是

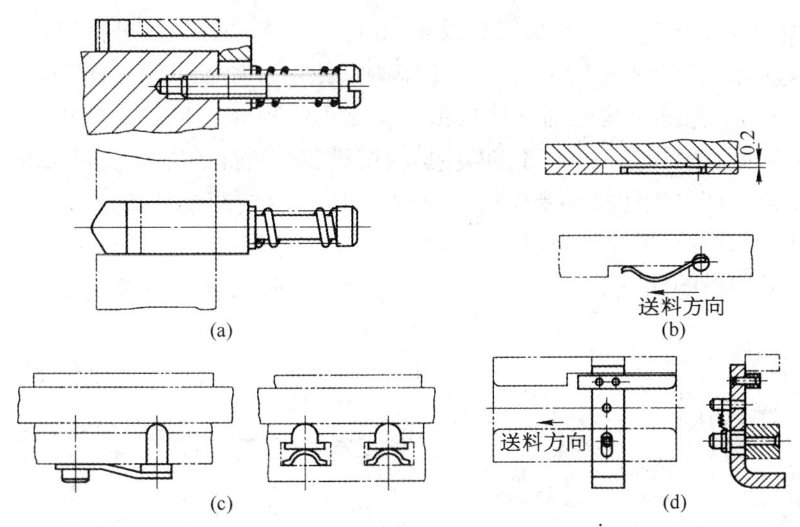

图 2-52　侧压装置

(a) 弹簧式；(b) 簧片式；(c) 簧片压块式；(d) 板式

板式侧压装置，侧压力大且均匀，一般装在模具进料一端，适用于侧刃定距的级进模中。在一副模具中，侧压装置的数量和位置视实际需要而定。

应该注意的是，板料厚度在 0.3 mm 以下的薄板不宜采用侧压装置。另外，由于有侧压装置的模具送料阻力较大，因而备有辊轴自动送料装置的模具也不宜设置侧压装置。

3. 挡料销

挡料销起定位作用，用它挡住搭边或冲件轮廓，以限定条料送进距离。它可分为固定挡料销、活动挡料销和始用挡料销。

1）固定挡料销　标准结构的固定挡料销如图 2-53a 所示，其结构简单，制造容易，广泛用于冲制中、小型冲裁件的挡料定距；其缺点是销孔离凹模刃壁较近，削弱了凹模的强度。

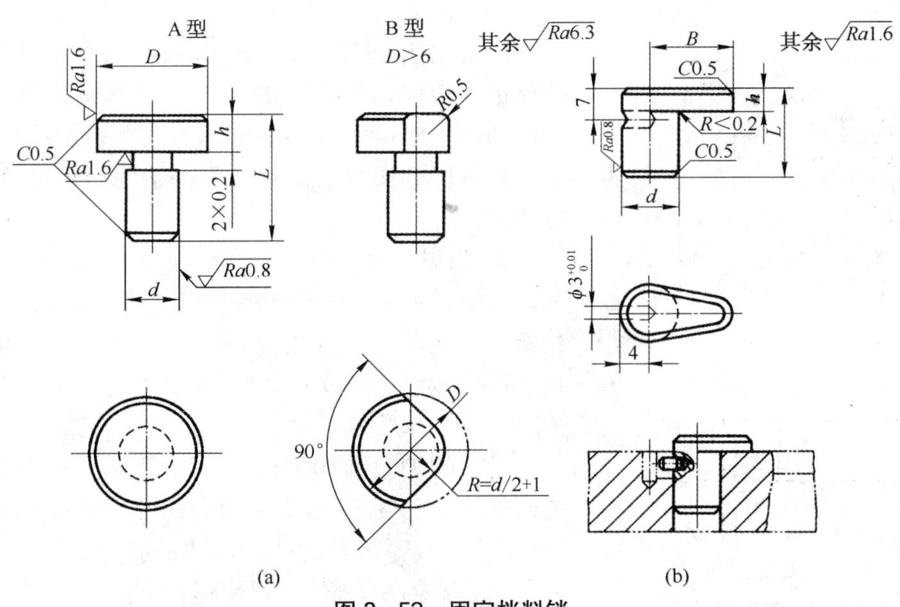

图 2-53　固定挡料销

在原机械部颁发的标准中还有一种钩形挡料销，如图 2－53b 所示，这种挡料销的销孔距离凹模刃壁较远，不会削弱凹模强度。但为了防止钩头在使用过程发生转动，需考虑防转。

2）活动挡料销　标准结构的活动挡料销如图 2－54 所示。回带式挡料装置的挡料销对着送料方向带有斜面，送料时搭边碰撞斜面使挡料销跳起并越过搭边，然后将条料后拉，挡料销便挡住搭边而定位。即每次送料都要先推后拉，作方向相反的两个动作，操作比较麻烦。采用哪一种结构形式挡料销，需根据卸料方式、卸料装置的具体结构及操作等因素决定。回带式的常用于具有固定卸料板的模具上；其他形式的常用于具有弹压卸料板的模具上。

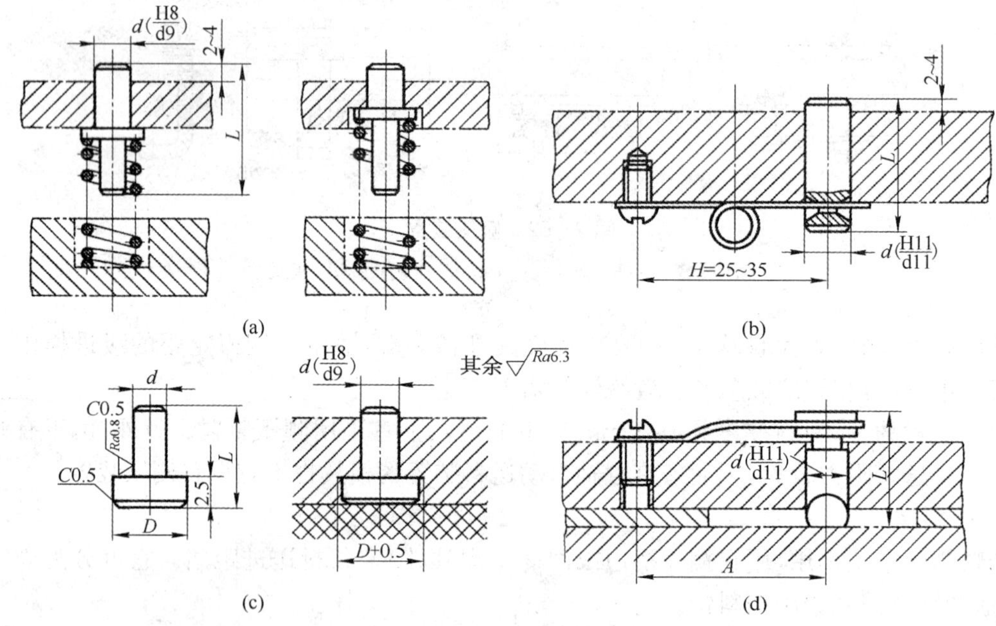

图 2－54　活动挡料销

(a) 弹簧弹顶挡料装置；(b) 扭簧弹顶挡料装置；(c) 橡胶弹顶挡料装置；(d) 回带式挡料装置

3）始用挡料销　图 2－55 所示为标准结构的始用挡料销。始用挡料销一般用于以导料板送料导向的级进模和单工序模中。一副模具用几个始用挡料销，取决于冲裁排样方法及工位数。采用始用挡料销，可提高材料利用率。

4. 侧刃

在级进模中，为了限定条料送进距离，在条料侧边冲切出一定尺寸缺口的凸模，称为侧刃。它定距精度高、可靠，一般用于薄料、定距精度和生产效率要求高的情况。

常见的侧刃结构如图 2－56 所示。按侧刃的工作端面形状分为Ⅰ型和Ⅱ型两类。Ⅱ型的多用于厚度为 1 mm 以上较厚板料的冲裁。冲裁前凸出部分先进入凹模导向，以免由于侧压力导致侧刃损坏（工作时侧刃是

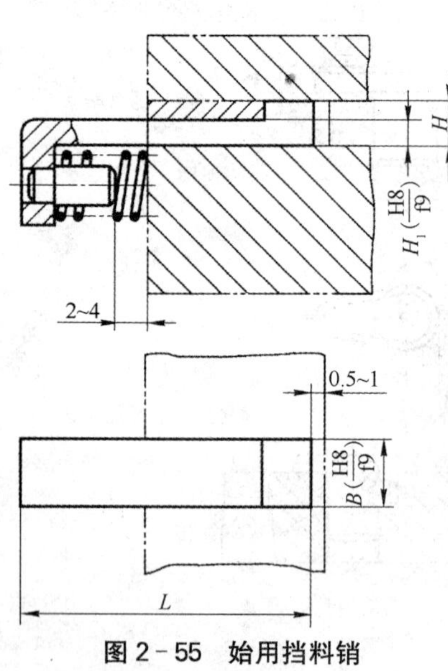

图 2－55　始用挡料销

单边冲切)。按侧刃的截面形状分为长方形侧刃和成形侧刃两类。图 2－56 所示 $Ⅰ_A$ 型和 $Ⅱ_A$ 型为长方形侧刃,其结构简单,制造容易,但当刃口尖角磨损后,在条料侧边形成的毛刺会影响顺利送进和定位的准确性,如图 2－57a 所示。

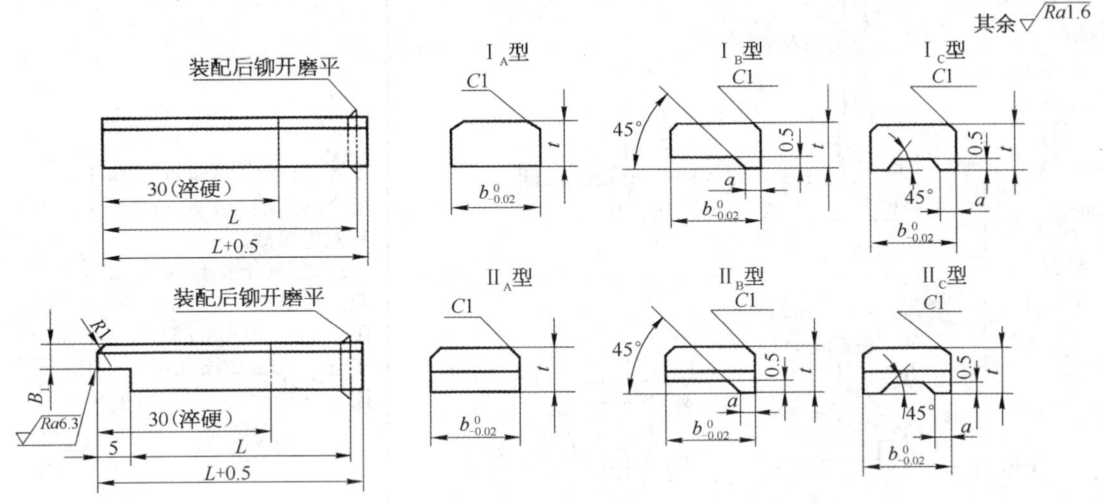

图 2－56　侧刃结构

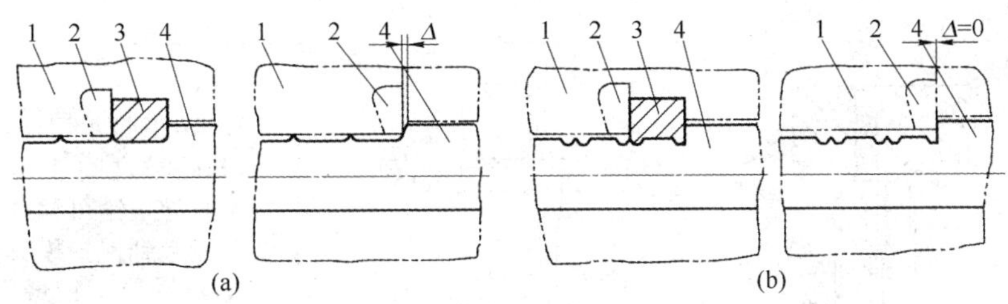

图 2－57　侧刃定位误差比较

(a) 长方形侧刃；(b) 成形侧刃
1—导料板；2—侧刃挡块；3—侧刃；4—条料

而采用成形侧刃,如果条料侧边形成毛刺,毛刺离开了导料板和侧刃挡板的定位面,所以送进顺利,定位准确,如图 2－57b 所示。但这种侧刃使切边宽度增加,材料消耗增多,侧刃较复杂,制造较困难。

长方形侧刃一般用于板料厚度小于 1.5 mm,冲裁件精度要求不高的送料定距;成形侧刃用于板料厚度小于 0.5 mm,冲裁件精度要求较高的送料定距。

侧刃凹模按侧刃实际尺寸配制,留单边间隙。侧刃数量可以是一个,也可以两个。两个侧刃可以在条料两侧并列布置,也可以对角布置,对角布置能够保证料尾的充分利用。

5. 导正销

使用导正销的目的是消除送进导向和送料定距或定位板等粗定位的误差。冲裁中,导正销先进入已冲孔中,导正条料位置,保证孔与外形相对位置公差的要求。导正销主要用于级进模,其特点和适用范围见表 2－31。导正销通常与挡料销配合使用,也可以与侧刃配合使用。

表 2-31 导正销的特点和适用范围

结构形式	简 图	特点及适用范围
固定式导正销	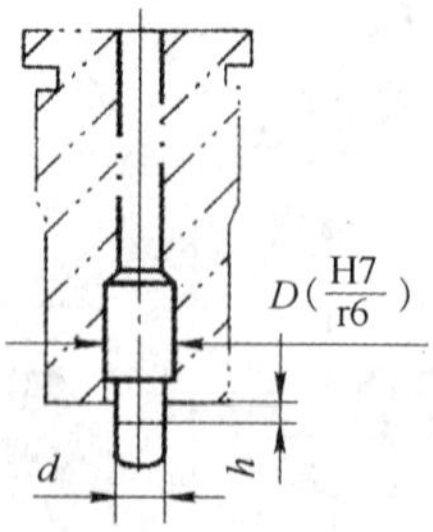 (a) 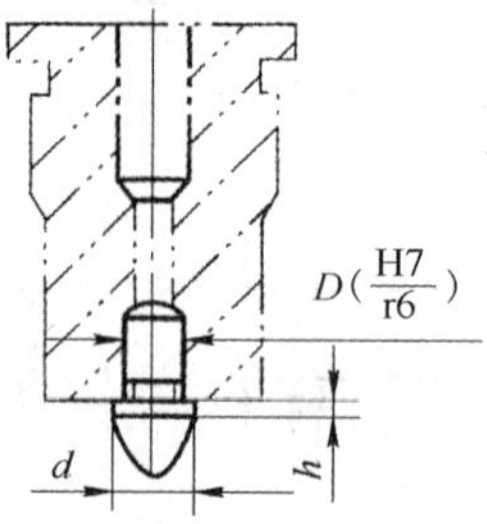 (b) 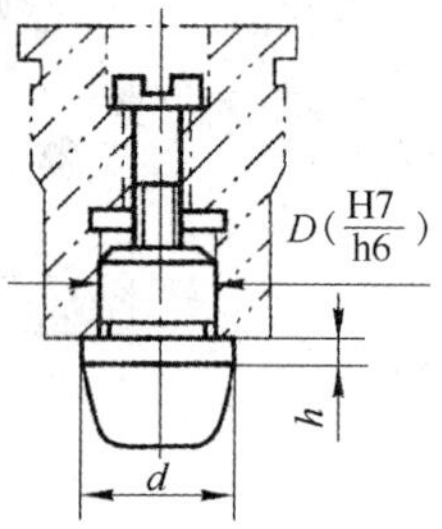 (c) 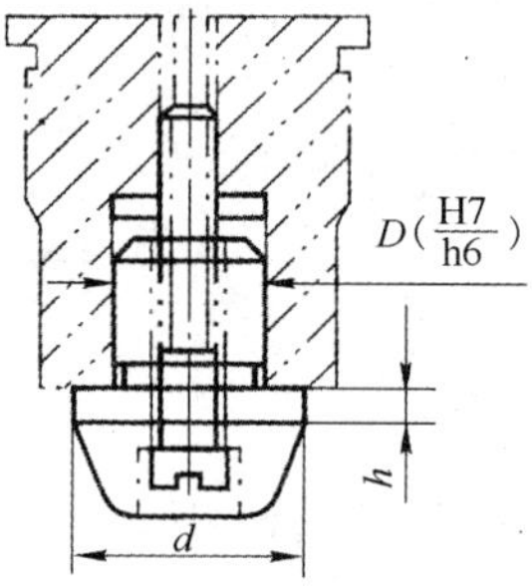 (d)	1. 导正销固定在凸模上，与凸模之间不能相对滑动，送料失误时易发生事故 2. 常见于工位少的级进模中。图 a 用于 $d<6$ mm 的导正孔；图 b 用于 $d<10$ mm 的导正孔；图 c 用于 $d=10\sim30$ mm 的导正孔；图 d 用于 $d=20\sim50$ mm 的导正孔
活动式导正销	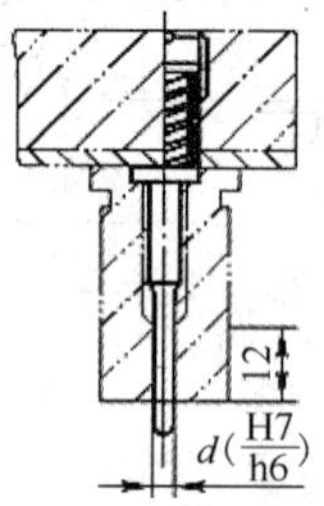 (a) 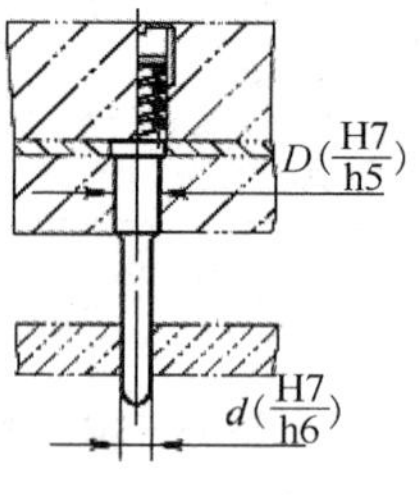 (b)	1. 导正销装于凸模或固定板上，与凸模之间能相对滑动，送料失误时导正销可缩回，故在一定程度上能起到保护模具的作用 2. 活动导正销最常见于多工位级进模中，一般用于 $d\leqslant10$ mm 的导正孔

注：1. 导正销导正部分的直径 d 与导正孔之间的配合一般取 H7/h6 或 H7/h7，也可查有关冲压资料。

2. 导正销导正部分的高度 h 与料厚 t 及导正孔有关，一般取 $h=(0.8\sim1.2)t$，料薄时取大值，导正孔大时取大值，也可查有关冲压资料。

为了使导正销工作可靠，避免折断，导正销的直径一般应大于 2 mm。孔径小于 2 mm 的孔不宜用导正销导正，但可另冲直径大于 2 mm 的工艺孔进行导正。

导正销的头部由圆锥形的导入部分和圆柱形的导正部分组成。导正部分的直径和高度尺寸及公差很重要。导正销的基本尺寸可按下式计算：

$$d = d_T - a \tag{2-35}$$

式中 d——导正销导正部分直径(mm)；

d_T——冲孔凸模直径(mm)；

a——导正销直径与冲孔凸模直径的差值(mm)，可参考表 2-32 选取。

表 2-32　导正销直径与冲孔凸模直径的差值 a　(mm)

材料厚度 t	冲孔凸模直径 d_T						
	1.5～6	>6～10	>10～16	>16～24	>24～32	>32～42	>42～60
<1.5	0.04	0.06	0.06	0.08	0.09	0.10	0.12
1.5～3	0.05	0.07	0.08	0.10	0.12	0.14	0.16
3～5	0.06	0.08	0.10	0.12	0.16	0.18	0.20

导正销导正部分的高度 h 与材料厚度 t 及导正孔有关，一般取 $h=(0.8\sim1.2)t$，料薄时取大值，导正孔大时取大值，也可查表 2-33。

表 2-33　导正销导正部分高度 h　(mm)

材料厚度 t	导正孔直径 d		
	1.5～10	>10～25	>25～50
<1.5	1	1.2	1.5
1.5～3	0.6t	0.8t	t
3～5	0.5t	0.6t	0.8t

6. 定位板和定位销

定位板和定位销是作为单个坯料或工序件的定位用。其定位方式有两种：外缘定位和内孔定位，如图 2-58 所示。定位方式是根据坯料或工序件的形状复杂性、尺寸大小和冲压

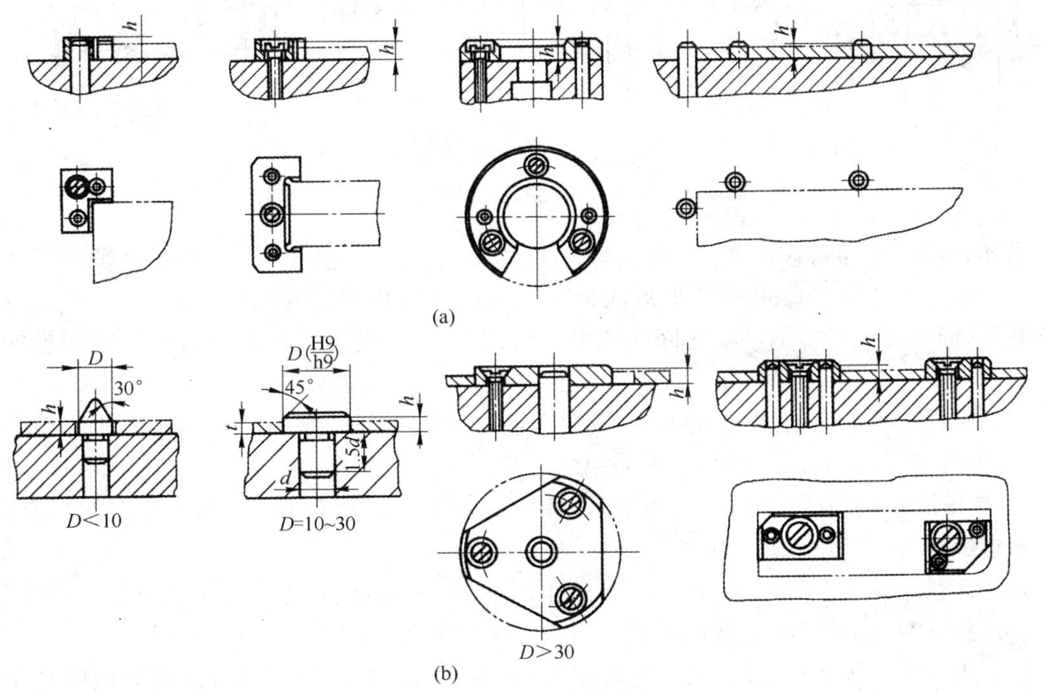

图 2-58　定位板和定位销的结构形式

(a) 外缘定位；(b) 内孔定位

工序性质等具体情况决定的。外形比较简单的冲件一般可采用外缘定位，如图 2-58a 所示；外轮廓较复杂的一般可采用内孔定位，如图 2-58b 所示。定位板厚度或定位销高度可按表 2-34选用。

表 2-34 定位板厚度或定位销高度 (mm)

材料厚度 t	<1	>1～3	>3～5
高度(厚度) h	$t+2$	$t+1$	1

三、卸料与出件装置

卸料与出件装置的作用是当冲模完成一次冲压之后，把冲件或废料从模具工作零件上卸下来，以便冲压工作继续进行。通常，把冲件或废料从凸模上卸下称为卸料，把冲件或废料从凹模中卸下称为出件。

1. 卸料装置

卸料装置按卸料方式分为固定卸料装置、弹压卸料装置和废料切刀三种。

1) 固定卸料装置　如图 2-59 所示，其中图 a、b 用于平板的冲裁卸料。图 a 所示卸料板与导料板为一整体；图 b 所示卸料板与导料板是分开的。图 c、d 一般用于成形后的工序件的冲裁卸料。

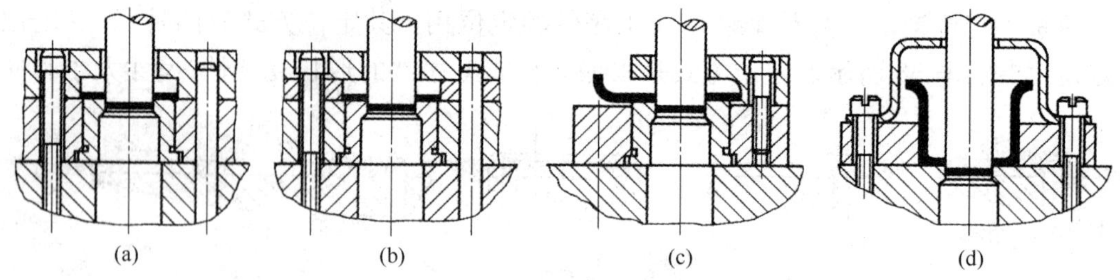

图 2-59 固定卸料装置

当卸料板仅起卸料作用时，凸模与卸料板的双边间隙取决于板料厚度，一般为 0.2～0.5 mm，板料薄时取小值，板料厚时取大值。当固定卸料板兼起导板作用时，一般按 H7/h6 配合制造，但应保证导板与凸模之间间隙小于凸、凹模之间的冲裁间隙，以保证凸、凹模的正确配合。

固定卸料装置的卸料力大，卸料可靠。因此，当冲裁板料较厚(大于 1.5 mm)、卸料力较大、平直度要求不高的冲裁件时，一般采用固定卸料装置。

2) 弹压卸料装置　如图 2-60 所示，弹压卸料装置是由卸料板、弹性元件(弹簧或橡胶)、卸料螺钉等零件组成。

弹压卸料装置既起卸料作用又起压料作用，所得冲裁零件质量较好，平直度较高。因此，质量要求较高的冲裁件或薄板冲裁宜用弹压卸料装置。

图 a 所示的弹压卸料方法，用于简单冲裁模；图 b 所示是以导料板为送进导向的冲模中使用的弹压卸料装置。卸料板凸台部分的高度为

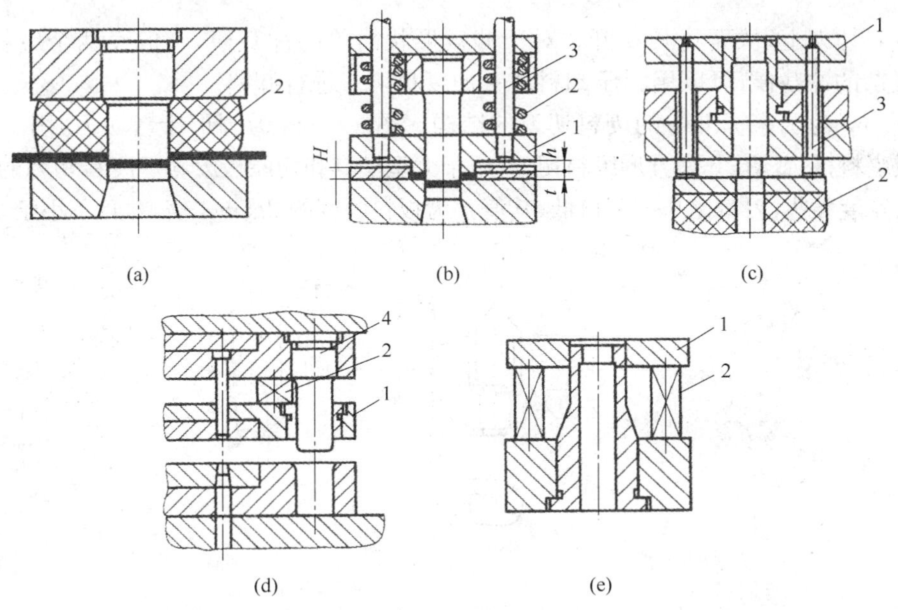

图 2-60　弹压卸料装置

1—卸料板；2—弹性元件；3—卸料螺钉；4—小导柱

$$h = H - (0.1 \sim 0.3)t \tag{2-36}$$

式中　h——卸料板凸台高度；

H——导料板高度；

t——板料厚度。

图 c、e 属倒装式模具的弹压卸料装置，但后者的弹性元件装在下模座之下，卸料力大小容易调节。

图 d 是以弹压卸料板作为细长小凸模的导向，卸料板本身又以两个以上的小导柱导向，以免弹压卸料板产生水平摆动，从而保护小凸模不被折断。

弹压卸料板与凸模的单边间隙可根据冲裁板料厚度按表 2-35 选用。在级进模中，特别小的冲孔凸模与卸料板的单边间隙可将表列数值适当加大。当卸料板起导向作用时，卸料板与凸模按 H7/h6 配合制造，但其间隙应比凸、凹模间隙小。此时，凸模与固定板以 H7/h6 或 H8/h7 配合。此外，在模具开启状态，卸料板应高出模具工作零件刃口 0.3～0.5 mm，以便顺利卸料。

表 2-35　弹压卸料板与凸模间隙值　(mm)

材料厚度 t	<0.5	0.5～1	>1
单边间隙 Z	0.05	0.1	0.15

卸料螺钉一般采用标准的阶梯形螺钉，其数量按卸料板形状与大小确定，卸料板为圆形时常用 3～4 个，为矩形时一般用 4～6 个。卸料螺钉的直径根据模具大小可选 8～12 mm，各卸料螺钉的长度应一致，以保证装配后卸料板水平和均匀卸料。

3）废料切刀　对于落料或成形件的切边，如果冲件尺寸大，卸料力大，往往采用废料切刀代替卸料板，将废料切开而卸料。如图 2-61 所示，当凹模向下切边时，同时把已切下的废料压向废料切刀上，从而将其切开。对于冲裁形状简单的冲裁模，一般设两个废料切刀；冲件形状复杂的冲裁模，可以用弹压卸料装置加废料切刀进行卸料。

图 2-62 为国家标准中的废料切刀的结构。图 2-62a 为圆形废料切刀，用于小型模具和切薄板废料；图 2-62b 为方形废料切刀，用于大型模具和切厚板废料。废料切刀的刃口长度应比废料宽度大些，刃口比凸模刃口低，其值 h 为板料厚度的 2.5～4 倍，并且不小于 2 mm。

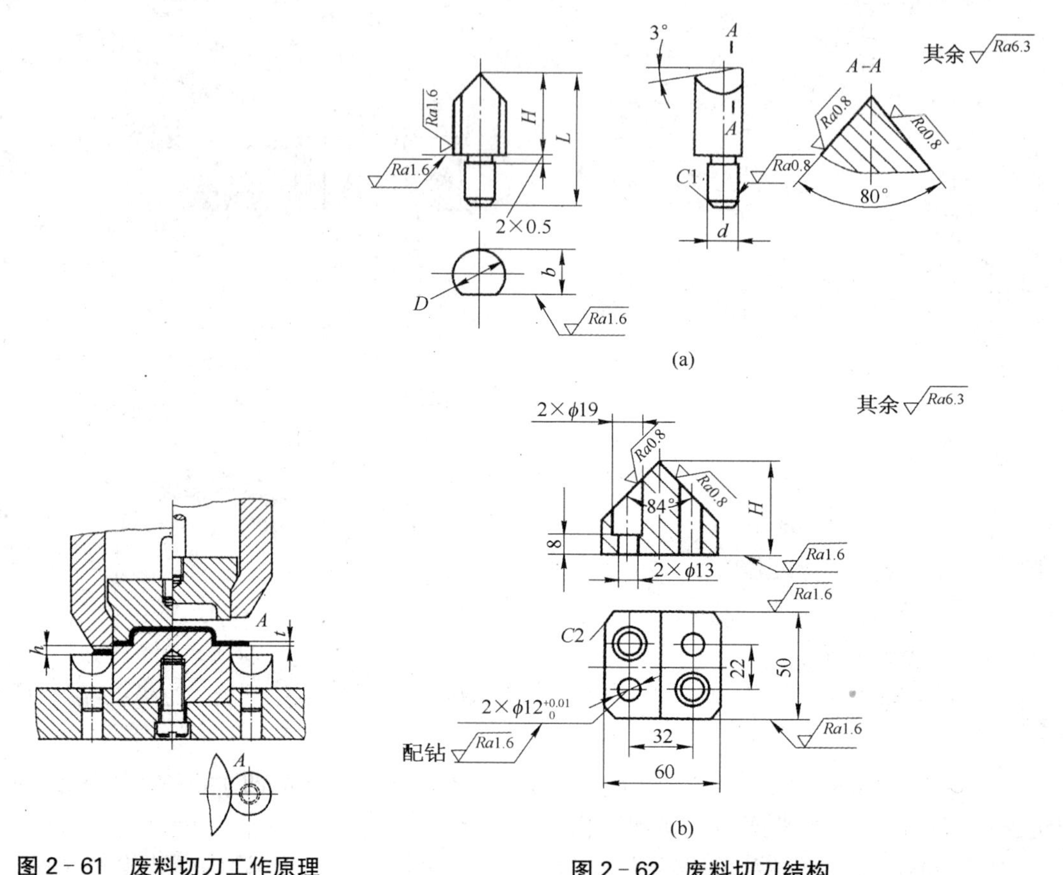

图 2-61　废料切刀工作原理

图 2-62　废料切刀结构

(a) 圆形废料切刀；(b) 方形废料切刀

2. 出件装置

出件装置的作用是从凹模内卸下冲件或废料。为了便于学习，把装在上模内的出件装置称为推件装置，装在下模内的称为顶件装置。

1) 推件装置　推件装置主要有刚性推件装置和弹性推件装置两种。一般刚性的用得较多，它由打杆、推板、连接推杆和推件块组成，如图 2-63a 所示。有的刚性推件装置不需要推板和连接推杆组成中间传递结构，而由打杆直接推动推件块，甚至直接由打杆推件，如图 2-63b所示。其工作原理是在冲压结束后上模回程时，利用压力机滑块上的打料杆，撞击上模内的打杆与推件板(块)，将凹模内的工件推出，其推件力大，工作可靠。

连接推杆需要 2～4 根且分布均匀、长短一致。推板要有足够的刚度，其平面形状尺寸只要能够覆盖到内打杆，不必设计得太大，以使安装推板的孔不至太大。图 2-64 所示为标准推板的结构，设计时可根据实际需要选用。

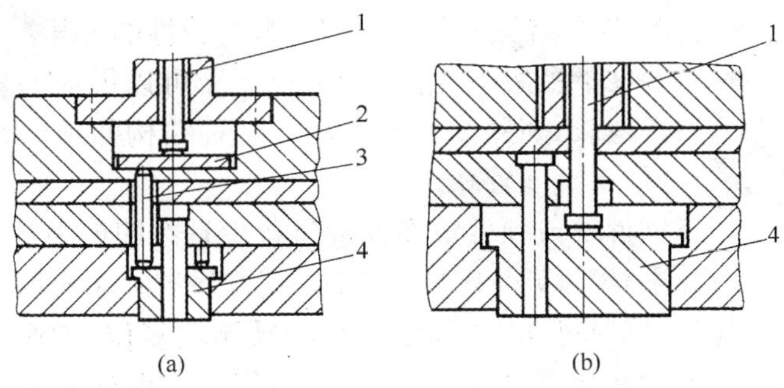

图 2-63 刚性推件装置

(a) 有连接推杆；(b) 无连接推杆
1—打杆；2—推板；3—连接推杆；4—推件块

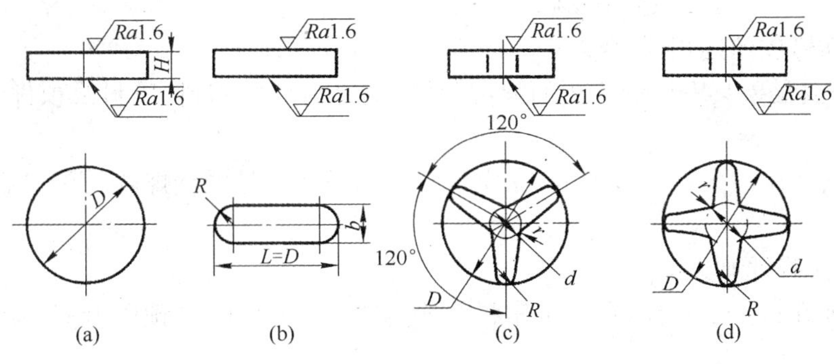

图 2-64 推板

(a) A 型；(b) B 型；(c) C 型；(d) D 型

弹性推件装置的弹力来源于弹性元件，它同时兼起压料和卸料作用，如图 2-65 所示。尽管出件力不大，但出件平稳无撞击，冲件质量较高，多用于冲压大型薄板以及工件精度要求较高的模具。

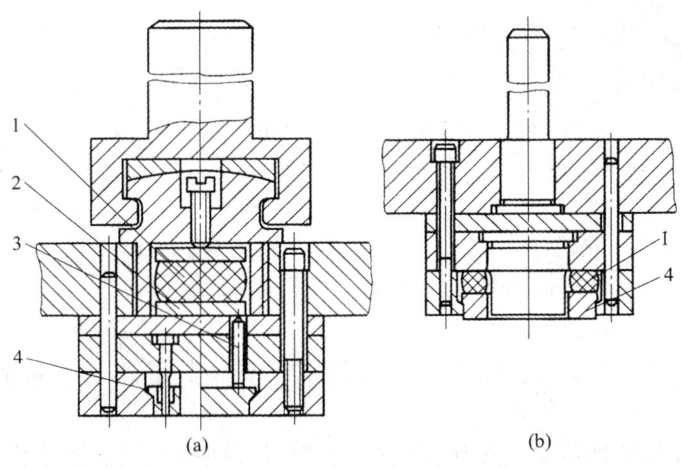

图 2-65 弹性推件装置

1—橡胶；2—推板；3—连接推杆；4—推件块

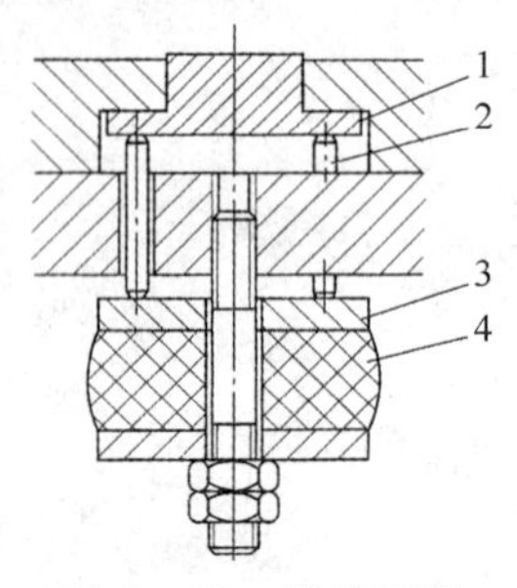

图 2-66 弹性顶件装置

1—顶件块；2—顶杆；3—托板；4—橡胶

2）顶件装置　顶件装置一般是弹性的。其基本组成有顶杆、顶件块和装在下模底下的弹顶器，弹顶器可以做成通用的，其弹性元件是弹簧或橡胶，如图 2-66 所示。这种结构的顶件力容易调节，工作可靠，冲件平直度较高。

推件块或顶件块在冲裁过程中是在凹模中运动的零件，对它有如下要求：模具处于闭合状态时，其背后有一定空间，以备修磨和调整的需要；模具处于开启状态时，必须顺利复位，工作面高出凹模平面，以便继续冲裁；它与凹模和凸模的配合应保证顺利滑动，不发生互相干扰。为此，推件块和顶件块与凹模为间隙配合，其外形尺寸一般按公差与配合国家标准 h8 制造，也可以根据板料厚度取适当间隙。推件块和顶件块与凸模的配合一般呈较松的间隙配合，也可以根据板料厚度取适当间隙。

3. 弹簧和橡皮的选用

弹簧和橡皮是模具中广泛应用的弹性元件，主要为弹性卸料、压料及顶件装置提供作用力和行程。

1）弹簧的选用　弹簧属标准件，在模具中应用最多的是圆柱螺旋压缩弹簧和矩形、碟形弹簧。

（1）弹簧选择原则：

① 为保证卸料正常工作，在非工作状态下，弹簧应该预压，其预压力 F_y 应大于或等于单个弹簧承受的卸料力，即

$$F_y \geqslant F_x/n \tag{2-37}$$

式中　F_y——弹簧的预压力(N)；

F_x——卸料力(N)；

n——弹簧数量。

② 弹簧的极限压缩量应大于或等于弹簧工作时的总压缩量，即

$$h_j \geqslant h = h_y + h_x + h_m \tag{2-38}$$

式中　h_j——弹簧的极限压缩量(mm)；

h——弹簧工作时的总压缩量(mm)；

h_y——弹簧在预压力作用下产生的预压量(mm)；

h_x——料板的工作行程(mm)；

h_m——凸模或凸凹模的刃磨量(mm)，通常取 $h_m = 4 \sim 10$ mm。

③ 选用的弹簧能够合理地布置在模具的相应空间。

（2）卸料弹簧选用与计算步骤：

① 根据卸料力和模具安装弹簧的空间大小，初定弹簧数量 n，计算每个弹簧应产生的预压力 F_y。

② 根据预压力和模具结构预选弹簧规格，选择时应使弹簧的极限工作压力 F_j 大于预压力 F_y，初选时一般可取 $F_j = (1.5 \sim 2)F_y$。

③ 计算预选弹簧在预压力作用下的预压量 h_y：

$$h_y = F_y h_j / F_j \tag{2-39}$$

④ 校核弹簧的极限压缩量是否大于实际工作的总压缩量，即 $h_j \geqslant h$。如不满足，则必须重选弹簧规格，直至满足为止。

⑤ 列出所选弹簧的主要参数：d（钢丝直径）、D_2（弹簧中径）、t（节距）、h_0（自由度）、n（圈数）、F_j（弹簧的极限工作压力）、h_j（弹簧的极限压缩量）。

2）橡胶的选用　由于橡胶允许承受的载荷较大，安装调整灵活方便，因而是冲裁模中常用的弹性元件。冲裁模中用于卸料的橡胶有合成橡胶和聚氨酯橡胶，其中聚氨酯的性能比合成橡胶优异，是常用的卸料弹性元件。模具标准中还专门规定了聚氨酯橡胶的规格与尺寸(JB/T 7650.9—1995《冷冲模卸料装置　聚氨酯弹性体》)，选用很方便。

（1）卸料橡胶选择原则：

① 为保证卸料正常工作，应使橡胶的预压力 F_y 大于或等于卸料力 F_x，即

$$F_y \geqslant F_x \tag{2-40}$$

橡胶的压力与压缩量之间不是线性关系，其特性曲线如图 2-67 所示。橡胶压缩时产生的压力按下式计算：

$$F = Ap \tag{2-41}$$

式中　A——橡胶的横截面积（与卸料板贴合的面积，mm^2）；

p——橡胶的单位压力(MPa)，其值与橡胶的压缩量、形状及尺寸大小有关，可由图 2-67 所示的橡胶特性曲线或从表 2-36 中选取。

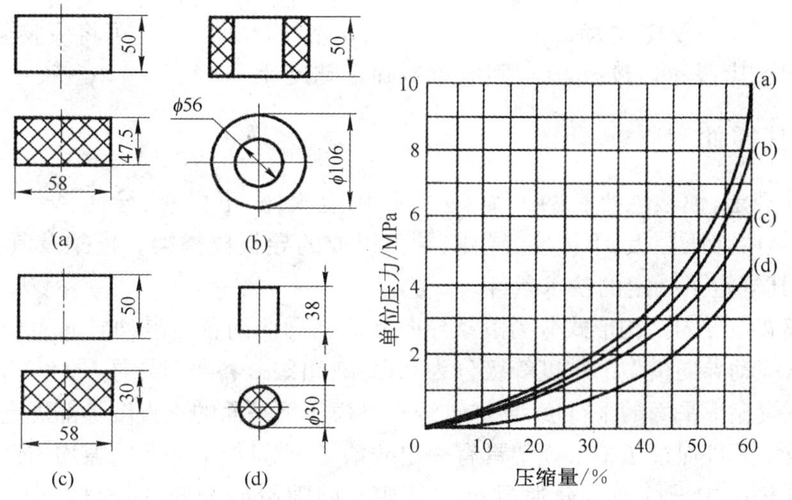

图 2-67　合成橡胶压缩特性曲线

(a)、(c) 矩形；(b)圆筒形；(d)圆柱形

表 2-36　橡胶压缩量与单位压力

压缩量/%		10	15	20	25	30	35
单位压力 p/MPa	聚氨酯橡胶	1.1		2.5		4.2	5.6
	合成橡胶	0.26	0.50	0.74	1.06	1.52	2.10

② 橡胶极限压缩量应大于或等于橡胶工作时的总压缩量，即

$$h_j \geqslant h = h_y + h_x + h_m$$

式中 h_j——橡胶的极限压缩量(mm)，为了保证橡胶不过早失效，一般合成橡胶取 $h_j=(0.35\sim0.45)h_0$，聚氨酯橡胶取 $0.35h_0$，h_0 为橡胶的自由高度；

h——橡胶工作时的总压缩量(mm)；

h_y——橡胶的预压量(mm)，一般合成橡胶取 $h_y=(0.1\sim0.15)h_0$，聚氨酯橡胶取 $h_y=0.1h_0$；

h_x——卸料板的工作行程(mm)，一般取 $h_x=t+1$，t 为板料厚度；

h_m——凸模或凸凹模的刃模量，一般取 $h_m=4\sim10$ mm。

③ 橡胶的高度 h_0 与外径 D 之比应满足条件

$$0.5 \leqslant h_0/D \leqslant 1.5 \tag{2-42}$$

(2) 橡胶选用与计算步骤：

① 根据模具结构确定橡胶的形状与数量 n。

② 确定每块橡胶所承受的预压力 $F_y = F_x/n$。

③ 确定橡胶的横截面积及截面尺寸。

④ 计算并校核橡胶的自由高度 h_0。橡胶的自由高度可按下式计算：

$$h_0 = \frac{h_x + h_m}{0.25 \sim 0.3} \tag{2-43}$$

橡胶自由高度的校核式为 $0.5 \leqslant h_0/D \leqslant 1.5$。若 $h_0/D > 1.5$，可将橡胶分成若干层，并在层间垫以钢垫片；若 $h_0/D < 0.5$，则应重新确定其尺寸。

四、模架及其零件

根据标准规定，模架主要有两大类：一类是由上模座、下模座、导柱、导套组成的导柱模模架；另一类是由弹压导板、下模座、导柱、导套组成的导板模模架。模架及其组成零件已经标准化，并对其规定了一定的技术条件。

导柱模模架按导向结构形式分为滑动导向和滚动导向两种。滑动导向模架的精度等级分为Ⅰ级和Ⅱ级，滚动导向模架的精度等级分为0Ⅰ级和0Ⅱ级。各级对导柱、导套的配合精度、上模座上平面对下模座下平面的平行度、导柱轴线对下模座下平面的垂直度等都规定了一定的公差等级。这些技术条件保证了整个模架具有一定的精度，也是保证冲裁间隙均匀性的前提。

滑动导向模架中导柱与导套通过小间隙或无间隙滑动配合，因导柱、导套结构简单，加工与装配方便，故应用最广泛。滑动导向模架的结构形式有 6 种，如图 2-68 所示。

滚动导向模架在导柱和导套间装有保持架和钢球。导柱通过钢球与导套实现有微量过盈的无间隙配合(一般过盈为 0.01～0.02 mm)，导向精度高，使用寿命长，但结构较复杂，制造成本高，主要用于高精度、高寿命的硬质合金模、薄材料的冲裁模以及高速精密级进模。滚动导向模架有 4 种，如图 2-69 所示。

对角导柱模架、中间导柱模架和四角导柱模架的共同特点是导向零件都是安装在模具的对称线上，滑动平稳，导向准确可靠。不同的是，对角导柱模架工作面的横向(左右方向)

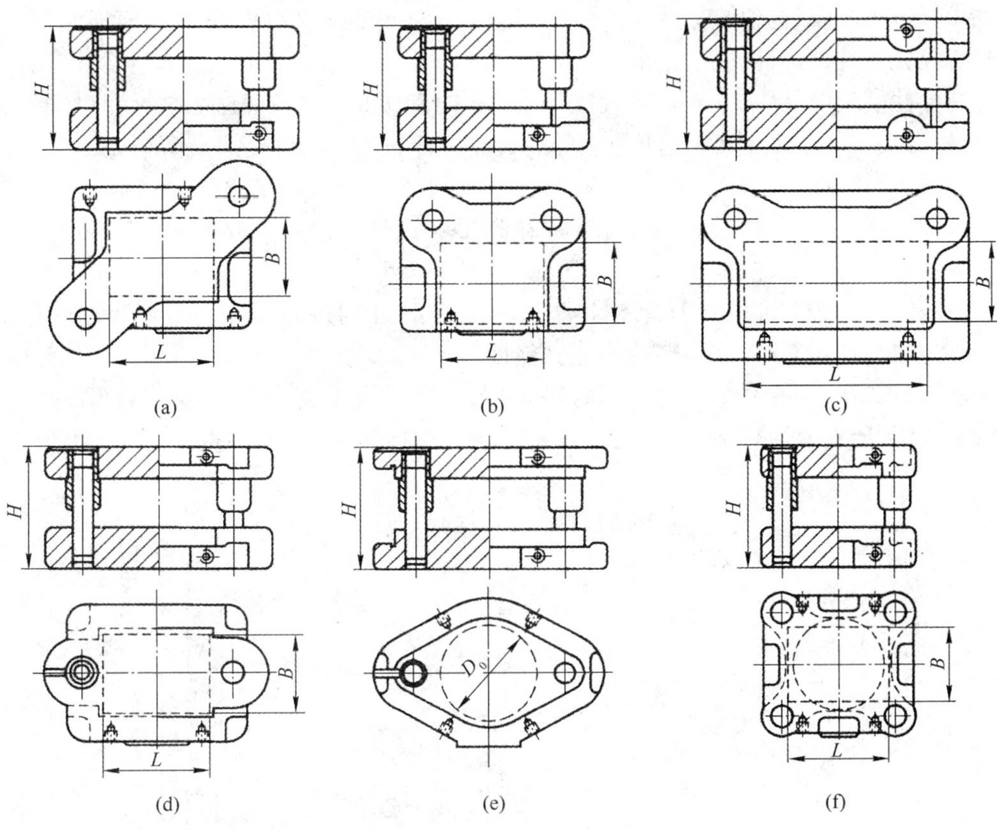

图 2-68　滑动导向模架

(a) 对角导柱模架；(b) 后侧导柱模架；(c) 后侧导柱窄形模架；
(d) 中间导柱模架；(e) 中间导柱圆形模架；(f) 四角导柱模架

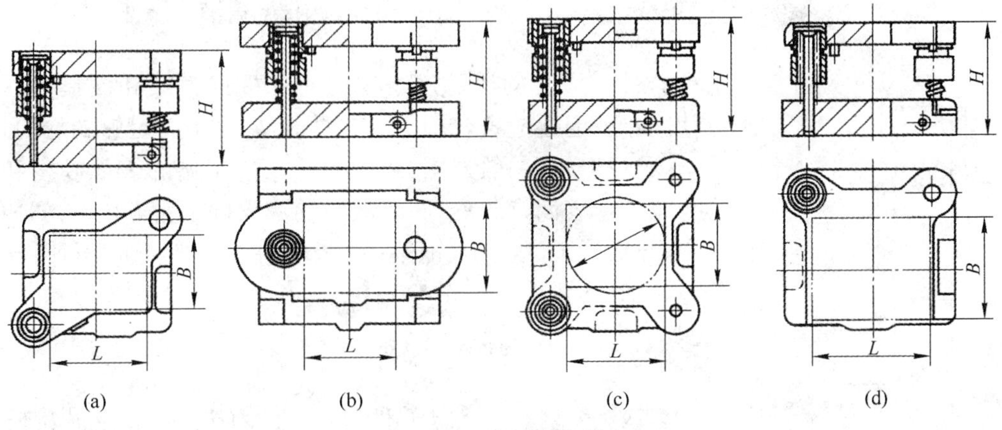

图 2-69　滚动导向模架

(a) 对角导柱模架；(b) 中间导柱模架；(c) 四角导柱模架；(d) 后侧导柱模架

尺寸一般大于纵向(前后方向)尺寸,故常用于横向送料的级进模、纵向送料的复合模或单工序模;中间导柱模架只能纵向送料,一般用于复合模或单工序模;四角导柱模架常用于精度要求较高或较大冲件的冲压及大批量生产用的自动模。

后侧导柱模架的特点是导向装置在后侧,横向和纵向送料都比较方便,但如有偏心载荷,压力机导向又不精确,就会造成上模偏斜,导向零件和凸、凹模都易磨损,从而影响模具寿命,一般用于较小的冲模。

对生产批量较大、零件公差要求较高、寿命要求较长的模具,一般都采用导向装置。模具中应用最广泛的是导柱和导套。

图 2-70 所示是标准的导柱结构。A 型和 B 型导柱结构较简单,但与模座为过盈配合(H7/r6),装拆麻烦;A 型和 B 型可卸导柱通过锥面与衬套配合并用螺钉和垫圈紧固,衬套再与模座以过渡配合(H7/m6)并用压板和螺钉紧固,其结构较复杂,制造麻烦,但导柱磨损后可及时更换,便于模具维护和刃磨。为了使导柱顺利地进入导套,导柱的顶部一般以圆弧过渡或以 30°锥面过渡。

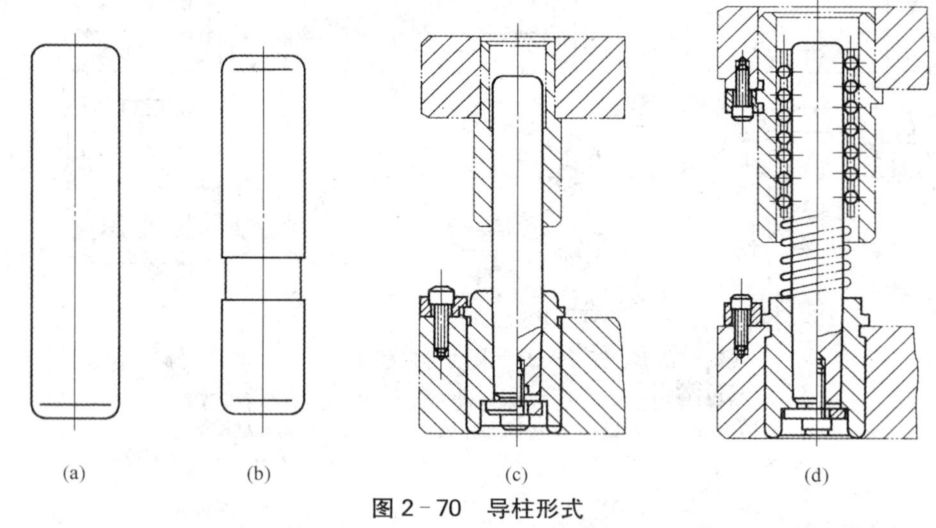

图 2-70 导柱形式

(a) A 型导柱;(b) B 型导柱;(c) A 型可卸导柱;(d) B 型可卸导柱

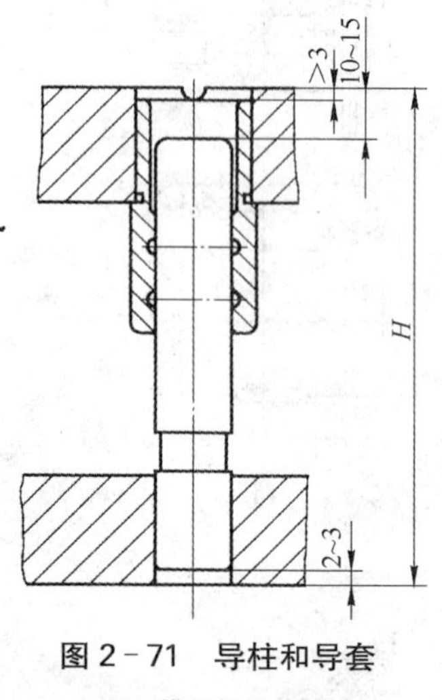

图 2-71 导柱和导套

H—模具闭合高度

导柱、导套的尺寸规格根据所选标准模架和模具实际闭合高度确定,但还应符合图 2-71 要求,并保证有足够的导向长度。

导柱、导套一般选用 20 钢制造。为了增加表面硬度和耐磨性,应进行表面渗碳处理,渗碳后的淬火硬度为 58~62 HRC。

导板导向装置分为固定导板和弹压导板导向两种,导板的结构已标准化。

五、其他支承与固定零件

模具的连接与固定零件有模柄、固定板、垫板、螺钉、销钉等。这些零件大多有标准,设计时可按标准选用。

1. 模柄

中、小型模具一般是通过模柄将上模固定在压力机滑块上。

模柄是作为上模与压力机滑块连接的零件，对它的基本要求是：一要与压力机滑块上的模柄孔正确配合，安装可靠；二要与上模正确而可靠连接。标准的模柄结构形式如图 2－72 所示。

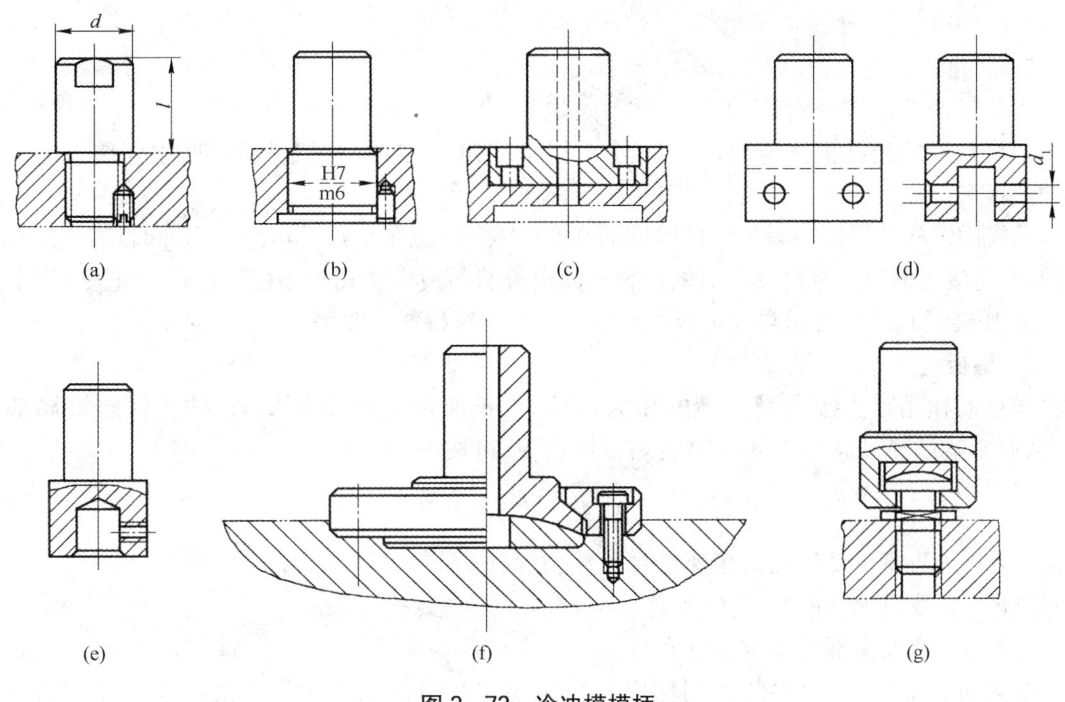

图 2－72　冷冲模模柄

(a) 压入式模柄；(b) 旋入式模柄；(c) 凸缘模柄；(d) 槽形模柄；(e) 通用模柄；(f) 浮动模柄；(g) 推入式活动模柄

(1) 图 2－72a 所示为压入式模柄，它与模座孔采用过渡配合 H7/m6、H7/h6，并加销钉以防转动。这种模柄可较好保证轴线与上模座的垂直度，适用于各种中、小型冲模，生产中最常见。

(2) 图 2－72b 所示为旋入式模柄，通过螺纹与上模座连接，并加螺钉防止松动。这种模具拆装方便，但模柄轴线与上模座的垂直度较差，多用于有导柱的中、小型冲模。

(3) 图 2－72c 所示为凸缘模柄，用 3～4 个螺钉紧固于上模座，模柄的凸缘与上模座的窝孔采用 H7/js6 过渡配合，多用于较大型的模具。

(4) 图 2－72d、e 所示为槽形模柄和通用模柄，均用于直接固定凸模，也可称为带模座的模柄，主要用于简单模中，更换凸模方便。

(5) 图 2－72f 所示为浮动模柄，主要特点是压力机的压力通过凹球面模柄和凸球面垫块传递到上模，以消除压力机导向误差对模具导向精度的影响，主要用于硬质合金模等精密模具。

(6) 图 2－72g 所示为推入式活动模柄，压力机压力通过模柄接头、凹球面垫块和活动模柄传递到上模，它也是一种浮动模柄。因模柄单面开通(呈 U 形)，所以使用时，导柱、导套不宜脱离。它主要用于精密模具。

选择模柄时，先根据模具大小、上模结构、模架类型及精度等确定模柄的结构类型，再根据压力机滑块上模柄孔确定尺寸的规格。一般模柄直径应与模柄孔直径相等,模柄长度比模柄孔深度小 5～10 mm。

模柄材料通常采用 Q235 或 Q275、45 钢,其支撑面应垂直于模柄的轴线(垂直度不应超过 0.02∶100)。

2. 固定板

将凸模或凹模按一定相对位置压入固定后,作为一个整体安装在上模座或下模座上。模具中最常见的是凸模固定板,固定板分为圆形固定板和矩形固定板两种,主要用于固定小型的凸模和凹模。

凸模固定板的厚度一般取凹模厚度的 0.6～0.8 倍,其平面尺寸可与凹模、卸料板外形尺寸相同,但还应考虑紧固螺钉及销钉的位置。固定板的凸模安装孔与凸模采用过渡配合 H7/m6、H7/n6,压装后将凸模端面与固定板一起磨平。固定板材料一般采用 Q235 或 45 钢。

3. 垫板

垫板的作用是直接承受凸模的压力,以降低模座所受的单位压力,防止模座被局部压陷,从而影响凸模的正常工作。是否需要用垫板,可按下式校核:

$$p = F/A \tag{2-44}$$

式中 p——凸模头部端面对模座的单位压力(MPa);

F——凸模承受的总压力(N);

A——凸模头部端面支承面积(mm^2)。

如果 $p > \sigma$(模座材料的许用压应力),需要在凸模头部支承面上加一块硬度较高的垫板;如果 $p \leqslant \sigma$,可以不加垫板。据此,凸模较小而冲裁力较大时,一般需加垫板;凸模较大的,一般可以不加垫板。

模座材料的许用压应力 σ 见表 2-37。

表 2-37 模座材料的许用压应力

模座材料	σ/MPa	模座材料	σ/MPa
铸铁 HT250	90～140	铸钢 ZG310-570	110～150

4. 螺钉与销钉

冲模中用到的紧固件是螺钉和销钉,其中螺钉起连接固定作用,销钉起定位作用。螺钉和销钉都是标准件,种类很多,但冲模中广泛使用的螺钉是内六角螺钉,它紧固牢靠,螺钉头不外露,模具外形美观。销钉常用圆柱销。

模具设计时,螺钉和销钉的选用应注意以下几点:

(1) 同一组合中,螺钉的数量一般不少于 3 个(被连接件为圆形时用 3～6 个,为矩形时用 4～8 个),并尽量沿被连接件的外缘均匀布置。销钉的数量一般都为 2 个,且尽量远距离错开布置,以保证定位可靠。

(2) 螺钉和销钉的规格应根据冲压工艺力大小和凹模厚度等条件确定。螺钉规格可参考表 2-38 选用,销钉的公称直径可取与螺钉大径相同或小一个规格。螺钉的旋入深度和销钉的配合都不能太浅,也不能太深,一般可取其公称直径的 1.5～2 倍。

表 2-38　螺钉规格的选用

凹模厚度 H/mm	≤13	>13～19	>19～25	>25～32	>32
螺钉规格	M4、M5	M5、M6	M6、M8	M8、M10	M10、M12

(3) 螺钉之间、螺钉与销钉之间的距离，螺钉、销钉距凹模刃口及外边缘的距离，均不应过小，以防降低模板强度，其最小距离可参考表 2-25。

(4) 各被连接件的销孔应配合加工，以保证位置精度。销钉与销孔之间采用 H7/m6 或 H7/n6 配合。

六、冲模的标准组合结构

为了便于模具的专业化生产，减少模具设计与制造的工作量，国家标准规定了冲模的组合结构。图 2-73 所示是冲模典型标准组合结构。各种典型组合结构还细分有不同的形式，以适应冲压加工的实际需要。

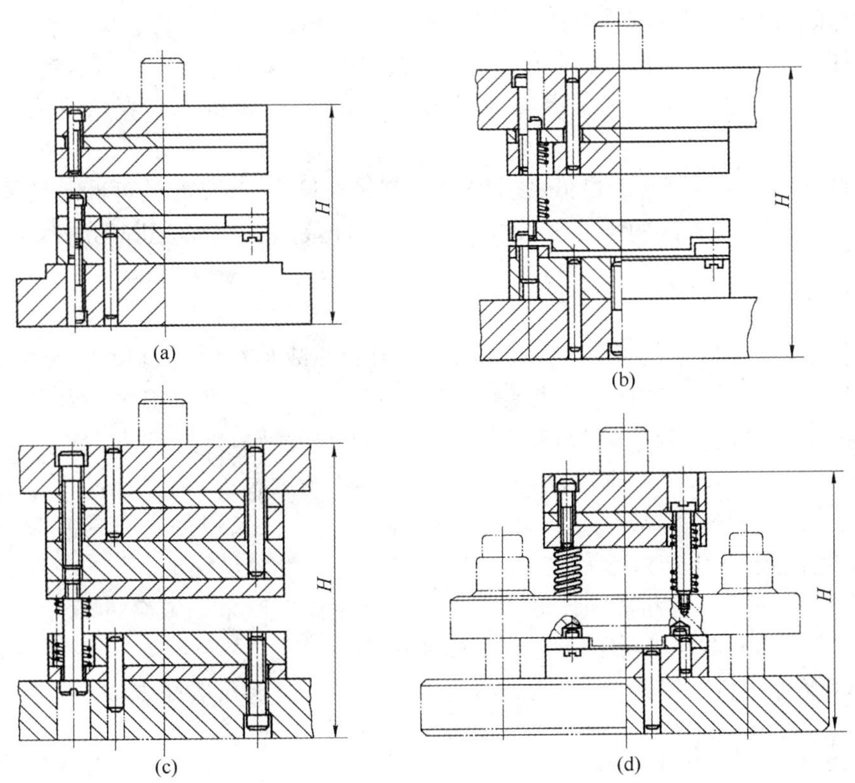

图 2-73　冲模典型标准组合结构

(a) 固定卸料典型组合；(b) 弹性卸料典型组合；(c) 复合模典型组合；(d) 弹压导板模典型组合

每一种组合结构中，零件的数量、规格及其固定方法等都已标准化，设计时根据凹模周界大小选用，并作必要的校核(如闭合高度等)。

选用标准组合结构后，设计和制造冲模时只需根据冲件尺寸和排样方法设计和加工凸模、凹模孔口、固定板安装孔、卸料板的凸模过孔及模座的漏料孔等。

任务九　垫片冲裁模设计

【学习目标】

1. 掌握常用冲裁件的工艺计算。
2. 学会绘制模具零件图及装配图。

冲裁如图 2－1 所示垫片零件，材料为 08F 钢，厚度 $t=2$ mm。大批量生产，根据冲件尺寸及精度要求设计一套模具，并选择一种合适的压力机进行生产。

一、冲件的工艺性分析

1）零件的尺寸精度分析　该冲件尺寸精度没有标注，应为 IT14 级，用一般冲裁模具就可以达到要求，无需采用精密冲裁或整修等特殊冲裁方式。

2）工件的结构工艺分析　该冲件外形和内孔应尽量避免有尖锐的角，在各直线或曲线连接处，应该有合适的圆角。为了提高模具的使用寿命，建议将所有直角改成半径为 1 mm 的圆角。

3）材料分析　08F 钢含碳量低、塑性较好、容易成形，具有良好的可冲压性能。

根据以上分析，该零件的工艺性较好，可以选择冲裁加工的方法进行加工。

二、确定冲裁工艺方案

该零件包括落料和冲孔两个基本工序，可采用的冲裁工艺方案有单工序冲裁、复合冲裁和级进冲裁三种。由于零件属于大批量生产，尺寸又较小，采用单工序冲裁效率太低，虽然模具结构简单，但是需要两副模具，难于满足该零件的大批量加工要求，且不便于操作。若采用级进模冲裁，虽然只需一副模具，但是零件的冲压精度稍差，欲保证冲压件的形位精度，需要在模具上设置导正销，故模具的制造、安装较为复杂。采用复合模具冲裁，冲出的零件精度和平直度比较好，生产效率较高，形位精度和尺寸精度容易保证。

通过对以上冲压工艺方案的比较分析，该件的冲压生产采用复合冲裁工艺方案。考虑冲件的结构特点和冲裁生产率的要求，模具采用倒装式复合模结构，上模采用打杆装置推件，下模采用弹性卸料装置卸料，冲孔的废料通过凸凹模的内孔从冲床台面孔漏下。

三、模具设计计算

1. 排样设计与计算

查表 2－10 确定搭边值。根据零件的形状和材料的厚度，两工件间距按照矩形取搭边值 $a_1=2.2$ mm，侧边按照圆形取搭边值 $a=1.8$ mm。

冲压件毛坯面积：　$A=20^2\times\pi+40^2+70\times80-25^2\times\pi/4=7\,965.76\ \text{mm}^2$

条料宽度：　$B=160+2\times1.8=163.6$ mm

进距：　$S=70+2.2=72.2$ mm

一个进距的材料利用率为

$$\eta=\frac{A}{BS}\times 100\%=67\%$$

画出排样图，如图 2-74 所示。

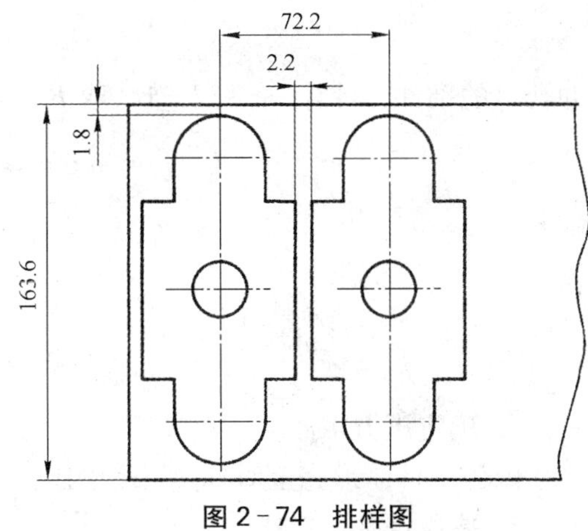

图 2-74　排样图

2. 冲裁刃口尺寸计算

冲裁初始间隙值由表 2-4 可得 $Z_{max}=0.360$ mm，$Z_{min}=0.246$ mm。对于冲 $\phi25$ 的孔，其尺寸公差为 IT14 级，取 $x=0.5$，查公差表得到其尺寸为 $\phi25^{+0.25}_{0}$。采用凸、凹模分开加工的方法，其凸、凹模刃口的部分尺寸计算如下：

查表 2-5，确定凸、凹模的制造公差：$\delta_d=0.025$ mm，$\delta_p=0.020$ mm。

校核间隙：

$$\delta_p+\delta_d=0.025+0.020=0.045\ \text{mm}$$

$$Z_{max}-Z_{min}=0.360-0.246=0.114\ \text{mm}$$

所取凸、凹模的公差能满足 $\delta_p+\delta_d\leqslant Z_{max}-Z_{min}$ 的条件。

$$d_p=(d_{min}+\Delta x)_{-\delta_p}^{\ 0}=(25+0.5\times0.52)_{-0.020}^{\ 0}=25.26_{-0.020}^{\ 0}\ \text{mm}$$

$$d_d=(d_p+Z_{min})^{+\delta_d}_{0}=(25.26+0.246)^{+0.025}_{0}=25.26^{+0.025}_{0}\ \text{mm}$$

对于外轮廓的落料，由于形状较为复杂，故采用配合加工的方法。凸、凹模刃口部分的尺寸计算如下：

由于是落料，故应该以凹模作为基准件配作凸模。凹模磨损后，刃口部分尺寸均增大，因此均属于 A 类尺寸。

因尺寸公差均为 IT14 级，取 $x=0.5$，查公差表得到各尺寸公差为 $160_{-1}^{\ 0}$、$80_{-0.074}^{\ 0}$、$70_{-0.074}^{\ 0}$、$40_{-0.062}^{\ 0}$。

$$A_j=(A-x\Delta)^{+\Delta/4}_{0}$$

$$160_d=(160-0.5\times1)^{+1/4}_{0}=159.5^{+0.25}_{0}\ \text{mm}$$

$$80_d=(80-0.5\times0.074)^{+0.074/4}_{0}=79.96^{+0.019}_{0}\ \text{mm}$$

$$70_d=(70-0.5\times0.074)^{+0.074/4}_{0}=69.96^{+0.019}_{0}\ \text{mm}$$

$$40_d=(40-0.5\times0.062)^{+0.062/4}_{0}=39.97^{+0.016}_{0}\ \text{mm}$$

圆弧 $R20$ 与尺寸 40 相切，故 $R20_d$ 取 40_d 的一半即可，即 $R20_d=19.99^{+0.008}_{0}$。

3. 计算总冲压力

查表得知 08F 钢的抗剪强度 $\tau_b=230\sim310$ MPa。

冲裁周边长度　$L=2\times20\pi+2\times(160-20-20)+2\times(70-40)=425.6$ mm

故落料力　$F_1=KLt\tau_b=1.3\times425.6\times2\times250=276\ 640$ N

冲孔力　$F_2=KLt\tau_b=1.3\times25\times\pi\times2\times250=51\ 025$ N

落料时的卸料力计算，查表 2-14，取 $K_X=0.05$，则

$$F_X = K_X F_1 = 0.05 \times 276\,640 = 13\,832\ \text{N}$$

冲孔时的推件力计算，查表 2 - 14，取 $K_T = 0.055$，取凹模刃口直壁高度

$$h = 6\ \text{mm},\ n = h/t = 6/2 = 3$$

则 $$F_T = nK_T F_2 = 3 \times 0.055 \times 51\,025 = 8\,419\ \text{N}$$

故总的冲压力为

$$F_Z = F_1 + F_2 + F_X + F_T = 276\,640 + 51\,025 + 13\,832 + 8\,419 \approx 3.5 \times 10^5\ \text{N}$$

4. 确定压力中心

因为工件图形完全对称，故压力中心一定在工件的几何中心上。

5. 冲压设备的选择

根据总冲压力的大小和冲裁工艺的要求，可以选用开式双柱可倾压力机 J23 - 63，其公称压力为 630 kN，完全够用。

四、模具的总体设计及主要零部件设计

1. 凹模、凸模、凸凹模的结构设计

考虑到批量较大，凹模的孔口形式选择刃口强度较高的圆柱形孔口，如图 2 - 75 所示。凹模外形尺寸计算如下：

查表 2 - 28，得 $K = 0.2$。

凹模厚度 $$H = Kb = 0.2 \times 160 = 32\ \text{mm}$$

凹模壁厚 $$C = 1.5H = 1.5 \times 32 = 48\ \text{mm}$$

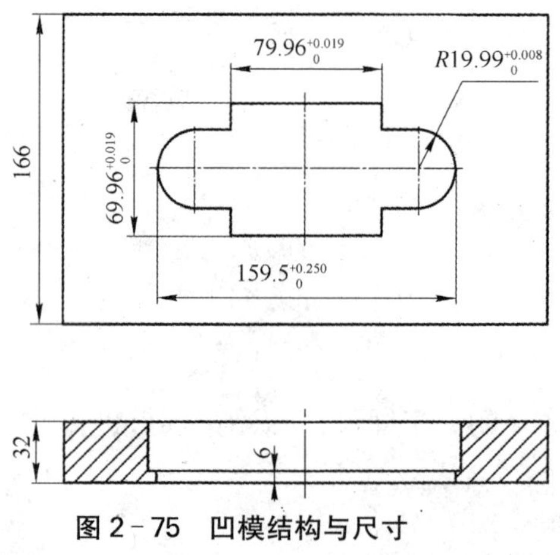

图 2 - 75 凹模结构与尺寸

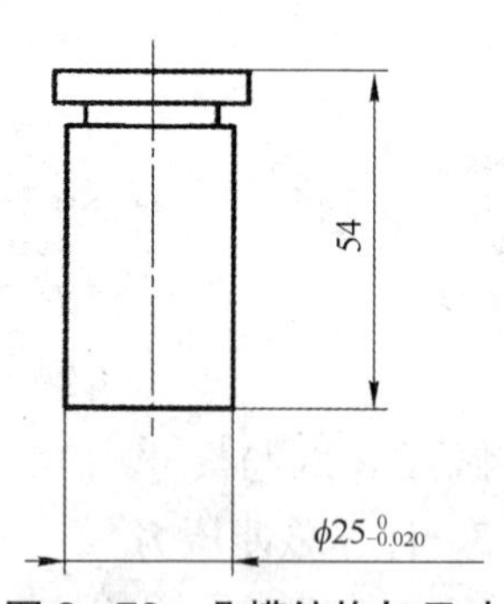

图 2 - 76 凸模结构与尺寸

冲 $\phi 25$ mm 孔的圆形凸模，由于模具需要在凸模外安装有推件块，因此设计成如图 2 - 76 所示的形状，其长度尺寸计算如下：

取凸模固定板的厚度 h 等于凹模厚度 H 的 0.7 倍，即

$$h = 0.7 \times 32 = 22\ \text{mm}$$

凸模长度　　$L = h + H = 22 + 32 = 54\ \text{mm}$

凸凹模的设计如图2-77所示。凸凹模的外刃口尺寸按照凹模刃口尺寸配作，保证最小合理间隙值为0.246；凸凹模的冲孔刃口尺寸按照凸模的刃口尺寸配作，保证最小合理间隙值为0.246。

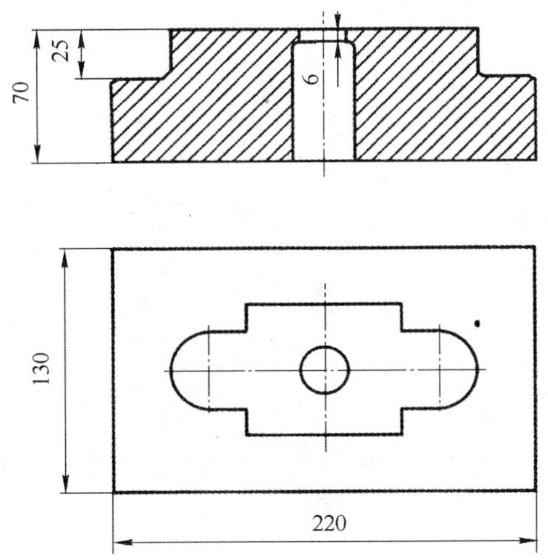

图2-77　凸凹模结构与尺寸

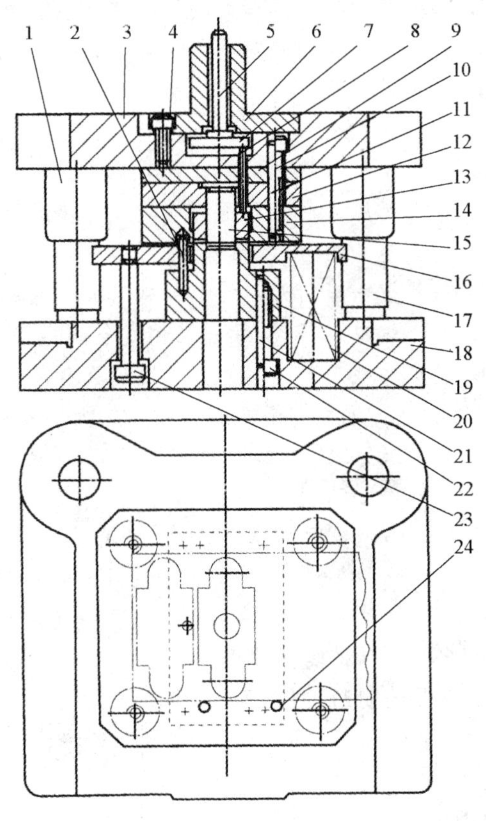

图2-78　模具总装图

1—导套；2—挡料销；3—上模座；4—螺钉；5—打杆；6—模柄；7—推板；8—推杆；9—垫板；10、22—螺栓；11、21—销钉；12—凸模固定板；13—推件块；14—凹模；15—凸模；16—卸料板；17—导柱；18—下模座；19—凸凹模；20—弹簧；23—卸料螺钉；24—导料销

2. 模架的选择

模架选择适用于中等精度的中、小尺寸冲压件的后侧导柱模架，从右向左进行送料，便于操作。

上模座　　$L \times B \times H = 250 \times 250 \times 50$

下模座　　$L \times B \times H = 250 \times 250 \times 65$

导柱　　$d \times L = 35 \times 200$

导套　　$d \times L \times D = 35 \times 125 \times 48$

3. 绘制模具总装图

根据上面的设计和计算结果，绘制总装图，如图2-78所示。

思考与练习

1. 板料冲裁时，其切断面具有什么特征？这些特征是如何形成的？

2. 影响冲裁件尺寸精度的因素有哪些？如何提高冲裁件的尺寸精度？

3. 试分析冲裁间隙对冲裁件质量、冲裁力、模具寿命的影响。

4. 什么是冲裁间隙？实际生产中如何选择合理的冲裁间隙？

5. 冲裁凸、凹模刃口尺寸计算方法有哪几种？各有何特点？分别适应于什么场合？

6. 什么是材料的利用率？在冲裁工作中如何提高材料利用率？

7. 什么是压力中心？压力中心在冲模设计时起什么作用？

8. 什么是冲裁力、卸料力、推件力和顶件力？如何根据冲模结构确定冲压工艺总力？

9. 冲裁模一般由哪几类零部件组成？它们在冲裁模中分别起什么作用？

10. 试比较单工序模、级进模和复合模的结构特点和应用。

11. 确定冲裁工艺方案的依据是什么？冲裁工序组合方式是根据什么来确定的？

12. 用复合冲裁方式冲裁图 2-79 所示零件(材料：10 钢，料厚：0.6 mm)，设模具采用弹性卸料、刚性推件的倒装式复合模，试完成以下有关冲裁工艺与模具设计工作：

(1) 确定合理的排样方法，画出排样图，并计算材料利用率和条料宽度(条料采用导料销和导正销定位)。

(2) 计算冲压力和冲压总力，并确定压力机的标称压力。

(3) 绘制模具结构图。

(4) 绘制凸、凹模及凸凹模零件图。

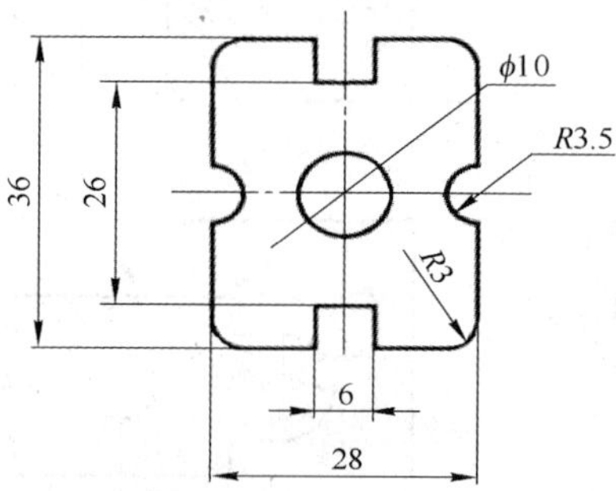

图 2-79 思考与练习第 12 题图

项目三　压板弯曲工艺及模具设计

弯曲成形如图 3-1 所示压板零件图，材料为 10 钢，厚度为 1 mm，中批量生产，试设计弯曲模。压板零件是常见的机电产品，用量比较大，其弯曲成形采用冲压工艺。本项目以压板零件弯曲模为学习任务，将弯曲模具理论与学习任务有机联系在一起。

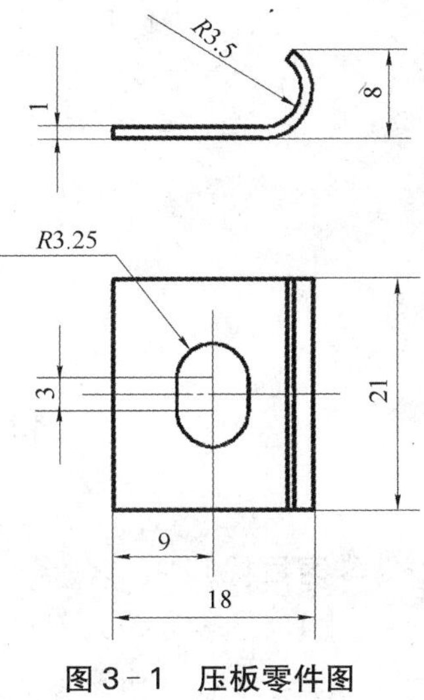

图 3-1　压板零件图

将金属板料、型材或管材等弯成一定的曲率和角度，从而得到一定形状和尺寸零件的冲压工序称为弯曲。用弯曲方法加工的零件种类很多，如自行车车把、汽车的纵梁、电器零件的支架、门窗铰链、配电箱外壳等，如图 3-2 所示。弯曲的方法也很多，可以在压力机上利用模具弯曲，也可以在专门弯曲机上进行折弯、滚弯或拉弯等，如图 3-3 所示。各种弯曲方法尽管所用设备与工具不同，但其变形过程及特点却存在着一些共同规律。本项目主要介绍在压力机上进行弯曲的弯曲模具设计与制造。

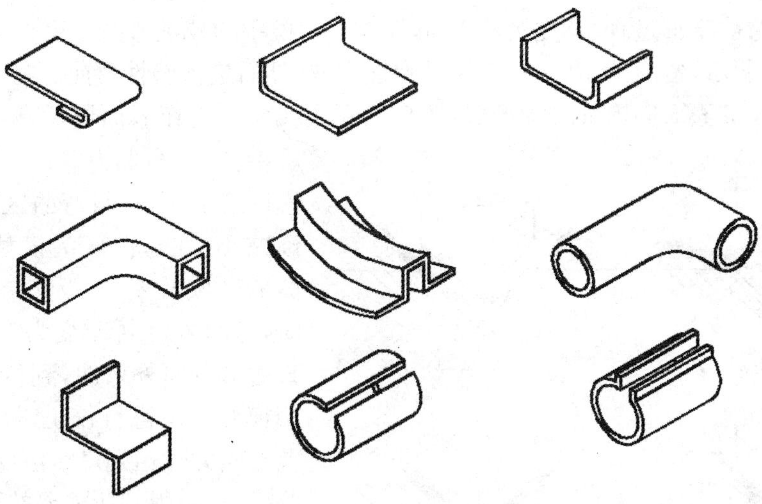

图 3-2　常见的弯曲零件

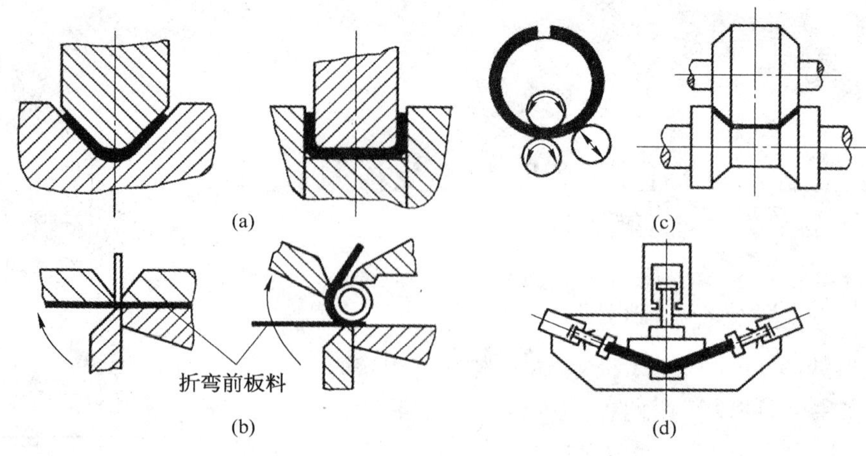

图 3-3 弯曲加工方法

(a) 模具弯曲；(b) 折弯；(c) 滚弯；(d) 拉弯

任务一 弯曲变形过程分析

【学习目标】

1. 了解弯曲变形过程。
2. 掌握弯曲变形特点。

一、弯曲变形过程

为了说明弯曲变形过程，首先观察 V 形件在弯曲模中的校正弯曲过程。

如图 3-4 所示，弯曲开始后，首先经过弹性弯曲，然后进入塑性弯曲。随着凸模的下压，塑性弯曲由坯料的表面向内部逐渐增多，坯料的直边与凹模工作表面逐渐靠紧，弯曲半径从 r_0 变为 r_1，弯曲力臂也由 l_0 变为 l_1。凸模继续下压，坯料弯曲区（圆角部分）逐渐减小，在弯曲区的横截面上，塑性弯曲的区域增多，到板料与凸模三点接触时，弯曲半径由 r_1 变为 r_2。此后坯料的直边部分向外弯曲，到行程终了时，凸、凹模对板料进行校正，板料的弯曲半径及弯曲力臂达到最小值（r 及 l），坯料与凸模紧靠，得到所需要的弯曲件。

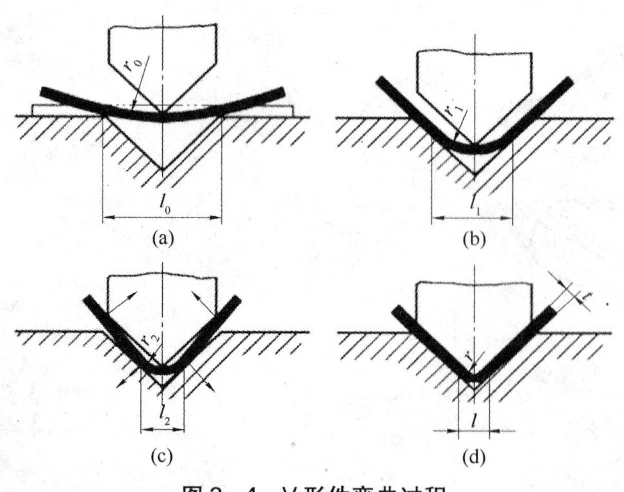

图 3-4 V 形件弯曲过程

由 V 形件的弯曲过程可以看出，弯曲成形的过程是从弹性弯曲到塑性弯曲的过程，弯曲成形的效果表现为弯曲变形半径和角度的变化。

二、弯曲变形特点

为了分析弯曲变形特点,可采用网格法,如图 3-5 所示。通过观察板料弯曲变形后位于弯曲件侧壁的坐标网格的变化情况,可以看出:

(1) 弯曲变形区主要集中在圆角部分,此处的正方形网格变成了扇形。圆角以外除靠近圆角的直边处有少量形变外,其余部分不发生变形。

(2) 在变形区内,板料的外区(靠凹模一侧)切向受拉而伸长($\widehat{bb} > \overline{bb}$),内区(靠凸模一侧)切向受压而缩短($\widehat{aa} < \overline{aa}$)。由内、外表面至板料中心,其缩短的程度逐渐减少。从外层的伸长到内层的缩短,其间必有一层金属的长度在变形前后保持不变($\widehat{oo} = \overline{oo}$),称为中性层。

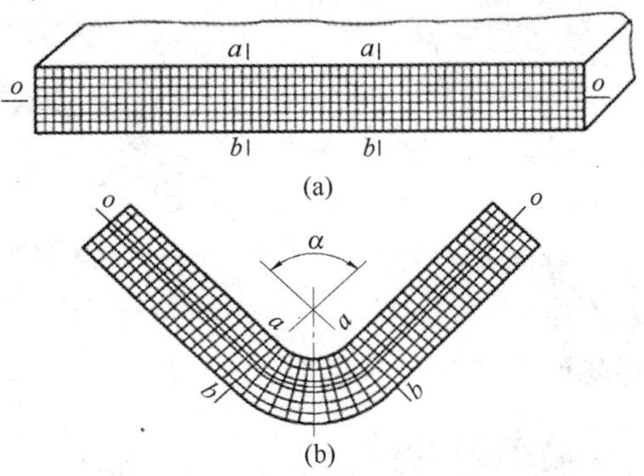

图 3-5 板料弯曲前后坐标网格的变化

(3) 由试验知,当弯曲半径与板厚之比 r/t(称为相对弯曲半径)较小时,中性层位置将从板料中心向内移动。内移的结果是,外层拉伸变薄的区域范围增大,内层受压增厚的区域范围减小,从而使弯曲变形区板料变薄,变薄后的厚度为

$$t_1 = \eta t \tag{3-1}$$

式中 t_1——变形后的料厚(mm);

t——变形前的料厚(mm);

η——变薄系数,可查表 3-1。

表 3-1 90°弯曲时的变薄系数 η

r/t	0.1	0.25	0.5	1.0	2.0	3.0	4.0	>4
η	0.82	0.87	0.92	0.96	0.99	0.992	0.995	1

根据塑性变形体积不变定律,变形区减薄的结果使板料长度有所增加。

(4) 弯曲变形区板料横截面的变化分为两种情况:窄板(板宽 B 与料厚 t 之比 $B/t<3$)弯曲时,内区因厚度受压而使宽度增加,外区因厚度受拉而使宽度减小,因而原矩形截面变成了扇形(图 3-6a);宽板($B/t>3$)弯曲时,因板料在宽度方向的变形受到相邻材料彼此间的制约作用,不能自由变形,所以横截面几乎不变,仍为矩形(图 3-6b)。

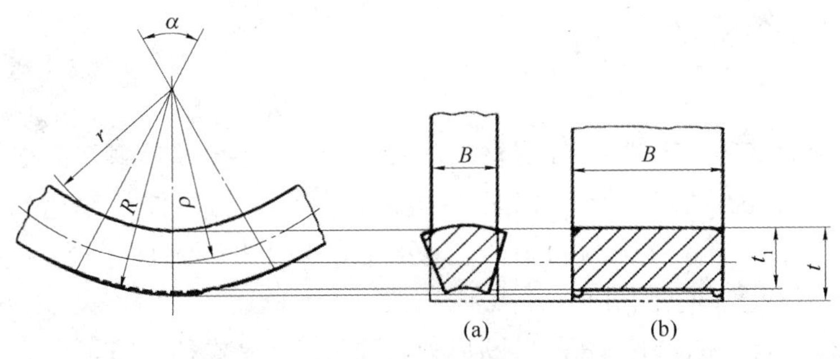

图 3-6 弯曲变形区的横截面变化

(a) 窄板($B/t<3$);(b) 宽板($B/t>3$)

任务二　弯曲件的质量问题及控制

【学习目标】

1. 了解弯曲件的质量问题。
2. 掌握弯曲件质量问题的控制措施。

弯曲是一种变形工艺，由于弯曲变形过程中变形区应力应变分布的性质、大小和表现形态不尽相同，加上板料在弯曲过程中要受到凹模摩擦阻力的作用，所以在实际生产中弯曲件容易产生许多质量问题，其中常见的是弯裂、回弹、偏移、翘曲与断面畸变。

一、弯裂及其控制

弯曲时板料的外侧受拉伸，当外侧的拉伸应力超过材料的抗拉强度以后，在板料的外侧将产生裂纹，此种现象称为弯裂。实践证明，板料是否会产生弯裂，在材料性质一定的情况下，主要与相对弯曲半径 r/t 有关，r/t 越小，其变形程度就越大，越容易产生裂纹。

1. 最小相对弯曲半径

如图 3-7 所示，设中性层半径为 ρ，弯曲中心角为 α，则最外层金属（半径为 R）的伸长率 $\delta_{外}$ 为

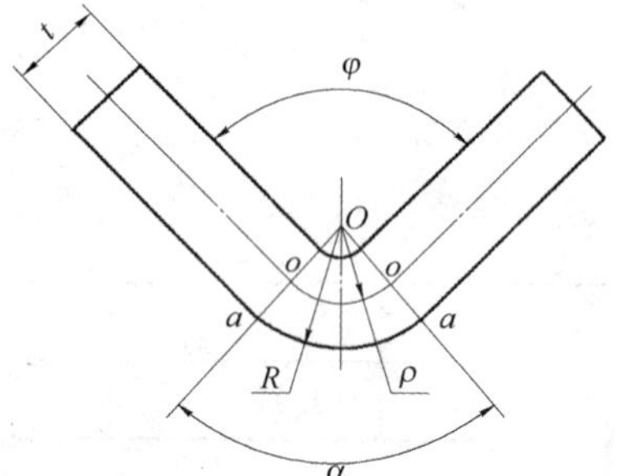

图 3-7　弯曲时的变形情况

$$\delta_{外}=\frac{\overset{\frown}{aa}-\overset{\frown}{oo}}{\overset{\frown}{oo}}=\frac{(R-\rho)\alpha}{\rho\alpha}=\frac{R-\rho}{\rho}$$

设中性层位置在半径为 $r+t/2$ 处，且弯曲后厚度保持不变，则 $R=r+t$，且有

$$\delta_{外}=\frac{(r+t)-(r+t/2)}{r+t/2}=\frac{t/2}{r+t/2}=\frac{1}{2r/t+1} \tag{3-2}$$

如将 $\delta_{外}$ 以材料断后伸长率 δ 代入，则 r/t 转化为 r_{min}/t，且有

$$r_{min}/t=\frac{1-\delta}{2\delta} \tag{3-3}$$

从式(3-2)可以看出，相对弯曲半径 r/t 越小，外层材料的伸长率就越大，即板料切向变形程度越大，因此，生产中常用 r/t 来表示板料的弯曲变形程度。当外层材料的伸长率达到材料断后伸长率后，就会导致弯裂，故称 r_{min}/t 为板料不产生弯裂时的最小相对弯曲半径。

影响最小相对弯曲半径的因素很多，主要有以下几点：

1) 材料的塑性及热处理状态　材料的塑性越好，其断后伸长率越大，由式(3-3)可以看出，r_{min}/t 就越小。

经退火处理后的坯料塑性较好，r_{min}/t 小些。经冷作硬化的坯料塑性降低，r_{min}/t 就大些。

2）板料的表面和侧面质量　板料的表面及侧面（剪切断面）的质量差时，容易造成应力集中并降低塑性变形的稳定性，使材料过早的破坏。对于冲裁或剪裁的坯料，若未经退火，由于切断面存在冷变形硬化层，也会使材料塑性降低。在这些情况下，均应选用较大的 r_{min}/t。

3）弯曲方向　板料经轧制以后产生纤维组织，使板料性能呈现明显的方向性。一般顺着纤维方向的力学性能较好，不易拉裂。因此，当弯曲线与纤维方向垂直时（图 3-8a），r_{min}/t 可取较小值；当弯曲线与纤维方向平行时（图 3-8b），r_{min}/t 则应取较大值。当弯曲件有两个相互垂直的弯曲线时，排样时应使两个弯曲线与板料的纤维方向成 45°，如图 3-8c 所示。

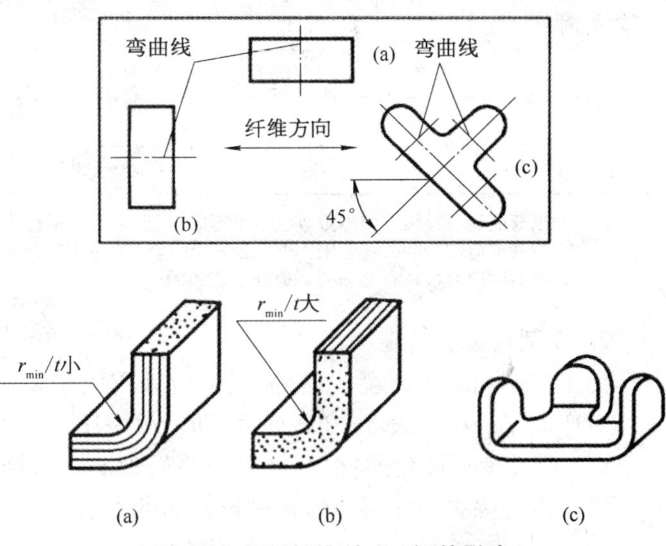

图 3-8　板料纤维对 r_{min}/t 的影响

4）弯曲中心角　理论上弯曲变形区外表面的变形程度只与 r/t 有关，而与弯曲中心角 α 无关，但实际上由于接近圆角的直边部分也产生一定的变形，这就相当于扩大了弯曲变形区的范围，分散了集中在圆角部分的弯曲应变，从而可以减缓弯曲时弯裂的危险。弯曲中心角 α 越小，减缓作用越明显，因而 r_{min}/t 可以越小。

由于上述各种因素对 r_{min}/t 的综合影响十分复杂，所以 r_{min}/t 的数值一般用试验方法确定。各种金属材料在不同状态下的最小相对弯曲半径的数值参见表 3-2。

表 3-2　各种金属材料在不同状态下的最小相对弯曲半径 r_{min}/t

材　料	退火状态		冷作硬化状态	
	弯曲线的位置			
	垂直纤维方向	平行纤维方向	垂直纤维方向	平行纤维方向
08、10、Q195、Q215	0.1	0.4	0.4	0.8
15、20、Q235	0.1	0.5	0.5	1.0
25、30、Q255	0.2	0.6	0.6	1.2
35、40、Q275	0.3	0.8	0.8	1.5
45、50	0.5	1.0	1.0	1.7
55、60	0.7	1.3	1.3	2.0
铝	0.1	0.35	0.5	1.0
纯铜	0.1	0.35	1.0	2.0

（续表）

材　料	退火状态		冷作硬化状态	
	弯曲线的位置			
	垂直纤维方向	平行纤维方向	垂直纤维方向	平行纤维方向
软黄铜	0.1	0.35	0.35	0.8
半硬黄铜	0.1	0.35	0.5	1.2
磷铜	—	—	1.0	3.0
Cr18Ni9	1.0	2.0	3.0	4.0

注：1. 当弯曲线与纤维方向不垂直也不平行时，可取垂直和平行方向两者的中间值。
2. 冲裁或剪裁后的板料若未作退火处理，则应作为硬化的金属选用。
3. 弯曲时应使板料有毛刺的一边处于弯角的内侧。

2. 控制弯裂的措施

为了控制和防止弯裂，一般情况下应采用大于最小相对弯曲半径的数值。当零件的最小相对弯曲半径小于表 3－2 所列数值时，可采用以下措施：

（1）经冷变形硬化的材料，可采用热处理的方法恢复其塑性。对于剪切断面的硬化层，还可以采取先除去硬化层然后再进行弯曲的方法。

（2）去除坯料剪切面的毛刺，采用整修、挤光、滚光等方法降低剪切面的表面粗糙度值。

（3）弯曲时将切断面上的毛面一侧处于弯曲受压的内缘（即朝向弯曲凸模）。

（4）对于低塑性材料或厚料，可采用加热弯曲。

（5）采取两次弯曲的工艺方法，即第一次弯曲采用较大的相对弯曲半径，中间退火后再按零件要求的相对弯曲半径进行弯曲。这样就使变形区域扩大，每次弯曲的变形程度减小，从而减小了外层材料的伸长率。

（6）对于较厚板料的弯曲，如果结构允许，可采用先在弯曲内侧开出工艺槽后再进行弯曲的工艺，如图 3－9a、b 所示。对于薄料，可以在弯曲处压出工艺凸肩，如图 3－9c 所示。

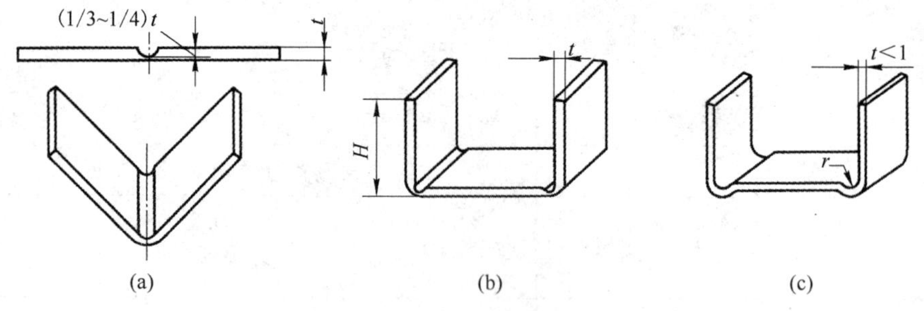

图 3－9　在弯角处开工艺槽或压出工艺凸肩

二、回弹及其控制

弯曲是一种塑性变形工序，塑性变形时总包含弹性变形，当弯曲载荷卸除以后，塑性变形保留下来，而弹性变形将完全消失，使得弯曲件在模具中所形成的弯曲半径和弯曲角度在出模后发生改变，这种现象称为回弹。由于弯曲时内、外区切向应力方向不一致，因而弹性回复方向也相反，即外区弹性缩短而内区弹性伸长，这种反向的回弹就大大加剧了弯曲件圆角半径和角度的改变。所以，与其他变形工序相比，弯曲过程的回弹现象是一个不能忽视的重要问题，它直接影响弯曲件的精度。

回弹的大小通常用弯曲件的弯曲半径或弯曲角与凸模相应半径或角度的差值来表示，如图 3－10 和图 3－11 所示，即

$$\Delta r = r - r_p \tag{3-4}$$

$$\Delta \varphi = \varphi - \varphi_p \tag{3-5}$$

式中　Δr、$\Delta \varphi$——弯曲半径与弯曲角的回弹值；

r、φ——弯曲件的弯曲半径与弯曲角；

r_p、φ_p——凸模的半径和角度。

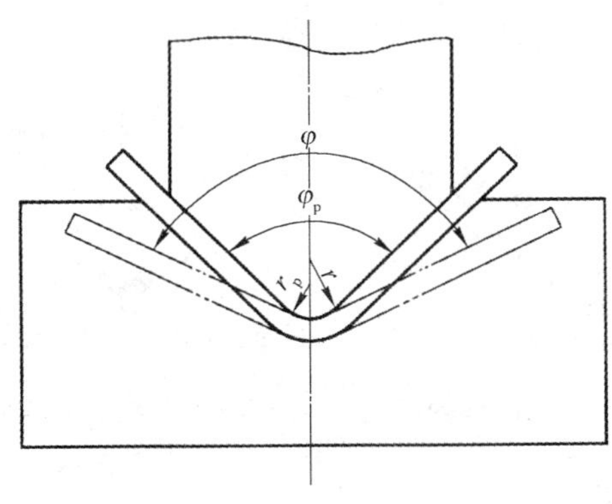

图 3－10　弯曲时的回弹

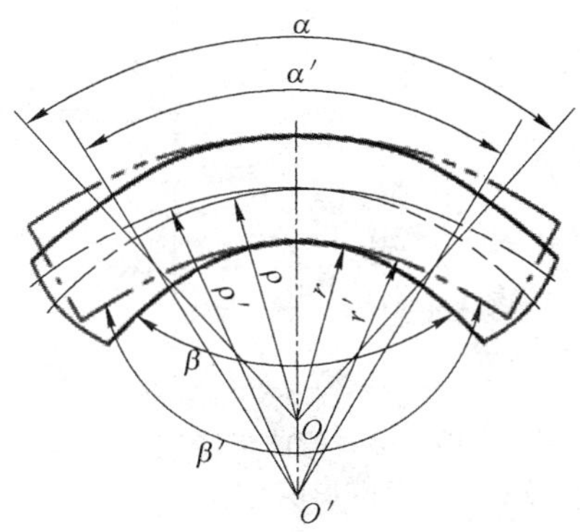

图 3－11　弯曲件的弹性回跳

一般情况下，Δr、$\Delta \varphi$ 为正值，称为正回弹，但在有些校正弯曲时，也出现负回弹。

1. 影响回弹的因素

1）材料的力学性能　由 $\varepsilon_t = \sigma_b / E$ 可知，卸载时弹性回复的应变量与材料的屈服点 σ_s 成正比，与弹性模量 E 成反比，即 σ_s / E 的比值越大，回弹也就越大。例如，图 3－12 所示为退火状态的软钢拉伸时的应力应变曲线，当拉伸到 P 点后卸除载荷时，产生 $\Delta\varepsilon_1$ 的回弹，其值 $\Delta\varepsilon_1 = \sigma_P / \tan\alpha = \sigma_P / E$，即材料的弹性模量 E 越大，回弹值越小。图中的虚线为同一材料经冷作硬化后的拉伸曲线，屈服点提高了，当应变均为 ε_P 时，材料的回弹 $\Delta\varepsilon_2$ 比退火状态的回弹 $\Delta\varepsilon_1$ 大。

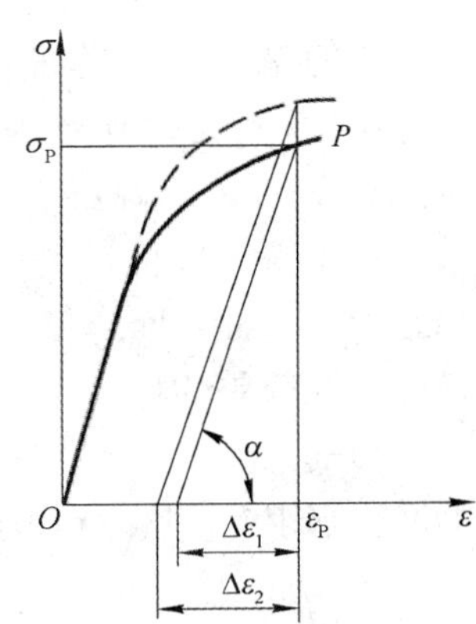

图 3－12　材料力学性能对回弹的影响

2）相对弯曲半径 r/t　r/t 越大，弯曲变形程度越小，中性层附近的弹性变形区域增加，同时在总的变形量中，弹性变形量所占比例也相应增大（由图 3－13 中的几何关系可以看出 $\Delta\varepsilon_1/\varepsilon_P > \Delta\varepsilon_2/\varepsilon_Q$）。因此，相对弯曲半径 r/t 越大，回弹也越大。这也是 r/t 很大的零件不易弯曲成形的道理。

3）弯曲角 φ（或弯曲中心角）　φ 越小，弯曲变形区域就越大，因而回弹积累越大，回弹也就越大。

4）弯曲方式　在无底凹模内作自由弯曲时（图 3－14）的回弹比在有底凹模内作校正弯曲时（图 3－15）的回弹大。校正弯曲时回弹较小的原因之一是由于凹模 V 形面对坯料的限制作用，当坯料与凸模三点接触后，随着凸模的继续下压，坯料的直边部分则向与以前相反的方向变形，弯曲终了时可以使产生了一定曲度的直边重新压平并与凸模完全贴合。卸载后直边部分的回弹是朝 V 形闭合方向，而圆角部分的回弹是朝 V 形张开方向，两者回弹方向相反，可以相互抵消一部分；原因之二是由于板料圆角变形区受凸、凹模压缩的作用，不仅使弯曲变形外区的拉应力有所减小，而且在外区中性层附近还出现和内区同向压缩应力，随着校正力的增加，压应力区向板料外表面逐步扩展，致使板料的全部或大部分断面均出现压应力，于是圆角部分的内、外区回弹方向一致，故校正弯曲时的回弹比自由弯曲时大为减小。

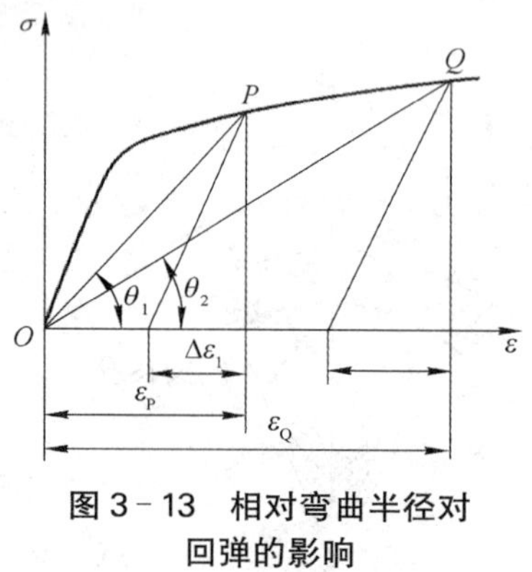

图 3－13　相对弯曲半径对回弹的影响

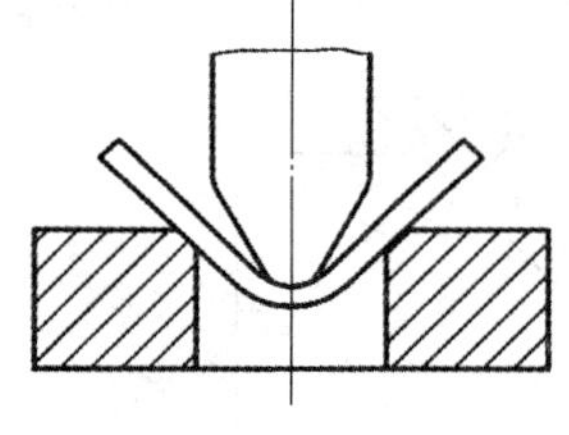
图 3－14　无底凹模内的自由弯曲

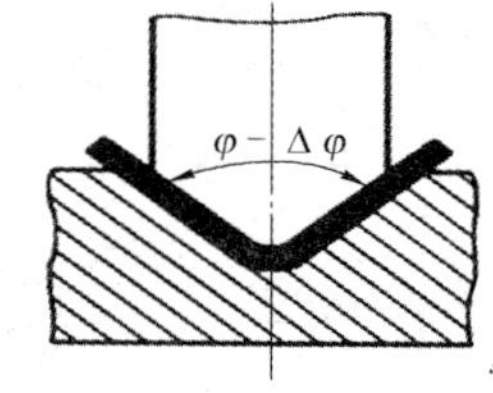

图 3－15　有底凹模内的自由弯曲

5）凸、凹模间隙　在弯曲 U 形件时，凸、凹模之间的间隙对回弹有较大的影响。间隙较大时材料处于松弛状态，回弹就大；间隙小时材料被挤紧，回弹就小。

6）弯曲件的形状　弯曲件形状复杂时，一次弯曲成形角的数量较多，则弯曲时各部分互相牵制的作用越大，弯曲中拉伸变形的成分越大，故回弹值越小。如⺃形件比弯 U 形件的回弹小，弯 U 形件比弯 V 形件的回弹小。

2. 回弹值的确定

为了得到形状与尺寸精确的弯曲件，需要事先确定回弹值。由于影响回弹的因素很多，用理论方法计算回弹值很复杂，而且也不准确。因此，在设计与制造模具时，往往先根据经验数值和简单的计算来初步确定模具工作部分尺寸，然后在试模时修正。

1）小变形程度（$r/t\geqslant10$）自由弯曲时的回弹值　当 $r/t\geqslant10$ 时，弯曲件的角度和圆角半径的回弹都较大。这时在考虑回弹后，凸模工作部分的圆角半径和角度可按以下公式进行计算：

$$r_{\mathrm{p}}=\frac{r}{1+\frac{3\sigma_{\mathrm{s}}r}{Et}} \tag{3-6}$$

$$\varphi_{\mathrm{p}}=180^{\circ}-\frac{r}{r_{\mathrm{p}}}(180^{\circ}-\varphi) \tag{3-7}$$

式中　r、φ——弯曲件的圆角半径和角度；

r_{p}、φ_{p}——凸模的圆角半径和角度；

σ_{s}——弯曲件材料的屈服点；

E——弯曲件材料的弹性模量；

t——弯曲件材料厚度。

2）大变形程度（r/t=5～8）自由弯曲时的回弹值　r/t=5～8 时，弯曲件的圆角半径回弹量很小，可以不予考虑，因此只需要确定角度的回弹值。表 3－3 为自由弯曲 V 形件、弯曲角为 90°时部分材料的平均回弹角。

表 3－3　单角自由弯曲 90°时的平均回弹角 $\Delta\varphi_{90}$

材　料	r/t	材料厚度 t/mm		
		<0.8	0.8～2	>2
软钢 σ_b=350 MPa	<1	4°	2°	0°
黄铜 σ_b=350 MPa	1～5	5°	3°	1°
铝和锌	>5	6°	4°	2°
中硬钢 σ_b=400～500 MPa	<1	5°	2°	0°
硬黄铜 σ_b=350～400 MPa	1～5	6°	3°	1°
硬青铜	>5	8°	5°	3°
硬钢 σ_b>550 MPa	<1	7°	4°	2°
	1～5	9°	5°	3°
	>5	12°	7°	6°
硬铝 2A12	<2	2°	3°	4°30′
	2～5	4°	6°	8°30′
	>5	6°30′	10°	14°

当弯曲件的弯曲角不为 90°时，其回弹角可按下式计算：

$$\Delta\varphi = \frac{\varphi}{90}\Delta\varphi_{90} \tag{3-8}$$

式中　φ——弯曲件的弯曲角；

$\Delta\varphi$——弯曲件的弯曲角不为 90°时的回弹角；

$\Delta\varphi_{90}$——弯曲件的弯曲角为 90°时的回弹角，见表 3－3。

3）校正弯曲时的回弹值　校正弯曲时也不需要考虑弯曲半径的回弹，只考虑弯曲角的回弹值。弯曲角的回弹值可按表 3－4 中的经验公式计算。

表 3－4　V 形件校正弯曲时的回弹角 $\Delta\varphi$

材　料	弯曲角 φ			
	30°	60°	90°	120°
08、10、Q195	$\Delta\varphi=0.75r/t-0.39$	$\Delta\varphi=0.58r/t-0.80$	$\Delta\varphi=0.43r/t-0.61$	$\Delta\varphi=0.36r/t-1.26$
15、20、Q215、Q235	$\Delta\varphi=0.69r/t-0.23$	$\Delta\varphi=0.64r/t-0.65$	$\Delta\varphi=0.434r/t-0.36$	$\Delta\varphi=0.37r/t-0.58$
25、30、Q255	$\Delta\varphi=1.59r/t-1.03$	$\Delta\varphi=0.95r/t-0.94$	$\Delta\varphi=0.78r/t-0.79$	$\Delta\varphi=0.46r/t-1.36$
35、Q275	$\Delta\varphi=1.51r/t-1.48$	$\Delta\varphi=0.84r/t-0.76$	$\Delta\varphi=0.79r/t-1.62$	$\Delta\varphi=0.51r/t-1.71$

例 3-1 如图 3-16a 所示零件，材料为 2A12，$\sigma_s=361$ MPa，$E=71\,000$ MPa，求凸模圆角半径 r_p 及角度。

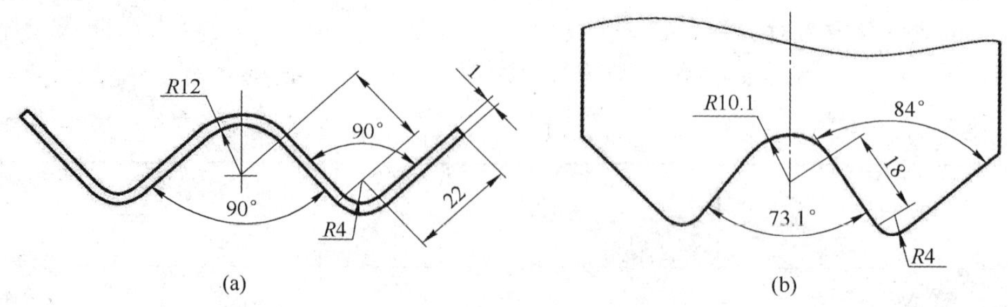

图 3-16 回弹值计算实例

解 1) 零件中间弯曲部分（$r=12$ mm，$\varphi=90°$，$t=1$ mm）

因为 $r/t=12/1>10$，故零件的圆角半径回弹和角度回弹都要考虑。由式(3-6)和式(3-7)得

$$r_p=\frac{r}{1+\frac{3\sigma_s r}{Et}}=\frac{12}{1+\frac{3\times361\times12}{71\times10^3\times1}}=10.1\text{ mm}$$

$$\varphi_p=180°-\frac{r}{r_p}(180°-\varphi)=180°-\frac{12}{10.1}\times(180°-90°)=73.1°$$

2) 零件两侧弯曲部分（$r=4$ mm，$\varphi=90°$，$t=1$ mm）

因为 $r/t=4/1=4<5$，故只需考虑弯曲角度的回弹。由查表 3-3 得 $\Delta\varphi=6°$，故

$$\varphi_p=\varphi-\Delta\varphi=90°-6°=84°$$

$$r_p=r=4\text{ mm}$$

计算后的凸模尺寸如图 3-16b 所示。

3. 控制回弹的措施

在实际生产中，由于材料的力学性能和厚度的变动等，要完全消除弯曲件的回弹是不可能的，但可以采取一些措施来控制或减小回弹所引起的误差，以提高弯曲件的精度。

1) 改进弯曲件的设计

(1) 尽量避免选用过大的相对弯曲半径 r/t。如有可能，在弯曲变形区压出加强肋或成形边翼，以提高弯曲件的刚度，抑制回弹，如图 3-17 所示。

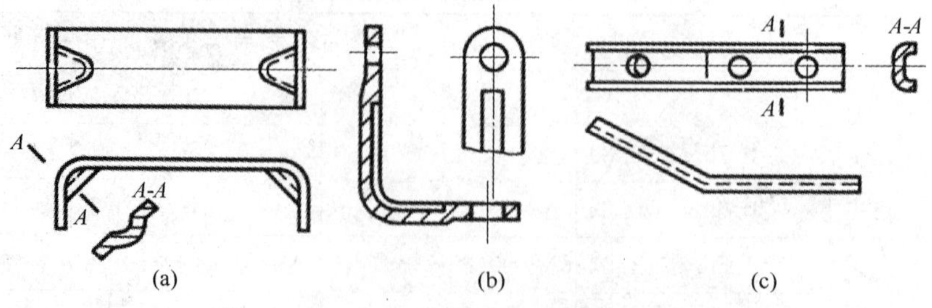

图 3-17 在弯曲件结构上考虑减小回弹

（2）采用 σ_s/E 小、力学性能稳定和板料厚度波动小的材料。如用软钢来代替硬铝、铜合金等，不仅回弹小，而且成本低，易于弯曲。

2）采取合适的弯曲工艺

（1）用校正弯曲代替自由弯曲。

（2）对经冷作硬化后的材料在弯曲前进行退火处理，弯曲后再用热处理方法恢复材料性能。对回弹较大的材料，必要时可采用加热弯曲。

（3）采用拉弯工艺方法。拉弯工艺如图 3－18 所示，在弯曲过程中对板料施加一定的拉力，使弯曲件变形区的整个断面都处于同向拉应力，卸载后变形区的内、外区回弹方向一致，从而可以大大减小弯曲件的回弹。这种方法对于 r/t 很大的弯曲件特别有利。

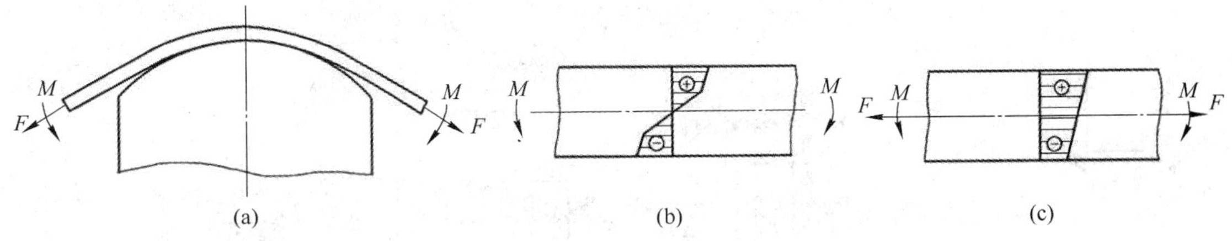

图 3－18　拉弯工艺

(a) 拉弯过程；(b) 只弯曲时断面上的应力分布；(c) 拉弯时断面上的应力分布

3）合理设计弯曲模结构

（1）在凸模上减去回弹角（图 3－19a、b），使弯曲件弯曲后其回弹得到补偿。对 U 形件，还可将凸、凹模底部设计成弧形（图 3－19c），弯曲后利用底部向上的回弹来补偿两直边向外的回弹。

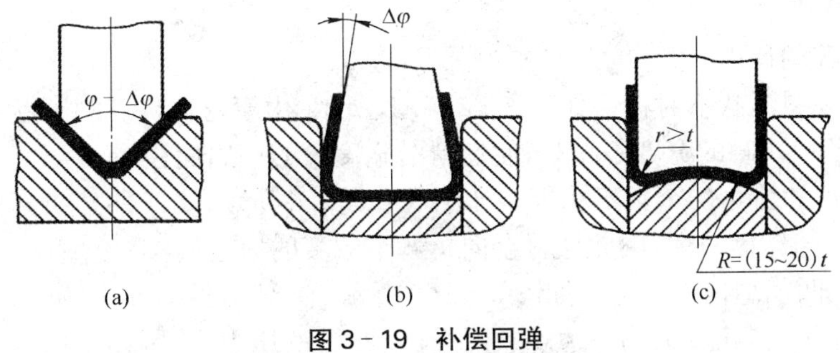

图 3－19　补偿回弹

（2）当弯曲件材料厚度大于 0.8 mm，且塑性较好时，可将凸模设计成图 3－20 所示的局部凸起形状，使凸模作用力集中在弯曲变形区，以加大变形区的变形程度，从而减小回弹。

（3）对于一般较软的材料[如 Q215、Q235、10、20、H62(M)等]，可增加压料力（图 3－21a）或减小凸、凹模之间的间隙（图 3－21b）以增大拉应变，减小回弹。

（4）在弯曲件直边的端部加压，使弯曲变形区的内、外区都处于压应力状态而减小回弹，并能得到较精确的弯边高度，如图 3－22 所示。

（5）采用橡胶或聚氨酯代替刚性凹模进行软凹模弯曲，可以使坯料紧贴凸模，同时使坯料产生拉伸变形，获得类似拉弯的效果，能显著减小回弹，如图 3－23 所示。

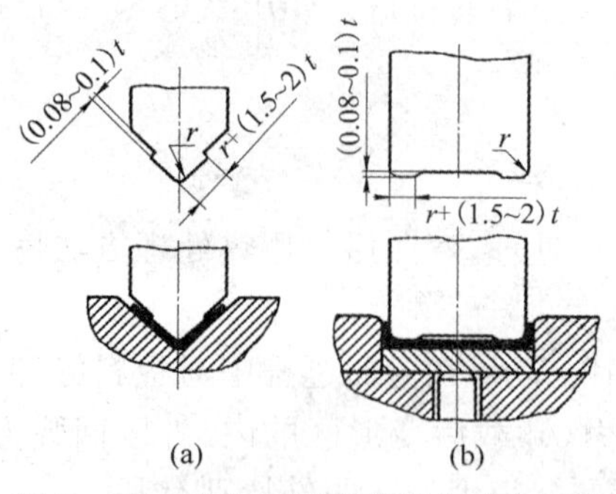

图 3 - 20　增大角部变形程度减小回弹

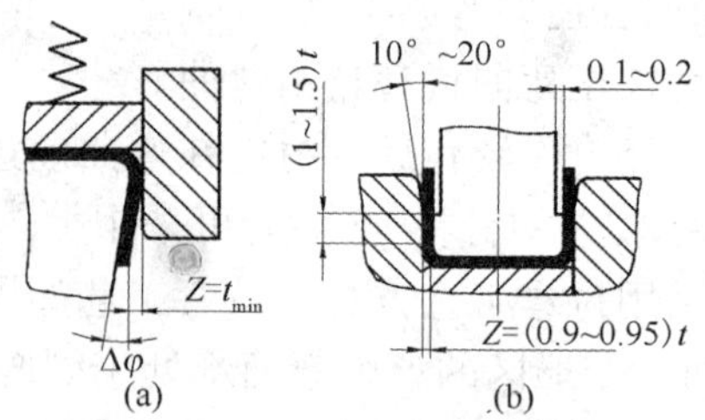

图 3 - 21　增大拉应变减小回弹

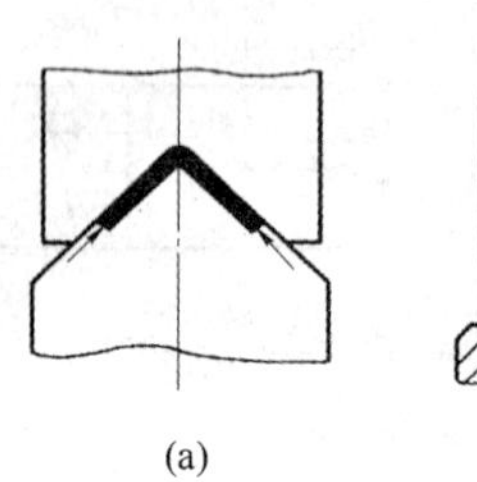
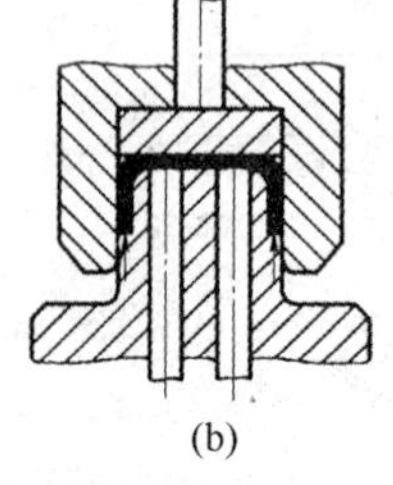

图 3 - 22　在弯曲件端部加压减小回弹

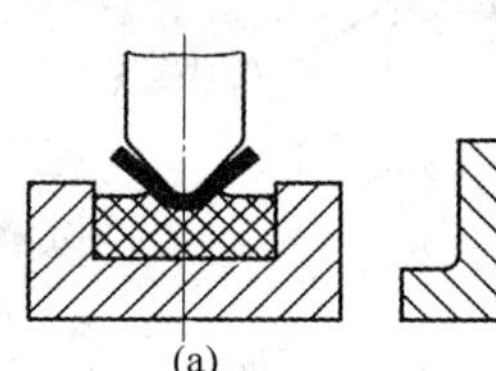
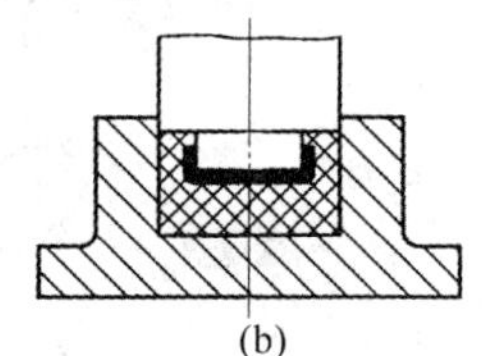

图 3 - 23　采用软凹模弯曲减小回弹

三、偏移及其控制

在弯曲过程中，坯料沿凹模边缘滑动时受到摩擦力的作用，当坯料各边所受到的摩擦力不等时，坯料会沿其长度方向产生滑移，从而使弯曲后的零件两直边长度不符合图样要求，这种现象成为偏移，如图 3 - 24 所示。

1. 产生偏移的原因

1）弯曲件坯料形状不对称　如图 3 - 24a、b 所示，由于弯曲件坯料形状不对称，弯曲时坯料的两边与凹模接触的宽度不相等，使坯料沿宽度大的一边偏移。

2）弯曲件两边折弯的个数不相等　如图 3 - 24c、d 所示，由于两边折弯的个数不相等，折弯个数多的一边摩擦力大，因此坯料会向折弯个数多的一边偏移。

3）弯曲凸、凹模结构不对称　如图 3 - 24e 所示，在 V 形件弯曲中，如果凸、凹模两边与对称线的夹角不相等，角度大的一边坯料所受凸、凹模的压力大，因而摩擦力也大，所以坯料会向角度大的一边偏移。

此外，坯料定位不稳定、压料不牢、凸模与凹模的圆角不对称和润滑情况不一致时，也会导致弯曲时产生偏移现象。

2. 控制偏移的措施

(1) 采用压料装置，使坯料在压紧状态下逐渐弯曲成形，从而防止坯料的滑动，而且还可得到平整的弯曲件，如图 3 - 25 所示。

(2) 利用毛坯上的孔或弯曲前冲出工艺孔，用定位销插入孔中定位，使坯料无法移动，如图 3 - 26a、b 所示。

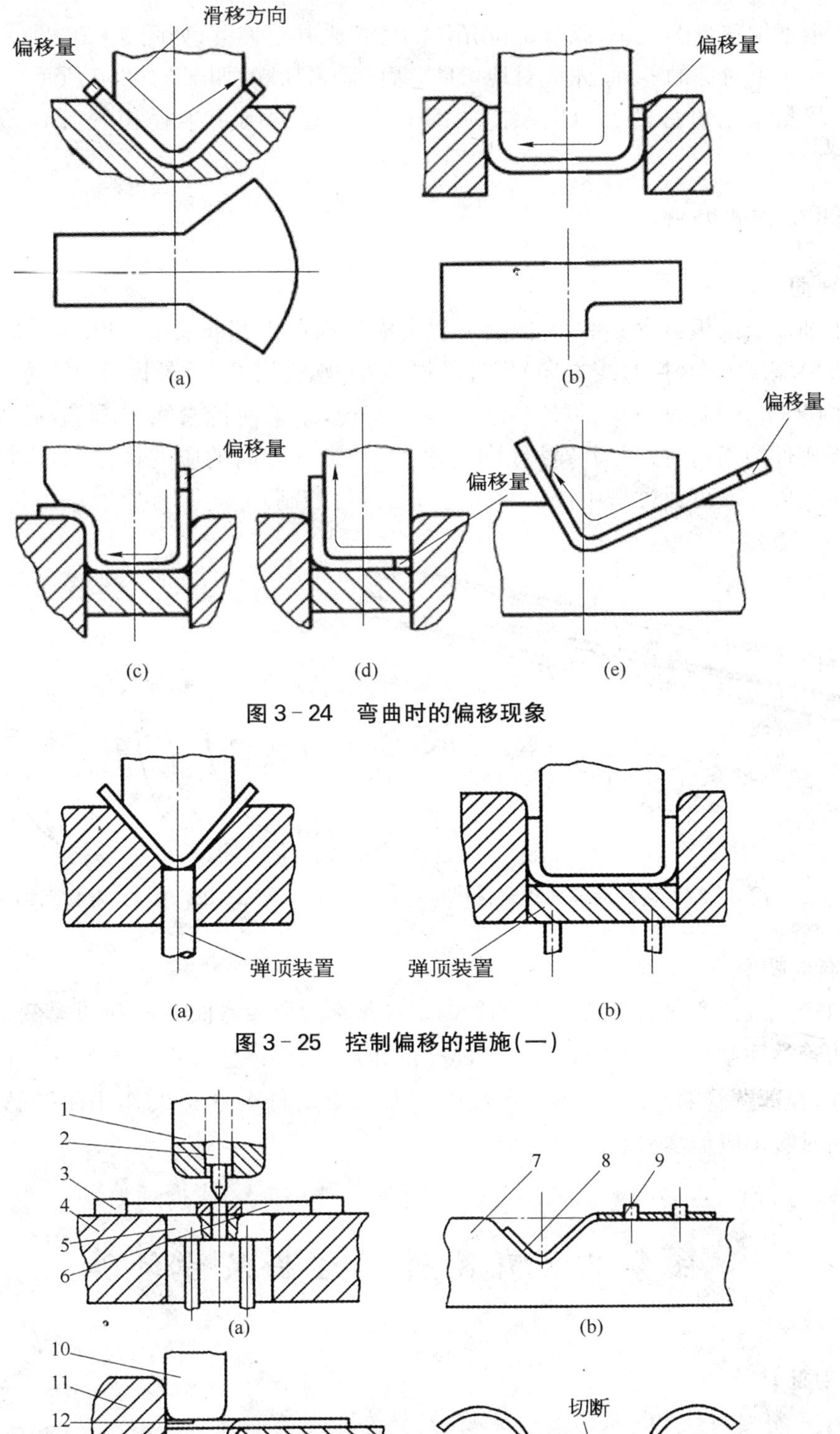

图 3-24　弯曲时的偏移现象

图 3-25　控制偏移的措施(一)

图 3-26　控制偏移的措施(二)

1、10—凸模；2—导正销；3—定位板；4、7、13—凹模；5—顶板；
6、12—坯料；8—弯曲件；9—定位销；11—定位块

(3) 根据偏移量的大小，调节定位元件的位置来补偿偏移，如图 3－26c 所示。

(4) 对于不对称的零件，先成对地弯曲，弯曲后再切断，如图 3－26d 所示。

(5) 尽量采用对称的凸、凹模结构，使凹模两边的圆角半径相等，凸、凹模间隙调整对称。

四、翘曲与断面畸变

1. 翘曲

对于细而长的板料弯曲件，弯曲后一般会沿纵向产生翘曲变形，如图 3－27 所示。这是因为沿板料宽度方向(折弯线方向)零件的刚度小，塑性弯曲后，外区(a 区)宽度方向的压应变 ε_ϕ 和内区(b 区)宽度方向的拉应变 ε_ϕ 得以实现，结果使折弯线凹曲，造成零件的纵向翘曲。当板弯件短而粗时，因为零件纵向的刚度大，宽度方向的应变被控制，弯曲后翘曲不明显。翘曲现象一般可通过采用校正弯曲的方法进行控制。

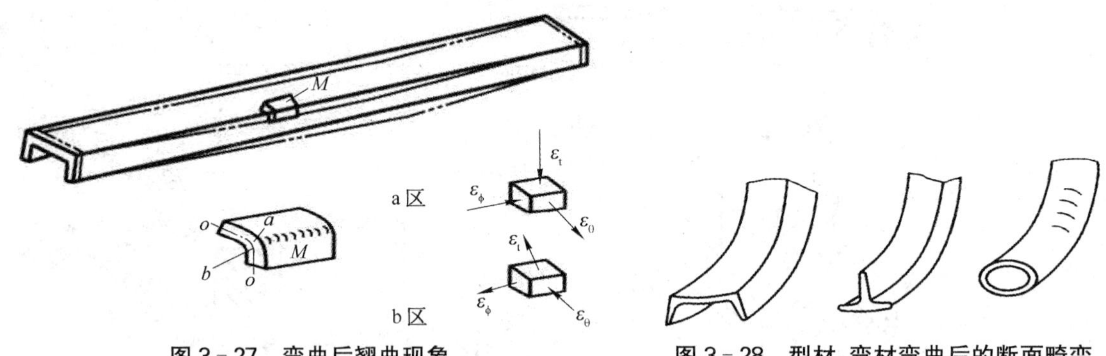

图 3－27 弯曲后翘曲现象　　图 3－28 型材、弯材弯曲后的断面畸变

2. 断面畸变

断面畸变是指弯曲后坯料断面发生变形的现象。窄板弯曲时的断面畸变如图 3－28 所示。弯曲管材和型材时，由于径向压应力 σ_t 的作用，也会产生如图 3－28 所示的断面畸变现象。另外，在薄壁管的弯曲中，还会出现内侧面因受宽向压力 σ_0 的作用而失稳起皱的现象，因此弯曲时管中应加填料或芯棒。

任务三　弯曲件的坯料尺寸计算

【学习目标】

1. 了解弯曲件中性层位置的确定。
2. 掌握弯曲件展开尺寸的计算方法。

为了确定弯曲前坯料的形状和大小，需要计算弯曲件的展开尺寸。弯曲件展开尺寸计算的基础是应变中性层在弯曲前后长度保持不变。

一、弯曲中性层位置的确定

根据中性层的定义，弯曲件的坯料长度应等于弯曲件中性层的展开长度。由于在塑性弯曲时，中性层的位置发生位移，所以，计算中性层展开长度，首先应确定中性层的位置。中性层位置以曲率半径 ρ 表示（图 3－29），常用下面经验公式确定：

$$\rho = r + xt \tag{3-9}$$

式中　r——弯曲件的内弯曲半径；

t——材料厚度；

x——中性层位移系数，见表 3－5。

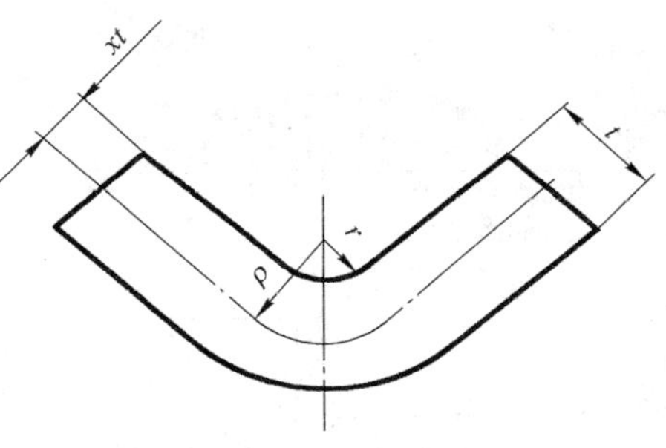

图 3－29　中性层位置

表 3－5　中性层位移系数 x

r/t	0.1	0.2	0.3	0.4	0.5	0.6	0.7	0.8	1.0	1.2
x	0.21	0.22	0.23	0.24	0.25	0.26	0.28	0.30	0.32	0.33
r/t	1.3	1.5	2.0	2.5	3.0	4.0	5.0	6.0	7.0	≥8.0
x	0.34	0.36	0.38	0.39	0.40	0.42	0.44	0.46	0.48	0.50

二、弯曲件展开尺寸的计算

弯曲件的展开长度等于各直边部分长度与各圆弧部分长度之和。直边部分的长度是不变的，而圆弧部分的长度则需考虑材料的变形和中性层的位移。

1. $r/t > 0.5$ 的弯曲件

$r/t > 0.5$ 的弯曲件由于变薄不严重，按中性层展开的原理，坯料总长度应等于弯曲件直线部分和圆弧部分长度之和（图 3－30），即

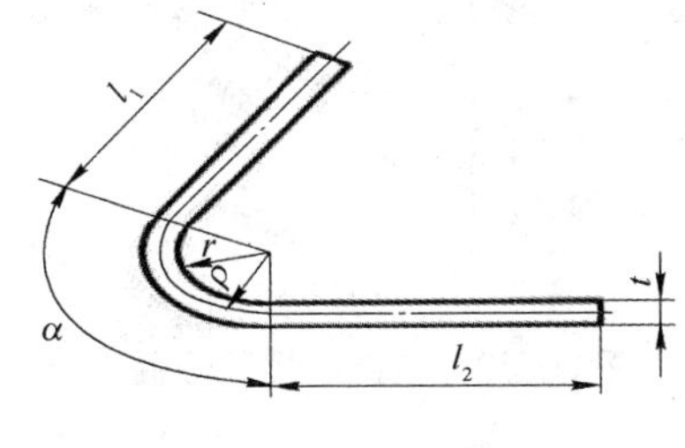

图 3－30　$r/t > 0.5$ 的弯曲

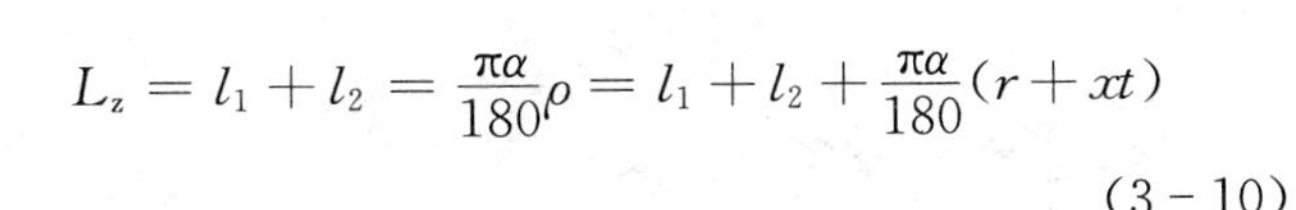

$$L_z = l_1 + l_2 = \frac{\pi\alpha}{180}\rho = l_1 + l_2 + \frac{\pi\alpha}{180}(r + xt) \tag{3-10}$$

式中　L_z——坯料展开总长度（mm）；

α——弯曲中心角（°）。

2. $r/t < 0.5$ 的弯曲件

对于 $r/t < 0.5$ 的弯曲件，由于弯曲变形时不仅零件的圆角变形区产生严重变薄，而且与其相邻的直角部分也产生变薄，故应按变形前后体积不变的条件来确定坯料长度。通常可采用表 3－6 所列经验公式。

表 3-6　$r/t<0.5$ 的弯曲件坯料长度计算公式

简图	计算公式	简图	计算公式
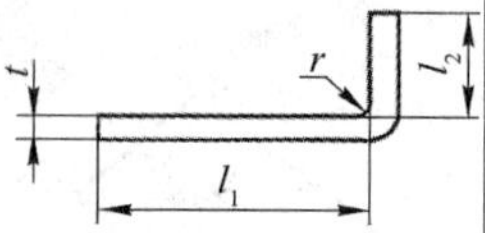	$L_z=l_1+l_2+0.4t$	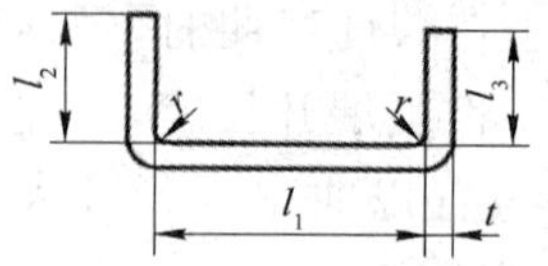	$L_z=l_1+l_2+l_3+0.6t$ （一次同时弯曲两个角）
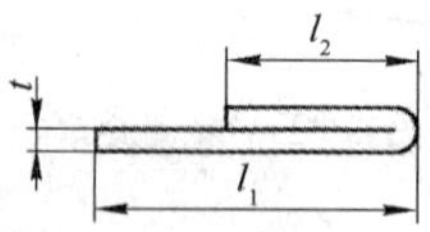	$L_z=l_1+l_2-0.43t$	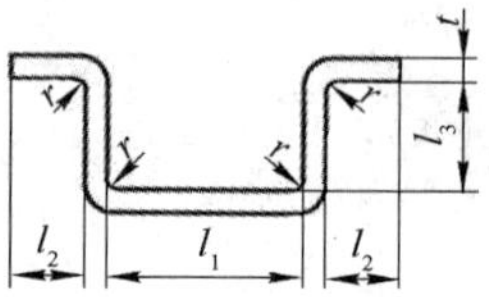	$L_z=l_1+2l_2+2l_3+t$ （一次同时弯曲四个角） $L_z=l_1+2l_2+2l_3+1.2t$ （分为两次弯曲四个角）

3. 铰链式弯曲件

对于 $r/t=0.6\sim3.5$ 的铰链式弯曲件（图 3-31），通常采用推圆的方法（图 3-32）成形，在卷圆过程中板料有所增厚，中性层发生位移，故其坯料长度 L_z 可按下式近似计算：

$$L_z=l+1.5\pi(r+x_1t)+r\approx l+5.7r+4.7x_1t \tag{3-11}$$

式中　l——直线段长度；

r——铰链内半径；

x_1——中性层位移系数，查表 3-7。

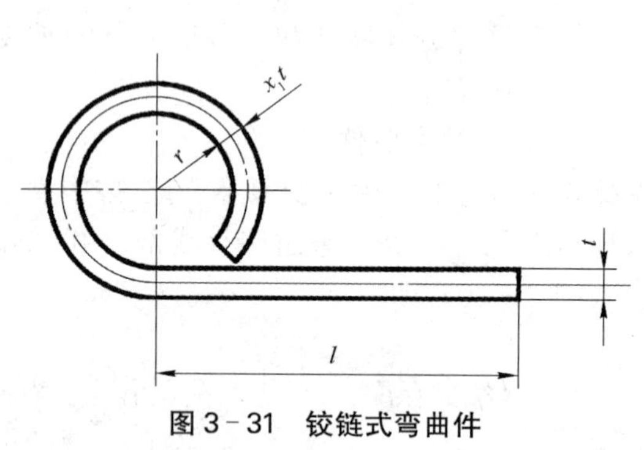

图 3-31　铰链式弯曲件

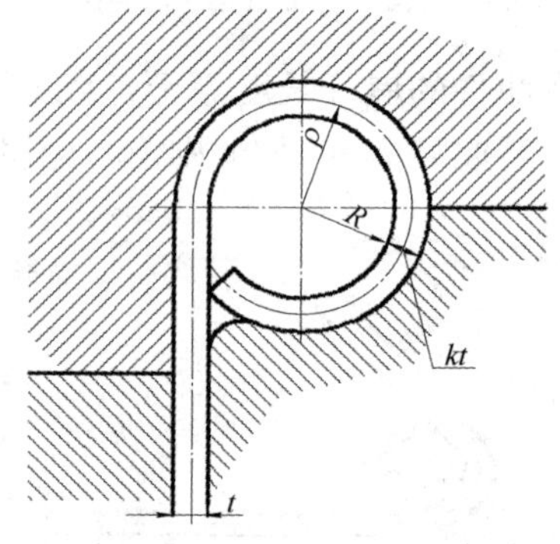

图 3-32　铰链中性层位置

表 3-7　卷圆时中性层位移系数 x_1

r/t	>0.5~0.6	>0.6~0.8	>0.8~1.0	>1.0~1.2	>1.2~1.5	>1.5~1.8	>1.8~2.0	>2.0~2.2	>2.2
x_1	0.76	0.73	0.70	0.67	0.64	0.61	0.58	0.54	0.50

需要指出的是，上述坯料长度计算公式只能用于形状比较简单、尺寸精度要求不高的弯曲件。对于形状比较复杂或精度要求高的弯曲件，在利用上述公式初步计算坯料长度后，还需反复试弯，不断修正，才能最后确定坯料的形状和尺寸。这是因为很多因素没有考虑，可能产生较大的误差，故在生产中宜先考虑制造弯曲模，后制造坯料的落料模。

例 3-2　计算图 3-33 所示 V 形支架弯曲件的坯料展开长度。

解　零件的相对弯曲半径 $r/t > 0.5$，故坯料展开长度公式为

$$L_z = 2(l_{直1} + l_{直2} + l_{弯1} + l_{弯2})$$

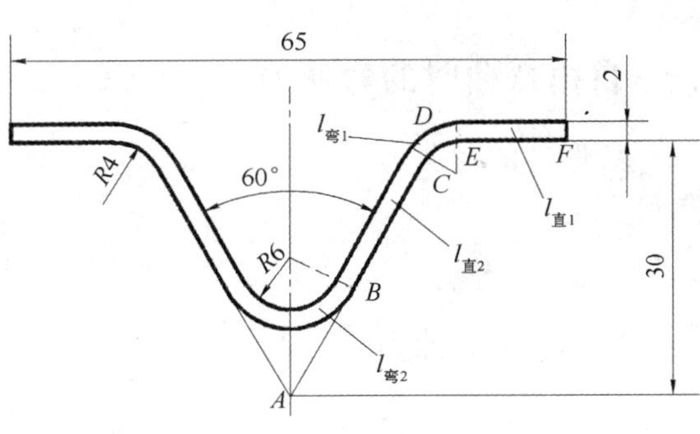

图 3-33　V 形支架

R4 圆角处，$r/t=2$，查表 3-5，$x=0.38$；R6 圆角处，$r/t=3$，查表 3-5，$x=0.40$。故

$$l_{直1} = EF = 32.5 - (30 \times \tan 30° + 4 \times \tan 30°) = 12.87 \text{ mm}$$

$$l_{直2} = BC = \frac{30}{\cos 30°} - (8 \times \tan 60° + 4 \times \tan 30°) = 18.47 \text{ mm}$$

$$l_{弯1} = \frac{\pi\alpha}{180}(r + xt) = \frac{\pi \times 60}{180}(4 + 0.38 \times 2) = 4.98 \text{ mm}$$

$$l_{弯2} = \frac{\pi\alpha}{180}(r + xt) = \frac{\pi \times 60}{180}(6 + 0.40 \times 2) = 7.12 \text{ mm}$$

所以

$$L_z = 2 \times (12.87 + 18.47 + 4.98 + 7.12) = 86.88 \text{ mm}$$

任务四　弯曲力的计算

【学习目标】

1. 了解弯曲阶段弯曲力的变化情况。
2. 掌握弯曲力的计算方法。

弯曲力是设计弯曲模和选择压力机的重要依据之一，特别是弯曲坯料较厚、弯曲线较长、相对弯曲半径较小、材料强度较大的弯曲件时，必须对弯曲力进行计算。

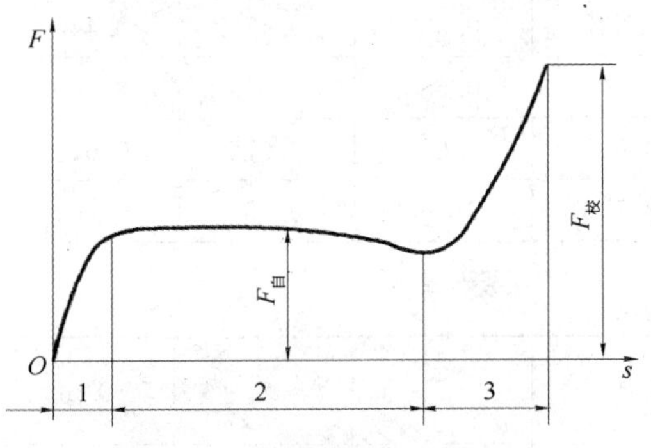

图 3-34　弯曲力的变化曲线

1—弹性弯曲阶段；2—自由弯曲阶段；3—校正弯曲阶段

图 3-34 所示为各弯曲阶段弯曲力 F 随凸模行程 s 的变化关系。由图可知，各弯曲阶段的弯曲力是不同的。弹性弯曲阶段弯曲力较小，可以略去不计；自由弯曲阶段的弯曲力基本不随凸模行程的变化而变化；校正弯曲力随行程急剧增加。弯曲力不仅与弯曲变形的过程有关，还与坯料尺寸、材料性能、零件形状、弯曲方式、模具结构等因素有关，因此用理论公式计算弯曲力不但计算复杂，而且精确度不高。实际生产中常用经验公式来概略计算。

一、自由弯曲时的弯曲力

V 形件的弯曲力

$$F_{自} = \frac{0.6KBt^2\sigma_b}{r+t} \tag{3-12}$$

U 形件的弯曲力

$$F_{自} = \frac{0.7KBt^2\sigma_b}{r+t} \tag{3-13}$$

⊔ 形件的弯曲力

$$F_{自} = 2.4Bt\sigma_b ac \tag{3-14}$$

式中 $F_{自}$——自由弯曲在冲压行程结束时的弯曲力(N)；
B——弯曲件的宽度(mm)；
r——弯曲件的内弯曲半径(mm)；
t——弯曲件材料厚度(mm)；
σ_b——材料的抗拉强度(MPa)；
K——安全系数,一般取 $K = 1.3$；
a——系数,其值见表 3-8；
c——系数,其值见表 3-9。

表 3-8 系数 a

r/t \ 断后伸长率 δ	20	25	30	35	40	45
10	0.416	0.379	0.337	0.302	0.265	0.233
8	0.434	0.398	0.361	0.326	0.288	0.257
6	0.459	0.426	0.392	0.358	0.321	0.290
4	0.502	0.467	0.437	0.407	0.371	0.341
2	0.555	0.552	0.527	0.507	0.470	0.445
1	0.619	0.615	0.607	0.680	0.576	0.560
0.5	0.690	0.688	0.684	0.680	0.678	0.673
0.25	0.704	0.732	0.746	0.760	0.769	0.764

表 3-9 系数 c

Z/t \ r/t	10	8	6	4	2	1	0.5
1.20	0.130	0.151	0.181	0.245	0.388	0.570	0.765
1.15	0.145	0.161	0.185	0.262	0.420	0.605	0.822

（续表）

r/t Z/t	10	8	6	4	2	1	0.5
1.10	0.162	0.184	0.214	0.290	0.460	0.675	0.830
1.08	0.170	0.200	0.230	0.300	0.490	0.710	0.960
1.06	0.180	0.204	0.250	0.322	0.520	0.755	1.120
1.04	0.190	0.222	0.277	0.360	0.560	0.835	1.130
1.05	0.208	0.250	0.355	0.410	0.760	0.900	1.380

注：Z 为凸、凹模间隙，一般有色金属 $Z/t=1.0\sim1.1$，黑色金属 $Z/t=1.05\sim1.15$。

二、校正弯曲时的弯曲力

校正弯曲时的弯曲力比自由弯曲力大得多，一般按下式计算：

$$F_{校}=Aq \tag{3-15}$$

式中　$F_{校}$——校正弯曲力(N)；

A——校正部分在垂直于凸模运动方向上的投影面积(mm^2)；

q——单位面积校正力(MPa)，其值见表 3-10。

表 3-10　单位面积校正力 q　(MPa)

材　料	材料厚度 t/mm			
	≤1	1～3	3～6	6～10
铝	10～20	20～30	30～40	40～50
黄铜	20～30	30～40	40～60	60～80
10、15、20 钢	30～40	40～60	60～80	80～100
20、30、35 钢	40～50	50～70	70～100	100～120

三、顶件力或压料力

若弯曲模有顶件装置或压料装置，其顶件力 F_D(或压料力 F_Y)可以近似取自由弯曲力的 30%～80%，即

$$F_D(F_Y)=(0.3\sim0.8)F_{自} \tag{3-16}$$

四、压力机标称压力的确定

对于有压料的自由弯曲，压力机标称压力应为

$$p=(1.6\sim1.8)(F_{自}+F_Y)$$

对于校正弯曲，由于校正弯曲力是发生在接近压力机下止点的位置，且校正弯曲力比压

料力或顶件力大得多，故 F_Y 值可忽略不计，压力机标称压力可取

$$p = (1.1 \sim 1.3)F_{校}$$

任务五 弯曲件工艺性及工序安排

【学习目标】

1. 了解弯曲件的工艺要求。
2. 掌握弯曲件的工艺性分析及工序安排。

弯曲件的工艺性是指弯曲件的结构形状、尺寸、精度、材料及技术要求等是否符合弯曲加工的工艺要求。具有良好工艺性的弯曲件，能简化弯曲工艺过程及模具结构，提高弯曲件的质量。

一、弯曲件的工艺性分析

1. 弯曲件的结构与尺寸

1）弯曲件的形状 弯曲件的形状应尽可能对称，弯曲半径左右一致，以防止弯曲变形时坯料受力不均匀而产生偏移。

有些虽然形状对称，但变形区附近有缺口的弯曲件，若在坯料上先将缺口冲出，弯曲时会出现叉口现象，严重时难以成形，这时应在缺口处留连接带，弯曲后再将连接带切除，如图 3－35a、b 所示。为了保证坯料在弯曲模内准确定位，或防止在弯曲过程中坯料的偏移，最好能在坯料上预先添加定位工艺孔，如图 3－35b、c 所示。

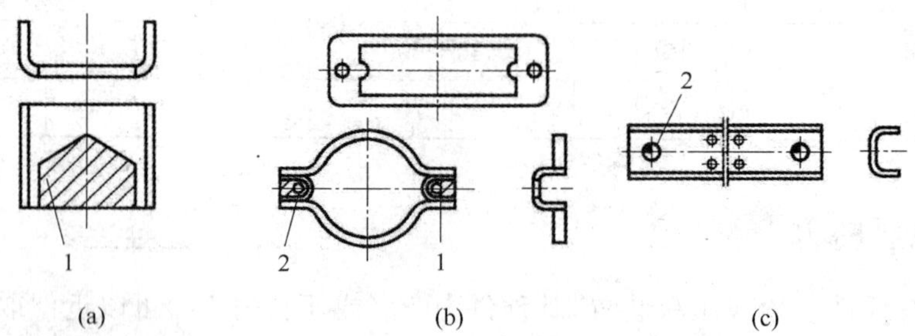

图 3－35 增添连接带和定位工艺孔的弯曲件

1—弯后切除连接带；2—定位工艺孔

2）弯曲件的相对弯曲半径 弯曲件的相对弯曲半 r/t 应大于最小相对弯曲半径（表 3－2），但也不宜过大。因为相对弯曲半径过大时，受到回弹的影响，弯曲件的精度不易保证。

3）弯曲件的弯边高度 弯曲件的弯边高度不宜过小，其值应满足 $h > r + 2t$，如图 3－36a所示。当 h 较小时弯曲边在模具上支撑的长度过小，不容易形成足够的弯矩，很难得到形状准确的零件。当零件要求 $h < r + 2t$ 时，则需预先在圆内侧压槽，或增加弯边高度，弯曲后再切除，如图 3－36b 所示。如果所弯直边带有斜角，则在 $h < r + 2t$ 的区段不可能弯曲

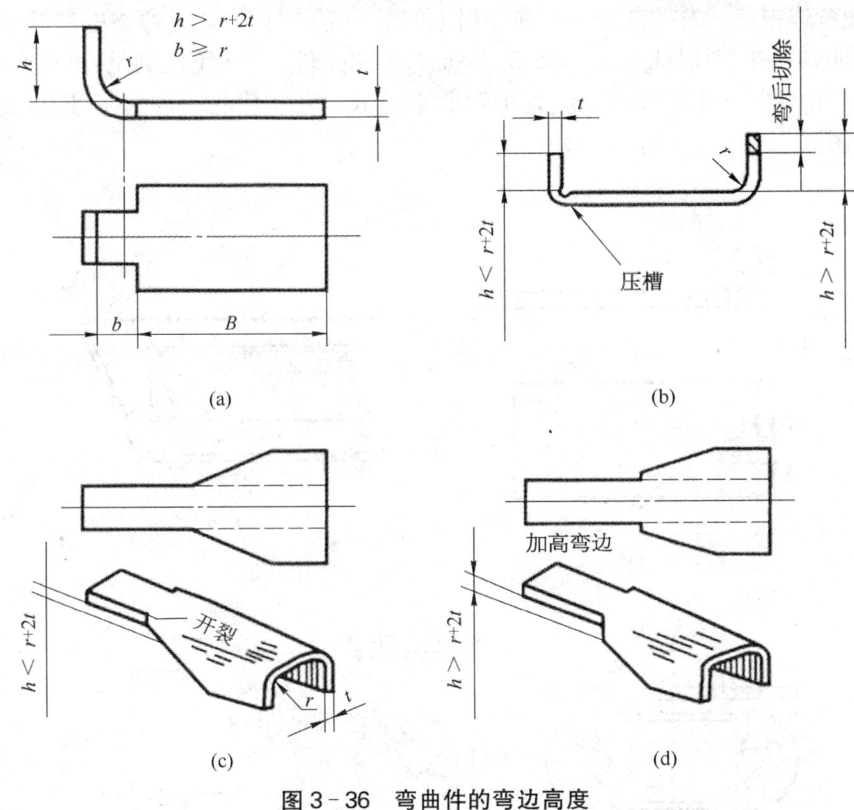

图 3-36　弯曲件的弯边高度

到要求的角度，而且此处也容易开裂(图 3-36c)，因此必须改变零件的形状，加高弯边尺寸，如图 3-36d 所示。

4) 弯曲件的孔边距离　带孔的板料弯曲时，如果孔位于弯曲变形区内，则弯曲时孔的形状会发生变形，因此必须使孔位于变形区之外，如图 3-37 所示。一般孔边弯曲半径 r 中心的距离要满足以下关系：当 $t < 2$ mm 时，$L \geqslant t$；当 $t \geqslant 2$ mm 时，$L \geqslant 2t$。

如果上述关系不能满足，在结构许可的情况下，可在靠变形区一侧预先冲出凸缘形缺口或月牙形槽(图 3-38a、b)，也可在弯曲线上冲出工艺孔(图 3-38c)，以改变变形范围，利用工艺变形来保证所需孔不产生变形。

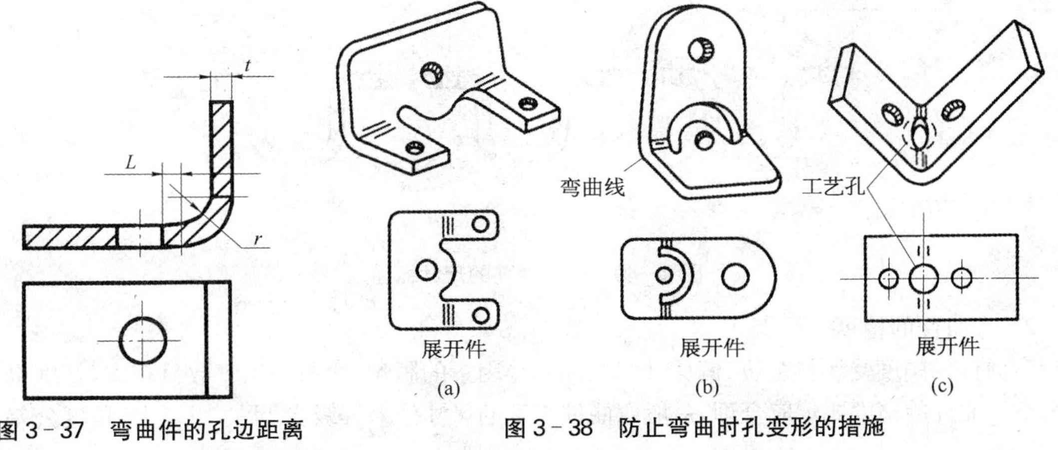

图 3-37　弯曲件的孔边距离　　图 3-38　防止弯曲时孔变形的措施

5）避免弯边根部开裂　在局部弯曲坯料上的某一部分时，为避免弯边根部撕裂，应使不弯部分退出弯曲线之外，即保证 $b \geqslant r$（图 3-39a）。如果条件 $b \geqslant r$ 不能满足，可在弯曲部分和不弯部分之间切槽（图 3-39a，槽深 l 应大于弯曲半径 R），或在弯曲前冲出工艺孔（图 3-39b）。其他例子如图 3-39c、d、e 所示。

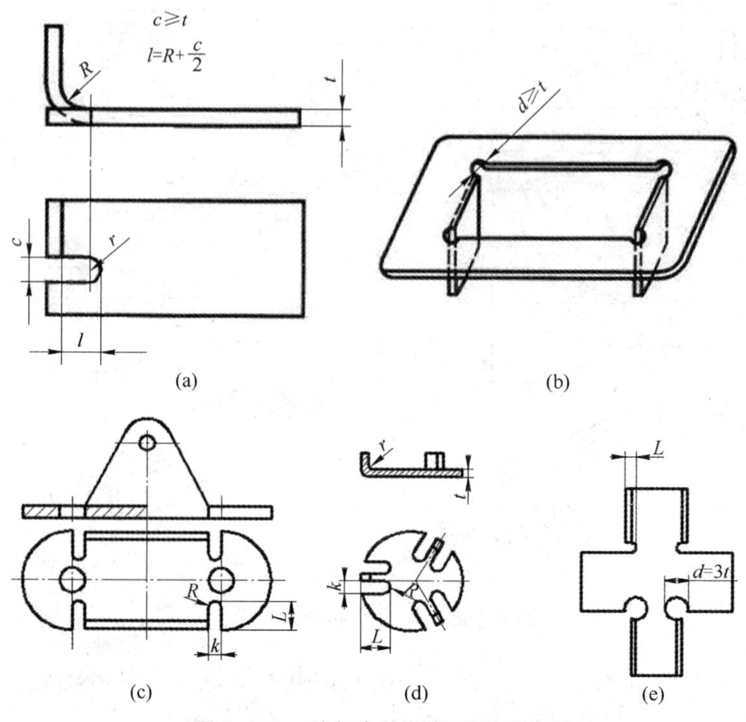

图 3-39　避免弯边根部开裂的措施

6）弯曲件的尺寸标注　弯曲件尺寸标注不同，会影响冲压工序的安排。例如，图 3-40 所示是弯曲件孔的位置尺寸的三种标注方法，其中采用图 3-40a 所示的标注方法时，孔的位置精度不受坯料展开长度和回弹的影响，可先冲孔落料（复合工序），然后再弯曲成形，工艺和模具设计较简单；图 3-40b、c 所示的标注法，受弯曲回弹的影响，冲孔只能安排在弯曲之后进行，增加了工序，还会造成许多不便。

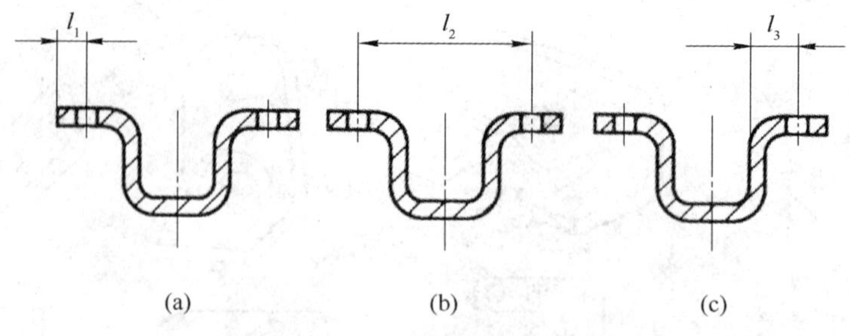

图 3-40　弯曲件孔的尺寸标注

2. 弯曲件的精度

弯曲件的精度受坯料定位、偏移、回弹、翘起等因素的影响，弯曲的工序数目越多，精度也越低。对弯曲件的精度要求应合理，一般弯曲件长度的尺寸公差等级在 IT13 级以上，角度公差大于 15′。弯曲件长度未注公差的极限偏差见表 3-11；弯曲件角度的自由公差见表 3-12。

表 3-11 弯曲件未注公差的长度尺寸的极限偏差 (mm)

长度尺寸 l		3～6	>6～18	>18～50	>50～120	>120～260	>260～500
材料厚度 t	≤2	±0.3	±0.4	±0.6	±0.8	±1.0	±1.5
	>2～4	±0.4	±0.6	±0.8	±1.2	±1.5	±2.0
	>4	—	±0.8	±1.0	±1.5	±2.0	±2.5

表 3-12 弯曲件角度的自由公差

弯边长度 l/mm	～6	>6～10	>10～18	>18～30	>30～50
角度公差 β	±3°	±2°30′	±2°	±1°30′	±1°15′
弯边长度 l/mm	>50～80	>80～120	>120～180	>180～260	>260～360
角度公差 β	±1°	±50′	±40′	±30′	±25′

3. 弯曲件的材料

弯曲件的材料，要求具有足够的塑性，屈弹比 σ_s/E 和屈强比 σ_s/σ_b 小。材料具有足够的塑性和较小的屈强比能保证弯曲时不开裂，较小的屈弹比能使弯曲件的形状和尺寸准确。最适宜于弯曲的材料有软钢、黄铜和铝等。

脆性较大的材料，如磷黄铜、铍青铜、弹簧钢等，要求弯曲时有较大的相对弯曲半径 r/t，否则容易发生裂纹。

对于非金属材料，只有塑性较大的纸板、有机玻璃才能进行弯曲，而且在弯曲前坯料要进行预热，相对弯曲半径也应较大，一般要求 $r/t = 3 \sim 5$。

二、弯曲件的工序安排

弯曲件的工序安排是在工艺分析和计算后进行的一项工艺设计工作。安排弯曲件的工序时应根据零件的形状、尺寸、精度等级、生产批量以及材料的性能等因素进行考虑。弯曲工序安排合理，则可以简化模具结构，提高零件质量和劳动生产率。

1. 弯曲件工序安排的原则

(1) 对于形状简单的弯曲件，如 V 形件、U 形件、Z 形件等，可以一次弯曲成形。而对于形状复杂的弯曲件，一般要多次弯曲才能成形。

(2) 对于批量大而尺寸小的弯曲件，为使操作方便、定位准确和提高生产率，应尽可能采用级进模或复合模弯曲成形。

(3) 需要多次弯曲时，一般应先弯两端，后弯中间部分，前次弯曲应考虑后次弯曲有可靠的定位，后次弯曲不能影响前次已弯成的形状。

(4) 对于非对称弯曲件，为避免弯曲时坯料偏移，应尽可能采用成对弯曲后再切成两件的工艺(图 3-26d)。

2. 典型弯曲件的工序安排

图 3-41～图 3-44 所示分别为一次弯曲、二次弯曲、三次弯曲以及多次弯曲成形的实例，可供制订零件弯曲工序过程时参考。

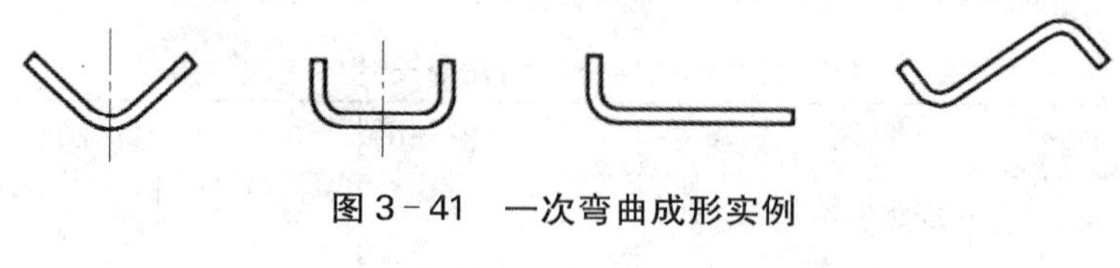

图 3-41 一次弯曲成形实例

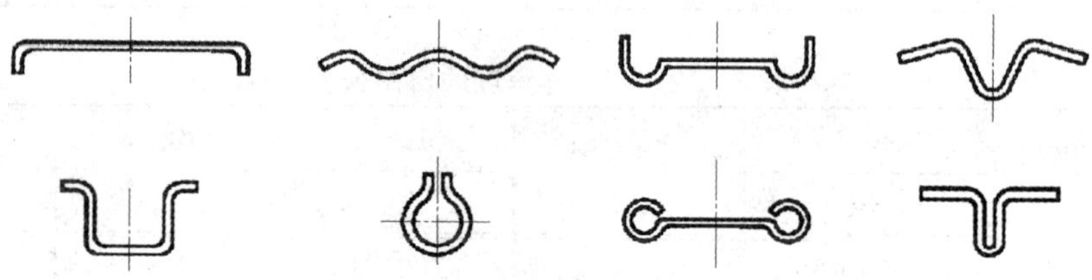

图 3-42 二次弯曲成形实例

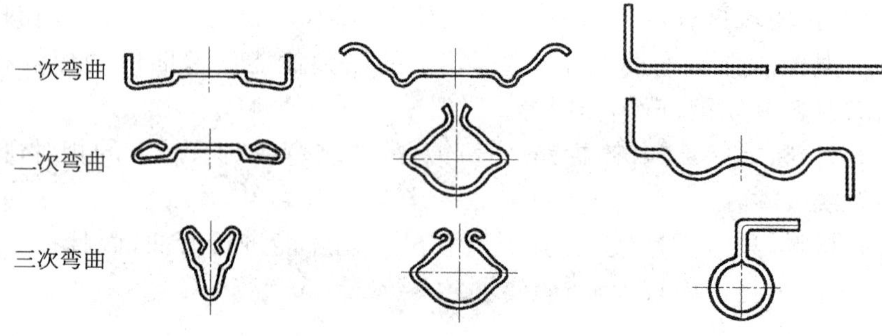

图 3-43 三次弯曲成形实例

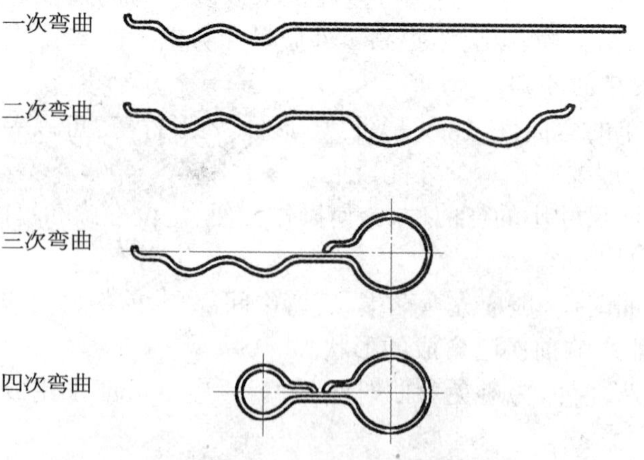

图 3-44 四次弯曲成形实例

任务六　弯曲模设计

【学习目标】

1. 了解弯曲模的分类标准。
2. 掌握弯曲模的设计要点及典型结构。

一、弯曲模的分类与设计要点

由于弯曲件的种类很多,形状繁简不一,因此弯曲模的结构类型也是多种多样的。常见的弯曲模结构类型有单工序弯曲模、级进弯曲模、复合弯曲模和通用弯曲模等。简单的弯曲模工作时只有一个垂直运动,复杂的弯曲模除垂直运动外,还有一个或多个水平运动。因此,弯曲模设计难以做到标准化,通常参照冲裁模的一般设计要求和方法,并针对弯曲变形特点进行设计。设计时应考虑以下要点:

(1) 坯料的定位要准确、可靠,尽可能采用坯料的孔定位,防止坯料在变形过程中发生偏移。

(2) 模具结构不应妨碍坯料在弯曲过程中应有的转动和移动,避免弯曲过程中坯料产生过度的变薄和断面发生畸变。

(3) 模具结构应能保证弯曲时上、下模之间水平方向的错移力得到平衡。

(4) 为了减小回弹,弯曲行程结束时应使弯曲件的变形部位在模具中得到校正。

(5) 坯料的安放和弯曲件的取出要方便、迅速,生产率高,操作安全。

(6) 弯曲回弹量较大的材料,模具结构上必须考虑凸、凹模加工及试模时便于修正的可能性。

二、弯曲模的典型结构

(一) 单工序弯曲模

1. V形件弯曲模

图3-45所示为V形件弯曲模的基本结构。凸模3装在标准槽形模柄1上,并用两个销钉2固定。凹模5通过螺钉和销钉直接固定在下模座上。顶杆6和弹簧7组成的顶件装置,工作行程起压料作用,可防止坯料偏移,回程时又可将弯曲件从凹模内顶出。弯曲时,坯料由定位板4定位,在凸、凹模作用下,一次便可将平板坯料弯曲成V形件。

图3-46所示为V形件折板式弯曲模,两块活动凹模4和铰链8连接,铰链的芯轴2可沿支架7的长槽作上下滑动,定位板9固定在活动凹模上,弯曲前,顶杆3将心轴顶到最高位置,使两块活动凹模成一平面,平板坯料放在定位板上定位。工作时,在凸模1作用下两块凹模将绕铰链心轴转动,而铰链心轴沿支架槽下滑,从而使坯料随活动凹模一起折弯成形。当凸模回程时,活动凹模借助顶杆3的作用复位并顶出弯曲件。在弯曲过程中,由于坯料始终与活动凹模和定位板接触,即使坯料形状不对称也不会产生相对滑动和偏移,因此弯曲件的

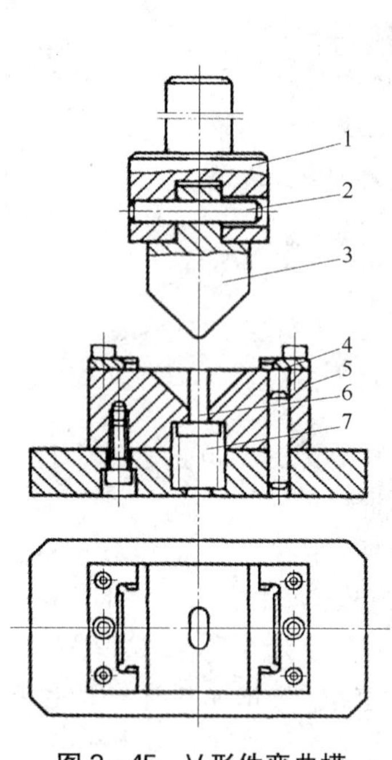

图 3-45 V 形件弯曲模

1—槽形模柄；2—销钉；3—凸模；4—定位板；5—凹模；6—顶杆；7—弹簧

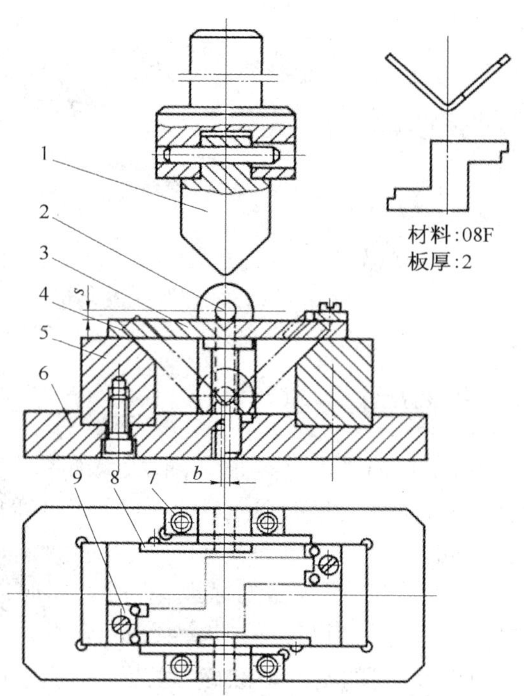

图 3-46 V 形件折板式弯曲模

1—凸模；2—芯轴；3—顶杆；4—凹模；5—支承板；6—下模座；7—支架；8—铰链；9—定位板

精度和表面质量都较高。图中铰链心轴至凹模的距离 s 影响凹模成 V 形时底部开口宽度 b 的大小，b 过大时弯边接触凹模的面积减小，将失去折板凹模的优越性。为了使全部直边都能与凹模接触，一般 s 值不能大于弯曲件的外弯曲半径，即 $s \leqslant r_p + t$。这种弯曲模特别适用于有精确孔位的小零件、坯料不易放平稳的带窄条的零件以及没有足够压料面的零件。

2. L 形件弯曲模

对于两直边的长度不相等的 L 形弯曲件，如果采用一般的 V 形件弯曲模弯曲，两直边的长度不容易保证，这时可采用图 3-47 所示的 L 形件弯曲模。其中图 3-47a 适用于两直边长度相差不大的 L 形件，图 3-47b 适用于两直边长度相差较大的 L 形件。由于是单边弯曲，弯曲时坯料容易偏移，因此必须在坯料上冲出工艺孔，利用定位销 4 定位。对于图 3-47b，还必须采用压料板压住，以防止弯曲时坯料上翘。另外，由于单边弯曲时凸模 1 将承受较大的水平侧压力，因此需设置反侧压块 2，以平衡侧压力。反侧压块的高度要保证在凸模接触坯料以前先挡住凸模，为此，反侧压块应高出凹模 3 的上平面，其高度差 h 可按下式确定：

$$h \leqslant 2t + r_1 + r_2$$

式中 t——料厚；

r_1——反侧压块导向面入口圆角半径；

r_2——凸模导向面端部圆角半径，可取 $r_1 = r_2 = (2 \sim 5)t$。

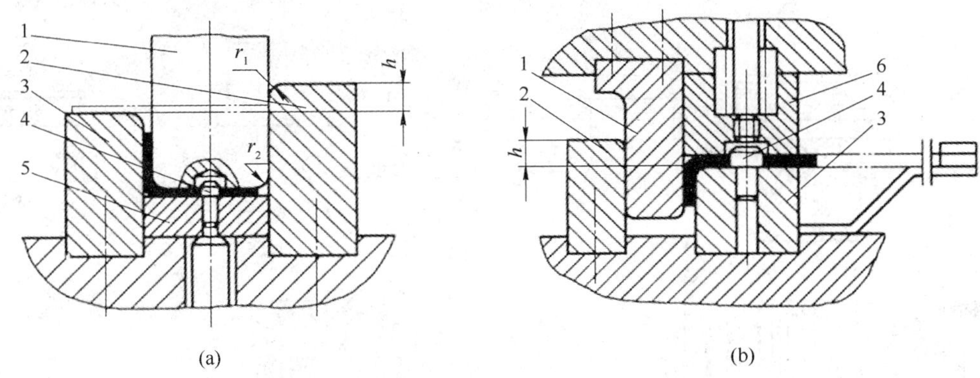

图 3-47　L 形件弯曲模

1—凸模；2—反侧压块；3—凹模；4—定位销；5—顶板；6—压料板

3. U 形件弯曲模

图 3-48 所示为下出件 U 形件弯曲模，弯曲后零件由凸模直接从凹模推下，不需手工取出弯曲件，模具结构很简单，且对提高生产率和安全生产有一定的意义。但这种模具不能进行校正弯曲，弯曲件回弹较大，底部也不平整，适用于高度较小、底部平整度要求不高的小型 U 形件。为减小回弹，弯曲半径和凹、凹模间隙应取较小值。

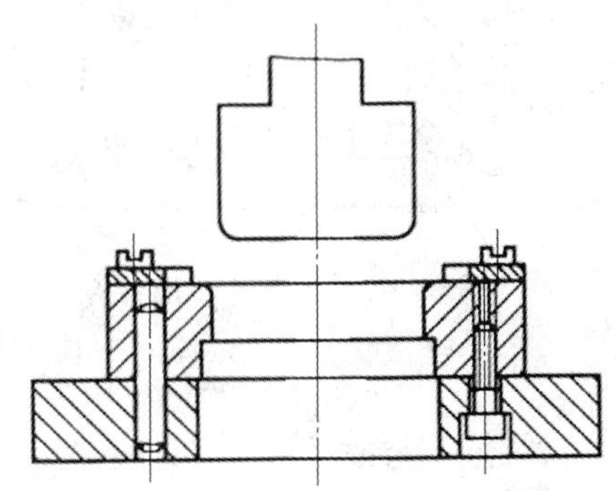

图 3-48　下出件 U 形件弯曲模

图 3-49 所示为上出件 U 形件弯曲模，坯料用定位板 4 和定位销 2 定位，凸模 1 下压时将坯料及顶板 3 同时压下，待坯料在凹模 5 内形成后，凸模回升，弯曲后的零件就在弹顶器的作用下，通过顶杆和顶板顶出，完成弯曲工作。该模具的主要特点是在凹模内设置了顶件装置，弯曲时顶板能始终压紧坯料，因此弯曲件底部平整。同时顶板上还装有定位销 2，可利用坯料上的孔（或工艺孔）定位，即使 U 形件两直边高度不同，也能保证弯边高度尺寸。因有定位销定位，定位板可不作精确定位。如果要进行校正弯曲，顶板可接触下模座作为凹模底来用。

图 3-50 所示为弯曲角小于 90°的闭角 U 形件弯曲模，在凹模 4 内安装有一对可转动的凹模镶件 5，其缺口与弯曲件外形相适应。凹模镶件受拉簧 6 和止动销的作用，非工作状态下总是处于图示位置。模具工作时，坯料在凹模 4 和定位销 2 上定位，随着凸模的下压，坯料先在凹模 4 内弯曲成夹角为 90°的 U 形过渡件。当工件底部接触到凹模镶件后，凹模镶件就会转动而使工件最后成形。凸模回程时，带动凹模镶件反转，并在拉簧作用下保持复位状态。同时，顶杆 3 配合凸模一起将弯曲件顶出凹模，最后将弯曲件由垂直于图面方向从凸模上取下。

4. ⊔ 形件弯曲模

根据 ⊔ 形件的高度、弯曲半径及尺寸精度要求不同，有一次成形弯曲模和二次成形弯曲模。

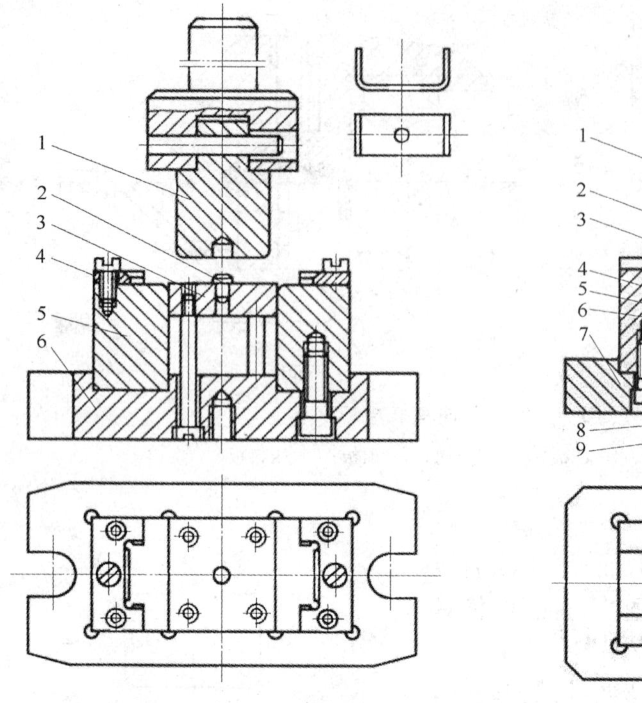

图 3-49 上出件 U 形件弯曲模

1—凸模；2—定位销；3—顶板；
4—定位板；5—凹模；6—下模座

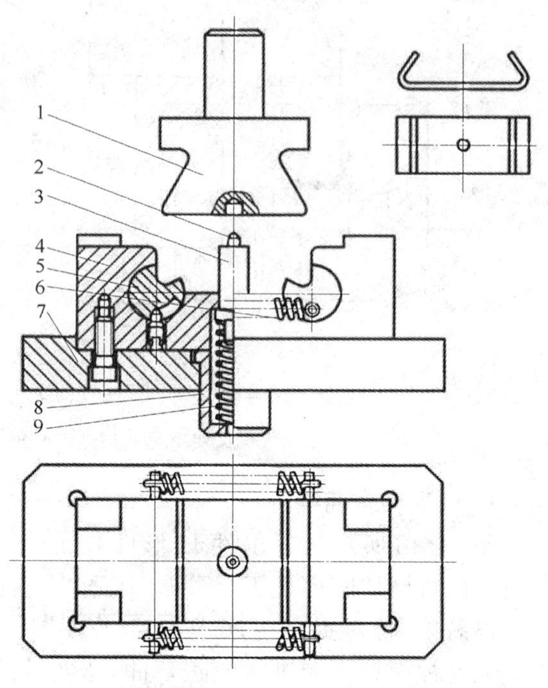

图 3-50 闭角 U 形件弯曲模

1—凸模；2—定位销；3—顶杆；4—凹模；5—凹模镶件；
6—拉簧；7—下模座；8—弹簧座；9—弹簧

图 3-51 所示为 ⎿⎾ 形件的一次成形弯曲模，图面为阶梯形，从图 3-51a 可以看出，弯曲过程中由于凸模肩部妨碍了坯料的转动，外角弯曲线不断上移，并且随着凸模的下压，坯料通过凹模圆角的摩擦力逐步增加，使得弯曲件侧壁容易擦伤和变薄，同时弯曲后容易产生较大的回弹，使得弯曲件两肩与底部不易平行。但当弯曲件高度较小时，上述影响不太大。图 3-51b 采用了摆块式凹模，弯曲件的质量比图 3-51a 好，可用于弯曲半径 r 较小的 ⎿⎾ 形件，但模具结构复杂些。

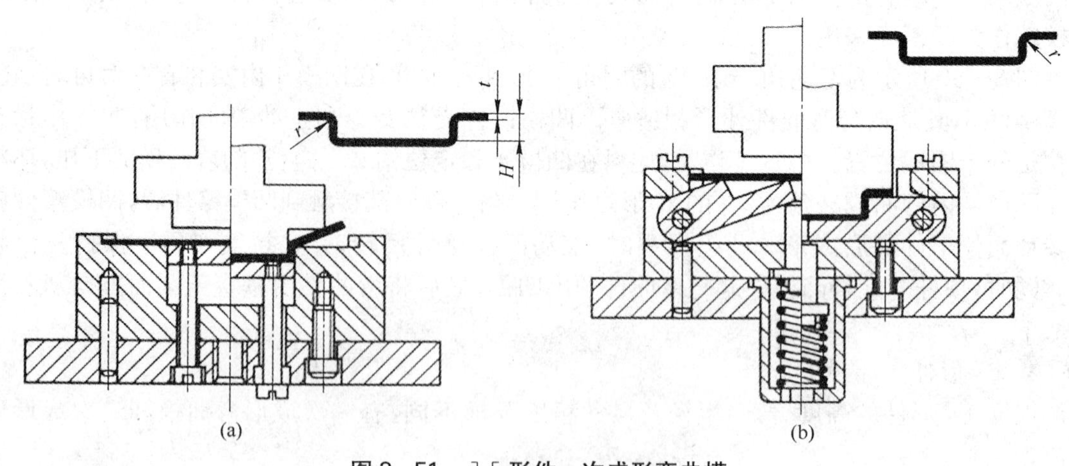

图 3-51 ⎿⎾ 形件一次成形弯曲模

图 3－52 所示为 ⊔ 形件二次成形弯曲模，第一次采用图 3－52a 的模具先弯外角，弯成 U 形工序件，第二次采用图 3－52b 的模具再弯内角，弯成 ⊔ 形。由于第二次弯曲内角时工序件需倒扣在凹模上定位，如果 ⊔ 形件高度较小，凹模壁厚就会很薄，因此为了保证凹模的强度，⊔ 形件的高度 H 应大于$(12\sim15)t$。

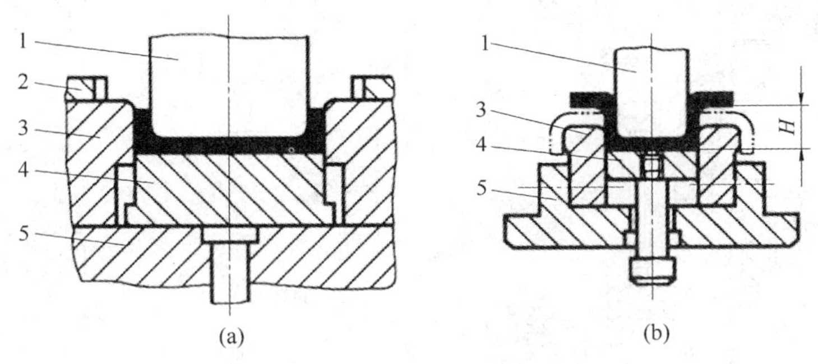

图 3－52　⊔ 形件二次成形弯曲模

1—凸模；2—定位板；3—凹模；4—顶板；5—下模座

图 3－53 所示为二次弯曲复合的 ⊔ 形件弯曲模，凸凹模 1 下行时，先于凹模 2 将坯料弯成 U 形，继续下行时再与活动凸模 3 将 U 行弯成 ⊔ 形。这种结构需要凹模下腔空间较大，以方便工件侧边的转动。

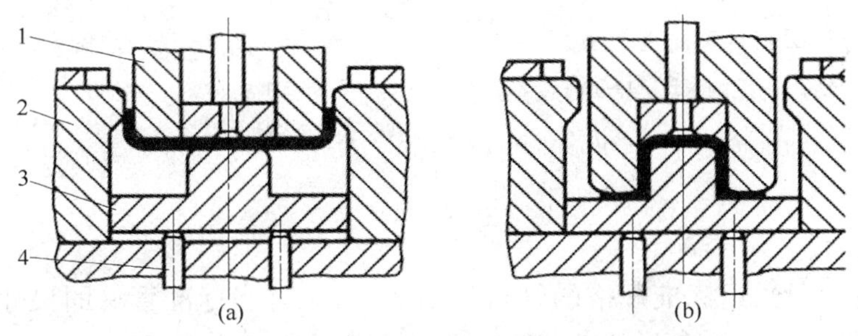

图 3－53　二次弯曲复合的 ⊔ 形件弯曲模

1—凸凹模；2—凹模；3—活动凸模；4—顶杆

5. Z 形件弯曲模

Z 形件一次弯曲即可成形。图 3－54 所示的 Z 形件弯曲模结构简单，但由于没有压料装置，弯曲时坯料容易滑动，只适用于精度要求不高的零件。

图 3－54b 所示的 Z 形件弯曲模设置了顶板 1 和定位销 2，能有效防止坯料的偏移。反侧压块 3 的作用是平衡上、下模之间水平方向的错移力，同时也为顶板导向，防止其窜动。

图 3－54c 所示的 Z 形件弯曲模，弯曲前活动凸模 10 在橡皮 8 的作用下与凸模 4 端面平齐。弯曲时活动凸模与顶板 1 将坯料压紧，并由于橡皮的弹力较大，推动顶板下移使坯料左端弯曲。当顶板接触下模座 11 后，橡皮 8 压缩，则凸模 4 相对于活动凸模 10 下移将坯料右端弯曲成形。当压块 7 与上模座 6 相碰时，整个弯曲件得到校正。

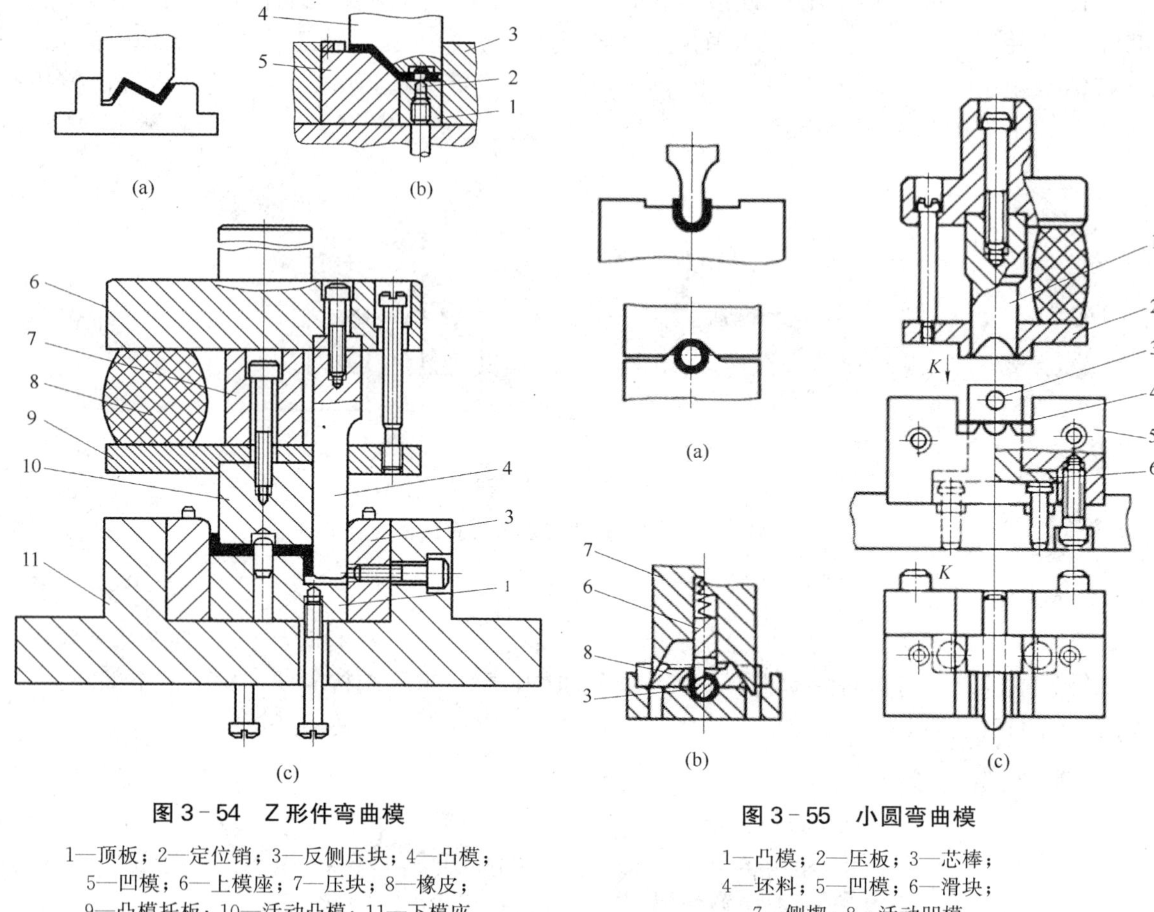

图 3－54　Z 形件弯曲模

1—顶板；2—定位销；3—反侧压块；4—凸模；
5—凹模；6—上模座；7—压块；8—橡皮；
9—凸模托板；10—活动凸模；11—下模座

图 3－55　小圆弯曲模

1—凸模；2—压板；3—芯棒；
4—坯料；5—凹模；6—滑块；
7—侧楔；8—活动凹模

6. 圆形弯曲模

一般圆形件尽量采用标准规格的管材切断成形，只有当标准管材的尺寸规格或材质不能满足要求时，才采用板料弯曲成形。用模具弯曲圆形件通常限于中小型件，大直径圆形件可采用滚弯成形。

1）对于直径 $d \leqslant 5$ mm 的小圆形件　一般先弯成 U 形，再将 U 形弯成圆形。图 3－55a 所示为用两套简单模弯圆的方法。由于工件小，分两次弯曲操作不便，可将两道工序合并，如图 3－55b、c 所示。其图 3－55b 为有侧楔的一次弯曲模，上模下行时，芯棒 3 先将坯料弯成 U 形，随着上模继续下行，侧楔 7 便推动活动凹模 8 将 U 形弯成圆形，图 3－55c 所示是另一种一次弯曲模，上模下行时，压板 2 将滑块 6 往下压，滑块带动芯棒 3 先将坯料弯成 U 形，然后凸模 1 再将 U 形弯成圆形。如果工件精度要求高，可旋转工件连冲几次，以获得较好的圆度。弯曲后工件由垂直于图面方向从芯棒上取下。

2）对于直径 $d \geqslant 20$ mm 的大圆形件　根据圆形件的精度和料厚等要求不同，可以采用一次成形、二次成形和三次成形方法。图 3－56 所示是用三道工序弯曲大圆的方法，这种方法生产率低，适用于料厚较大的工件。图 3－57 所示是用两道工序弯曲大圆的方法，先预弯成三个 120°的波浪形，然后再用第二套模具弯成圆形，工件顺凸模轴线方向取下。

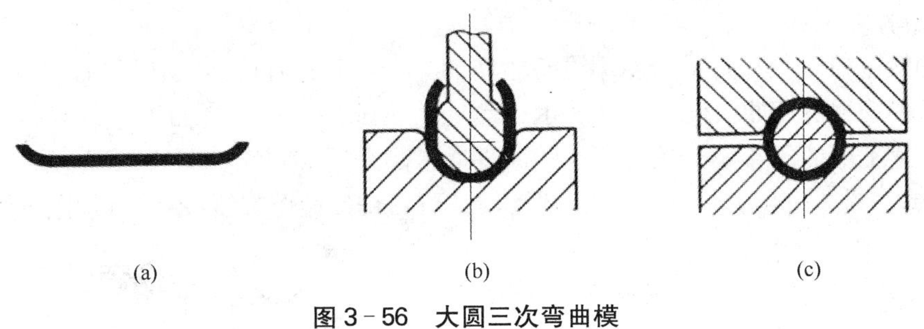

图 3－56　大圆三次弯曲模

（a）一次弯曲；（b）二次弯曲；（c）三次弯曲

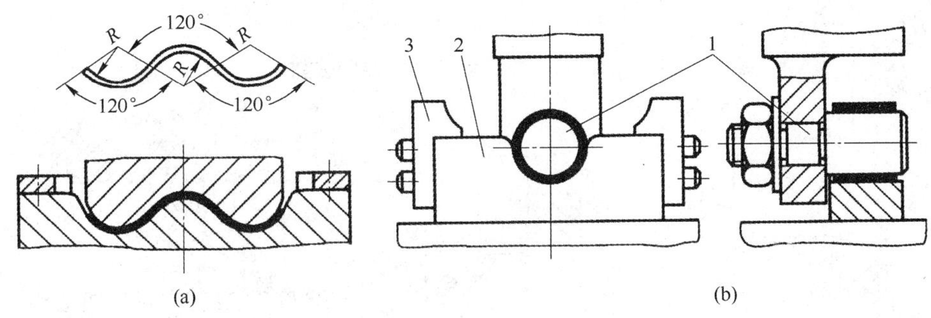

图 3－57　大圆二次弯曲模

（a）一次弯曲；（b）二次弯曲
1—凸模；2—凹模；3—定位块

图 3－58a 所示是带摆动凹模的大圆一次成形弯曲模，上模下行时，凸模 2 先将坯料压成 U 形，上模继续下行，摆动凹模 3 将 U 形弯成圆形，工件顺凸模轴线方向推开支撑 1 取下。这种模具生产率较高，但由于回弹，在工件接缝处留有缝隙和少量直边，工件精度差，模具结构也较复杂。图 3－58b 所示是坯料绕芯棒卷制圆形件的方法，反侧压块 7 的作用是为凸模导向，并平衡上、下模之间水平方向的错移力。这种模具结构简单，工件的圆度较好，但需要行程较大的压力机。

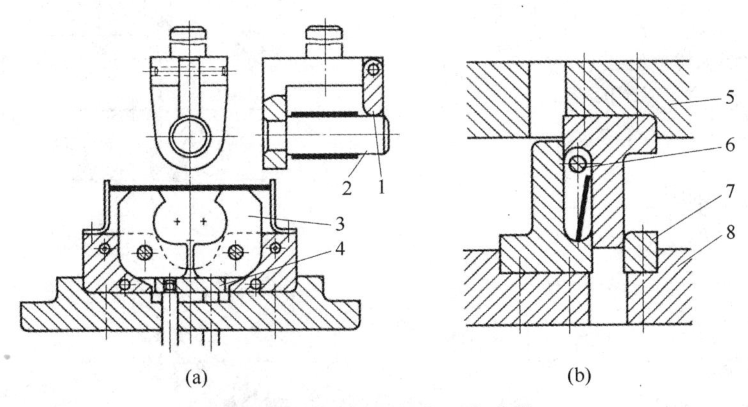

图 3－58　大圆一次成形弯曲模

1—支撑；2—凸模；3—摆动凹模；4—顶板；
5—上模座；6—芯棒；7—反侧压块；8—下模座

7. 铰链件弯曲模

标准的铰链或合页都是采用专用设备生产的，生产率很高，价格便宜，只有当选不到合适标准铰链件时才用模具弯曲。图 3－59 所示为常见的铰链件形式和弯曲工序的安排。图 3－60a 所示为第一道工序的预弯模。铰链卷圆的原理通常是采用推圆法。图 3－60b 所示是立式卷圆模，结构简单。图 3－60c 所示是卧式卷圆模，有压料装置，操作方便，零件质量也较好。

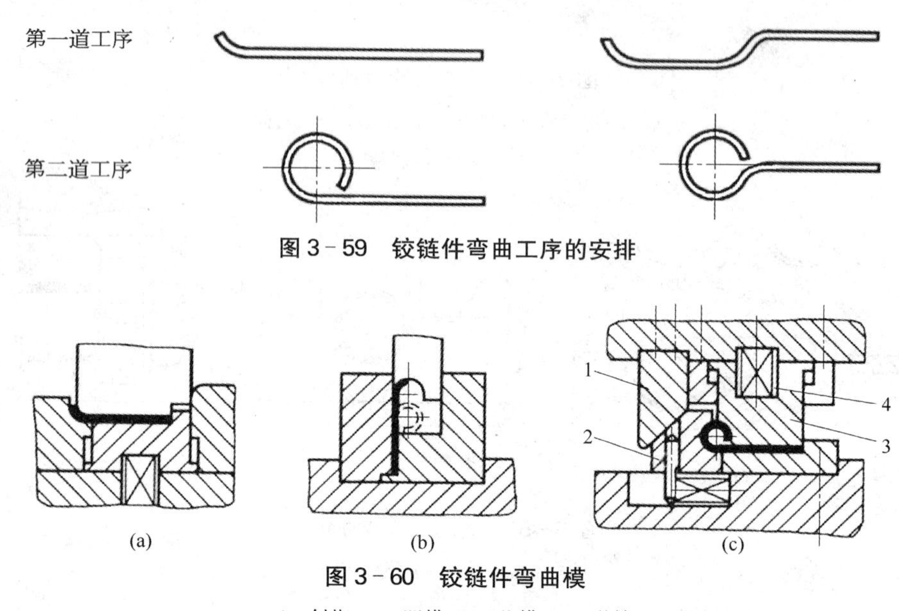

图 3－59 铰链件弯曲工序的安排

图 3－60 铰链件弯曲模

1—斜楔；2—凹模；3—凸模；4—弹簧

8. 其他形状件的弯曲模

对于其他形状的弯曲模，由于品种繁多，其工序安排和模具设计根据弯曲件的形状、尺寸、精度要求、材料性能和生产批量等的不同各有差异。图 3－61～图 3－63 所示是三种不同特殊形状零件的弯曲模实例。

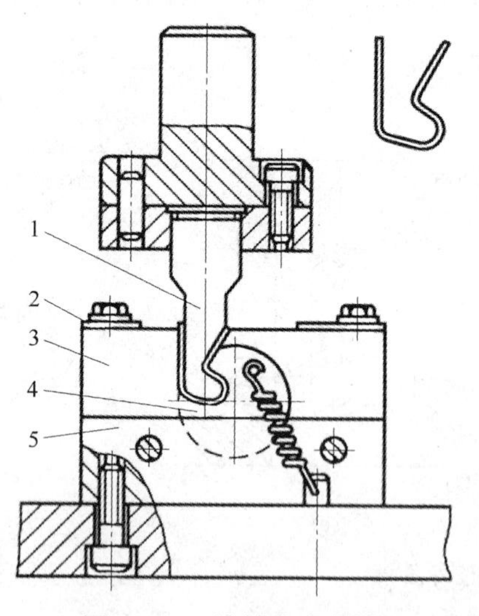

图 3－61 滚轴式弯曲模

1—凸模；2—定位板；3—凹模；4—滚轴；5—挡板

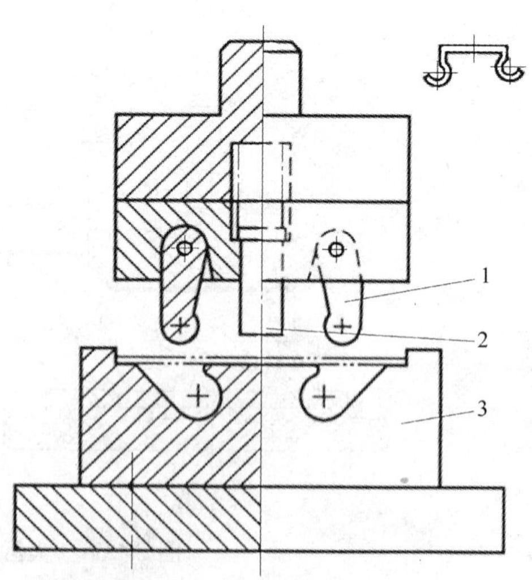

图 3－62 带摆动凸模的弯曲模

1—摆动凸模；2—定位板；3—凹模

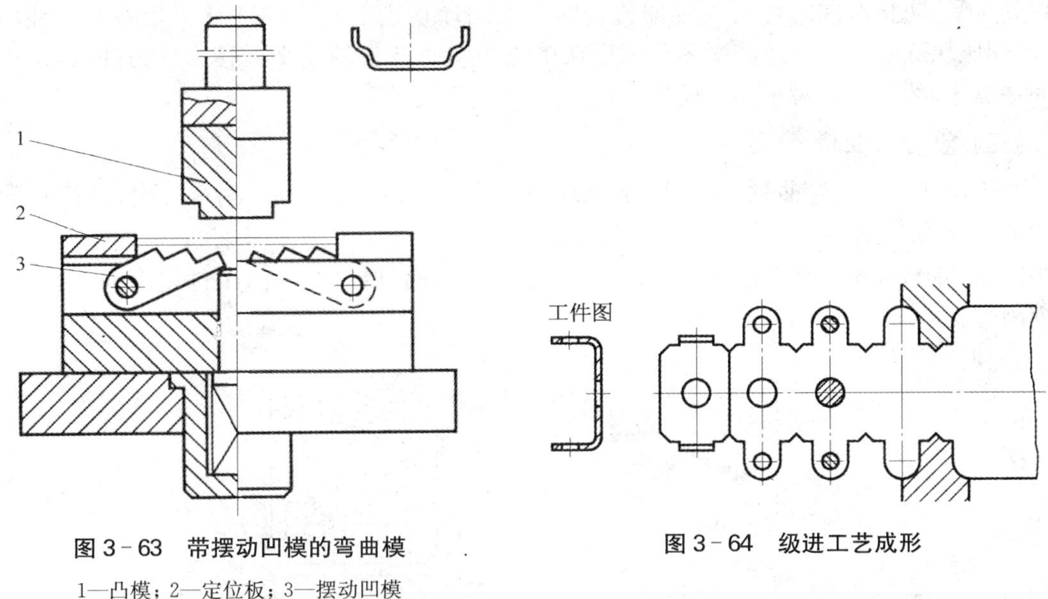

图 3 - 63　带摆动凹模的弯曲模

1—凸模；2—定位板；3—摆动凹模

图 3 - 64　级进工艺成形

(二) 级进弯曲模

对于批量大、尺寸小的弯曲件，为了提高生产率和安全性，保证零件质量，可以采用级进弯曲模进行多工位的冲裁、弯曲、切断等工艺成形，如图 3 - 64 所示。

图 3 - 65 所示为冲孔、切断和弯曲两工位级进弯曲模，条料以导料板导向并送至反侧压块 5 的右侧定距。上模下行时，在第一工位有冲孔凸模 4 与凹模 8 完成冲孔，同时由兼作上剪刃的凸凹模 1 与切断凹模 7 将条料切断，紧接着在第二工位由弯曲凸模 6 与凸凹模 1 将所切断的坯料压弯成形。上模回程时，卸料板 3 卸下条料，推杆 2 则在弹簧的作用下推出工件，从而获得底部带孔的 U 形弯曲件。在该模具中，弹性卸料板 3 除了起卸料作用以外，冲压时还能压紧条料，防止单边切断时条料上翘。同样，弹性推杆 2 除了推件外还可以在坯料切断

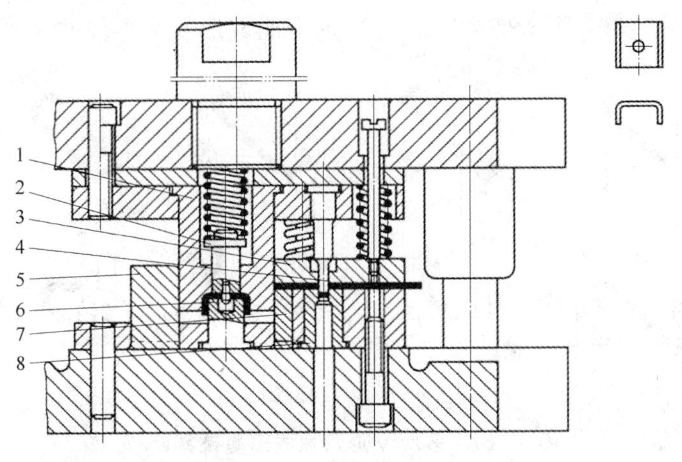

图 3 - 65　两工位级进弯曲模

1—凸凹模；2—推杆；3—卸料板；4—冲孔凸模；
5—反侧压块；6—弯曲凸模；7—切断凹模；8—冲孔凹模

后将其压紧，防止弯曲时坯料发生偏移。推杆上的导正销能在弯曲前导正坯料上已冲出的孔，反侧压块除了定位外还能平衡凸凹模在单边切断时产生的水平错移力。另外，因该模具有冲裁工序，故采用了对角导柱模架。

（三）复合弯曲模

对于尺寸不大的弯曲件，还可以采用复合弯曲模，即在压力机一次行程内，在模具同一位置上完成落料、弯曲、冲孔等几种不同的工序。图 3－66a、b 所示是切断、弯曲复合弯曲模结构简图。图 3－66c 所示是落料、弯曲、冲孔复合模，模具结构紧凑，工件精度高，但凸凹模修模困难。

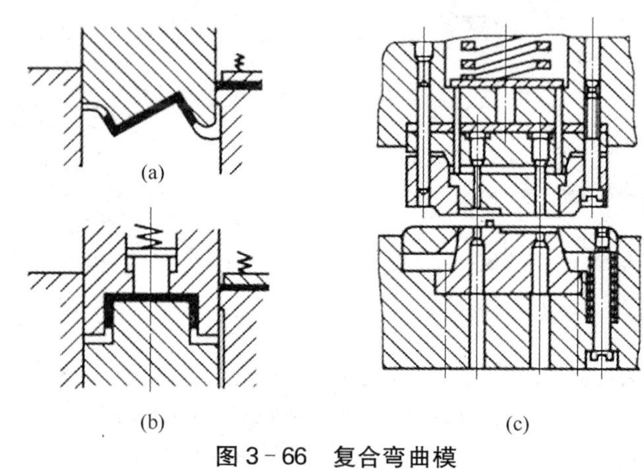

图 3－66 复合弯曲模

（四）通用弯曲模

对于小批量生产或试制生产的弯曲件，因为生产量少、品种多、尺寸经常改变，采用专用的弯曲模时成本高、周期长，采用手工加工时劳动强度大、精度不易保证，所以生产中常采用通用弯曲模。

采用通用弯曲模不仅可以成形一般的 V 形件、U 形件、⊔ 形件，还可以成形精度要求不高的复杂形状件。图 3－67 所示是经过多次 V 形弯曲成形复杂零件的实例。

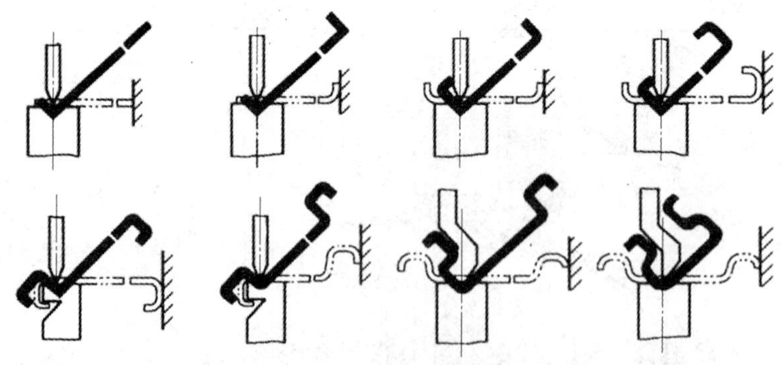

图 3－67 多次 V 形弯曲成形复杂零件

图 3－68 所示是折弯机上使用的通用弯曲模。凹模的四面分别制出适应于弯曲不同形状或尺寸零件的几种槽口（图 3－68a），凸模有直臂式和曲臂式两种，工作部分的圆角半径也

作成几种不同尺寸，以便按工作需要更换（图 3－68b、c）。

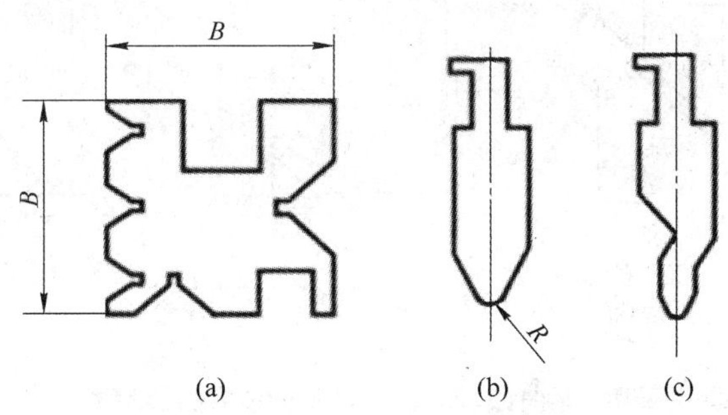

图 3－68　折弯机用弯曲模的端面形状

(a) 通用凹模；(b) 直臂式凸模；(c) 曲臂式凸模

图 3－69 所示为通用 U 形件、⊔̲ 形件弯曲模。一对活动凹模 14 安装在框套 12 内，两凹模工作部分的宽度可以根据不同的弯曲件宽度由螺栓 8 调节。一对顶件块 13 在弹簧 11 的作用下始终紧贴凹模，并通过垫板 10 和顶杆 9 起压料和顶件作用。一对主凸模 3 装在特制模柄 1 内，凸模的工作宽度可由螺栓 2 调节。弯曲 ⊔̲ 形件时，还需副凸模 7，副凸模的高低位置可通过螺栓 4、6 和斜顶块 5 调节。弯曲 U 形件时，则把副凸模调节至最高位置。

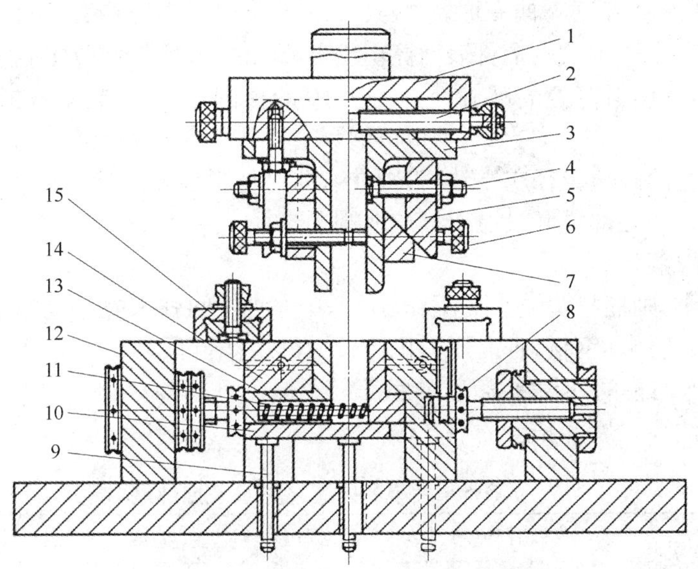

图 3－69　通用 U 形件、⊔̲ 形件弯曲模

1—模柄；2、4、6、8—特制螺栓；3—主凸模；5—斜顶块；7—副凸模；9—顶杆；10—垫板；11—弹簧；12—框套；13—顶件块；14—凹模；15—定位装置

三、弯曲模工作零件的设计

弯曲模工作零件的设计主要是确定凸、凹模工作部分的圆角半径，凹模深度，凸、凹模间隙，横向尺寸及公差等。凸、凹模安装部分的结构设计与冲裁凸、凹模基本相同。弯曲凸、凹模工作部分的结构及尺寸如图 3－70 所示。

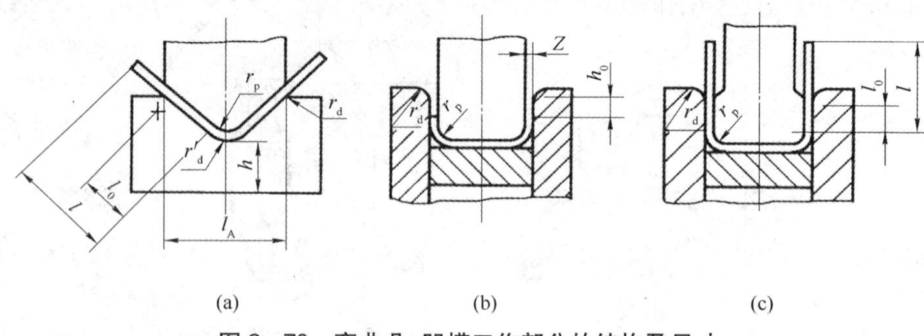

图 3-70 弯曲凸、凹模工作部分的结构及尺寸

1. 凸模圆角半径 r_p

当弯曲件的相对弯曲半径 $r/t=5\sim8$ 且不小于 r_{min}/t（表 3-2）时，凸模的圆角半径取弯曲件的圆角半径，即 $r_p=r$。若 $r/t<r_{min}/t$，则应取 $r_p\geqslant r_{min}$，将弯曲件先弯成较大的圆角半径，然后采用整形工序进行整形，使其满足弯曲件圆角半径的要求。

当弯曲件的相对弯曲半径 $r/t\geqslant10$ 时，由于弯曲件圆角半径的回弹较大，凸模的圆角半径应根据回弹值作相应的修正（参见本项目任务二）。

2. 凹模圆角半径 r_d

凹模圆角半径的大小对弯曲变形力、模具寿命、弯曲件质量等均有影响。r_d 过小时，坯料拉入凹模的滑动阻力增大，易使弯曲件表面擦伤或出现压痕，并增大弯曲变形力和影响模具寿命；r_d 过大时，又会影响坯料定位的准确性。生产中，凹模圆角半径 r_d 通常根据材料厚度选取：$t\leqslant2$ mm 时，$r_d=(3\sim6)t$；$t=2\sim4$ mm 时，$r_d=(2\sim3)t$；$t>4$ mm 时，$r_d=2t$。

另外凹模两边的圆角半径应一致，否则在弯曲时坯料会发生偏移。

V 形弯曲凹模的底部可开设退刀槽或取圆角半径 $r'_d=(0.6\sim0.8)(r_p+t)$。

3. 凹模深度 l_0

凹模深度过小，则坯料两端未受压部分太多，弯曲件回弹大且不平直，影响其质量；凹模深度若过大，则浪费模具钢材，且需压力机有较大的工作行程。

(1) V 形件弯曲模的凹模深度 l_0 及底部最小厚度 h 可查表 3-13。但应保证凹模开口宽度不能大于弯曲坯料展开长度的 0.8 倍。

表 3-13 V 形件弯曲模的凹模深度 l_0 及底部最小厚度 h (mm)

弯曲件边长 l	材料厚度 t					
	≤2		2～4		>4	
	h	l_0	h	l_0	h	l_0
10～25	20	10～15	22	15	—	—
25～50	22	15～20	27	25	32	30
50～75	27	20～25	32	30	37	35
75～100	32	25～30	37	35	42	40
100～150	37	30～35	42	40	47	50

(2) U形件弯曲模的凹模深度。对于弯边高度不大或要求两边平直的U形件，应大于弯曲件的高度，如图3-70b所示，其中 h_0 值见表3-14；对于弯边高度较大而平直度要求不高的U形件，可采用图3-70c所示的凹模形式，凹模深度 l_0 值见表3-15。

表3-14 U形件弯曲凹模的 h_0 (mm)

材料厚度 t	≤1	1～2	2～3	3～4	4～5	5～6	6～7	7～8	8～10
h_0	3	4	5	6	8	10	15	20	25

表3-15 U形件弯曲模的凹模深度 l_0 (mm)

弯曲件边长 l	材料厚度 t				
	<1	1～2	2～4	4～6	6～10
<50	15	20	25	30	35
50～75	20	25	30	35	40
75～100	25	30	35	40	40
100～150	30	35	40	50	50
150～200	40	45	55	65	65

4. 凸、凹模间隙

弯曲V形件时，凸、凹模间隙是由调整压力机的装模高度来控制的，模具设计可以不考虑。对U形类弯曲件，设计模具时应确定合适的间隙值。间隙过小，会使弯曲件直边料厚减薄或出现划痕，同时还会降低凹模的寿命，增大弯曲力；间隙过大，则回弹增大，从而降低弯曲件精度。生产中，U形件弯曲模的凸、凹模单边间隙一般可按如下公式确定：

弯曲有色金属时

$$Z = t_{min} + ct \tag{3-17}$$

弯曲黑色金属时

$$Z = t_{max} + ct \tag{3-18}$$

式中 Z——弯曲凸、凹模单边间隙；

t——弯曲件的材料厚度(基本尺寸)；

t_{min}、t_{max}——弯曲件材料的最小厚度和最大厚度；

c——间隙系数，可查表3-16。

表3-16 U形件弯曲凸、凹模的间隙系数 c

弯曲件高度 H/mm	材料厚度 t/mm								
	≤0.5	0.6～2	2.1～4	4.1～5	≤0.5	0.6～2	2.1～4	4.1～7.5	7.6～12
	弯曲件宽度 $B \leqslant 2H$				弯曲件宽度 $B > 2H$				
10	0.05	0.05	0.04	—	0.10	0.10	0.08	—	—
20	0.05	0.05	0.04	0.03	0.10	0.10	0.08	0.06	0.06

（续表）

弯曲件高度 H/mm	材料厚度 t/mm								
	≤0.5	0.6~2	2.1~4	4.1~5	≤0.5	0.6~2	2.1~4	4.1~7.5	7.6~12
	弯曲件宽度 $B\leqslant 2H$				弯曲件宽度 $B>2H$				
35	0.07	0.05	0.04	0.03	0.15	0.10	0.08	0.06	0.06
50	0.10	0.07	0.05	0.04	0.20	0.15	0.10	0.06	0.06
75	0.10	0.07	0.05	0.05	0.20	0.15	0.10	0.10	0.08
100	—	0.07	0.05	0.05	—	0.15	0.10	0.10	0.08
150	—	0.10	0.07	0.05	—	0.20	0.15	0.10	0.10
200	—	0.10	0.07	0.07	—	0.20	0.15	0.15	0.10

5. U形件凸、凹模横向尺寸及公差

确定U形件弯曲凸、凹模横向尺寸及公差的原则是：弯曲件标注外形件尺寸时（图3－71a），应以凹模为基准件，间隙取在凸模上；弯曲件标注内形件尺寸时（图3－71b），应以凸模为基准件，间隙取在凹模上；基准U形件凸、凹模横向尺寸及公差则应根据弯曲件的尺寸、公差、回弹情况及模具磨损规律等因素确定。

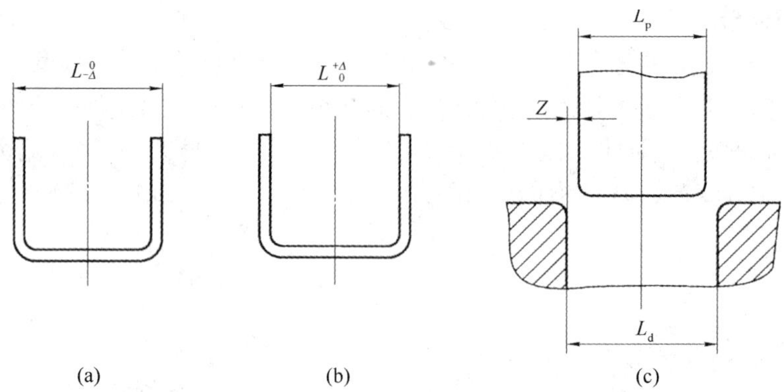

图3－71 标注外形及内形的弯曲件及模具尺寸

（1）弯曲件标注外形尺寸时

$$L_d=(L_{max}-0.75\Delta)^{+\delta_d}_{\ 0} \tag{3-19}$$

$$L_p=(L_d-2Z)^{\ 0}_{-\delta_p} \tag{3-20}$$

（2）弯曲件标注内形尺寸时

$$L_p=(L_{min}+0.75\Delta)^{\ 0}_{+\delta_p} \tag{3-21}$$

$$L_d=(L_p+2Z)^{+\delta_d}_{\ 0} \tag{3-22}$$

式中 L_d、L_p——弯曲凸、凹模横向尺寸；

L_{min}、L_{max}——弯曲件的横向最大、最小极限尺寸；

Δ——弯曲件横向的尺寸公差；

δ_d、δ_p——弯曲件凸、凹模的制造公差，可采用IT7～IT9级精度，一般取凸模的精

度比凹模精度高一级，但要 $\delta_d/2+\delta_p/2+t_{max}$ 保证的值在最大允许间隙范围以内；

Z——凸、凹模单边间隙。

当弯曲件的精度要求高时，其凸、凹模可以采用配作法加工。

任务七 压板零件弯曲工艺及弯曲模设计

【学习目标】

1. 了解压板零件弯曲模工艺要求。
2. 掌握压板零件弯曲模具设计过程。

一、压板零件弯曲工艺分析

弯曲成形如图 3-72 所示的压板零件，材料为 10 钢，料厚为 1 mm，零件的需求为中批量，试设计冲压完成该零件的弯曲模。

根据零件的结构现状和批量要求，可采用落料、冲孔-弯曲两道工序冲压成形，这里只考虑弯曲工序。

该零件的结构、尺寸、精度和材料均应符合弯曲工艺性要求，相对弯曲半径 $r/t=3.5<5$，回弹量不大。但零件形状不对称，弯曲时应着重解决好坯料的偏移问题。

零件的弯曲部位是 $R3.5$ mm 的圆弧，按图中标注的尺寸 8 ± 0.2 mm，可算出圆心角为 $135°\sim147°$，故应按 $147°$设计模具。

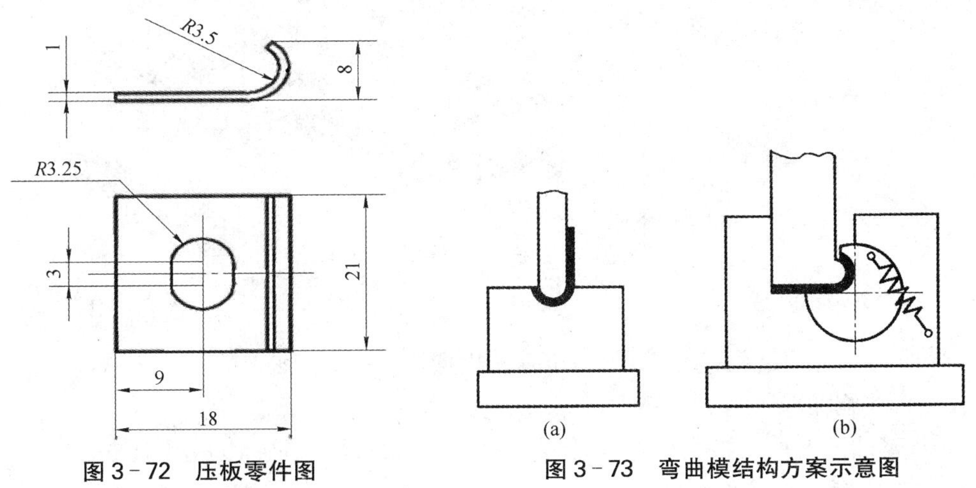

图 3-72 压板零件图

图 3-73 弯曲模结构方案示意图

二、压板零件弯曲模具设计过程

弯曲该类零件常见的模具结构有图 3-73 所示的两种方案。其中图 3-73a 所示是最常用的弯曲模，但用于本零件时定位困难，而左、右摩擦力不相等，弯曲时会产生偏移，零件尺

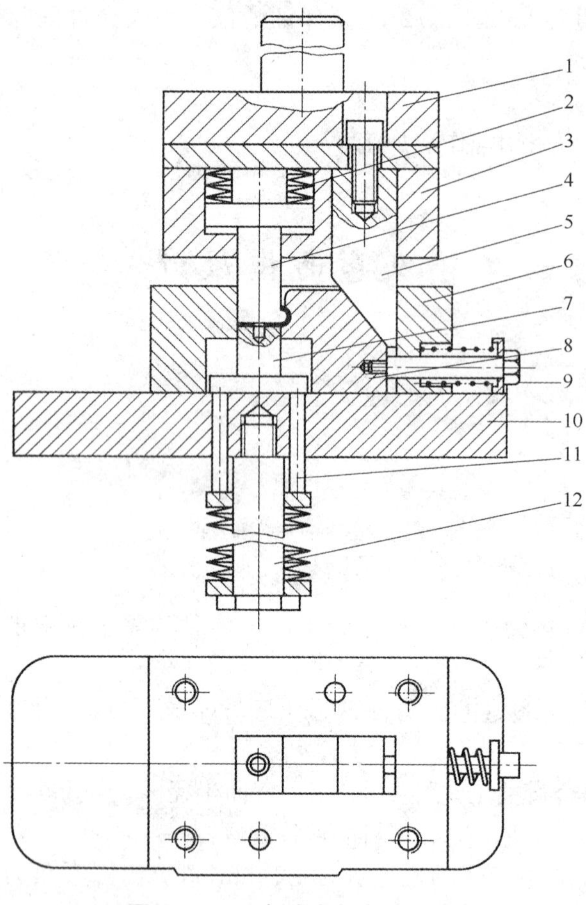

图 3-74 压板弯曲模结构总图

1—上模座；2—凸模背压弹簧；3—上固定板；4—凸模；5—斜楔；6—下固定板；7—顶件块；8—滑块(凹模)；9—复位弹簧；10—下模座；11—顶杆；12—弹顶器

寸难以保证；图 3-73b 所示是滚轴式弯曲模，其凹模旋转角度必须小于 90°，而本零件的弯头部位接近半圆，也不宜采用这种方案。

考虑上述两种方案都不可行，本模具采用的楔块式弯曲模，模具结构如图 3-74所示。弯曲前，顶件块 7 与 8(兼作凹模)的上表面平齐，坯料以 $\phi 8.5$ 的孔套在定位销上定位。上模下行时，凸模 4 与顶件块将坯料压紧。继续下行，坯料在凸模与滑块的作用下开始弯曲，当凸模在弹簧 2 的作用下到达下止点时，完成圆弧的预弯曲。此时，滑块在斜楔 5 的作用下向左运动，当上模继续下行到达下止点时，滑块使零件弯曲成形，并产生校正力。上模回程时，凸模受弹簧 2 的作用先不动，滑块在弹簧 9 的作用下随斜楔 5 的上升向右移动复位，继而凸模上升，顶件块将零件顶出。该模具中，坯料受定位销的限制和顶件块的压紧作用，避免了弯曲时的偏移。同时，将凸模作成活动式，实现了用同一滑块进行预弯和弯曲的先后动作，并避免了凸模回程时与滑块产生的干涉。

1. 有关工艺与设计计算

1) 坯料的展开长度　弯曲件由直边和圆弧两部分组成，圆弧部分中性层位移系数由 $r/t=3.5$ 查表 3-5 得 $x=0.41$。经计算，圆弧中心角 $\alpha=141°$，直线部分长度 $l=18\ \text{mm}-4.5\ \text{mm}=13.5\ \text{mm}$，故坯料的展开长度为

$$L_z=l+\frac{\pi\alpha}{180}(r+xt)=13.5+\frac{3.14\times 141}{180}\times(3.5+0.41\times 1)=23.1\ \text{mm}$$

2) 弯曲力　弯曲过程有两步：第一步是凸模向下运动的弯曲，第二步是通过滑块向左压圆弧的弯曲，并施加校正力。

第一步弯曲的弯曲力按自由弯曲计算，由式(3-12)，取 $\sigma_b=400\ \text{MPa}$，得

$$F_1=\frac{0.6KBt^2\sigma_b}{r+t}=\frac{0.6\times 1.3\times 22\times 1^2\times 400}{3.5+1}=1\,525\ \text{N}$$

第二步弯曲的弯曲力按校正弯曲计算，由式(3-15)，取 $q=30\ \text{MPa}$，得

$$F_2=Aq=22\times 8\times 30=5\,280\ \text{N}$$

校正力是通过斜楔传递给滑块的，取斜楔的角度为 45°，故总弯曲力为

$$F = F_1 + F_2 = 1\,525 + 5\,280 = 6\,805\ \text{N}$$

3）弹簧　本模具中采用的弹簧有凸模背压弹簧、弹顶器弹簧和滑块复位弹簧。

（1）凸模背压弹簧。对凸模背压弹簧的基本要求是：①弹簧的预压力必须大于初始弯曲力（1 525 N），以便实现由弹簧的弹力完成对坯料的预弯曲；②凸模达到下止点时才开始与凸模固定板有相对运动，这时斜楔才开始推动滑块向左运动 2.5 mm（由凸、凹模间隙及工作部位尺寸关系确定），因斜楔的角度为 45°，故凸模在固定板中的行程也是 2.5 mm，也即弹簧进一步的压缩量为 2.5 mm。

由于需要弹簧产生的弹力较大，而弹簧尺寸又受安装空间的限制，因此只宜采用弹力较大的碟形弹簧。通过初步计算并对照有关碟形弹簧标准规格，选用 8 片外径 50 mm、料厚 2 mm 的碟形弹簧组成弹簧组，每片弹簧的允许变形量为 1.05 mm，允许载荷为 4 770N。设定每片弹簧的预压量为 4 770 N×0.35/1.05＝1 590 N，8 片弹簧的预压高度为 0.35 mm×8＝2.8 mm，总压缩量为 2.8 mm＋2.5 mm＝5.3 mm，没有超过弹簧的允许的变形量（1.05 mm×8＝8.4 mm）。

（2）弹顶器弹簧。弹顶器弹簧的预压力同样要大于 1 525 N。同时，根据弯曲件尺寸要求并考虑凹模强度，凸模从接触坯料到弯曲成形需下行 14 mm，也即弹顶器的工作行程为 14 mm。

弹顶器弹簧也采用与凹模背压弹簧相同的规格，考虑行程大的特征，用 40 片组成弹簧组，则其最大允许变形量为 1.05 mm×40＝42 mm。弹簧的预压力也取 1 590 N，则总预压量为 0.35×40＝14 mm，加上弹顶器的工作行程为 14 mm，因此弹簧的总压缩量为 14 mm＋14 mm＝28 mm，也没有超过弹簧的允许变形量 42 mm。

由于凸模背压弹簧每片的压缩量与弹顶器相同，受力也相同，因弹顶器弹簧每片弹簧的压缩量为 28 mm/40＝0.7 mm，故凸模背压弹簧的总压缩量为 0.7 mm×8＝5.6 mm，减去预压的 2.8 mm，则凸模在固定板中的相对移动量为 5.6 mm－2.8 mm＝2.8 mm。因此上述选用的两组弹簧都能符合模具设计要求。

（3）滑块复位弹簧。滑块复位弹簧只要求在上模回程时能使滑块可靠复位，可采用一般圆柱螺旋压缩弹簧。查有关标准，选用弹簧 1.6×15×22（GB/T 2089—2009），弹簧的极限压缩量 h_j＝15.2 mm，极限工作压力 F_j＝79.6 N。

4）回弹　因圆弧部分的相对弯曲半径 $r/t = 3.5 < 5$，故半径的回弹值可以忽略。凸模工作部分设计成半圆形，补偿角度的回弹量也足够，因此也不必计算。为了保证其形状，施加校正力以保证弯曲件的质量。

5）凸模与滑块（凹模）工作部位尺寸确定　滑块（凹模）在初始位置要配合凸模完成第一次弯曲，然后滑块在斜楔的作用下向左移动，完成圆弧部位的弯曲成形。凸模与凹模的间隙用式（3－18）计算，由表 3－16 查出系数 $c = 0.10$，则

$$Z = t_{\max} + ct = 1.1 + 0.1 \times 1 = 1.2\ \text{mm}$$

因弯曲半径的回弹值可以忽略，故凸模圆角半径 $r_p = r = 3.5$ mm。凹模的圆角取 $r_d = 3t = 3$ mm。凸模与滑块（凹模）工作部位尺寸关系如图 3－75 所示。由图可看出，当滑块移动行程为 2.5 mm 时，就可使滑块的 R4.5 mm 的圆心与凸模圆心重合，因此滑块的行程即为 2.5 mm。

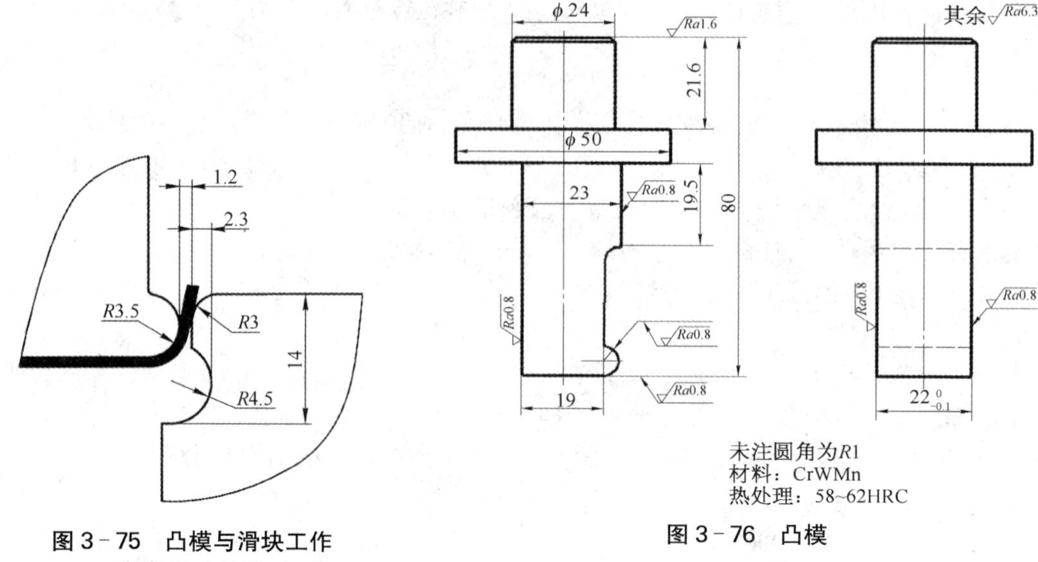

图 3-75　凸模与滑块工作部位尺寸关系

图 3-76　凸模

由前述可知，当凸模到达下止点后，上模还可能下降的距离为 8.4 mm－5.6 mm＝2.8 mm(其中 8.4 mm 是弹簧的允许变形量)，而滑块的行程为 2.3 mm，斜楔角度为 45°，因此可以满足设计要求。

2. 主要模具零件的设计

1) 凸模　凸模上部的圆柱是碟形弹簧的导向杆，至下止点时，凸模的上顶面与垫板接触，对工件施加压力。凸模上部圆柱的直径稍小于弹簧内径(25.4 mm)，取 24 mm。圆柱的高度是弹簧压缩变形后的高度，每片弹簧高度是 3.4 mm，工作时的总压缩量是 0.7 mm，故圆柱的高度为 (3.4－0.7)mm × 8 ＝ 21.6 mm。凸模的中间部位是圆柱形台肩，直径取 50 mm，下部位工作部分，材料为 CrWMn，热处理为 58～62HRC。具体尺寸如图 3-76 所示。

2) 滑块　滑块的斜面、底面和台阶面是滑动工作面，表面要求光滑。滑块的上面是坯料定位面，侧面圆弧部分是弯曲凹模的工作部位，具体结构和尺寸如图 3-77 所示。滑块的右侧装有螺栓和弹簧，用于滑块的复位。材料为 CrWMn，热处理为 58～62HRC。

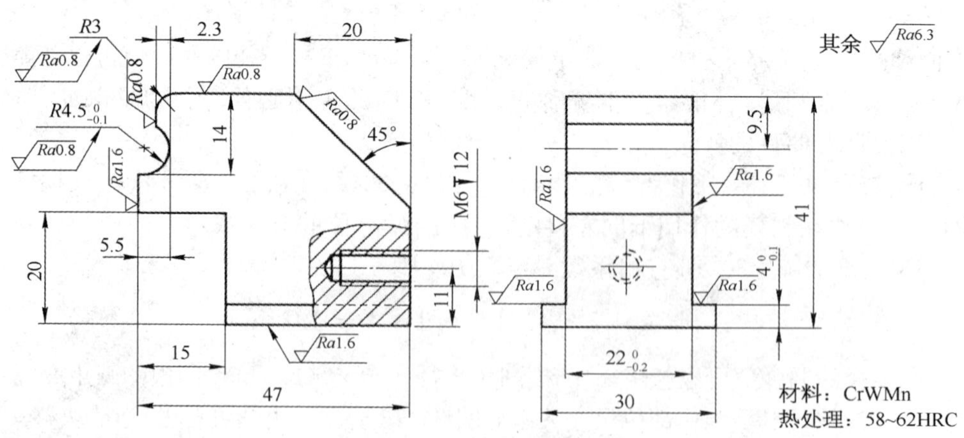

图 3-77　滑块

3）斜楔　斜楔的横截面为矩形，其宽度可与滑块的宽度量相同，取 22 mm，长度取 25 mm。斜楔的斜面及斜面相对的侧面是滑动工作面，斜楔与凸模固定板采用 H7/k6 配合，并用 M10 的螺栓将斜楔固定在垫板上。材料为 CrWMn，热处理为 58～62HRC。具体结构和尺寸如图 3－78 所示。为了便于调整圆弧部位的间隙，并控制校正力的大小，斜楔与固定板之间可设置调整垫片。

4）顶件块　顶件块在弹顶器的作用下，与凸模形成足够的压紧力而完成第一次弯曲，并对坯料起定位作用。顶件块上部为矩形，其宽度与坯料相等，上面设用定位销，弯曲前坯料的腰孔套在定位销上定位。顶件块下部为圆柱形，外径可与碟形弹簧外径相等，底面通过 4 个顶杆与弹顶器相接触。当模具处于开启状态时，顶件块在弹顶器的作用下，其上表面与滑块等高，以便于坯料的定位。材料为 CrWMn，热处理为 58～62HRC。具体结构和尺寸如图 3－79 所示。

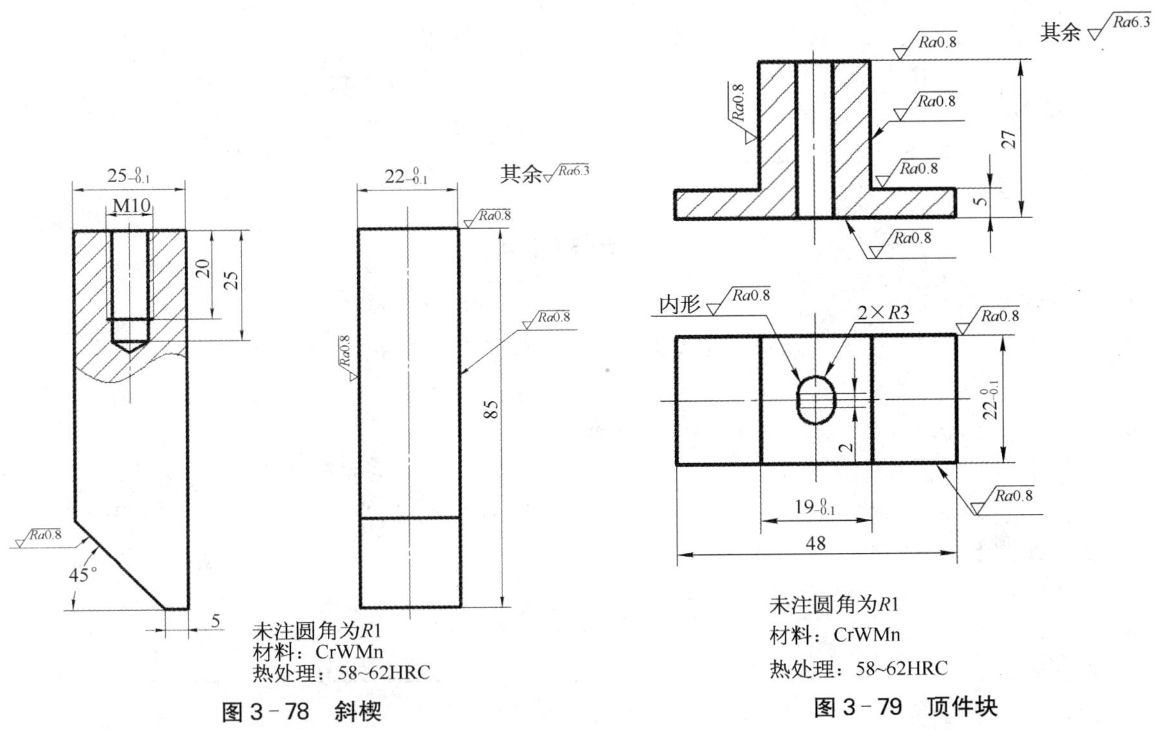

图 3－78　斜楔　　图 3－79　顶件块

5）凸模固定板　凸模固定板是固定凸模与斜楔的零件，尺寸 22 mm×23 mm 的方孔与凸模配双边 0.01～0.02 mm 间隙，尺寸 22 mm×25 mm 的方孔与斜楔配双边 0～0.01 mm 间隙，压力机上滑块对模具向下的力通过斜楔转化为水平方向的力，让滑块水平运动，对零件实现侧向弯曲。材料为 45 钢，并采用 4 个 M10 螺钉来固定，用 2 个 $\phi10$ 的销钉定位。具体结构和尺寸如图3－80 所示。

6）凹模固定板　为了实现滑块水平运动，凹模固定板中间的方孔与顶件块及滑块的双边配合间隙取 0.1～0.15 mm，当上模随压力机的上滑块上升，顶件块在下顶力的作用下将弯曲好的制件顶起，便于取制件。材料为 45 钢，并采用 4 个 M10 螺钉与下模座固定，用 2 个 $\phi10$ 的销钉定位。具体结构和尺寸如图 3－81 所示。

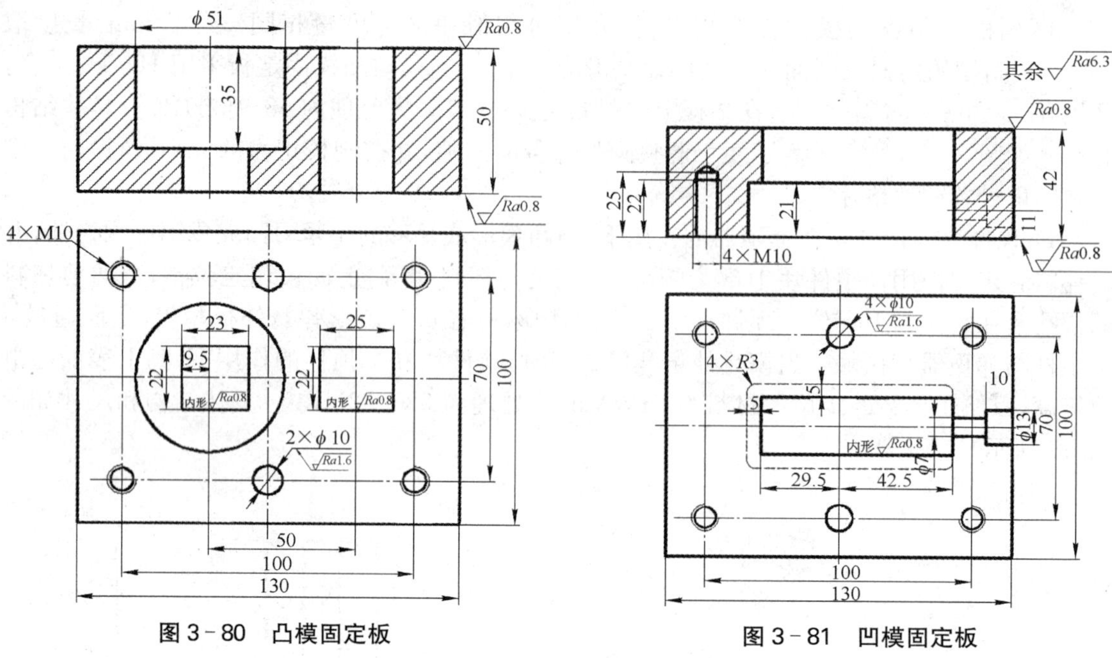

图 3-80 凸模固定板

图 3-81 凹模固定板

思考与练习

1. 弯曲变形有哪些特点？

2. 弯曲的变形程度用什么来表示？弯曲时极限变形程度受到哪些因素的影响？

3. 为什么说弯曲时的回弹是弯曲工艺不能忽视的问题？试述减小弯曲件回弹的常用措施。

4. 什么是弯曲时的偏移？产生偏移的原因有哪些？如何减小和克服偏移？

5. 计算如图 3-82 所示零件的展开长度。该零件需在模具内弯成什么形状和尺寸，出模后才能得到图示形状和尺寸？

6. 弯曲模的结构有哪些特点？

7. 试分析如图 3-83a、b 所示零件的弯曲工艺性，并对弯曲工艺性不合理之处给出解决措施。零件材料为 08 钢，未注弯曲内表面圆角半径为 2 mm。

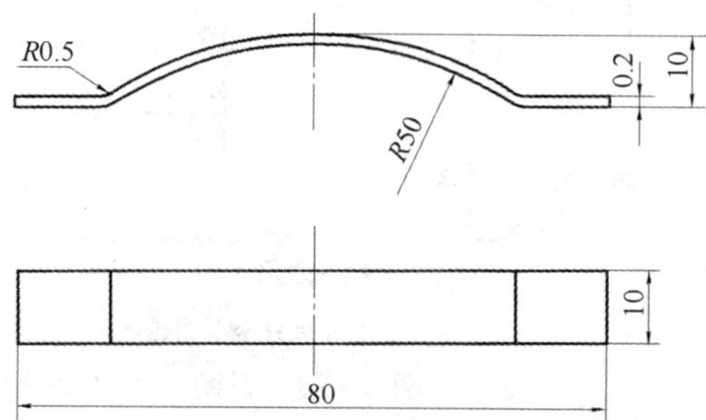

图 3-82 思考与练习第 5 题图

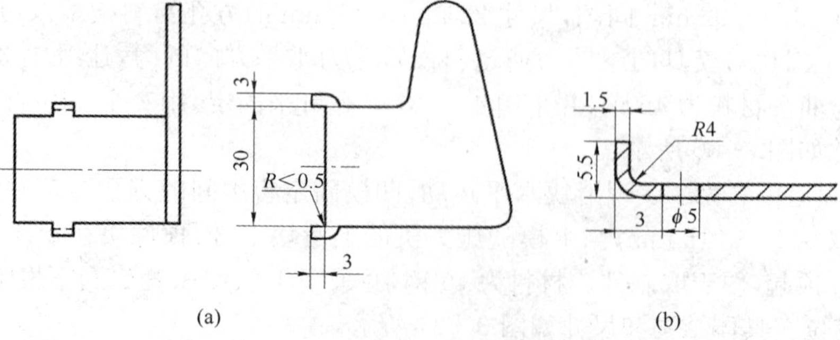

图 3-83 思考与练习第 7 题图

8. 弯曲如图 3－84 所示零件，材料为 Q235 钢，已退火，厚度 $t=4$，完成以下工作内容：

（1）分析弯曲件的工艺性。

（2）计算弯曲件的展开长度和弯曲力（采用校正弯曲）。

（3）绘制弯曲模结构草图。

（4）确定弯曲凸、凹模工作部位尺寸，绘制凸、凹模零件图。

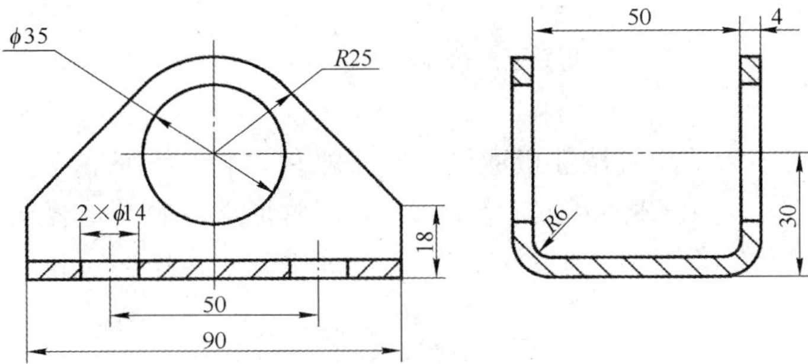

图 3－84　思考与练习第 8 题图

9. 弯曲如图 3－85 所示零件，材料为 08F 钢，厚度 $t=2$，完成以下工作内容：

（1）分析弯曲件在冲压时会产生什么问题，试述如何解决。

（2）计算弯曲件的展开尺寸和弯曲力（采用校正弯曲）。

（3）绘制弯曲模结构草图。

（4）确定弯曲凸、凹模工作部位尺寸，绘制凸、凹模零件图。

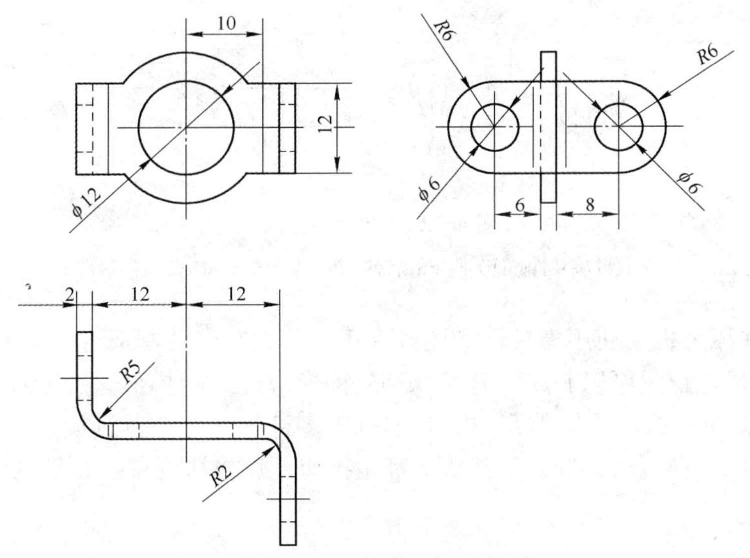

图 3－85　思考与练习第 9 题图

项目四　拉深工艺及模具设计

如图 4－1 所示为某型号柴油机通风口座子零件，材料为 08 酸洗钢板，该零件的典型特征就是敞口、中空。图 4－2 所示的旋转体类零件、盒形件以及其他复杂形状的空心件都具有同样特征，成形这类零件，要用到拉深工艺。

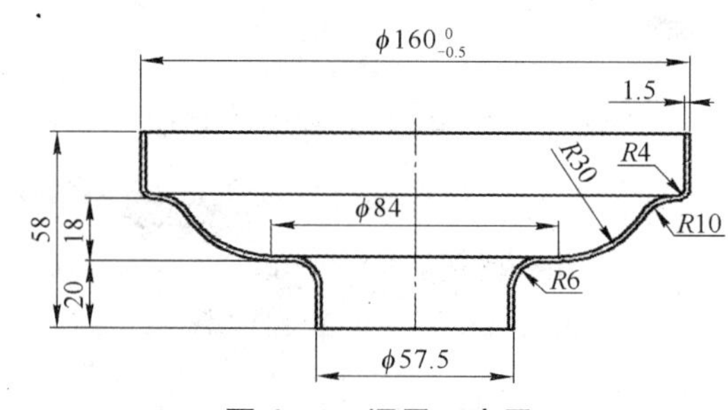

图 4－1　通风口座子

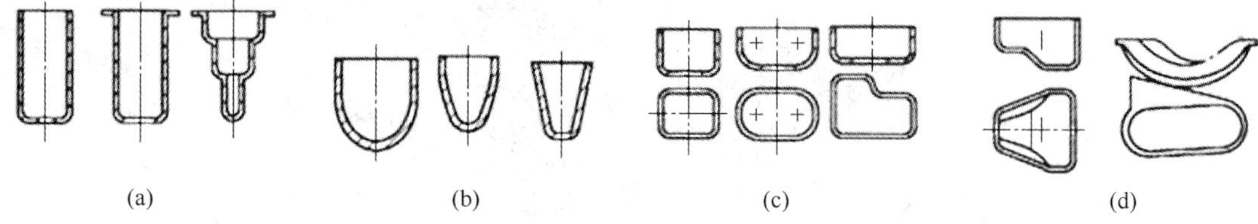

图 4－2　拉深件的分类

(a) 直壁旋转件；(b) 曲壁旋转件；(c) 盒形件；(d) 复杂形状件

拉深是指在压力机上使用模具将平坯料或开口空心工序件制成开口空心零件的成形方法，又称拉延。通过拉深可以制成圆筒形、球形、锥形、盒形、阶梯形、带凸缘的和其他复杂形状的空心件。采用拉深与翻边、胀形、扩口、缩口等多种工艺组合，可以制成形状更复杂的冲压件。汽车车身、油箱、盆、杯和锅炉封头等都是拉深件。拉深设备主要是机械压力机。

任务一　拉深工艺及质量分析

【学习目标】

1. 了解拉深变形规律。
2. 掌握拉深变形程度的表示方法。

一、拉深变形过程及特点

图 4-3 所示为圆筒形件的拉深过程。将直径为 D、厚度为 t 的圆形毛坯置于拉深凹模上，上模下行，压边圈压住坯料，随着拉深凸模的下行，凹模口以外的毛坯逐渐被拉入凹模内，得到具有外径为 d、高度为 h 的开口圆筒形工件。

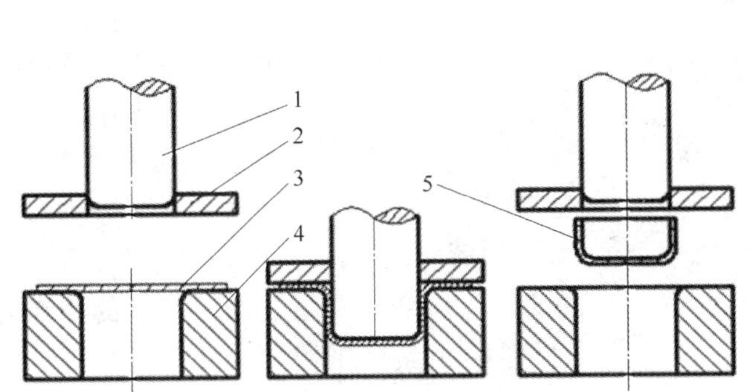

图 4-3 圆筒形件的拉深

1—凸模；2—压边圈；3—坯料；4—凹模；5—工件

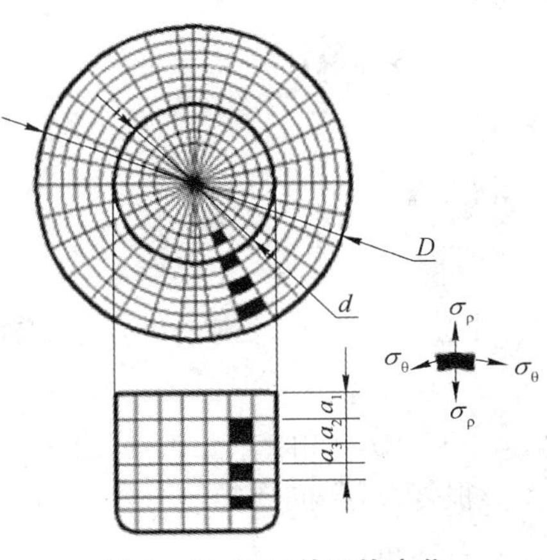

图 4-4 拉深件网格变化

用网格法能比较直观地了解拉深时金属材料的变形过程，在圆形毛坯上画出图 4-4 所示的等间距的同心圆和等角度的半径线，形成一些扇形网格，拉深成圆筒后，筒底 d 以内部分网格基本上没有变化，而 D 与 d 之间的环形区域，即凸缘部分，发生了较大变化：

(1) 原间隔相等的同心圆成了直径相等、间距增大的筒壁圆，越接近筒口，间距增大越多。

(2) 原分度相等的半径线变成垂直的平行线，而且间距相等，且比原扇形弧长缩小，越接近筒口缩小越多。

(3) 如果观察一个网格区域，在拉深前是扇形，拉深后成为矩形。

为什么拉深前后的网格区域会产生上述变化呢？拉深过程中，由于模具的作用，坯料金属内部产生了内应力，在坯料的凸缘(即 $D-d$ 的环形部分)区域内任意取一微小单元，凸缘部分材料由于拉深力的作用，径向产生拉应力 σ_ρ，切向产生压应力 σ_θ，凸缘部分材料在 σ_ρ 作用下被不断拉入凹模。与此同时，在 σ_θ 的作用下又不断压缩，凸缘部分金属材料产生塑性变形，径向伸长，切向压缩，且不断被拉入凹模中变为筒壁，成为圆筒形开口空心零件。

二、拉深件质量分析及控制

为了进一步了解拉深过程中的主要工艺问题，以便采取相应的控制措施，有必要分析一下材料的应力应变状态，在这里，采用圆柱坐标系，下角标 ρ 表示径向，θ 表示切向，t 表示板厚方向。图 4-5 是拉深过程中某一瞬时坯料的应力应变分布情况，根据应力与应变的分布，把处于某一瞬时的坯料分为五个区域：

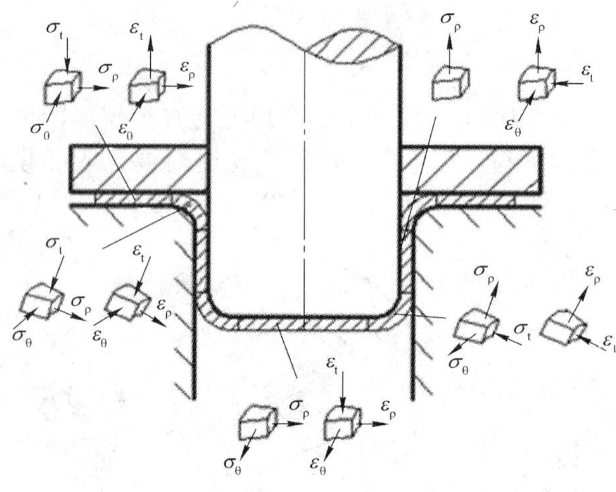

图 4-5 拉深的应力与应变状态

1）凸缘区 这是拉深的主要变形区，坯料受径向拉应力 σ_ρ 和切向压应力 σ_θ 的共同作用。在厚度方向，由于压边圈的作用，产生压应力 σ_t，但是 σ_t 相对于 σ_ρ 和 σ_θ 来说要小得多，一般可视为零。由应力与应变的对应关系可知径向应变为拉应变，切向应变为压应变，即 $\varepsilon_\rho > 0$，$\varepsilon_\theta < 0$，板厚方向应变较为复杂，且沿径向分布不均匀，其变形决定于径向拉应力和切向压应力之间的比例关系，图 4-5中凸缘区板厚方向的应变标为拉应变，这是因为从凸缘外边缘向中心方向的较大环形区域内均为拉应变。

2）凹模圆角区 位于凹模圆角部分，径向与切向的应力应变具有与凸缘区相同的特点，变形很复杂，径向有拉弯，同时切向有压缩变形，由于材料的相互挤压作用，板厚方向的应力应变均为负值。

3）筒壁区 是凸缘区材料经过凹模圆角被拉入凹模内形成的已变形区域，也是传力区，将凸模的拉深力传递到凸缘，可视为受单向拉应力，沿轴线方向产生拉伸变形，切向与板厚方向受压，实际上筒壁的变形是很小的。

4）凸模圆角区 从拉深开始，该区板料一直受径向拉应力强烈作用，同时板厚方向受凸模圆角的压力和弯曲作用而变薄。

5）筒底区 该区材料在拉深的整个过程中保持平面形状，受双向拉应力作用，板厚方向应力可视为零。应变状态为径向与切向受拉，板厚将变薄，由于材料受凸模圆角区摩擦阻力的约束，筒底部分板料的变形很小。

（一）拉深时凸缘区的瞬间应力分布

影响凸缘区应力分布的因素很多，为了容易得出结果，先作如下假定：

(1) 视板厚方向应力为零，相当于无压边圈拉深，则应力状态为径向拉应力和切向压应力的平面异号应力状态。

(2) 不考虑板料经过凹模端面及凹模圆角区时受的摩擦阻力影响，也不考虑板料经过凹模圆角区所受弯曲的影响。

(3) 不考虑材料硬化的影响，认为材料的屈服强度 σ_s 不变。

根据力学的平衡条件及米塞斯(Von. Mises)屈服准则，可以求出拉深的某一瞬间，凸缘变形区内径向拉应力 σ_ρ 和切向压应力 σ_θ 的大小，其值可按下式计算：

$$\sigma_\rho = \sigma_s \ln \frac{R_t}{\rho} \tag{4-1}$$

$$\sigma_\theta = -\sigma_s\left(1 - \ln \frac{R_t}{\rho}\right) \tag{4-2}$$

上式表明 σ_ρ 和 σ_θ 随 ρ 按对数关系变化，R_t 为拉深瞬时凸缘外径，以不同的 R_t 数值代入上式，可得 σ_ρ 和 σ_θ 沿径向的分布曲线，如图 4－6 所示，可以看出：

(1) 径向拉应力 σ_ρ 在凸缘外边缘总是零值，而在筒壁处，即 $\rho = r_0$ 时达到最大值：

$$\sigma_{\rho\max} = \sigma_s \ln \frac{R_t}{r_0} \tag{4-3}$$

(2) 切向压应力 σ_θ 在筒壁处为最小值，而在凸缘外边缘处达到最大值：

$$\sigma_{\theta\max} = -\sigma_s \tag{4-4}$$

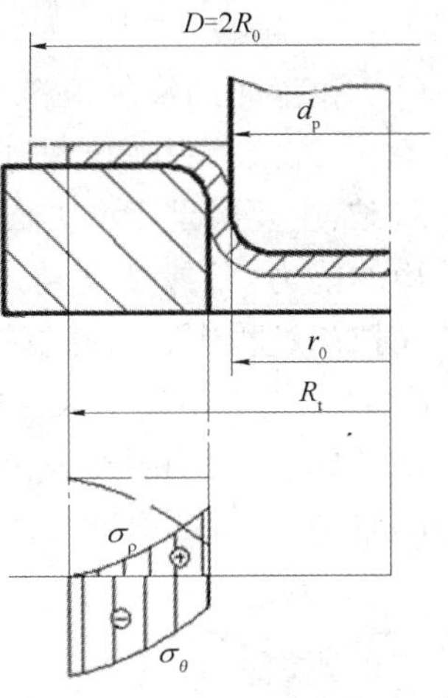

图 4－6　拉深圆筒形件的应力分布

如果令 $\sigma_\rho = \sigma_\theta$，可得到 $\rho = 0.61R_t$，这表明由半径为 $\rho = 0.61R_t$ 的圆可以将整个凸缘区分为两部分：该圆到外边缘部分，这部分的凸缘区压应力占优势，压应变为最大主应变，板料增厚；该圆向内到凹模口，这一部分的凸缘区拉应力占优势，拉应变为最大主应变，板料变薄。由此可见，拉深时在凸缘变形区的大部分区域，就绝对值而言，切向压应力总是大于径向拉应力，因而前面进行板厚方向应变分析时，以切向压缩变形作为凸缘的主要变形，凸缘区板料经拉深成形成为侧壁后，板料略有增厚。

(二) 整个拉深过程中凸缘区 $\sigma_{\rho\max}$ 和 $\sigma_{\theta\max}$ 的变化

以不同的 R_t 代入式(4－3)可以计算出不同拉深瞬间的 $\sigma_{\rho\max}$ 值，当 $R_t = R_0$ 时，即在开始拉深瞬间，筒壁处的拉应力 $\sigma_{\rho\max}$ 达到其最大值：

$$\sigma_{\rho\max} = \sigma_s \ln \frac{R_0}{r_0}$$

根据式(4－4)，$\sigma_{\theta\max}$ 似乎与拉深过程无关，事实上，由于受材料加工硬化的影响，σ_s 不是常数，随着拉深的进行，变形程度的增加，$\sigma_{\theta\max}$ 也跟着增加，其变化与材料硬化规律相似。

(三) 拉深的主要工艺问题

1. 板料厚度的变化

在拉深过程中，坯料各部分的应力与应变很不均匀，即使在凸缘变形区，也是越靠近外缘处，变形程度越大，板料增厚也越多，当凸缘部分全部转变为侧壁时，从图 4－7 可见，拉深件下部壁厚略有变薄，在凸模圆角区靠上部与筒壁切线位置，板厚变薄最严重。因为拉深时板料是逐渐包住凸模圆角的，先与凸模圆角贴模的板料受凸模的摩擦力作用变薄受到阻止，到凸模圆角区靠上部分也被包住时，贴在该处的板料一直处于变薄状态，该处传递拉深力的截面积变小，σ_ρ 有增大的趋势。另外，从整个拉深过程看，凸缘部分板料成为圆筒件的凸模圆角，需要转移的材料少，加工硬化程度低，材料强度增加不多，因此，凸模圆角区靠上部分成为危险断面，拉破往往从这里开始。

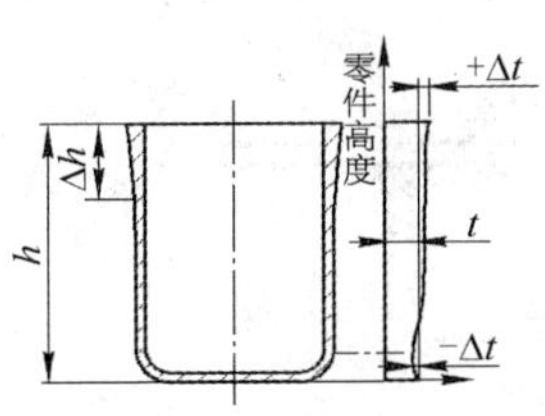

图 4－7　板厚的变化

图 4－7 的横坐标表示实际板厚，纵坐标表示拉深件高度，$+\Delta t$ 为板厚最大增加量，$-\Delta t$ 为板厚最大减小量，对常见材料，拉深件板厚的增厚率 $\Delta t/t_0$ 可达 20%左右，板厚的减薄率 $-\Delta t/t_0$ 可达 10%左右。拉深很软的材料时，板厚的变化率要更大些。

2. 起皱

拉深时凸缘区板料出现波纹状皱褶称为起皱，如图 4-8 所示。起皱是一种受压失稳现象，凸缘区板料在拉深过程中切向承受较大的压应力，很容易发生失稳起皱，凸缘区会不会起皱，主要决定于两方面：一方面是切向压应力的大小；另一方面是凸缘区板料本身抵抗失稳的能力，凸缘宽度越大，厚度越薄，材料弹性模量和硬化程度越小，抵抗失稳能力就越小。在拉深过程中 $\sigma_{\theta max}$ 随着拉深的进行不断增大，但凸缘区却不断缩小，相对厚度不断增大，即 $t/(R_t - r_0)$ 不断增大。也就是说，引起失稳起皱的因素在增加，而抗失稳起皱的能力也在增加，以上相反的因素在拉深过程中共同作用，结果在凸缘宽度减少到 $R_t - r_0 \approx 0.5(R_0 - r_0)$ 的时刻，凸缘起皱的可能性最大。图 4-9 所示为一拉深件起皱的实例。

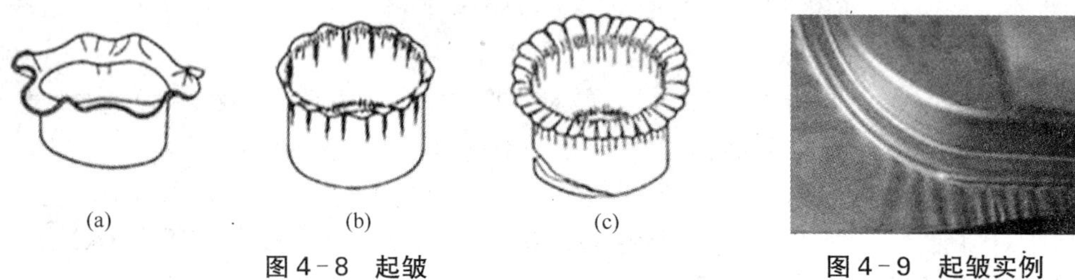

(a) (b) (c)

图 4-8 起皱

(a) 起皱现象；(b) 轻微起皱影响拉深件质量；(c) 严重起皱导致破裂

图 4-9 起皱实例

出现轻微起皱时，凸缘区板料仍有可能全部拉入凹模内，但起皱部位的波峰受到凸、凹模的强烈挤压作用，在拉深件侧壁靠上部将出现条状挤压痕和明显的波纹，影响工件的外观质量。起皱严重时，拉深便无法顺利进行，板料起皱相当于板厚增加了很多，进入凸、凹模间就变得非常困难，使得径向拉应力急剧增大，这时，如果继续拉深，危险断面处板料将会被拉破。

起皱是可以避免的。采用带压边装置的模具进行拉深可以防止起皱，如图 4-10 所示，当凸缘区板料受切向压应力作用出现失稳时，由于压边圈将板料限制在尺寸为 h 的区间内。也就是说，一旦板料产生起皱，其当量厚度也不会超过限定的 h 值，实际上也就限制了起皱程度。对于没有限位装置的压边圈来说，也可以认为其防止起皱的过程是在板料刚出现波纹状微小皱褶时又由压边圈压平了。

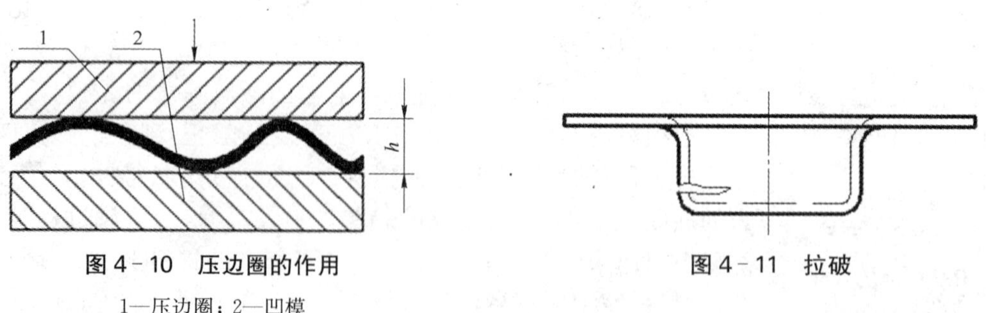

图 4-10 压边圈的作用

1—压边圈；2—凹模

图 4-11 拉破

3. 拉破

在拉深过程中，当筒壁处最大拉应力 $\sigma_{\rho max}$ 超过了危险断面处材料的抗拉强度时，将在危险断面拉破，如图 4-11 所示，在变形程度较大，或压边力过大时，容易出现拉破。一旦出现拉破，拉深就无法进行下去。有时，在严重起皱状态下继续拉深，可能在凸缘根部，即凹模圆角区拉破，在凹模圆角半径值过小时进行拉深，更容易出现这种拉破现象。

任务二　拉深件的工艺性

【学习目标】

1. 了解拉深件的结构工艺性。
2. 了解拉深件的精度及拉深材料。

一、拉深件的结构工艺性

(1) 拉深件的形状应尽量简单对称，以利于拉深成形，避免急剧的外形变化，深度不大的圆形件易于拉深，其次是阶梯形件、矩形件。对某些半敞开及不对称的拉深件，可以将两个或几个合并组成对称形状一起拉深，然后剖切开，这样可以有效改善单个成形时受力不对称的状况。

如图 4－12 所示的半球形拉深件，在根部增加 20 mm 直壁，即增大表面积，也即增大贴模所需的径向拉应力，可以有效解决起皱问题。

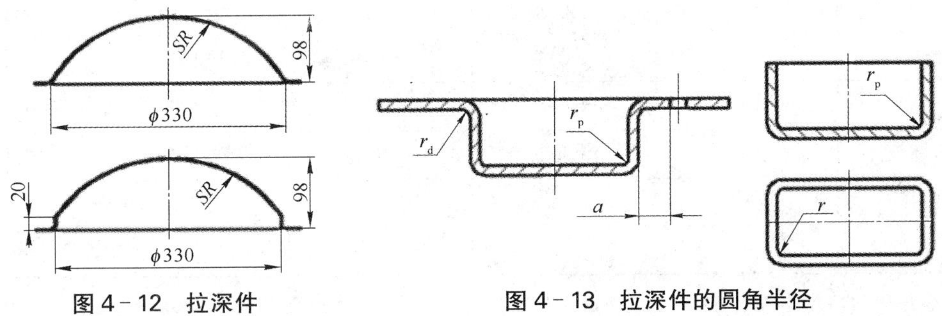

图 4－12　拉深件　　图 4－13　拉深件的圆角半径

(2) 拉深件各部分尺寸比例要恰当，尽量避免出现宽凸缘或大深度的拉深件，否则要增加拉深次数。

(3) 拉深件壁厚公差或变薄量要求一般不超出拉深工艺规律限定的壁厚变化范围。

(4) 需多次拉深的零件，在保证必要的表面质量前提下，应允许内、外表面存在拉深过程中可能产生的痕迹。

(5) 在保证装配要求的前提下，应允许拉深件侧壁有一定的斜度。

(6) 拉深件的底部或凸缘上的孔到侧壁的距离应满足：$a \geqslant r_p + 0.5t$(或 $r_d + 0.5t$)，圆筒件、矩形件各处的圆角半径应满足：$r_d \geqslant 2t$，$r_p \geqslant t$，$r \geqslant 6.3t$，如图 4－13 所示。

二、拉深件的精度

拉深件的精度包括直径方向和高度方向，一般情况下，拉深件的尺寸精度应在 IT13 级以下，不宜高于 IT11 级。对于精度要求高的拉深件，应在拉深后增加整形工序。拉深件的口部一般是不整齐的，需要经过切边。拉深件直径方向和高度方向的公差见表 4-1～表 4-3。

表 4-1 拉深件直径公差（极限偏差） (mm)

材料厚度	拉深件直径		
	50 以下	>50～100	>100～300
1 以下	±0.2	±0.3	±0.4
>1～1.5	±0.3	±0.4	±0.5
>1.5～2	±0.4	±0.5	±0.6
>2～3	±0.5	±0.6	±0.7
>3～4	±0.6	±0.7	±0.8
>4～5	±0.7	±0.8	±1.0
>5～6	±0.8	±1.0	±1.2

表 4-2 无凸缘拉深件高度公差（极限偏差） (mm)

材料厚度	拉深件高度				
	18 以下	>18～30	>30～50	>50～80	>80～120
1 以下	±0.5	±0.6	±0.7	±0.9	±1.1
>1～2	±0.6	±0.7	±0.8	±1.0	±1.3
>2～3	±0.7	±0.8	±0.9	±1.1	±1.5
>3～4	±0.8	±0.9	±1.0	±1.2	±1.8
>4～5	—	—	±1.2	±1.5	±2.0
>5～6	—	—	—	±1.8	±2.2

注：本表为工件一次拉深且不修边情况所达到的数值。

表 4-3 有凸缘拉深件高度公差（极限偏差） (mm)

材料厚度	拉深件高度				
	18 以下	>18～30	>30～50	>50～80	>80～120
1 以下	±0.3	±0.4	±0.5	±0.6	±0.7
>1～2	±0.4	±0.5	±0.6	±0.7	±0.8
>2～3	±0.5	±0.6	±0.7	±0.8	±0.9
>3～4	±0.6	±0.7	±0.8	±0.9	±1.0
>4～5	—	—	±0.9	±1.0	±1.1
>5～6	—	—	—	±1.1	±1.2

注：本表为未经整形所达到的数值。

三、拉深件的材料

用于拉深件的材料，要求具有较好的塑性，屈强比 σ_s/σ_b 小、板厚方向性系数 γ 大，板平面方向性系数 $\Delta\gamma$ 小。

屈强比 σ_s/σ_b 越小，一次拉深允许的极限变形程度越大，拉深的性能越好。例如，低碳钢的屈强比 $\sigma_s/\sigma_b \approx 0.57$，其一次拉深的最小拉深系数为 $m = 0.48 \sim 0.50$；65Mn 钢的 $\sigma_s/\sigma_b \approx 0.63$，其一次拉深的最小拉深系数为 $m = 0.68 \sim 0.70$。所以有关材料标准规定，作为拉深用的钢板，其屈强比不大于 0.66。

板厚方向性系数 γ 和板平面方向性系数 $\Delta\gamma$ 反映了材料的各向异性性能。当 γ 较大时，材料宽度的变形比厚度方向的变形容易，拉深过程中材料不易变薄或拉裂，因而有利于拉深成形。$\Delta\gamma$ 较小时，板平面方向性能差异较小，拉深时“突耳”的高度就较小。

任务三　旋转体拉深件坯料尺寸的确定

【学习目标】

1. 了解拉深件坯料尺寸确定原则。
2. 掌握拉深件坯料尺寸的确定方法。

一、坯料形状和尺寸确定的原则

1. 形状相似性原则

旋转体拉深件的坯料形状一般与拉深件的截面轮廓形状具有相似性，即都是圆形。因为旋转体拉深件在拉深时凸缘区同一半径处的切向应变和径向应变是相同的。但非圆截面的拉深件不具有这种相似性。

2. 表面积相等原则

对于不变薄拉深，虽然在拉深过程中板料的厚度有增厚也有变薄，但实践证明，拉深件的平均厚度与坯料厚度相差不大。由于塑性变形前后体积不变，因此，可以按坯料面积等于拉深件表面积的原则确定坯料尺寸。

由于金属板料具有板平面方向性和受模具几何形状等因素的影响，制成的拉深件口部一般不整齐，对于带凸缘的拉深件，将出现凸缘不圆的现象，尤其是深拉深件。因此在多数情况下还需采取加大工序件高度或凸缘宽度的办法，拉深后再经过切边工序以保证零件质量。但当零件的相对高度 H/d 很小并且高度尺寸要求不高时，也可以不用切边工序。见表 4-4～表 4-5。

应该指出，用理论计算方法确定坯料尺寸不是绝对准确的，而是近似的，尤其是变形复杂的拉深件。实际生产中，对于形状复杂的拉深件，通常是先做好拉深模，并以理论计算方法初步确定的坯料进行反复试模修正，直至得到的工件符合要求时，再将符合实际要求的坯料形状和尺寸作为制造落料模的依据。

表 4-4　无凸缘拉深件的修边余量　　(mm)

拉深件高度	拉深件相对高度 h/d 或 h/B				图例
	＞0.5～0.8	＞0.8～1.6	＞1.6～2.5	＞2.5～4.0	
≤10	1	1.2	1.5	2	
＞10～20	1.2	1.6	2	2.5	
＞20～50	2	2.5	3.3	4	
＞50～100	3	3.8	5	6	
＞100～150	4	5	6.5	8	
＞150～200	5	6.3	8	10	
＞200～250	6	7.5	9	11	
＞250	7	8.5	10	12	

表 4-5　有凸缘拉深件的修边余量　　(mm)

凸缘直径	相对凸缘直径 d_t/d				图例
	＜1.5	＞1.5～2.0	＞2.0～2.5	＞2.5	
≤25	1.6	1.4	1.2	1	
＞25～50	2.5	2	1.8	1.6	
＞50～100	3.5	3	2.5	2.2	
＞100～150	4.3	3.6	3	2.5	
＞150～200	5	4.2	3.5	2.7	
＞200～250	5.5	4.6	3.8	2.8	
＞250	6	5	4	3	

二、简单旋转体拉深件坯料尺寸的确定

简单旋转体均可分解为若干基本几何体，如图 4-14 所示的圆筒形件可分解为无底圆筒、弧形面圆环和圆形板三部分，每一部分的表面积分别为

$$A_1 = \pi d(H - r)$$

$$A_2 = \frac{\pi}{4}[2\pi(d - 2r)r + 8r^2]$$

$$A_3 = \frac{\pi}{4}(d - 2r)^2$$

设毛坯直径为 D，按照上述原则，有：

$$\frac{\pi}{4}D^2 = A_1 + A_2 + A_3$$

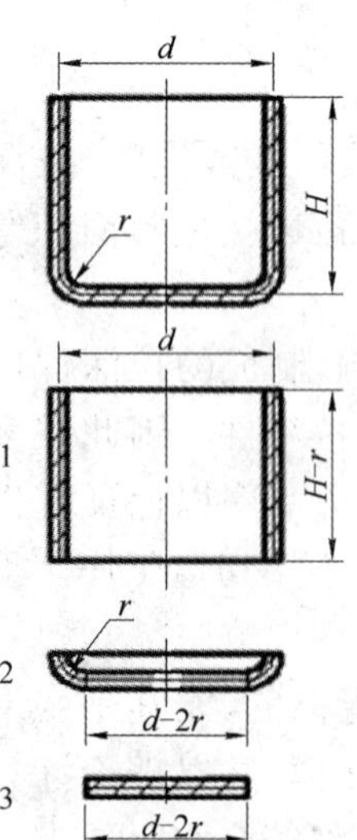

图 4-14　圆筒形件毛坯尺寸计算

经整理并简化后，可得出毛坯直径为

$$D=\sqrt{d^2+4dH-1.72rd-0.56r^2}$$

常见圆筒形件、带凸缘圆筒形件及球冠毛坯直径计算公式见表 4－6。

表 4－6　圆筒形件、带凸缘圆筒形件及球冠毛坯直径计算公式

序号	工件简图	毛坯直径
1	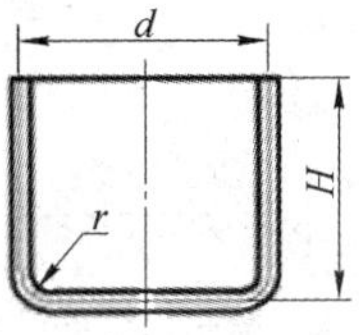 d, H, r	$D=\sqrt{d^2+4dH-1.72rd-0.56r^2}$
2	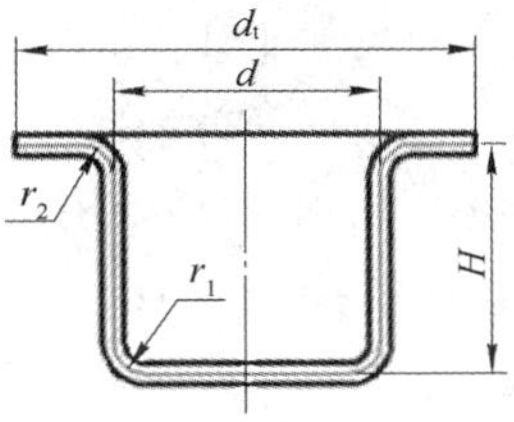 d_1, d, r_2, r_1, H	$D=\sqrt{d_1^2+4dH-1.72d(r_1+r_2)-0.56(r_1^2-r_2^2)}$
3	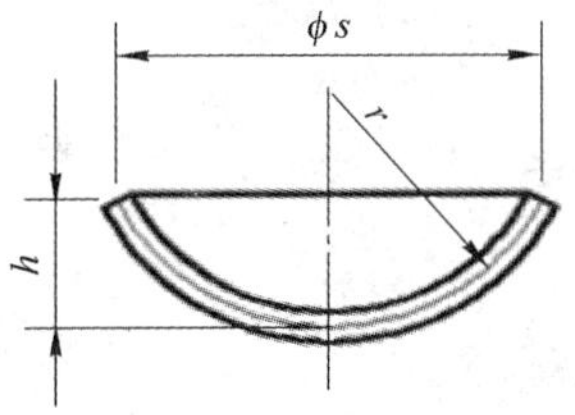 ϕs, r, h	$D=\sqrt{8rh}$ 或 $D=\sqrt{s^2+4h^2}$

注：表中公式为有关尺寸标注在板厚中线上获得，当板厚小于 1 mm 时，以零件图标注尺寸代入上述公式，不会引起较大误差。

三、复杂旋转体拉深件坯料尺寸的确定

复杂旋转体拉深件是指母线较复杂的旋转体零件，其母线可能由一段曲线组成，也可能由若干直线段与圆弧段相接组成。复杂旋转体拉深件的表面积可根据久里金法则求出，即任何形状的母线绕轴旋转一周所得到的旋转体表面积，等于该母线的长度与其形心绕该轴线旋转所得周长的乘积。如图 4－15 所示，旋转体表面积为

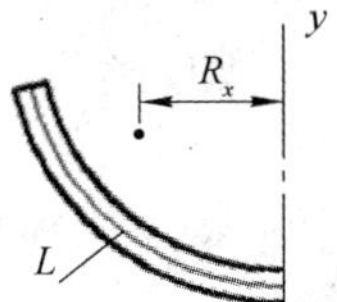

$$A=2\pi R_xL$$

y
R_x
L
y

图 4－15　旋转体表面积计算

根据拉深前后表面积相等的原则，坯料直径可按下式求出：

$$\pi D^2/4=2\pi R_xL$$

$$D=\sqrt{8R_xL} \qquad (4-5)$$

式中　A——旋转体表面积(mm^2)；

R_x——旋转体母线形心到旋转轴线的距离(称旋转半径,mm);

L——旋转体母线长度(mm);

D——坯料直径(mm)。

由式(4-5)知,只要知道旋转体母线长度及其形心的旋转半径,就可以求出坯料的直径。当母线较复杂时,可先将其分成简单的直线和圆弧,分别求出各直线和圆弧的长度 L_1、L_2、…、L_n 和其形心到旋转轴的距离 R_{x1}、R_{x2}、…、R_{xn}(直线的形心在其中点,圆弧的长度及形心位置可按有关公式计算),再根据下式进行计算:

$$D=\sqrt{8\sum_{i=1}^{n}L_iR_{xi}} \quad (4-6)$$

需要说明的是,利用 AutoCAD 以及 Pro/ENGINEER Wildfire 等软件可以进行展开计算,图 4-16 所示为用 Pro/ENGINEER Wildfire 软件进行面积计算的实例,这里不再赘述。

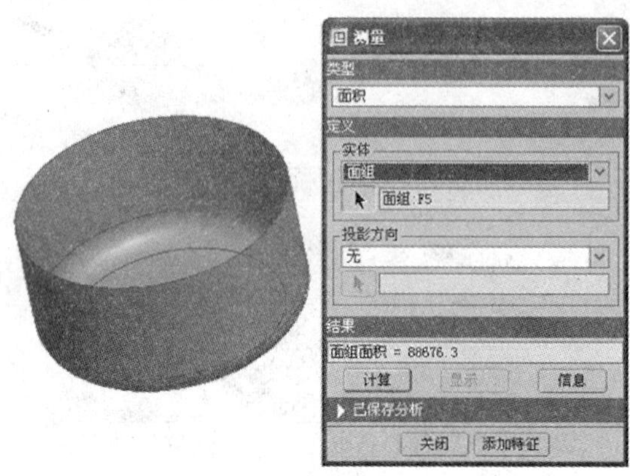

图 4-16 利用软件计算表面积

任务四 无凸缘圆筒形件的拉深工艺计算

【学习目标】

1. 掌握拉深系数的确定方法。
2. 掌握圆筒形件拉深次数的确定方法。

一、拉深系数与极限拉深系数

圆筒形件的拉深变形程度一般用拉深系数表示。在设计冲压工艺过程与确定拉深工序的数目时,通常也是用拉深系数作为计算的依据。设圆筒形件直径为 d,其毛坯直径为 D,则比值 d/D 称为总拉深系数 m_0。从广义上说,圆筒形件的拉深系数 m 是以每次拉深后的直径与拉深前的坯料(工序件)直径之比表示(图 4-17),即:

第一次拉深系数 $m_1=\dfrac{d_1}{D}$

第二次拉深系数 $m_2=\dfrac{d_2}{d_1}$

⋮

第 n 次拉深系数 $m_n=\dfrac{d_n}{d_{n-1}}$

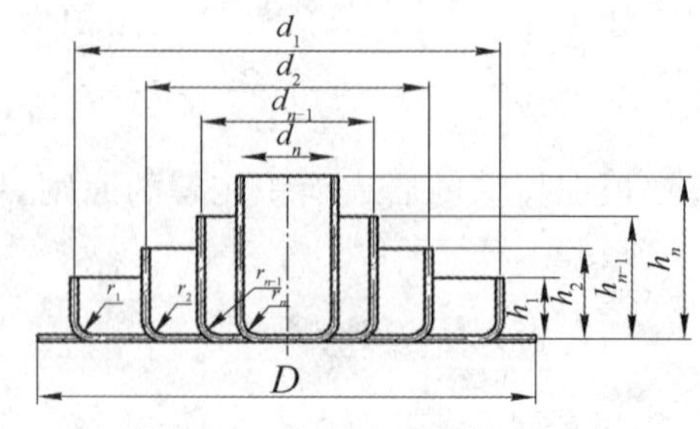

图 4-17 圆筒形件的多次拉深

总拉深系数　$m_0 = \frac{d}{D} = \frac{d_1}{D} \cdot \frac{d_2}{d_1} \cdot \frac{d_3}{d_2} \cdots \frac{d_{n-1}}{d_{n-2}} \cdot \frac{d_n}{d_{n-1}} = m_1 m_2 m_3 \cdots m_{n-1} m_n$

拉深变形程度对凸缘区的径向拉应力和切向压应力以及对筒壁传力区拉应力影响极大，为了防止在拉深过程中产生起皱和拉破的缺陷，就应减小拉深变形程度（即增大拉深系数），从而减小切向压应力和径向拉应力，以减小起皱和破裂的可能性。

图 4-18 所示为用同一种材料、同一厚度的坯料，在凸、凹模尺寸相同的模具上进行拉深试验的情况。当坯料尺寸较小（即拉深系数较大）时，在无压边装置的情况下（图 a）拉深能够顺利进行；逐渐加大坯料直径，使拉深系数减小到一定数值（如 $m = 0.75$）时，会出现起皱。如果增加压边装置（图 b），则能防止起皱，进一步加大坯料直径、减小拉深系数，拉深还可以顺利进行。但当坯料直径加大到一定数值、拉深系数减小到一定数值（如 $m = 0.50$）后，筒壁出现拉破现象，拉深过程终止。

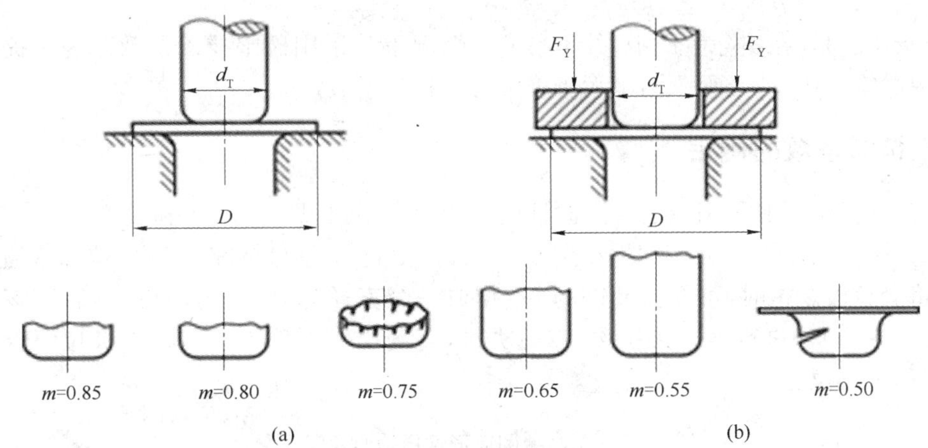

图 4-18　拉深系数实验

(a) 无压边装置；(b) 有压边装置

因此，为了保证拉深工艺的顺利进行，就必须使拉深系数大于一定数值，该数值就是在不出现起皱或拉破的前提下允许的最小拉深系数，称为极限拉深系数，小于这个数值，就会使拉深件起皱、拉破或严重变薄而超差。另外，在多次拉深过程中，由于材料的加工硬化，使得变形抗力不断增大，所以以后各次极限拉深系数必须逐次递增，即 $m_1 < m_2 < m_3 < \cdots < m_n$。

影响极限拉深系数的因素较多，主要有：

1）材料的组织与力学性能　一般来说，材料组织均匀、晶粒大小适当、屈强比 σ_s/σ_b 小、塑性好、板平面方向性系数 $\Delta\gamma$ 小、板厚方向系数 γ 大、硬化指数 n 大的板料，变形抗力小，筒壁传力区不容易产生局部严重变薄和拉破，因而拉深性能好，极限拉深系数较小。

2）板料的相对厚度 t/D　当板料的相对厚度大时，抗失稳能力较强，不易起皱，可以不采用压料或减小压料力，从而减少了摩擦损耗，有利于拉深，故极限拉深系数较小。

3）摩擦与润滑条件　凹模与压边圈的工作表面光滑、润滑条件较好，可以减小拉深系数。但为避免在拉深过程中凸模与板料或工序件之间产生相对滑移造成危险断面的过度变薄或拉裂，在不影响拉深件内表面质量和脱模的前提下，凸模工作表面可以比凹模粗糙一些，并避免涂润滑剂。

4）模具的几何参数　模具几何参数中，影响极限拉深系数的主要是凸、凹模圆角半径及间隙。凸模圆角半径过小，板料绕凸模弯曲的拉应力增加，易造成局部变薄严重，降低危险断面的强度，因而会降低极限变形程度；凹模圆角半径过小，板料在拉深过程中通过凹模圆角半径时弯曲阻力增加，增加了筒壁传力区的拉应力，也会降低极限变形程度；凸、凹模间隙过小，板料会受到太大的挤压作用和摩擦阻力，增大了拉深力，使极限变形程度减小。因此，为了减小极限拉深系数，凸、凹模圆角半径及间隙应适当取较大值。但是，凸、凹模圆角半径和间隙也不宜取得过大，过大的圆角半径会减小板料与凸模和凹模端面的接触面积及压边圈的压边面积，板料悬空面积增大，容易产生失稳起皱；过大的凸、凹模间隙会影响拉深件的精度，拉深件的锥度和回弹较大。

除此以外，影响极限拉深系数的因素还有拉深方法、拉深次数、拉深速度、拉深件形状等。由于影响因素很多，实际生产中，极限拉深系数的数值一般是在一定的拉深条件下用试验方法得出的，可查表确定。

需要指出的是，在实际生产中，并不是所有情况下都采用极限拉深系数。为了提高工艺稳定性，提高零件质量，必须采用稍大于极限值的拉深系数。

二、极限拉深系数的确定

在工艺计算中一般采用经过生产验证的实用拉深系数，见表 4－7 和表 4－8。如果总拉深系数 m_0 小于首次允许的极限拉深系数 m_1，直接由直径为 D 的平板毛坯拉深成直径为 d 的工件，将会拉破。这时，可先按允许的 m_1 拉成一个直径为 d_1 的工序件，然后以该工序件为毛坯按允许的 m_2 进行第二次拉深，以此类推，直到拉成工件为止。将首次拉深以后再进行的拉深称为再拉深。

表 4－7　无凸缘圆筒形件压边时拉深系数

拉深系数	毛坯相对厚度 $t/D/\%$					
	2.0～1.5	1.5～1.0	1.0～0.6	0.6～0.3	0.3～0.15	0.15～0.08
m_1	0.48～0.50	0.50～0.53	0.53～0.55	0.55～0.58	0.58～0.60	0.60～0.63
m_2	0.73～0.75	0.75～0.76	0.76～0.78	0.78～0.79	0.79～0.80	0.80～0.82
m_3	0.76～0.78	0.78～0.79	0.79～0.80	0.80～0.81	0.81～0.82	0.82～0.84
m_4	0.78～0.80	0.80～0.81	0.81～0.82	0.82～0.83	0.83～0.85	0.85～0.86
m_5	0.80～0.82	0.82～0.84	0.84～0.85	0.85～0.86	0.86～0.87	0.87～0.88

注：1. 本表适用于 08、10、15Mn 等低碳钢及 H62、H68 等软钢，对拉深性能更好的 05 钢、软铝等，可将表中值减小 1.5%～2%，对拉深性能较差的 20、Q235 硬铝、硬黄铜等材料，应将表中值增大 1.5%～2%。
2. 如果安排中间退火工序，退火后再拉深时的拉深系数可比表中值减小 2%～3%。
3. 凹模圆角半径取大［$r_d=(8\sim15)t$］时，可取表中较小值；取小［$r_d=(4\sim8)t$］时，可取表中较大值。

表 4－8　无凸缘圆筒形件不压边时拉深系数

拉深系数	毛坯相对厚度 $t/D/\%$				
	1.5	2.0	2.5	3.0	＞3.0
m_1	0.65	0.60	0.55	0.53	0.50
m_2	0.80	0.75	0.75	0.75	0.70

（续表）

拉深系数	毛坯相对厚度 t/D/%				
	1.5	2.0	2.5	3.0	>3.0
m_3	0.84	0.80	0.80	0.80	0.75
m_4	0.87	0.84	0.84	0.84	0.78
m_5	0.90	0.87	0.87	0.87	0.82
m_6	—	0.90	0.90	0.90	0.85

注：本表适用于 08、10、15Mn 等材料，其余同表 4－7。

三、圆筒形件拉深次数的确定

当毛坯直径确定后，拉深件的总拉深系数为 $m = d/D$，D 为包括修边余量在内的毛坯直径，d 为工件的中线直径。如果 $m \geqslant m_1$，则该工件可以一次拉成；如果 $m < m_1$，则需要多次拉深，各工序件直径为：$d_1 = m_1 D$、$d_2 = m_2 d_1$、…、$d_n = m_n d_{n-1}$，当计算至 n 次，第一次出现 $d_n \leqslant d$，表示 n 次可拉成。

由于圆筒件的相对高度 H/d 也可以表示变形程度，因此依据实际拉深件的相对高度 H/d 和毛坯的相对厚度 t/D(%)，可从表 4－9 中直接查出所需拉深次数，当实际拉深件的 H/d 值处在 n 次与 $n+1$ 次 H/d 值之间时，应确定为拉深 $n+1$ 次。

表 4－9　无凸缘圆筒形件拉深的最大相对高度 H/d

拉深次数	毛坯相对厚度 t/D/%					
	2.0～1.5	<1.5～1.0	<1.0～0.6	<0.6～0.3	<0.3～0.15	<0.15～0.08
1	0.94～0.77	0.84～0.65	0.70～0.57	0.61～0.50	0.52～0.45	0.46～0.38
2	1.88～1.54	1.60～1.32	1.36～1.1	1.13～0.94	0.96～0.83	0.9～0.7
3	3.5～2.7	2.8～2.2	2.3～1.8	1.9～1.5	1.6～1.3	1.3～1.1
4	5.6～4.3	4.3～3.5	3.6～2.9	2.9～2.4	2.4～2.0	2.0～1.5
5	8.9～6.6	6.6～5.1	5.2～4.1	4.1～3.3	3.3～2.7	2.7～2.0

注：1. 较大的比值 H/d 适用于首次拉深取较大的凹模圆角半径（从 $t/D = 2\% \sim 1.5\%$ 时的 $r_d = 8t$ 到 $t/D = 0.15\% \sim 0.08\%$ 时的 $r_d = 15t$）；较小的比值 H/d 适用于较小的凹模圆角半径[$r_d = (4 \sim 8)t$]。

2. 本表适用于 08、10 钢材料的拉深件，其他材料的拉深件可视材料的拉深性能优劣确定。

四、圆筒形件多次拉深时各工序件的尺寸计算

1. 工序件直径的确定

拉深工艺计算的目的就是要使得 $d_n = d$，如果计算的第 n 次拉深直径 d_n 正好等于拉深件直径 d，则计算的各次拉深直径不需要调整，如果 $d_n \ll d$，不能简单地取 $d_n = d$，因为这将使相邻两次拉深板料的危险断面位置有可能离得太近，增加拉破的危险性，应将前几次拉深系数调大些。具体做法如下：

调整各次极限拉深系数 m_1、m_2、m_3、…、m_n 为 m_1'、m_2'、m_3'、…、m_n'，且满足：

$$m'_1 m'_2 m'_3 \cdots m'_n = m = \frac{d}{D} \text{（即总拉深系数不变）}$$

$$m'_1 < m'_2 < m'_3 < \cdots < m'_n$$

$$m'_1 - m_1 \approx m'_2 - m_2 \approx \cdots \approx m'_n - m_n$$

按照上述条件调整，m'_1、m'_2、m'_3、…、m'_n需要多次试取值，比较繁琐，工作中也有采取放大倍数的方法，令 $i = \sqrt[n]{d/d_n}$，则：

$$m'_1 = i\, m_1$$

$$m'_2 = i\, m_2$$

……

$$m'_n = i\, m_n$$

最后按调整后的拉深系数计算各次工序件直径：

$$d_1 = m_1 D$$

$$d_2 = m_2 d_1$$

……

$$d_n = m_n d_{n-1}$$

2. 工序件高度的计算

根据表 4-6 中序号 1 公式，经整理得：

$$h_1 = 0.25\left(\frac{D^2}{d_1} - d_1\right) + 0.43\,\frac{r_1}{d_1}(d_1 + 0.32 r_1)$$

$$h_2 = 0.25\left(\frac{D^2}{d_2} - d_2\right) + 0.43\,\frac{r_2}{d_2}(d_2 + 0.32 r_2)$$

……

$$h_n = 0.25\left(\frac{D^2}{d_n} - d_n\right) + 0.43\,\frac{r_n}{d_n}(d_n + 0.32 r_n)$$

式中 h_1、h_2、…、h_n——各次拉深工序件高度；

d_1、d_2、…、d_n——各次拉深工序件直径；

r_1、r_2、…、r_n——各次拉深工序件底部圆角半径，计算前先定出；

D——坯料直径。

任务五　其他形状零件的拉深

【学习目标】

1. 了解有凸缘圆筒形件的拉深方法。
2. 了解阶梯圆筒形件的拉深方法。

一、有凸缘圆筒形件的拉深

图 4-19 所示为凸缘圆筒形件及毛坯图，$d_t/d=1.1\sim1.4$ 称为窄凸缘件，$d_t/d>1.4$ 则称为宽凸缘件。图 4-20 所示为拉成的凸缘圆筒形件。

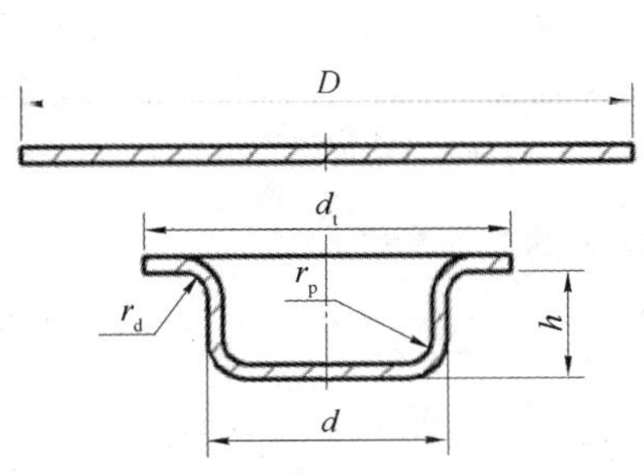

图 4-19　凸缘圆筒形件及毛坯

图 4-20　凸缘圆筒形件

有凸缘圆筒形件的拉深过程，看起来像是拉深无凸缘圆筒形件的中间状态，其变形区的应力状态与变形特点也与无凸缘圆筒形件相同。但是，有凸缘圆筒形件拉深中要解决的问题不同于无凸缘圆筒形件，拉深方法也不相同，主要差别在于首次拉深。

(一) 有凸缘圆筒形件的拉深系数

有凸缘圆筒形件的拉深系数以 m_t 表示，分别用 d 和 D 表示圆筒和毛坯的直径，则

$$m_t=\frac{d}{D} \tag{4-7}$$

有凸缘圆筒形件与无凸缘圆筒形件的拉深系数具有同样的表达形式，但对于首次拉深，两者在变形程度的控制上有很大不同。在相同的条件下，无凸缘圆筒形件的极限拉深系数 m_1 允许的波动范围很小，而有凸缘圆筒形件的极限拉深系数 m_t 却有较大的变化范围，其值主要受相对凸缘直径 d_t/d_1 的影响。有凸缘圆筒形件首次拉深的极限拉深系数 m_t 见表 4-10。有凸缘圆筒形件的相对高度 h/d 也可以表示变形程度，但与 d_t/d_1 有关，首次拉深允许的最大相对高度 h/d 见表 4-11。

表 4-10　有凸缘圆筒形件首次极限拉深系数 m_t

凸缘相对直径 d_t/d_1	毛坯相对厚度 t/D/%				
	>0.06~0.2	>0.2~0.5	>0.5~1.0	>1.0~1.5	>1.5
≤1.1	0.59	0.57	0.55	0.53	0.50
>1.1~1.3	0.55	0.54	0.53	0.51	0.49
>1.3~1.5	0.52	0.51	0.50	0.49	0.47
>1.5~1.8	0.48	0.48	0.47	0.46	0.45
>1.8~2.0	0.45	0.45	0.44	0.43	0.42
>2.0~2.2	0.42	0.42	0.42	0.41	0.40

（续表）

凸缘相对直径 d_t/d_1	毛坯相对厚度 t/D/%				
	>0.06～0.2	>0.2～0.5	>0.5～1.0	>1.0～1.5	>1.5
>2.2～2.5	0.38	0.38	0.38	0.38	0.37
>2.5～2.8	0.35	0.35	0.34	0.34	0.33
>2.8～3.0	0.33	0.33	0.32	0.32	0.31

注：本表适用于08、10钢材料的拉深件，其他材料的拉深件可视材料的拉深性能优劣确定。

表4-11 有凸缘圆筒形件首次拉深最大相对高度 h/d

凸缘相对直径 d_t/d_1	毛坯相对厚度 t/D/%				
	>0.06～0.2	>0.2～0.5	>0.5～1.0	>1.0～1.5	>1.5
≤1.1	0.45～0.52	0.50～0.62	0.57～0.70	0.60～0.80	0.75～0.90
>1.1～1.3	0.40～0.47	0.45～0.53	0.50～0.60	0.56～0.72	0.65～0.80
>1.3～1.5	0.35～0.42	0.40～0.48	0.45～0.53	0.50～0.63	0.58～0.70
>1.5～1.8	0.29～0.35	0.34～0.39	0.37～0.44	0.42～0.53	0.48～0.58
>1.8～2.0	0.25～0.30	0.29～0.34	0.32～0.38	0.36～0.46	0.42～0.51
>2.0～2.2	0.22～0.26	0.25～0.29	0.27～0.33	0.31～0.40	0.35～0.45
>2.2～2.5	0.17～0.21	0.20～0.23	0.22～0.27	0.25～0.32	0.28～0.35
>2.5～2.8	0.16～0.18	0.15～0.18	0.17～0.21	0.19～0.24	0.22～0.27
>2.8～3.0	0.10～0.13	0.12～0.15	0.14～0.17	0.16～0.20	0.18～0.22

有凸缘圆筒形件的拉深系数受相对凸缘直径 d_t/d_1 的影响。表中 m_t 值随 d_t/d_1 的增大而减小，这并不表示变形也相应增大，如图4-21所示，用同样规格的毛坯分别拉深成直径都为 d 的A、B两凸缘圆筒件，根据定义有 $m_{tA}=m_{tB}$，显然，B凸缘圆筒件的变形程度大于A件。在一定坯料直径 D 和圆筒直径 d 的情况下，有凸缘圆筒形件相对直径大，意味着只要将坯料直径稍加收缩即可达到零件凸缘外径，筒壁传力区的拉应力远没有达到许可值，因而可以减小其拉深系数。但 m_t 也不能无限地减小，以表4-10为例，假定 $d_t/d_1=3$ 时，$m_t=0.33$，即 $m_t=\dfrac{d}{D}=0.33$，可以得出 $D\approx 3d$，也就是说此时 $D=d_t$，说明在拉深过程中，凸缘部分坯料已经无法流入凹模，此时的成形也不再是拉深成形了。

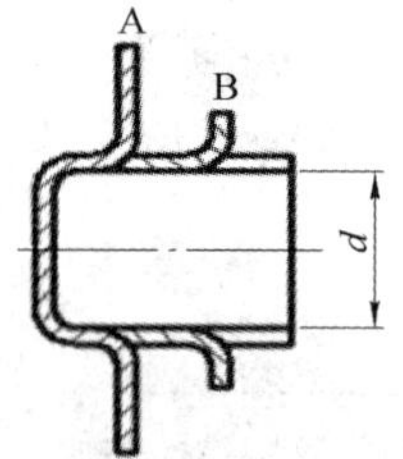

图4-21 拉深变形程度

（二）有凸缘圆筒形件的拉深方法

如果一个有凸缘圆筒形件按式(4-7)计算的总拉深系数小于表4-10中的值，则该件一次拉不成，需要多次拉深。有凸缘圆筒形件再拉深的变形特点与无凸缘圆筒形件是基本相同的，因此选用无凸缘圆筒形件的再拉深系数控制其再拉深变形程度，即从表4-7～表4-8中选取 m_2、m_3、…、m_n 值进行计算。

1. 窄凸缘圆筒形件的多次拉深

这类件多次拉深时，由于凸缘很窄，可先按无凸缘圆筒形件进行拉深，在第 $n-1$ 次拉深时将工序件拉成具有锥形的凸缘，最后用整形的方法压成凸缘要求的形状。如图 4-22 所示的窄凸缘圆筒形件，共安排三次拉深工序，前两次均拉成无凸缘圆筒形工序件，在第三次拉深时才留出锥形凸缘，最后进行整形。

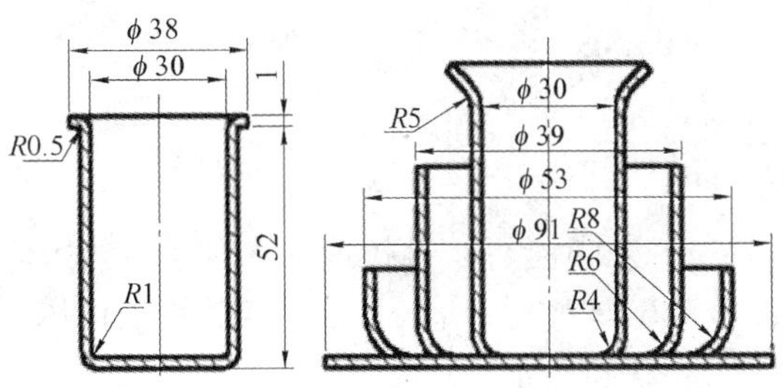

图 4-22　窄凸缘圆筒形件及拉深工序件图

2. 宽凸缘圆筒形件的多次拉深

对于宽凸缘件，不可能在第 $n-1$ 次拉深时留出足够的凸缘部分料，必须在首次拉深时就将凸缘拉到要求的尺寸，而且在后续拉深时不允许凸缘直径再缩小，即凸缘区材料不再流入凹模。要做到这一点，需准确计算工序件的高度并严格控制压力机的下止点位置，因为下止点位置即使偏低一点点，凸模进入凹模的深度加大，工序件就有拉破的危险，刚好到位又不好控制。因此，实际操作时凸模进入凹模的深度常常是稍小一些。这样多次拉深后所得到的拉深件的高度将比要求的工件高度小。为了解决这个问题，可在首次拉深时按表面积计算多拉入凹模 3%～5%的材料，在后续的拉深中逐步减小多拉入凹模的这部分额外的材料。最后，这部分多拉入凹模的的材料转移到零件口部附近的凸缘上，使这里的板料增厚，但不影响零件质量。用这种办法来补偿上述各种误差，以免在以后各次拉深时凸缘受力变形，这对于料厚小于 0.5 mm 的拉深件，效果显著。

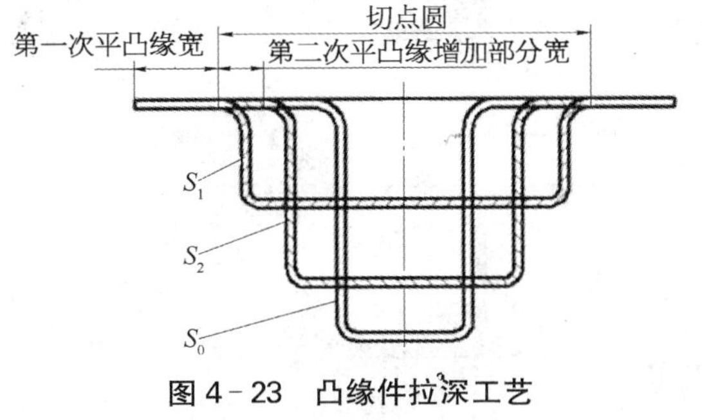

图 4-23　凸缘件拉深工艺

上述工艺安排可以通过图 4-23 加以说明，假定该凸缘件需要经过三次拉深，以切点圆为计算边界，首次拉入到凹模的材料面积为 S_1，第二次拉入到凹模的材料面积为 S_2，最后拉入凹模的材料面积为 S_0（这也是按照工件的尺寸计算的面积），那么有：$S_1 = 1.03S_0$，即首次多拉入凹模 3% 的材料；$S_2 = 1.015S_0$，和首次拉深相比，第二次拉深转移了 1.5% 额外材料到凸缘上。

下面通过一个例题进行说明。

例 4-1　试对图 4-24 所示有凸缘圆筒形件进行拉深工艺设计。

分析：该件具有双耳凸缘，可以通过对拉出的宽凸缘进行切边获得；该件圆角半径较小，稍大于板厚，拉深时需取合理的圆角半径值，最后用整形工序使圆角半径达到要求；由于板厚小于 1 mm，进行工序计算时可直接用工件简图上尺寸，不必用中线尺寸。

1）计算毛坯直径　考虑修边余量，单边留出 3 mm，计算出毛坯直径 $D = 136$ mm，为了防止后续拉深出现拉破现象，决定首次拉深按表面积计算多拉入 3%的材料，则实际采用的毛坯直

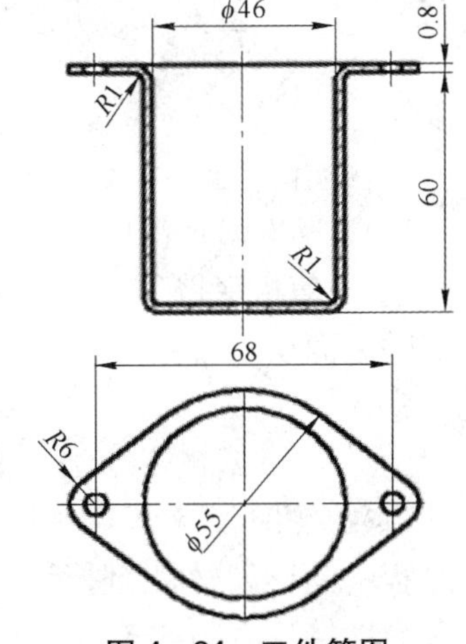

图 4-24　工件简图

径为

$$D_1 = \sqrt{1.03D} \approx 138$$

2）判断能否一次拉成　凸缘直径取 $d_t = 68 + 2 \times 6 + 3 \times 2 = 86$，$d_t/d = 1.87$，$t/D = 0.8/136 \approx 0.6\%$，查表 4-10，得首次拉深系数 $m_t = 0.44$，而总拉深系数为 $46/136 = 0.34$，所以一次拉不成。

3）计算首次拉深直径　宽凸缘件首次拉深时，由表 4-10 需要知道相对凸缘直径 d_t/d_1 才能确定首次拉深系数 m_t，但是首次拉深直径 d_1 尚未拉出，为此，可以先假定一个 d_t/d_1 值，计算出 d_1 后，再验算所取的 m_t 是否合适。

设 $d_t/d_1 = 1.15$，查表 4-10 得 $m_t = 0.53$，那么，$d_1 = d_t/1.15 = 86/1.15 \approx 74$，此时的首次拉深系数为 $74/138 = 0.536 > m_t$，说明假定条件满足要求。

4）计算再拉深工序件直径　查表 4-7 得：

$$m_2 = 0.78,\ m_3 = 0.8,\ m_4 = 0.82,\ m_5 = 0.85$$

$$d_2 = m_2 d_1 = 0.78 \times 74 \approx 58$$

$$d_3 = m_3 d_2 = 0.8 \times 58 \approx 46$$

各次拉深的工序件简图如图 4-25 所示。

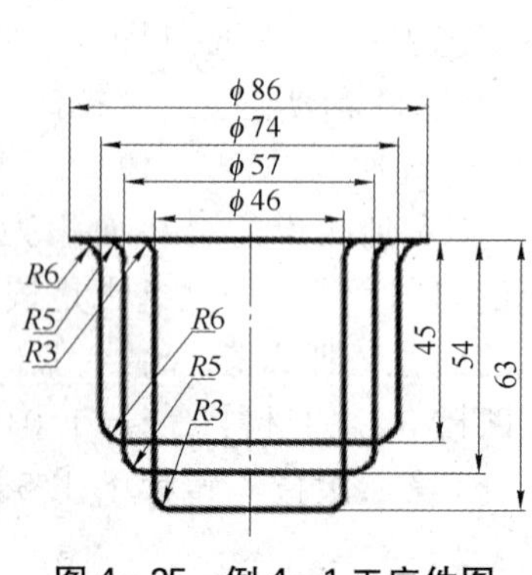

图 4-25　例 4-1 工序件图

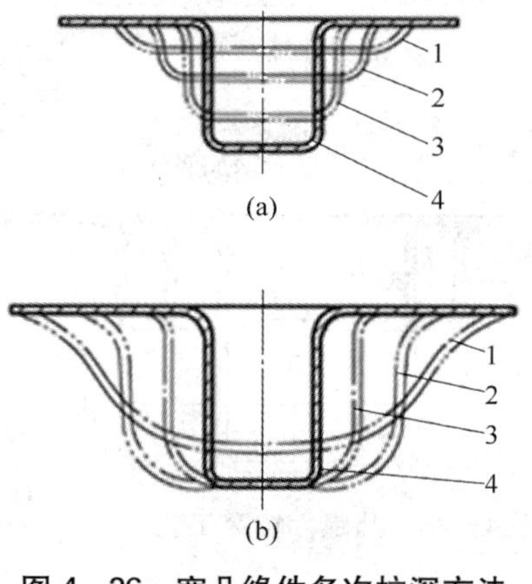

图 4-26　宽凸缘件多次拉深方法

(a) 逐次增加深度；(b) 深度基本不变

在实际生产中，宽凸缘圆筒件多次拉深的工艺方法通常有两种，如图 4-26 所示。

1）逐次增加深度法　通过多次拉深，逐步缩小筒形部分直径以增加其深度，各次拉深的 r_p 与 r_d 值可保持不变或逐次减小。这种方法适用于高度大于直径的中小型圆筒件，制成的零件表面质量较差，其直壁和凸缘上保留了弯曲和局部变薄的痕迹，需要在最后增加整形工序。

2）深度基本不变法　首次拉深尽可能取较大的 r_p 与 r_d 值，深度基本拉到工件要求的尺寸，再拉深时仅减小工序件的 r_p 与 r_d 值，以减小工序件的直径，但深度基本不变。由于拉深过程中变形区材料所受到的折弯较轻，所以拉成的工件表面较光滑，没有折痕，该方法适用于高度接近直径的较大型件的多次拉深。

二、阶梯圆筒形件的拉深

阶梯圆筒形件的变形特点与圆筒形件是相同的，变形程度的控制也可借用圆筒形件的拉深系数，但它们之间还是有区别的。

(一) 判断能否一次拉成

对于如图 4－27 所示的阶梯圆筒形件，可先计算其总高度与小端直径的比值 H/d_n，再计算高度为 H、直径为 d_n 的假想圆筒的毛坯直径 D，依据 t/D 值，从表 4－9 中查出无凸缘圆筒形件拉深的最大相对高度 H/d。如果 $H/d_n \leqslant H/d$，则该阶梯形件可以一次拉成；如果 $H/d_n > H/d$，则需多次拉成。

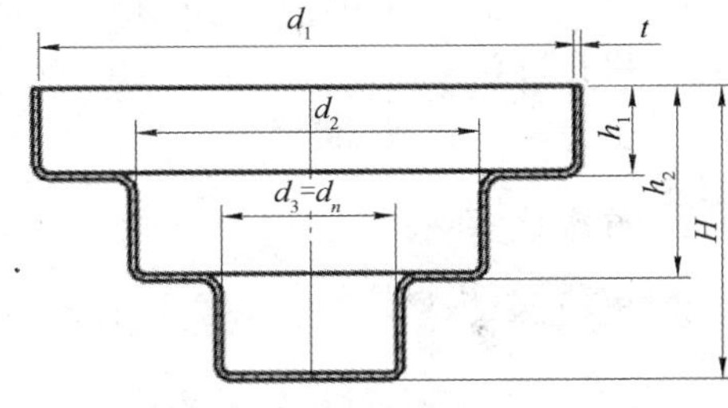

图 4－27 阶梯圆筒形件

(二) 阶梯圆筒形件多次拉深方法

1. 最先拉出大端直径

首先拉出大端直径，再依次拉出小端直径，工艺计算方法与多次拉深圆筒形件基本相同，有两种情形：

(1) 如果任意两个相邻阶梯直径之比 d_n/d_{n-1} 均大于相应圆筒形件的极限拉深系数 m_n，则每拉深一次便可形成一个阶梯，拉深次数就等于阶梯数。

(2) 如果任意两个相邻阶梯直径之比 d_n/d_{n-1} 小于相应圆筒形件的极限拉深系数 m_n，则在阶梯直径 d_{n-1} 与 d_n 之间需要增加拉深次数，仍按相应圆筒形件的拉深系数控制变形程度。总拉深次数为阶梯数与阶梯之间增加的拉深次数之和。

2. 最后拉出大端直径

当大端直径 d_1 段的高度 h_1 较小时，可以先拉成带有凸缘的工序件，再逐次将 d_2、d_3、…、d_n 拉出，最后再由凸缘拉成大端直径 d_1，这里的凸缘直径 d_t 为一假想圆筒的毛坯直径，该假想圆筒就是直径为 d_1、高度为 h_1 的圆筒。显然，最后拉出大端的条件是

$$d_1/d_t \geqslant m_1 \quad (m_1\text{ 为圆筒形件的首次拉深系数})$$

两种方法的区别在于：采用第二种方法时，中间工序件的高度要比第一种方法低得多，则拉深凸模与压边圈的高度可随之降低，模具总体尺寸减小。因此在进行阶梯形件工艺设计时，优先考虑采用第二种方法。

任务六 拉深力、压边力的计算与压力机的选用

【学习目标】

1. 掌握拉深力的确定方法。
2. 掌握压力机的选用。

一、拉深力的确定

在生产中一般按筒壁处的承载能力估算拉深力 F。

采用压边圈时：

首次拉深 $$F=\pi d_1 t\sigma_b K_1 \tag{4-8}$$

再拉深 $$F=\pi d_i t\sigma_b K_2 \quad (i=2、3、\cdots、n) \tag{4-9}$$

不采用压边圈时：

首次拉深 $$F=1.25\pi(D-d_1)t\sigma_b \tag{4-10}$$

再拉深 $$F=1.3\pi(d_{i-1}-d_i)t\sigma_b \quad (i=2、3、\cdots、n) \tag{4-11}$$

式中 D——坯料直径(mm)；

t——坯料厚度(mm)；

d_1、…、d_n——各次拉深后的工序件直径(mm)；

σ_b——材料的抗拉强度(MPa)；

K_1、K_2——修正系数，见表 4-12。

表 4-12 拉深力修正系数 K_1、K_2

m_1	0.55	0.57	0.60	0.62	0.65	0.67	0.70	0.72	0.75	0.77	0.80
K_1	1.0	0.93	0.86	0.79	0.72	0.66	0.60	0.55	0.50	0.45	0.40
m_2	0.70	0.72	0.75	0.77	0.80	0.85	0.90	0.95			
K_2	1.0	0.95	0.90	0.85	0.80	0.70	0.60	0.50			

二、压边力的确定

压边力 F_Y 值应适当，F_Y 值过小，则防皱效果不好，F_Y 值过大，又会增大危险断面上的拉应力，引起严重变薄甚至拉破，因此，在保证变形区不起皱的前提下尽量使用小的压边力。

模具设计时，压边力可按下式计算：

$$F_Y=Ap \quad (\text{N}) \tag{4-12}$$

式中 A——压边圈下面坯料的投影面积(mm^2)；

p——单位面积压边力(MPa)，可查表 4-13。

表 4-13 单位面积压边力

材料种类		单位面积压边力/MPa	材料种类	单位面积压边力/MPa
铝		0.8～1.2	镀锡钢板	2.5～3.0
纯铜、硬铝(已退火)		1.2～1.8	耐热钢(软化)	2.8～3.5
软钢	t<0.5 mm	2.5～3.0	不锈钢	3.0～4.5
	t>0.5 mm	2.0～2.5	黄铜	1.5～2.0

三、压边装置

采用压边装置的目的是为了防止变形区板料在拉深过程中起皱。表 4－14 给出是否采用压边装置的条件，供设计时参考。

表 4－14　是否采用压边装置的条件

是否采用压边装置	首次拉深		再拉深	
	$t/D/\%$	m_1	$t/D/\%$	m_n
用	<1.5	<0.6	<1.0	<0.8
可用可不用	1.5～2.0	0.6	1.0～1.5	0.8
不用	>2.0	>0.6	>1.5	>0.8

常用的压边装置有刚性压边装置和弹性压边装置两类。

1. 刚性压边装置

图 4－28 所示是在双动拉深机上使用带刚性压边圈的原理图，曲轴 1 转动，通过凸轮 2 带动外滑块 3，使固定于外滑块上的压边圈 6 将材料紧压在凹模 7 上，紧接着内滑块 4 在曲轴驱动下，带动凸模 5 下行，对材料进行拉深，回程时凸模先退出，压边圈随后上升。由于外滑块的压力可以单独控制与调整，且在拉深过程中可保持不变，所以压边效果很好，适用于较大型件的拉深加工。图 4－29 所示为双动压力机外形图。

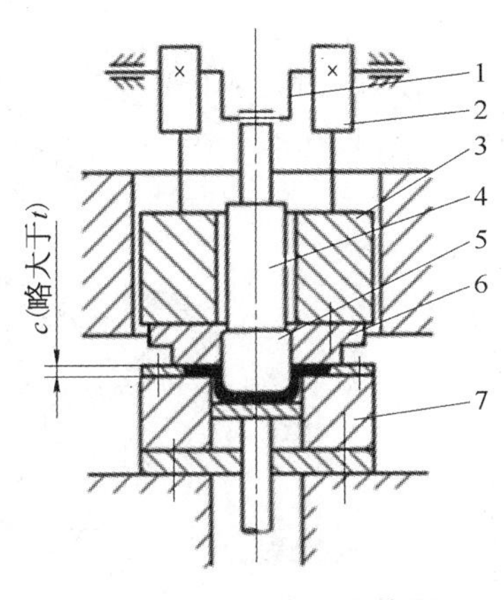

图 4－28　刚性压边装置

1—曲轴；2—凸轮；3—外滑块；4—内滑块；5—凸模；6—压边圈；7—凹模

图 4－29　双动压力机

2. 弹性压边装置

在单动压力机上进行拉深加工时，必须借助弹性元件提供压边力。弹性元件可以是橡胶块、弹簧或气垫（油垫）装置。

图 4－30～图 4－32 所示分别为橡胶垫压边装置、弹簧垫压边装置和气垫压边装置，弹性压边装置所能提供的压边力随压边行程的变化情况如图 4－33 所示，气垫压力可认为基本不变，而橡胶垫压力随行程的增加将迅速增大，弹簧垫次之。对首次拉深来说，起皱通常发生

在拉深初期，这时凸缘区面积较大，压边力也应该较大。随着行程的增加，凸缘区面积不断减小，压边力也应相应减小，结合图 4－33，气垫的压边效果较好，调整压边力也很方便。而橡胶垫和弹簧垫在拉深后期提供的压边力过大，特别在薄板拉深时，很容易拉破，或者在危险断面处严重变薄，因此在单动压力机上采用弹性压边装置进行拉深加工时，如果变形程度较大，应采用气垫，但并不是所有压力机上都配有气垫的，在普通冲床上进行中小型件拉深时，仍常采用橡胶垫作为压边装置。

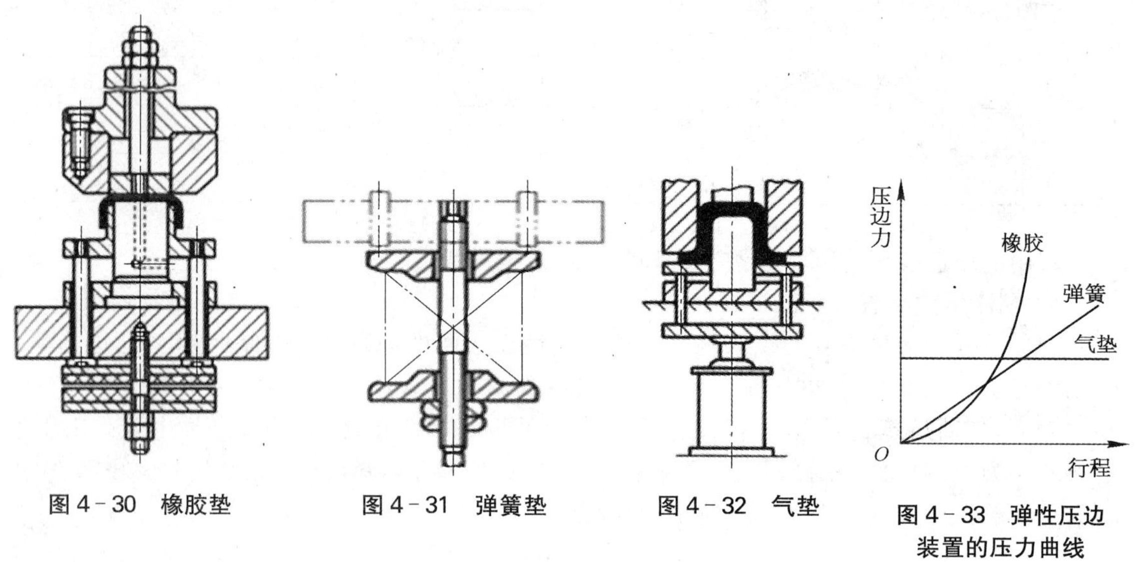

图 4－30 橡胶垫　图 4－31 弹簧垫　图 4－32 气垫　图 4－33 弹性压边装置的压力曲线

为了解决橡胶垫或弹簧垫在拉深后期压边力过大的问题，可以用限位柱控制压边圈和凹模间的间隙，如图 4－34 所示，其中图 a 用于首次拉深，图 b 和图 c 用于再拉深。

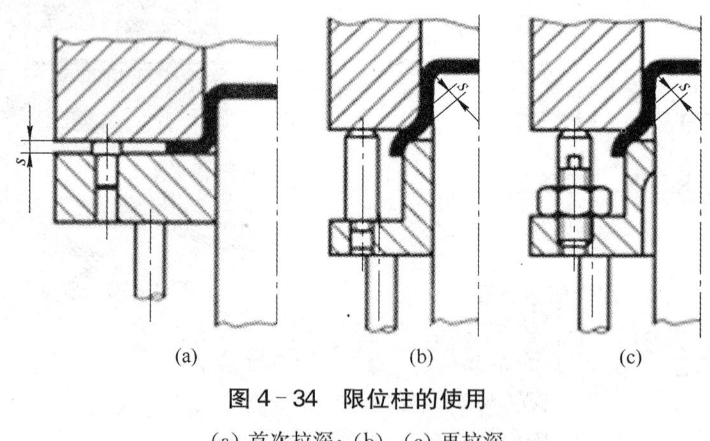

图 4－34 限位柱的使用

(a) 首次拉深；(b)、(c) 再拉深

加限位柱的效果取决于压边圈与凹模间的间隙 s，s 值过小将起不到限制压边力作用，s 值过大则压边作用减弱，仍可能起皱。一般 s 值按下式选取：

拉深钢板件　　$s = 1.2t$

拉深铝板件　　$s = 1.1t$

拉深宽凸缘件　　　　　$s = t + (0.05 \sim 0.1)$

图 4－33c 所示的限位柱为高度可调式，调整间隙方便，根据拉深情况调整合适后锁紧。

四、压力机的选择

1. 压力机类型的选择

加工小型拉深件，一般选择开式单柱压力机，对于大中型拉深件，可选用闭式双柱压力机，最好配有气垫装置，对于较大的拉深件且批量生产，最好选用双动拉深压力机，有较大拉深行程要求时，也可选用双动拉深液压机，如图 4－35 所示。

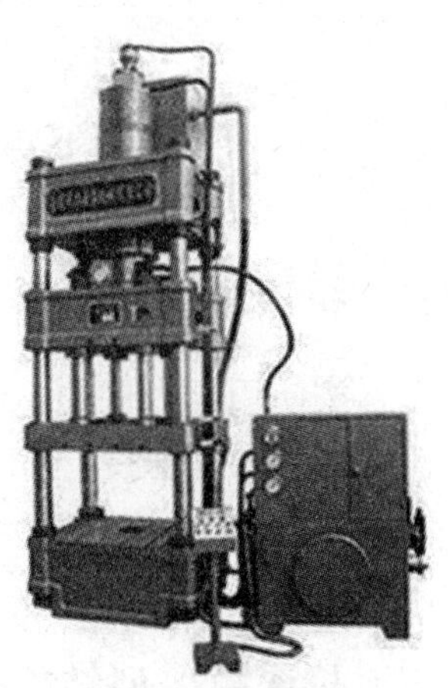

图 4－35　双动拉深液压机

2. 压力机行程的选择

对于采用逆出件的拉深模来说，压力机在开模状态下必须保证拉深的产品或工序件能方便取出，如果小型拉深模采用顺出件方式，则压力机行程只要保证工序件能顺利放入模具内。

3. 压力机额定压力的确定

对于单动压力机上使用的拉深模，总冲压力 $\sum F$ 包括拉深力 F 和压边力 F_Y（若不带压边圈，则无此项），即

$$\sum F = F + F_Y$$

在选择机械压力机时，应使拉深力曲线位于压力机滑块的许用负荷曲线之下，特别要注意不能简单地按照总冲压力来确定压力机的额定压力，以图 4－36 为例，曲线 a、b 分别表示两台压力机的压力曲线，机械压力机只在下止点前一小段，滑块行程 5%～8%以内，能够提供额定压力。曲线 2 为拉深模的负载曲线，由于拉深行程较大，最大拉深力在滑块到达下止点前早已出现，此时，虽然 a、b 两台压力机的额定压力都大于最大拉深力，显然 b 压力机无法满足要求；如果是落料拉深复合模，图中曲线 1 为落料模的负载曲线，那么，a、b 两台压力机都无法满足要求。

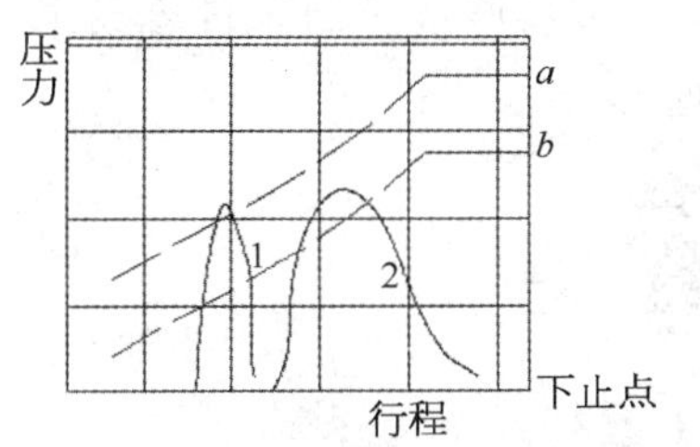

图 4－36　冲压力与压力机压力曲线

选择机械压力机用于拉深时，一般按下式核算：

浅拉深　　　　$\sum F \leqslant (0.7 \sim 0.8) F_0$

深拉深　　　　$\sum F \leqslant (0.5 \sim 0.6) F_0$

式中　$\sum F$——总冲压力；

F_0——机械压力机的额定压力。

当采用落料拉深复合模时，落料阶段的总冲压力不要超过压力机额定压力的 30%～40%。

任务七 拉深模设计

【学习目标】

1. 掌握常见的拉深模结构分析。
2. 掌握拉深模工作部分结构和尺寸设计的方法。

一、拉深模的分类

按使用压力机的不同，拉深模可以分为两大类：单动压力机上使用的拉深模与双动压力机上使用的拉深模；按工序的复合程度，可分为单工序拉深模与复合拉深模；按结构形式与使用要求不同，还可以分为首次拉深模与再拉深模、有压边拉深模与无压边拉深模、顺装拉深模与倒装拉深模等。

二、拉深模典型结构分析

(一) 单动压力机上用拉深模

1. 首次拉深模

图 4－37a 所示为圆筒形件无压边圈的首次拉深模，工作时，平板毛坯由定位圈 3 定位，凸模 2 下行将板料拉入凹模 4 内，并一直将拉深件推至脱料止口处，由于回弹，工件脱离凹模内壁后直径稍有增大，最终与回程的凸模分离，从下模座孔漏下。板料厚度小时工件容易卡在凸、凹模间隙里，为此，可在凹模内设计卸件器，如图 4－37b 所示。

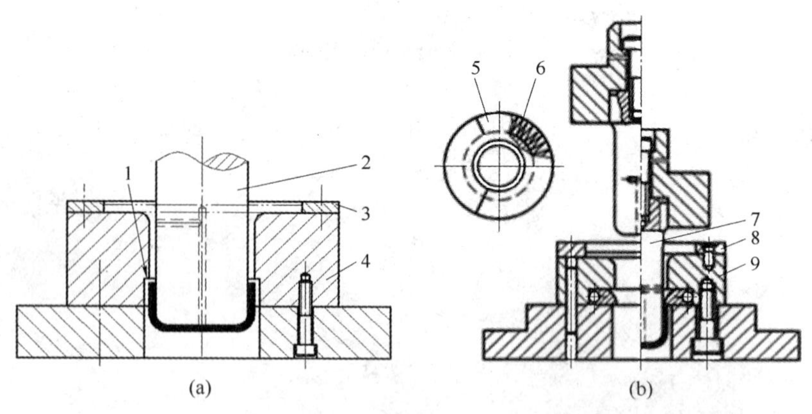

图 4－37 无压边圈首次拉深模

1—止口；2、7—凸模；3—定位圈；4、9—凹模；5—卸件器；6—弹簧；8—定位板

图 4－38 所示的有压边圈首次拉深模为顺装结构，成形后的工件尺寸精度不高，底部不够平整。受到模具闭合高度的限制，弹性元件的高度不能太高，因而拉深深度不能太大，同时要注意模具在闭合状态下，卸料螺钉的端头不要伸出上模座 2 的上表面。

图 4－39 所示为有压边圈首次倒装结构的拉深模，拉深前压边圈 3 向上浮起，并稍微超过凸模 11 端面，毛坯由定位板 10 定位，拉深终了回程时，压边圈可以确保工件一同上升完成与凸模的分离，最后在上打料机构（推板 5 和打杆 6）的作用下，从凹模内推出。

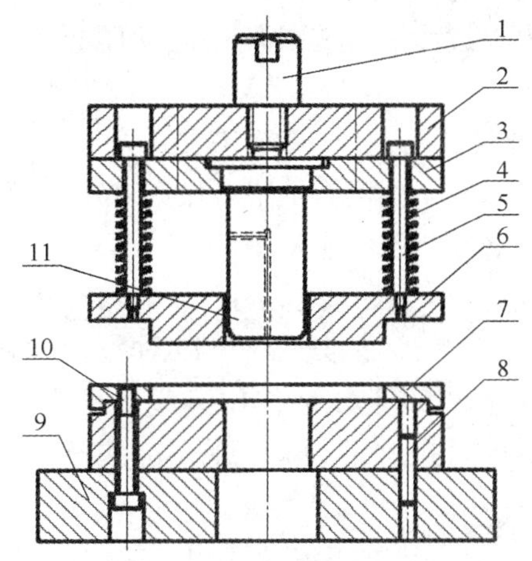

图 4－38 有压边圈首次顺装拉深模

1—模柄；2—上模座；3—上垫板；4—弹簧；5—卸料螺钉；6—压边圈；7—定位板；8—销钉；9—下模座；10—内六角螺钉；11—凸模

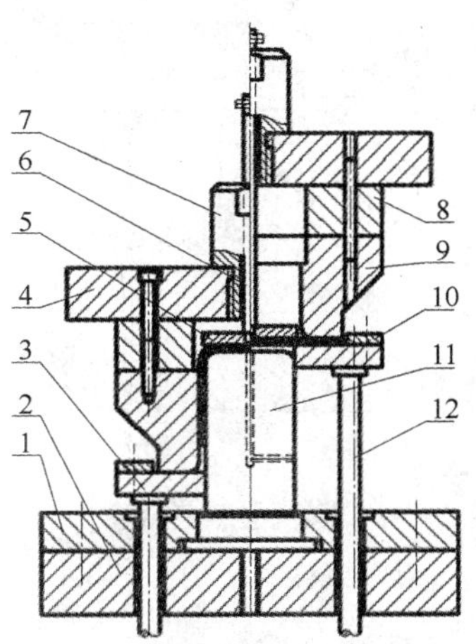

图 4－39 有压边圈首次倒装拉深模

1—凸模固定板；2—下模座；3—压边圈；4—上模座；5—打板；6—打杆；7—模柄；8—垫板；9—凹模；10—定位板；11—凸模；12—顶杆

2. 再拉深模

图 4－40 所示为无压边圈再拉深模，前次拉深后的工序件由定位板 6 定位，拉深后工件由凹模孔止口卸下。为了减小工件与凹模间的摩擦，凹模直边高度 h 取 9～13 mm。该模具适用于变形程度不大、直径和壁厚要求均匀的拉深件。

图 4－41 所示为有压边圈的倒装式再拉深模，压边圈 4 兼作定位用，前次拉深后的工序

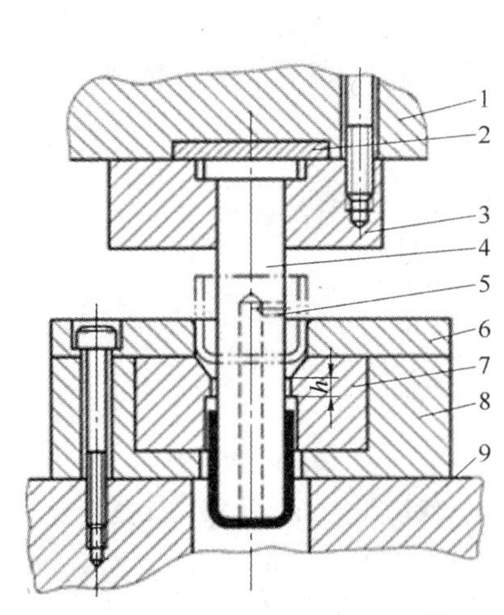

图 4－40 无压边圈再拉深模

1—上模座；2—垫板；3—凸模固定板；4—凸模；5—通气孔；6—定位板；7—凹模；8—凹模座；9—下模座

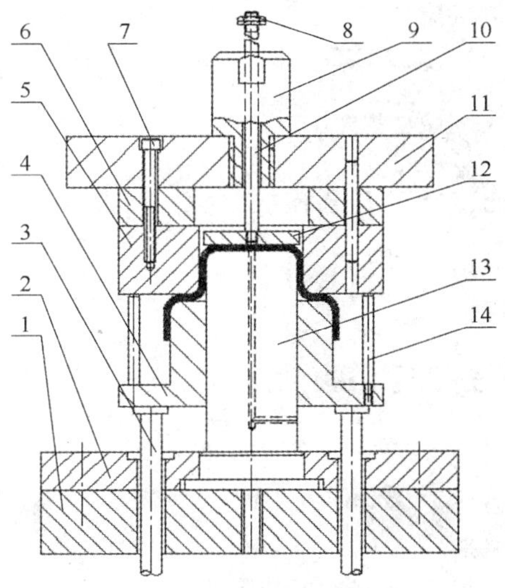

图 4－41 有压边圈倒装式再拉深模

1—下模座；2—凸模固定板；3—顶杆；4—压边圈；5—凹模；6—垫板；7—内六角螺钉；8—螺母；9—模柄；10—打杆；11—上模板；12—打板；13—凸模；14——限位柱

件套在压边圈上进行定位。压边圈的高度应大于前次工序件的高度，其外径最好按已拉成的前次工序件的内径配作。拉深完的工件在回程时分别由压边圈顶出和打板 12 推出。限位柱 14 可控制压边圈与凹模之间的间距，以防止拉深后期由于压边力过大造成工件侧壁底角附近过分减薄或拉裂。

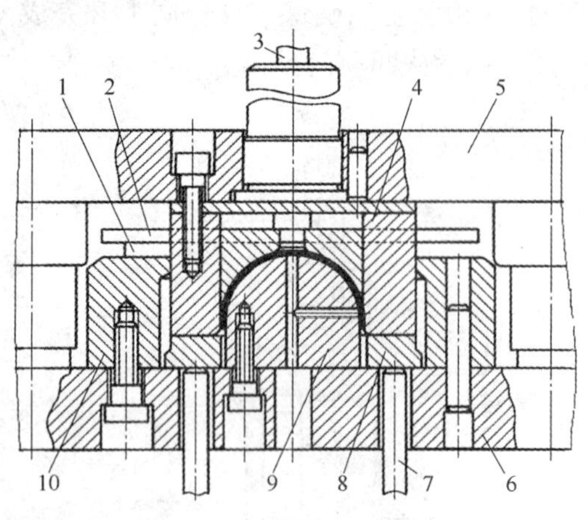

图 4－42　落料拉深复合模

1—导料板；2—刚性卸料板；3—打杆；4—凸凹模；5—上模座；6—下模座；7—顶杆；8—压边圈；9—凸模；10—落料凹模

3. 复合模具

图 4－42 所示为半球形件的落料拉深复合模具，条料沿着导料板 1 送入，通过落料凹模 10、凸凹模 4 完成落料，然后通过凸凹模 4 和凸模 9 完成拉深，仿工件外形的推件块可以对拉深件进一步整形，压边圈 8 既起压料作用又起顶件作用，为了体现先落料后拉深的设计意图，拉深凸模 9 应比落料凹模 10 低 1～1.5 倍料厚，打杆上端要装一横销(图中没有表示)，以避免上打料装置在开模时掉下来。

(二) 双动压力机上用拉深模

1. 双动压力机用首次拉深模

如图 4－43 所示的盒形件拉深模，下模由凹模 2、定位板 3、凹模固定板 8、顶件块 9 和下模座 1 组成，上模的压边圈 5 通过上模座 4 固定在压力机的外滑块上，凸模 7 通过凸模固定块 6 固定在内滑块上。工作时，坯料由定位板定位，外滑块先行下降带动压边圈将坯料压紧，接着内滑块下降带动凸模完成对坯料的拉深。回程时，内滑块先带动凸模上升将工件卸下，接着外滑块带动压边圈上升，同时顶件块在弹顶器作用下将工件从凹模内顶出。

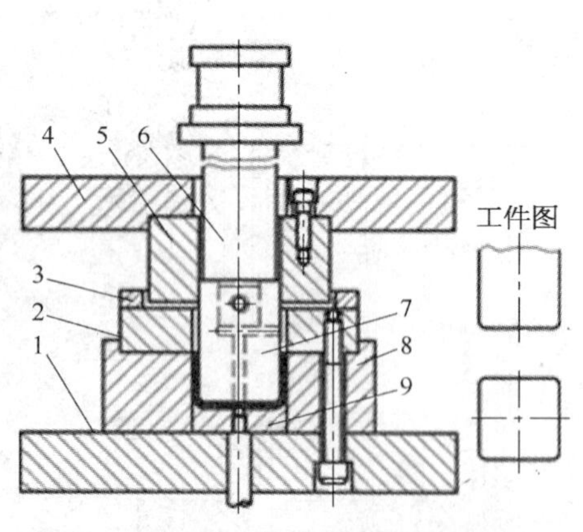

图 4－43　双动压力机用首次拉深模

1—下模座；2—凹模；3—定位板；4—上模座；5—压边圈；6—凸模固定块；7—凸模；8—凹模固定板；9—顶件块

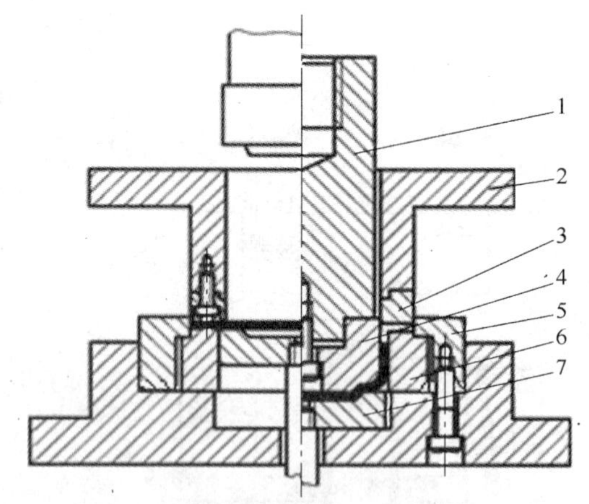

图 4－44　双动压力机用落料拉深复合模

1—凸模座；2—压边圈座；3—压边圈(兼作落料凸模)；4—拉深凸模；5—落料凹模；6—拉深凹模；7—顶件块

2. 双动压力机用落料拉深复合模

如图 4－44 所示，该模具可同时完成落料、拉深及底部的浅成形，主要工作零件采用组合式结构，压边圈 3 固定在压边圈座 2 上，并兼作落料凸模，拉深凸模 4 固定在凸模座 1 上。这种组合式结构特别适用于大型模具，不仅可以节省模具钢，而且也便于坯料的制备与热处理。工作时，外滑块首先带动压边圈下行，在达到下止点前与落料凹模 5 共同完成落料，接着进行压料（见左半视图）。然后内滑块带动拉深凸模下行，与拉深凹模 6 一起完成拉深。顶件块 7 兼作拉深凹模的底，在内滑块到达下止点时，可完成对工件的浅成形（见右半视图）。回程时，内滑块先上升，然后外滑块上升，最后由顶件块 7 将工件顶出。

注意图中的压边圈 3 与压边圈座 2 的连接，图中有意采用内六角螺钉的连接方式，目的是要说明，这样连接后，破坏了压边圈压料面的完整性，板料在向凹模内流动时，会钻入沉头孔内，进而撕裂板料，造成拉深无法进行。

三、拉深模工作部分结构和尺寸设计

1. 凸、凹模的圆角半径

凸模圆角半径和凹模圆角半径对拉深时的允许变形程度有较大影响，凸、凹模圆角半径的确定方法也很多，这里按下式给出：

凹模圆角半径　$$r_{dn}=0.8\sqrt{(d_{n-1}-d_n)t} \tag{4-13}$$

凸模圆角半径　$$r_{pn}=(0.7\sim1.0)r_{dn} \tag{4-14}$$

式中　r_{dn}——本次拉深凹模圆角半径；

r_{pn}——本次拉深凸模圆角半径；

d_{n-1}——前次工序件直径，当 $n=1$ 时，式中 d_{n-1} 就是毛坯直径 D；

d_n——本次拉深件直径。

最后一次拉深凸模圆角半径 r_{pn} 即等于工件圆角半径 r，但工件圆角半径如果小于工艺要求时，凸模圆角半径应按工艺要求确定（即 $r_{pn}\geqslant r$），然后通过整形工序得到工件要求的圆角半径。

2. 拉深模间隙

拉深凸模与凹模间的单面间隙简称拉深模间隙。拉深模间隙对拉深力、零件质量、模具寿命等影响很大，间隙小，拉深力大，模具磨损大，但工件精度高；间隙过大，坯料容易起皱，工件锥度大，精度差。因此，应根据板料厚度及公差、拉深过程板料的增厚情况、拉深次数等确定拉深模间隙。这里提出一些原则意见供设计时参考：

(1) 浅拉深时，拉深模间隙可取小些；深拉深时取大些。

(2) 多次拉深时，前几次可取较大拉深模间隙，此时考虑的是拉深顺利进行。最后一次取较小的拉深模间隙，此时考虑的是获得较高的尺寸精度。

(3) 板料较软时，可取较小的拉深模间隙，因为软料容易在模具间隙里被挤薄，可消除拉深过程已出现的微小皱褶；相反，硬料应取较大间隙。

对精度要求较高的工件，在整形拉深时，可取 $Z=(0.9\sim0.95)t$，拉深模间隙稍小于料厚，如果仅仅是整圆角半径，拉深模间隙可稍大些，取 $Z=(1.05\sim1.1)t$。一般拉深模间隙可按表 4－15 计算。

表 4－15 圆筒形件拉深模间隙

(mm)

<table>
<tr><th>材料</th><th>首次拉深</th><th>中间各次拉深</th><th>末次拉深</th></tr>
<tr><td>软钢</td><td>(1.3～1.5)t</td><td>(1.2～1.3)t</td><td rowspan="2">(1.05～1.1)t</td></tr>
<tr><td>黄铜、铝</td><td>(1.3～1.4)t</td><td>(1.15～1.2)t</td></tr>
</table>

注：不锈钢、耐热钢及镀锌板取表中上限值。

3. 拉深凸、凹模的结构

图 4－45 所示直壁凹模结构简单，由凹模圆角直接过渡到直壁，为了减小摩擦，凹模直壁高度 h 不应太大，普通拉深可取 $h = 8 \sim 12$ mm，精密拉深可取 $h = 6 \sim 10$ mm。

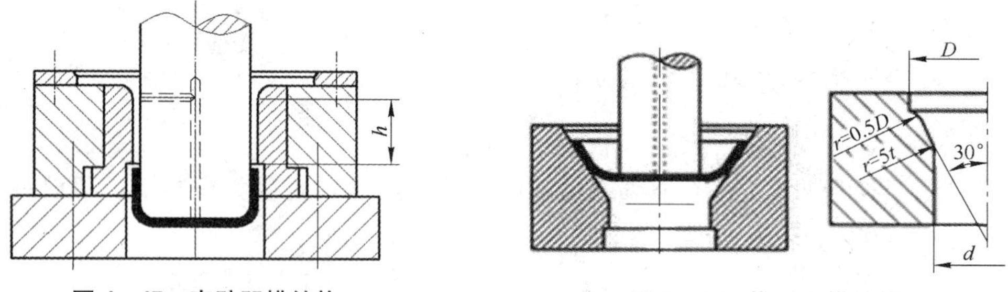

图 4－45 直壁凹模结构　　**图 4－46 锥形凹模结构**

如图 4－46 所示，在直壁凹模基础上加上一段锥形结构，一方面，可以减小拉深时板料在凹模圆角处受到的折弯和摩擦阻力，从而降低筒壁处所受到的拉应力；另一方面，毛坯在锥形凹模口预成形，然后将预成形的毛坯再拉入直壁凹模里，此时在切向的压缩变形量已经减小很多，因而起皱的危险性减小。这种凹模一般用在没有加压边圈的首次拉深，t/D 值不低于 2%情形，锥形凹模单边角度常取为 30°。

为了便于卸件，凸模工作端要开通气孔，以防止工件脱离凸模时，在凸模端头和工件底部之间形成真空，增加额外的卸件力，严重时内外气压差可能将工件压瘪。其直径可在 3～8 mm 之间选取。

图 4－47 所示为有压边装置的多次拉深的凸、凹模结构，其中图 a 结构用于直径小于 100 mm 的拉深件，图 b 结构用于直径大于 100 mm 的拉深件，凸、凹模设计有锥角结构，这能减轻坯料的反复弯曲变形，提高工件侧壁质量，大锥角对拉深有利，但坯料相对厚度较小时，容易起皱。板厚为 0.5～1 mm 时锥角取 30°～40°；板厚为 1～2 mm 时锥角取 40°～50°。

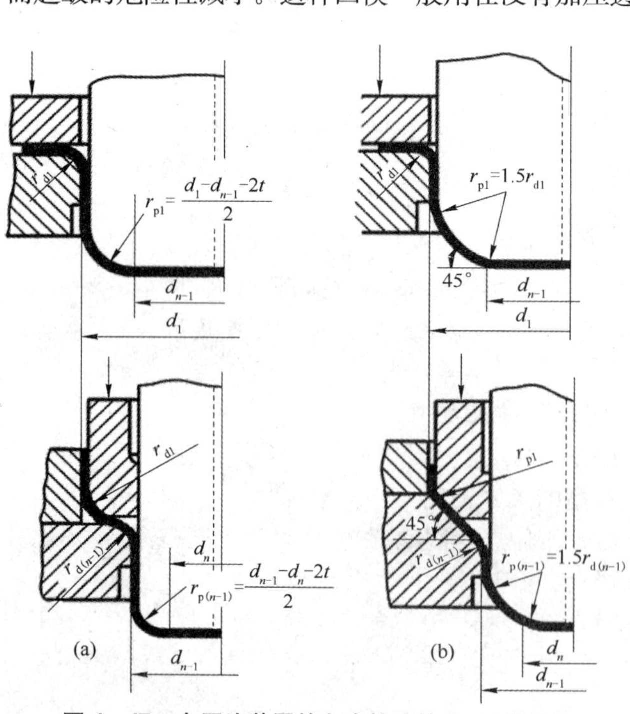

图 4－47 有压边装置的多次拉深的凸、凹模结构

设计拉深凸、凹模结构时，要注意前后两道工序的凸、凹模形状和尺寸的关系，做到前道工序件形状和尺寸有利于后一道工序的成形和定位，而后一道工序的压边圈的形状与前道工序件相吻合。

4. 拉深凸、凹模的工作尺寸

拉深件的尺寸和公差是由最后一次拉深模保证的，考虑拉深模的磨损和拉深件的弹性回复，最后一次拉深模的凸、凹模工作尺寸及公差按如下确定。

当拉深件标注外形尺寸时(图 4－48a)，则

$$D_A = (D - 0.75\Delta)^{+\delta_A}_{0} \qquad (4-15)$$

$$D_T = (D - 0.75\Delta - 2Z)^{0}_{-\delta_T} \qquad (4-16)$$

当拉深件标注内形尺寸时(图 4－48b)，则

$$d_T = (d + 0.5\Delta)^{0}_{-\delta_T} \qquad (4-17)$$

$$d_A = (d + 0.5\Delta + 2Z)^{+\delta_A}_{0} \qquad (4-18)$$

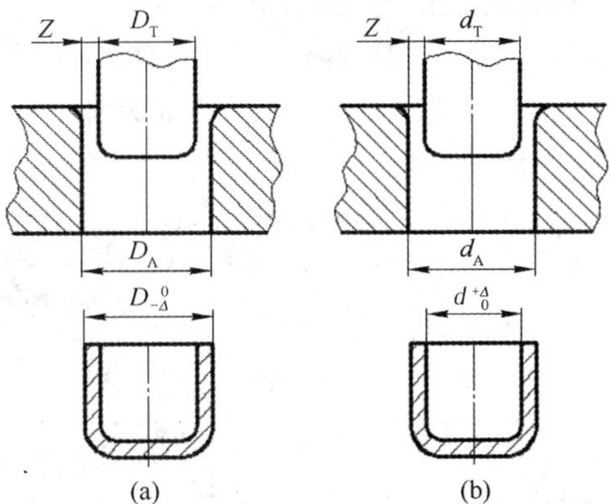

图 4－48　拉深件尺寸与凸、凹模工作尺寸

(a) 标注外形尺寸；(b) 标注内形尺寸

考虑到凸模的磨损程度较凹模为轻，在选择磨损系数时，取 0.5。

式中　D_A、d_A——凹模工作尺寸；

D_T、d_T——凸模工作尺寸；

D、d——拉深件的外形尺寸和内形尺寸；

Z——凸、凹模单边间隙；

Δ——拉深件的公差；

δ_T、δ_A——凸、凹模的制造公差，可按 IT6～IT8 级确定。

对于首次和中间各次拉深模，因工序件尺寸无需严格要求，所以其凸、凹模工作尺寸取相应工序的工序件尺寸即可。若以凹模为基准，则

$$D_A = D^{+\delta_A}_{0} \qquad (4-19)$$

$$D_T = (D - 2Z)^{0}_{-\delta_T} \qquad (4-20)$$

式中　D——各次拉深工序件的基本尺寸。

任务八　拉深的辅助工序

【学习目标】

1. 了解常见的拉深辅助工序。
2. 了解常用润滑剂的选用方法。

一、润滑

在拉深过程中，不但材料的塑性变形强烈，而且板料与模具的接触面之间要产生相对滑

动，因而有摩擦力存在。在拉深时采用润滑剂，不仅可以降低摩擦力，还能保护模具工作表面和冲压件表面不被损伤。润滑剂的涂刷部位，在拉深工序中应特别注意。拉深圆筒形件时，在凹模和压边圈工作面上毛坯受到的摩擦力是有害的，而在凸模圆角区摩擦力有阻止危险断面板进一步变薄的作用，因而是有利的。所以，应该将润滑剂涂在凹模圆角和压边面处以及与它们相接触的毛坯表面上，不要涂在凸模表面或同它接触的毛坯表面上。

拉深盒形件时，凸缘各部分流入凹模的速度不同，尤其在拉深初期，圆角区比直边区材料的流动要慢，如果能对凸模圆角部分进行润滑，拉深时就会从凸模圆角底部向变形区转移一部分材料，以减小圆角区板料的变薄程度，从而减小拉破的危险性。因此，盒形件拉深时可以对凸模圆角表面进行润滑。

在拉深锥形、抛物线形件时，为了避免纵向起皱，增大胀形区，需要增大材料流入凹模的阻力，因此，不需要对凹模进行润滑。

常用润滑剂见表 4-16 和表 4-17。

表 4-16 拉深有色金属、不锈钢及耐热合金用润滑剂

材　　料	润　滑　剂
铝	植物油(豆油)、工业凡士林
硬铝	植物油乳化液
黄铜、纯铜及青铜	菜油或肥皂与油的乳化液(将油与浓肥皂液混合)
镍及其合金	肥皂与油的乳化液
铁素体型不锈钢、奥氏体型不锈钢及耐热合金	用氯化乙烯漆(G01-4)喷涂板料表面，拉深时另涂机油

表 4-17 拉深低碳钢用润滑剂

代号	润滑剂成分	含量/%	附注	代号	润滑剂成分	含量/%	附注
5 号	锭子油 鱼肝油 石墨 油酸 硫黄 钾肥皂 水	43 8 15 8 5 6 15	效果好，硫黄以粉末状加入	9 号	锭子油 黄油 石墨 硫黄 酒精 水	20 40 20 7 1 12	将硫黄溶于温度约为 160℃的锭子油内，缺点是保存时间太久会分层
6 号	锭子油 黄油 滑石粉 硫黄 酒精	40 40 11 8 1	硫黄以粉末状加入	10 号	锭子油 硫化蓖麻油 鱼肝油 白垩粉 油酸 苛性钠 水	33 1.6 1.2 45 5.5 0.1 13.6	可用于单位压力大的拉深，润滑剂容易去除

（续表）

代号	润滑剂成分	含量/%	附注	代号	润滑剂成分	含量/%	附注
2号	锭子油 黄油 鱼肝油 白垩粉 油酸 水	12 25 12 20.5 5.5 25	效果比上述几种差	8号	钾肥皂 水	20 80	将肥皂溶于60～70℃的水里，用于球形及抛物线形件的拉深
					乳化液 白垩粉 焙烧苏打 水	37 45 1.3 16.7	可溶解的润滑剂，加3%的硫化蓖麻油后，可改善其效用

二、热处理

在拉深过程中，板料因塑性变形而产生较大的加工硬化，如果不经退火软化处理，就有拉破的危险。为了后续拉深或其他成形工序的顺利进行，或消除工件的内应力，必要时应进行工序间的热处理或最后消除应力的热处理。

对于普通硬化的金属（如08钢、10钢、15钢、黄铜和退火过的铝等），若工艺过程制定正确，模具设计合理，一般可不需要进行中间退火。而对于高度硬化的金属（如不锈钢、耐热钢、退火纯铜等），一般在1～2次拉深工序后就要进行中间热处理。表4－18给出了不退火能够连续拉深的次数。

表4－18　不退火能够连续拉深的次数

材　料	不用退火的工序次数	材　料	不用退火的工序次数
08、10、15钢	3～4	不锈钢	1～2
铝	4～5	1Cr18Ni9Ti	1～2
黄铜H68	2～4	镁合金	1
纯铜	1～2	钛合金	1

当工件的拉深次数超出表中限定次数，拉深进行到限定次数时，就必须安排退火软化工序，这种工序间退火工序按加热温度不同可分为低温退火和高温退火两种。

1. 低温退火

即再结晶退火，把金属加热至再结晶温度，以消除硬化，恢复塑性，这是一般常用的方法。各种材料低温退火的规范见表4－19。

表4－19　各种材料低温退火规范

材料名称	加热温度 t/℃	冷却	材料名称	加热温度 t/℃	冷却
08、10、15、20钢	600～650	空气中冷却	H62、H68	500～540	空气中冷却
纯铜T1、T2	400～450	空气中冷却	铝	220～250	保温40～45 min

（续表）

材料名称	加热温度 t/℃	冷却	材料名称	加热温度 t/℃	冷却
镁合金 MB1、MB8	260～350	保温 60 min	钛合金 TA5	650～700	空气中冷却
钛合金 TA1	550～600	空气中冷却			

2. 高温退火

把金属加热至高于临界点的温度，以便产生完全的再结晶。高温退火时，可能得到晶粒大的组织，影响零件的力学性能，但软化效果较好。各种材料高温退火的规范见表 4－20。

表 4－20　各种材料高温退火规范

材料名称	加热温度/℃	加热时间/min	冷　却
08、10、15 钢	760～780	20～40	箱内空气中冷却
Q195、Q215A	900～920	20～40	箱内空气中冷却
20、25、30、Q235A、Q255A	700～720	60	随炉冷却
30CrMnSiA	650～700	12～18	空气中冷却
1Cr18Ni9Ti 不锈钢	1 150～1 170	30	气流中或水中冷却
纯铜 T1、T2	600～650	30	空气中冷却
黄铜 H62、H68	650～700	15～30	空气中冷却
镍	750～850	20	空气中冷却
铝	300～350	30	由 250℃起在空气中冷却
硬铝	350～400	30	由 250℃起在空气中冷却

除了在拉深工序间要考虑安排以软化为目的的退火工序外，对拉深完的工件，特别是奥氏体型不锈钢、耐热钢及黄铜件，必须及时进行消除内应力的低温退火，以防工件在内应力作用下产生变形，甚至龟裂。另外对奥氏体型不锈钢进行退火处理，可以将加工硬化生成的马氏体组织恢复成耐蚀性好的奥氏体组织。不锈钢拉深件消除内应力的退火温度一般在600℃左右。

三、酸洗

经过热处理的工序件，表面有氧化皮，需要清洗后方可继续进行拉深或其他冲压加工。在许多场合，工件表面的油污及其他污物也必须清洗，方可进行喷漆或搪瓷等后续工序。有时在拉深成形前也需要对坯料进行清洗。

在冲压加工中，清洗的方法一般是采用酸洗。酸洗时先用苏打水（碳酸钠溶液）去油，然后将工件或坯料置于加热的稀盐酸中浸蚀，接着在冷水中漂洗，然后在弱碱溶液中将残留的酸液中和，最后在热水中洗涤并经烘干即可。

四、其他

在拉深不锈钢等黏性材料时，很容易发生擦伤或热黏结瘤现象，本质上讲，擦伤与热黏结都是一种金属熔敷现象。由于黏结瘤形成涉及摩擦学等问题，影响因素较多，就润滑剂的选择而言，选择耐高压、油膜不易破坏的润滑剂，如加有粉状填料（白垩、石墨、滑石粉等）的润滑剂。另外，应根据不锈钢板料与模具材料的亲合关系，选择抗黏合性强、耐磨减摩的模具材料。一般来讲，金属晶格类型、晶格间距、电子密度、电化学性能相同的金属，其相互吸引、溶解能力强，易黏附在一起，结果摩擦系数变大。Cr、Ni 与 Fe 的互溶性大，因此用钢模拉深时，更易发生黏结瘤现象。实践证明：选用铸铝青铜、硬铝青铜防黏效果较好；采用碳化钨钢结硬质合金制造凹模比用 Cr12MoV 软氮化制造凹模寿命提高数倍，且不黏模；如果采用代号 3054 合金铸铁，只需在模具表面进行火焰淬火，模具表面不会出现黏结瘤。另外在模具易损部位可采用硬质合金镶块，它具有优良的抗压性能、超群的耐磨性和持久的表面粗糙度及尺寸精度控制。但由于价格问题，生产中用得较少。需要说明的是，许多不锈钢产品表面质量要求很高，为避免成形过程出现擦伤，采用带保护膜的板料成形，保护膜的材料为聚氯乙烯、丙烯酸、聚乙烯等软质塑料，拉深后才剥离，效果也很好。

任务九　柴油机通风口座子的拉深工艺及模具设计

【学习目标】

1. 学会分析典型拉深件的拉深工艺过程。
2. 掌握典型拉深模具设计的方法。

一、分析零件的工艺性

结合图 4－1，这是一个不带底的阶梯形零件，其尺寸精度、各处的圆角半径均符合拉深工艺要求。该零件形状比较简单，可以采用落料—拉深成阶梯件—底部冲孔—翻边的方案加工。这里只作拉深工艺分析。

根据分析计算，翻边前拉深成如图 4－49 所示的半成品图（图中为中性层尺寸）。

下面进行拉深工序计算：

1. 计算毛坯直径及相对厚度

根据图 4－49 所示尺寸，利用 Pro/ENGINEER Wildfire 软件做曲面造型，如图 4－50 所示，借助分析工具测出曲面表面积为 43 609.8 mm^2，如图 4－51 所示，假定毛坯直径为 D，于是有：

$$\frac{\pi}{4}D^2 = 43\,609.8$$

可求出：$D = 235.6$ mm。

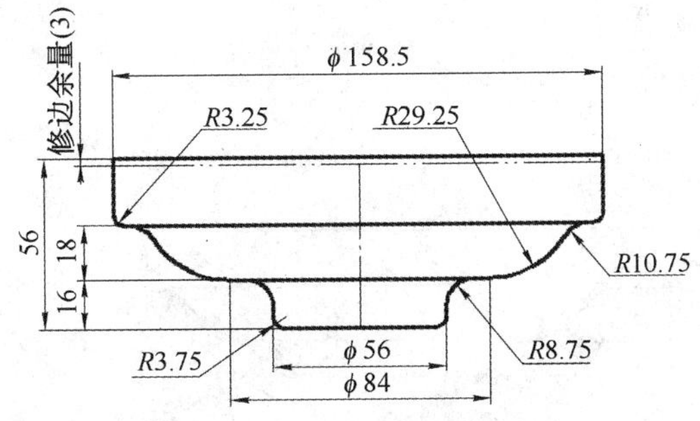

图 4－49　翻边前半成品形状

图 4-50 半成品图

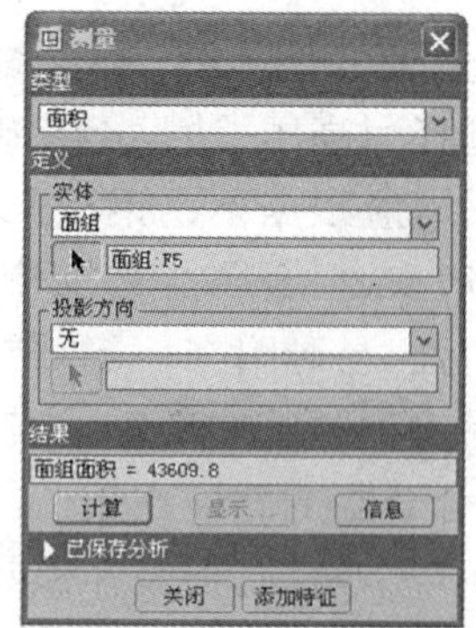

图 4-51 半成品的表面积

计算相对厚度：

$$\frac{\delta}{D}\times 100=\frac{1.5}{235.6}\times 100=0.64$$

2. 确定拉深次数

根据 $h/d_n=56/56=1$，以及相对厚度 0.64，查表 4-9 得拉深次数为 2，故一次不能拉成。

计算第一次拉深工序尺寸：为了计算第一次拉深工序尺寸，需利用等面积法，即第二次拉深后的面积和拉深前参与变形的面积相等，求出第一次拉深工序的直径和深度。

由于参与第二次拉深变形的区域是从 $\phi84$ 圆以内开始，因此以 $\phi84$ 圆开始计算面积，并求出相应的直径。

$$\frac{\delta}{D}\times 100=\frac{1.5}{235.6}\times 100=0.64$$

查表 4-7 得第二次拉深系数 $m_2=0.76$，因此，第一次应拉成的第二阶直径：

$$d=56/0.76=73.6\ \text{mm}$$

为了确保第二次拉深质量，充分发挥板料在第一次拉深变形中的塑性潜力，实际定为：$d=72\ \text{mm}$。

可以求出：

$$h=\frac{0.25}{72}\times(96.6^2-84^2)+0.86\times 3.75=11\ \text{mm}$$

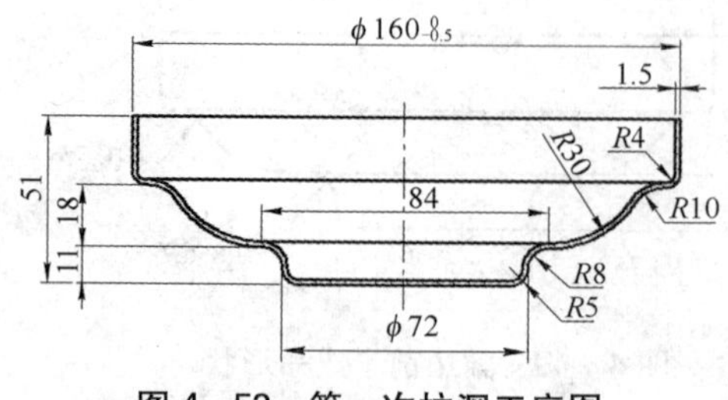

图 4-52 第一次拉深工序图

这样就可以画出第一次拉深工序图，如图 4-52 所示。

上述计算是否正确，即第一次能否由 $\phi235.6$ 的平板毛坯拉深成图 4-52 所示的半成品，需进行核算。

阶梯形零件，能否一次拉成，可以用下述近似方法判断，即求出零件的高度与最小直径之比 h/d_n，再按圆筒形零件拉深许可相对高度表，查得其拉深次数，如拉深次数为 1，则可一次拉成。

根据图 4－52 所示：$h=51$，$d_n=72$，$h/d_n-0.70$，$\delta/D\times100=0.64$，查表 4－9 得拉深次数为 1，说明图 4－52 所示半成品可以由平板毛坯一次拉成。

二、确定工艺方案

通过上述分析计算可以得出该零件的正确工艺方案是：落料—第一次拉深成如图 4－52 所示的形状—第二次拉深、冲孔成如图 4－49 所示的形状—翻边，达到零件形状和尺寸要求，共计四道工序。

现在以第一次拉深模为例继续介绍设计过程。

三、进行必要的工艺计算

1. 计算总拉深力

根据相对厚度 $\delta/D\times100=0.64$，按照公式判断要使用压边圈。

按照公式计算得到拉深力为

$$P=\pi d_1\delta\sigma_b K_1=3.14\times158.5\times1.5\times450\times0.91=305\ 706\ \text{N}$$

压边力为

$$Q=\frac{\pi}{4}[D^2-(d_1+2r_d)^2]q=\pi/4\times[235.6^2-(160+2\times8)^2]\times2.5=48\ 143\ \text{N}$$

式中 q 选取为 2.5 N/mm^2。

总拉深力 P_0

$$P_0=P+Q=305\ 606+48\ 143=353\ 849\ \text{N}$$

2. 工件部分尺寸计算

该工件要求外形尺寸，因此以凹模为基准，间隙取在凸模上。

单边间隙　$Z=1.1\delta=2.55\ \text{mm}$

凹模尺寸：

$$D_d=(D-0.75\Delta)^{+\delta_d}_{0}=(160-0.75\times0.5)^{+0.1}_{0}=159.6^{+0.1}_{0}\ \text{mm}$$

凸模尺寸：

$$D_p=(D-0.75\Delta-2Z)^{0}_{-0.07}=(160-0.75\times0.5-2\times1.65)^{0}_{-0.07}$$
$$=156.3^{0}_{-0.07}\ \text{mm}$$

四、模具总体设计

勾画模具草图，初算模具闭合高度：$H=272.5$ mm。

外轮廓尺寸估算为 $\phi420$ mm。

五、模具主要零部件设计

该模具的零件比较简单，可以在绘制总图时，边绘制边设计。

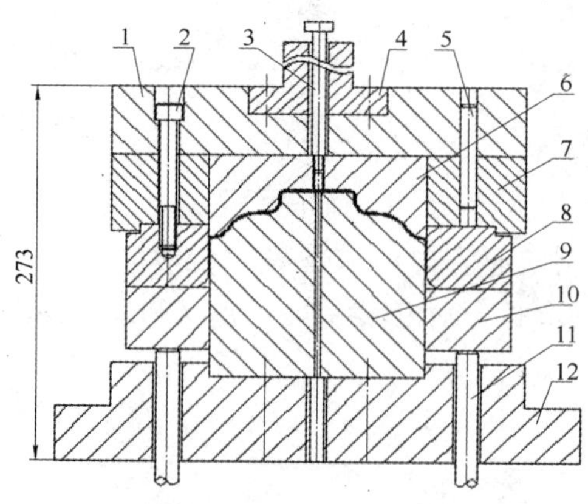

图 4-53 通风口座子首次拉深模

1—上模座；2—内六角螺钉；3—打杆；4—模柄；5—圆柱销；6—凹模底；7—垫板；8—凹模；9—凸模；10—压边圈；11—顶杆；12—下模座

六、选定设备

本工件的拉深力较小，仅有 353 749 N，但要求压力机行程应满足：$S \geqslant 2.5h = 2.5 \times 51 = 127.5$ mm，同时考虑到压边要使用气垫，所以实际生产中选用有气垫的3 150 000 N闭式单点压力机。其主要技术规格为：

公称压力	3 150 000 N
滑块行程	400 mm
连杆调节量	250 mm
最大装模高度	500 mm
工作台尺寸	1 120 mm × 1 120 mm

七、绘制模具总图

模具总图如图 4-53 所示。

思考与练习

1. 拉深工序中最容易出现的问题是什么？如何预防？

2. 什么是拉深系数？影响极限拉深系数的因素有哪些？

3. 宽凸缘圆筒形件的拉深方法有哪些？与无凸缘直壁圆筒形件拉深相比有何不同？

4. 确定图 4-54 所示拉深件的拉深次数及模具工作部分尺寸，材料为 08 钢。

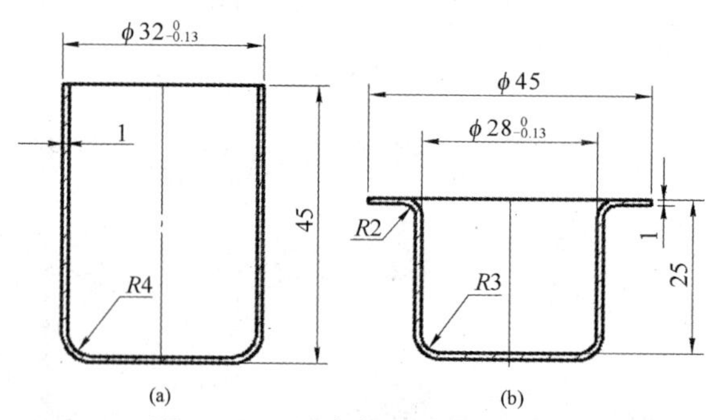

图 4-54 思考与练习第 4 题图

项目五　限速环成形工艺及模具设计

限速环为汽车变速箱中的主要零件，它是变速箱的心脏部位，十分重要。由于该零件要求全尺寸检验，故其精度要求较高。

该零件的年产量属于中批量，材料为一般冲压用钢，采用冲压加工经济性良好。本项目以限速环的成形工艺为学习任务，将成形工艺模具理论与学习任务有机联系在一起。

任务一　胀　形

【学习目标】

1. 了解胀形的变形特点及其应用。
2. 掌握胀形的工艺计算方法及模具设计的基本要点。

胀形是将平板坯料局部凸起变形或在管坯内部及开口空心件内通以高压液体、气体或放入刚体瓣模，使之沿径向向外扩张以制成工件的一种冲压成形工艺。胀形有起伏、圆管胀形、扩口等多种工序形式，由于受到材料塑性和塑性变形能力的限制，胀形程度不宜过大。

一、胀形的变形特点

图 5－1 所示是胀形时坯料的变形情况，图中涂黑部分表示坯料的变形区。一般来说，当 $D/d<3$ 时，发生的是拉深变形；当 $D/d>3$ 时，发生的是胀形变形。胀形变形时，变形区材料仅局限于 d 区域，其既不向外转移也不拉入其外部材料，而是在凸模作用下受到切向和径向的两向拉应力，使得厚度变薄、表面积增大来成形所需要的形状。胀形时，变形区的材料不会产生失稳起皱现象，成形后的零件表面光滑，质量好。由于变形区材料截面上拉应力沿厚度方向的分布比较均匀，所以卸载时的回弹很小，容易得到尺寸精度较高的零件。

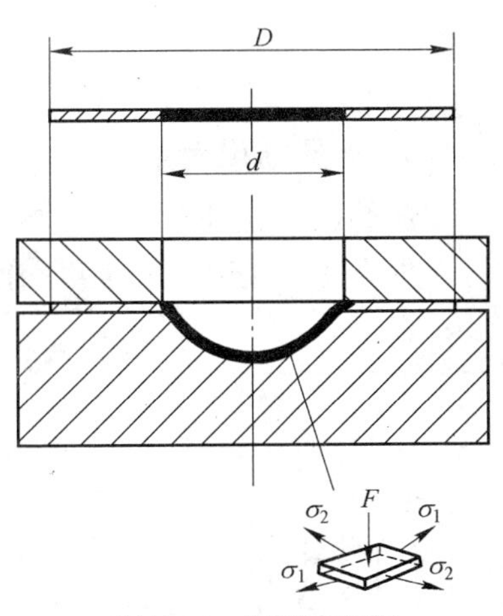

图 5－1　胀形变形区

胀形变形区内金属处于双向拉应力状态，所以当变形量过大时，d 区域严重变薄，会出现胀裂现象，故其成形极限受到了胀裂的限制。胀形的成形极限是指制件在胀形时不产生破裂所能达到的最大变形。由于胀形方法、模具结构、制件形状等不同，各种胀形的成形极限表示方法也不相同。

材料的塑性和硬化指数是影响胀形成形极限的主要因素。材料的塑性和硬化指数大，有利于胀形变形。

二、平板坯料的胀形

平板坯料的局部胀形俗称起伏成形，可以有效地提高零件的刚度和强度，还能够起到美观装饰的作用，如压制加强筋、凸包、凹坑、花纹图案及标记等。图 5-2 所示是平板坯料起伏成形的一些例子，它们在实际生产中应用广泛。

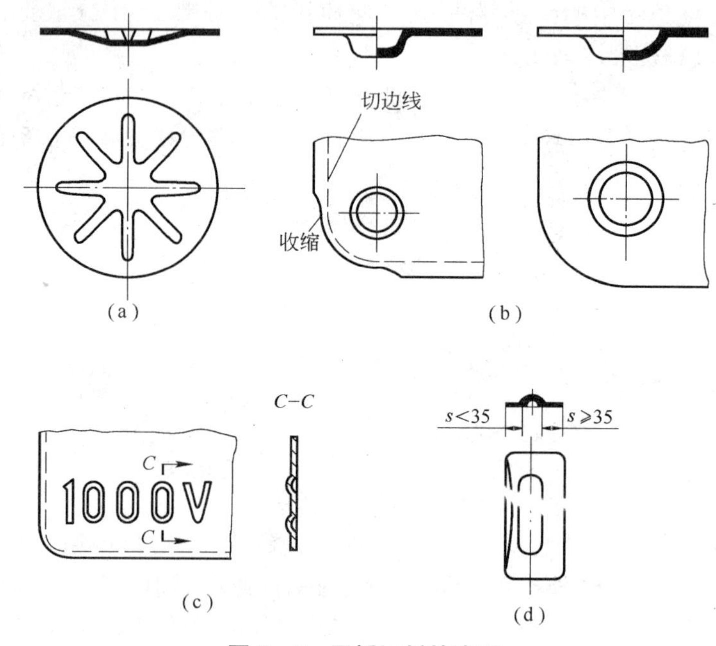

图 5-2 平板坯料的胀形

(a)、(b) 平板坯料起伏；(c)、(d) 空心坯料起伏

(一) 压筋设计

压筋成形就是在平板坯料上压出加强筋。压筋成形可以使零件惯性矩发生改变，并且可以提高零件的刚度和强度，在生产中应用广泛。

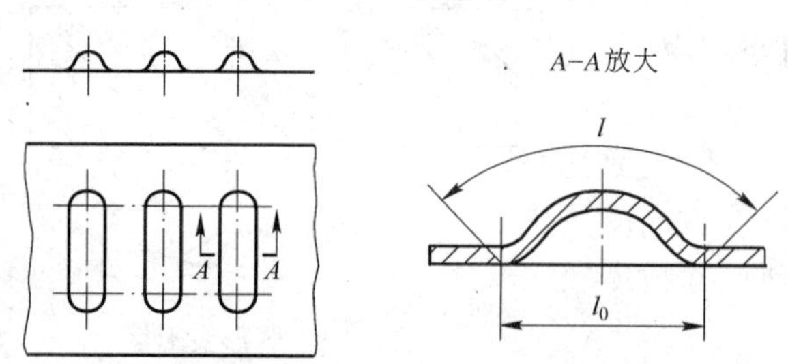

图 5-3 平板坯料胀形前后的长度

该成形的极限变形程度通常用试验法或计算法确定。压筋成形的极限变形程度受到材料的塑性、模具结构、零件的几何形状以及润滑等因素的影响。对于形状比较简单的压筋零件，其极限变形程度可以根据变形材料的延伸率进行检验(图 5-3)：

$$\varepsilon_p = \frac{l - l_0}{l} < (0.7 \sim 0.75)[\delta] \tag{5-1}$$

式中　ε_p——压筋成形时的许用变形程度(%)；

　　[δ]——毛坯材料的断后伸长率(%)；

　　l、l_0——变形区材料前后的线长度(mm)。

根据筋的形状选择系数 0.7～0.75，球形筋取大值，梯形筋取小值。

对于形状比较复杂的零件，由于其应力应变的分布比较复杂，因此其危险部位和极限变形程度较难确定，一般通过试验的方法确定。

压筋成形如果满足式(5-1)，即可以一次胀形完成。当制件要求的加强筋超出了极限变形允许值时，则采用如图 5-4 所示的方法，先用球形凸模压制出半球形过渡形状；然后再压出零件所需的形状和尺寸。

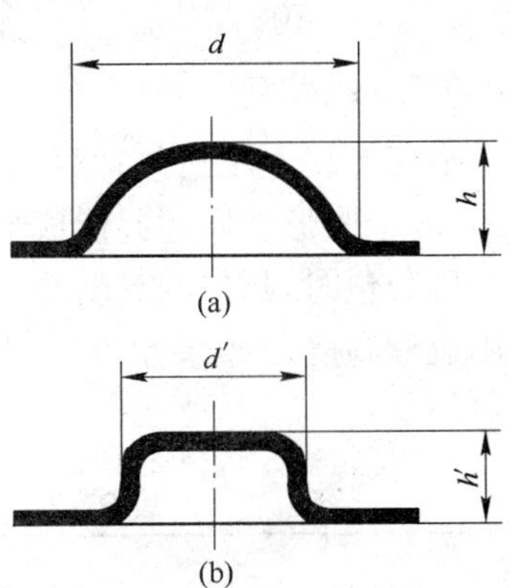

图 5-4　深度较大的起伏方法

(a) 预成形；(b) 最后成形

平板胀形加强筋的形式和尺寸、加强筋的间距和加强筋与工件边缘之间距离可参考表 5-1。当在坯料边缘局部起伏时(图 5-2b、d)，加强筋到边缘的距离小于(3～5)t 时，由于边缘材料要往内收缩，因此应根据实际的收缩预留出合适的切边余量，成形后通过切边去除。

表 5-1　加强筋的形状与尺寸

名称	简　图	R	h	D 或 B	r	α
压筋		(3～4)t	(2～3)t	(7～10)t	(1～2)t	—
压凸		—	(1.5～2)t	≥3h	(0.5～1)t	15°～30°

压制加强筋时，其压力通常以实验数据为基础。用刚性模具胀形时，所需的冲压力可用下式近似计算：

$$F = KLt\sigma_b \tag{5-2}$$

式中　L——加强筋的截面长度(mm)；

　　t——材料的厚度(mm)；

　　σ_b——材料的抗拉强度(MPa)；

　　K——系数，一般 $K = 0.7 \sim 1.0$(加强筋窄而深时 K 取大值，宽而浅时 K 取小值)。

采用曲柄压力机对厚度小于 1.5 mm、面积小于 200 mm^2 的薄料小件进行压筋成形时，其冲压力可用下式进行近似计算：

$$F = KAt^2 \tag{5-3}$$

式中 F——胀形冲压力(N)；

A——胀形面积(mm^2)；

t——材料厚度(mm)；

K——系数，对于钢件一般取 $K = 200 \sim 300$ MPa，对于黄铜或铝件取 $K = 150 \sim 200$ MPa。

(二) 压凸包

平板坯料上压凸包时要求毛坯直径与凸模直径的比值应大于 4，此时凸缘部分不会向里收缩，属于胀形性质的起伏成形，否则便成为拉深。

压凸包时，凸包的高度受到材料的塑性限制因此不能太大。表 5-2 列出了压凸包时的许用成形高度。如果制件的凸包高度超出表中所列数值，则需采用多道工序的方法冲压凸包。

表 5-2 平板毛坯局部压凸包时的许用成形高度和尺寸 (mm)

材料	许用凸包成形高度 h_p
软钢	$\leqslant(0.15\sim0.2)d$
铝	$\leqslant(0.1\sim0.15)d$
黄铜	$\leqslant(0.15\sim0.22)d$

D	L	l
6.5	10	6
8.5	13	7.5
10.5	15	9
13	18	11
15	22	13
18	26	16
24	34	20
31	44	26
36	51	30
43	60	35
48	68	40
55	78	45

三、空心坯料的胀形

空心坯料的胀形俗称凸肚，它是利用模具使空心毛坯或管状坯料在径向上局部向外扩张，胀出所需的凸起曲面零件。用这种工艺可以制造各种形状复杂的零件，如图 5-5 所示的壶嘴、波纹管等。

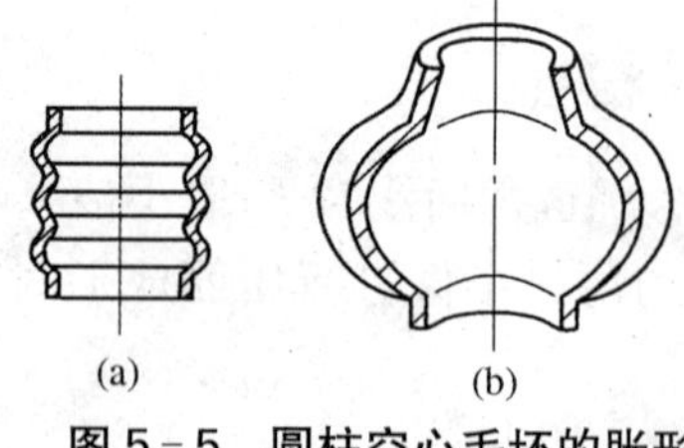

图 5-5 圆柱空心毛坯的胀形

(a) 波纹管；(b) 凸肚件

(一) 胀形方法

胀形可以采用不同的方法来实现，若按生产中使用的模具分类，可分为刚性模胀形和软模胀形两类。

采用刚性分块式凸模胀形时，称为刚性模胀形。图 5-6 所示为刚性模胀形，压力机滑块下压时，分瓣凸模 2 在锥形芯块 4 作用下向外扩张，使毛坯产生径向扩张胀成所需形状。胀形结束后，分瓣凸模 2 在顶杆及拉簧 3 作用下回到最初位置，取出制件。工件的精度随分瓣凸模数目的增多而提高。分瓣凸模之间存在间隙或滑动，故这种胀形方法难以得到形状复杂和精度较高的零件，且模具结构复杂、制模困难、成本高。

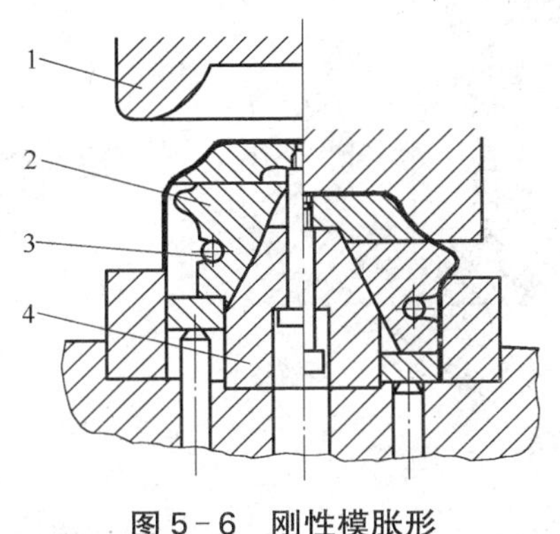

图 5-6 刚性模胀形

1—凹模；2—分瓣凸模；3—拉簧；4—锥形芯块

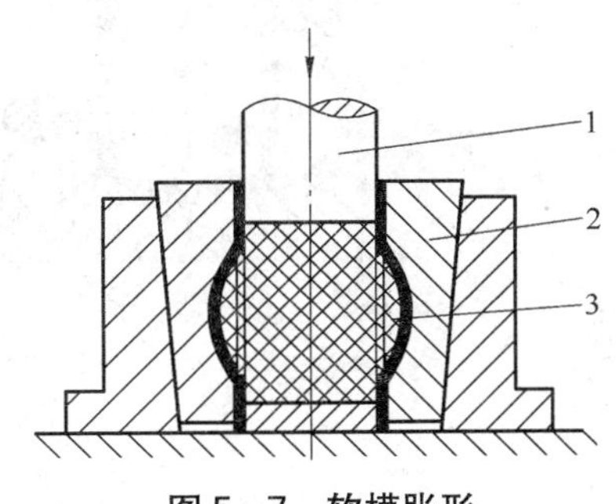

图 5-7 软模胀形

1—柱塞；2—分块凹模；3—橡胶

利用液体、气体或弹性体的压力代替刚性凸模的作用作为传压介质对管坯进行胀形时，可统称为软模胀形。液体可用油、乳化液或水，弹性体通常用聚氨酯橡胶或天然橡胶。图 5-7 所示是软模胀形，它是利用橡胶 3 来作为凸模的。柱塞 1 下压，橡胶变形压迫工序件，使工序件胀开直至完全贴合凹模 2 内壁，从而得到所需要的形状。凹模采用刚性材料，常由两块或多块组合而成，便于取出制件。这种方法使毛坯的变形比较均匀，零件的精度容易保证，因此其便于加工形状复杂的空心件，其生产的波纹管及一些异形件获得了较好的效果。

胀形时采用橡胶作为凸模的结构尺寸应该合理设计。通常橡胶凸模做成柱形、锥形等简单形状，直径略小于坯料内径。例如，圆柱形橡胶凸模的直径及高度(图 5-8)按照下式计算：

$$d = 0.895D \quad (5-4)$$

$$h_1 = K\frac{LD^2}{d^2} \quad (5-5)$$

式中 d——橡胶凸模的直径(mm)；

D——空心坯料的内径(mm)；

h_1——橡胶凸模的高度(mm)；

L——空心坯料的长度(mm)；

K——系数，橡胶凸模被压缩后可能体积缩小或变形力提高，一般 $K = 1.1 \sim 1.2$。

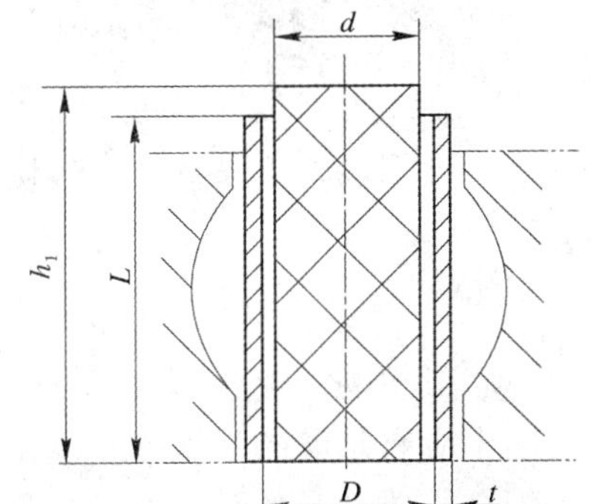

图 5-8 圆柱形橡胶凸模的尺寸确定

图 5－9 所示是液压胀形，胀形前要先在预先拉深成的工序件内灌注液体，然后在封闭条件下使液体产生高压迫使工序件产生径向扩张直至与凹模内壁紧紧贴合，获得所需的制件形状。由于工序件经过拉深，产生加工硬化，为了保证胀形时金属的良好塑性，故在胀形前应该进行退火。液压胀形的零件表面质量好，可加工大型零件，但其操作不方便、生产率较低。

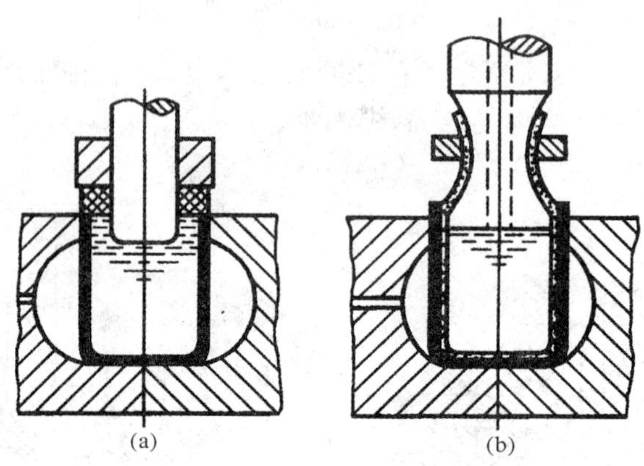

图 5－9　液压胀形

(a) 倾注液体法；(b) 充液橡胶囊法

伴随胀形时变形条件的不同会出现不同的胀形结果。图 5－10 所示是采用轴向压缩和高压液体联合作用的胀形方法。首先将管坯置于下模 3，然后将上模 1 下压将其压紧，再使两端的轴头 2 压紧管坯端部，接着从轴头中心孔通入高压液体，在高压液体径向和轴向压力的共同作用下，管坯在凹模中胀形而获得所需的形状。用这种方法可较大程度地增加胀形量，加工高压管接头、自行车的管接头等形状复杂的零件。

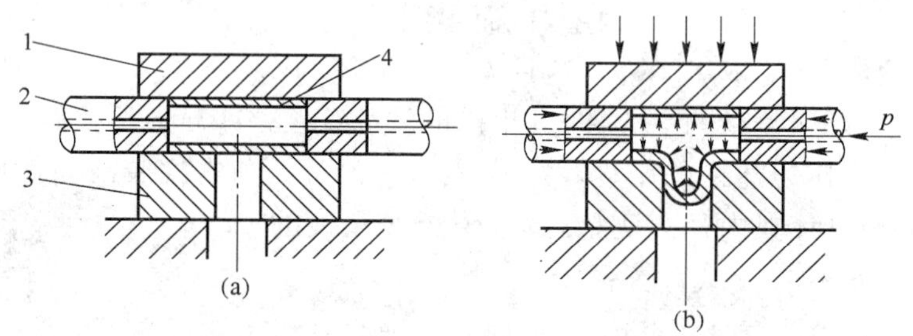

图 5－10　轴向压缩的高压液体胀形

(a) 胀形前；(b) 胀形中
1—上模；2—轴头；3—下模；4—管坯

胀形模的凹模通常由钢、铸铁、锌基合金等材料做成，其结构有整体式和分块式。整体式凹模应有足够的强度以承受工作时的强大压力，通常可以在凹模的外面加上模套，采用过盈配合构成一定的预应力，也可以采用加强筋来提高其强度。

如果是分块式凹模，则应根据零件形状选择合理的分模面，且分块数尽可能少。模具闭合后，分模面应贴合紧密，拼接缝处不应产生间隙及不平。分块式凹模采用整体式模套利用锥面配合进行紧固，模块间采用定位销连接。

(二) 胀形的变形程度

胀形时，在凸肚尺寸最大处材料所受到的切向拉深最严重，其极限变形程度受材料伸长率限制，生产中常用胀形系数 K 来表示胀形极限变形程度（图 5-11），即

$$K=\frac{d_{max}}{D} \tag{5-6}$$

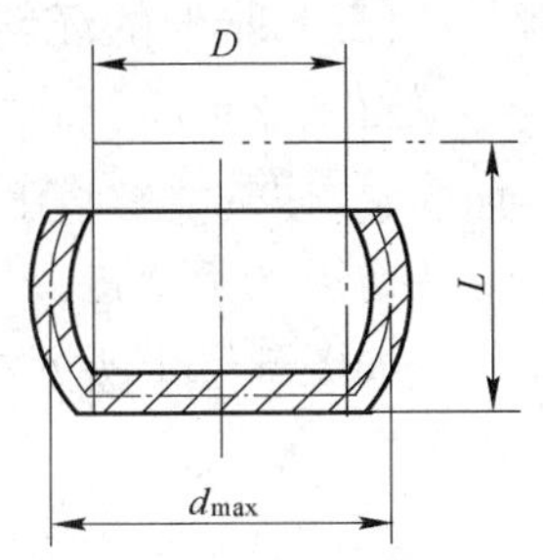

图 5-11　胀形前后尺寸的变化

式中　d_{max}——胀形后零件的最大直径(mm)；

D——胀形前毛坯原始直径(mm)。

一般胀形系数 K 和材料切向伸长率 δ 的关系为

$$\delta=\frac{d_{max}-D}{D}=K-1 \tag{5-7}$$

或

$$K=1+\delta \tag{5-8}$$

由上式可以看出，极限胀形系数受材料切向伸长率的限制，所以也可根据上式由材料的切向伸长率算出相应的极限胀形系数。表 5-3 和表 5-4 是一些常用材料的切向许用伸长率[δ]和极限胀形系数的实验值，可供参考。

表 5-3　常用材料的极限胀形系数与伸长率

材　料		厚度/mm	极限胀形系数[K]	切向许用伸长率[δ]/%
铝合金 LF21-M		0.5	1.25	25
纯铝	L1、L2	1.0	1.28	28
	L3、L4	1.5	1.32	32
	L5、L6	2.0	1.32	32
黄铜	H62	0.5～1.0	1.35	35
	H68	1.5～2.0	1.40	40
低碳钢	低碳钢 08F	0.5	1.20	20
	10、20	1.0	1.24	24
不锈钢		0.5	1.26	26
1Cr18Ni9Ti		1.0	1.28	28

表 5-4　铝管坯料的试验极限胀形系数

胀形方法	极限胀形系数[K]	胀形方法	极限胀形系数[K]
用橡胶的简单胀形	1.2～1.25	局部加热至 200～250℃	2.0～2.1
用橡胶并对坯料轴向加压的胀形	1.6～1.7	加热至 380℃用锥形凸模的端部胀形	<3.0

(三) 胀形的坯料尺寸计算

自然胀形时,为了保证材料的顺利流动,减小变形区材料的变薄率,毛坯的两端一般不加固定,使其能够自由收缩,因此毛坯高度在计算时需要考虑在制件的高度上增加一个收缩量并留出切边余量。

如图 5-11 所示,胀形制件的毛坯直径 D 按下式计算:

$$D = \frac{d_{\max}}{K_p} \tag{5-9}$$

胀形变形区坯料长度 L 按下式计算:

$$L = l(1 + c\delta) + \Delta h \tag{5-10}$$

式中 l——变形后母线展开长度(mm);

δ——制件切向的最大伸长率,$\delta = \dfrac{d_{\max} - D}{D}$,见表 5-3;

c——考虑切向伸长而引起高度缩小的影响因素,一般 $c = 0.3 \sim 0.4$;

Δh——修边余量,一般 $\Delta h = 5 \sim 20$ mm,形状对称件 Δh 取较小值,形状不对称复杂件 Δh 取较大值。

空心坯料多为拉深件或空心管坯,坯料的总长度应该为以上胀形变形区长度与拉深件或管坯直壁部分长度之和。

(四) 胀形力的计算

空心坯料胀形时,其所需胀形力 F 按下式计算:

$$F = pA \tag{5-11}$$

$$p = 1.15\sigma_b \frac{2t}{d_{\max}} \tag{5-12}$$

式中 p——胀形时所需的单位面积压力(MPa);

A——胀形面积(mm);

σ_b——材料抗拉强度(MPa);

t——材料的原始厚度(mm);

$d_{\max}$——胀形后零件的最大直径(mm)。

四、胀形模设计实例

制件名称:罩盖

生产批量:中批量

材料:10 钢

料厚:0.5 mm

制件简图:如图 5-12 所示。

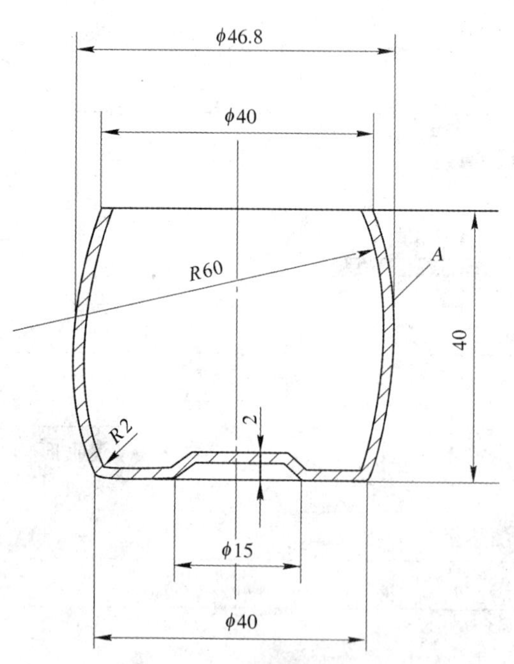

图 5-12 罩盖胀形简图

(一) 制件的工艺性分析

由图 5-12 可知,其侧壁是由空心毛坯胀形而成,底部凸包由平板起伏成形,实际为两种胀形同时成形。

(二) 胀形相关工艺计算

1. 底部凸包起伏成形计算

由表 5－2 查得该零件底部凸包成形的许用成形高度如下：

$$h_p=(0.15\sim0.2)d=2.25\sim3\ \text{mm}$$

此值比制件底部起伏成形的实际高度大，所以可一次起伏成形。

根据式(5－3)，起伏成形力的计算如下：

$$F_{凸包}=KAt^2=250\times\frac{\pi}{4}\times15^2\times0.5^2=11\ 039\ \text{N}\qquad(K=250\ \text{N})$$

2. 侧壁胀形计算

由式(5－6)计算制件的胀形系数如下：

$$K=\frac{d_{max}}{D}=\frac{46.8}{40}=1.17$$

由表 5－3 查得极限胀形系数[K]为 1.24。该制件的胀形系数小于极限胀形系数，因此该制件侧壁可一次胀形成形。

胀形前制件的原始长度 L 由式(5－10)计算如下：

$$\begin{aligned}L&=l[1+(0.3\sim0.4)\delta]+b=40.8\times[1+(0.3\sim0.4)\times0.17]+3\\&=45.88\sim46.57\ \text{mm}\end{aligned}$$

其中

$$\delta=\frac{d_{max}-D}{D}=\frac{46.8-40}{40}=0.17$$

l 为 $R60$ 一段圆弧的长，通过几何计算得 $l=40.8$ mm；修边余量 Δh 取 3 mm；L 取整数 46 mm。

根据式(5－11)计算侧壁胀形成形力如下：

$$F_{胀形}=pA=10.6\times\pi\times46.8\times40.8=63\ 554\ \text{N}$$

其中

$$\sigma_b=430\ \text{MPa}$$

$$p=1.15\sigma_b\frac{2t}{d_{max}}=1.15\times430\times\frac{2\times0.5}{46.8}=10.6\ \text{MPa}$$

总成形力：$F_{总}=F_{凸包}+F_{胀形}=11\ 039+63\ 554=74\ 593\ \text{N}\approx74.6\ \text{kN}$

橡胶胀形凸模的直径与高度由式(5－4)与式(5－5)计算如下：

$$d=0.895D=0.895\times(40-1)\approx35\ \text{mm}$$

$$h_1=K\frac{LD^2}{d^2}=1.15\times\frac{46\times39^2}{35^2}\approx65.7\ \text{mm}\qquad(K=1.15)$$

(三) 模具结构设计

胀形模采用聚氨酯橡胶进行软模胀形，如图 5－13 所示。该模具将凹模分为上、下两部

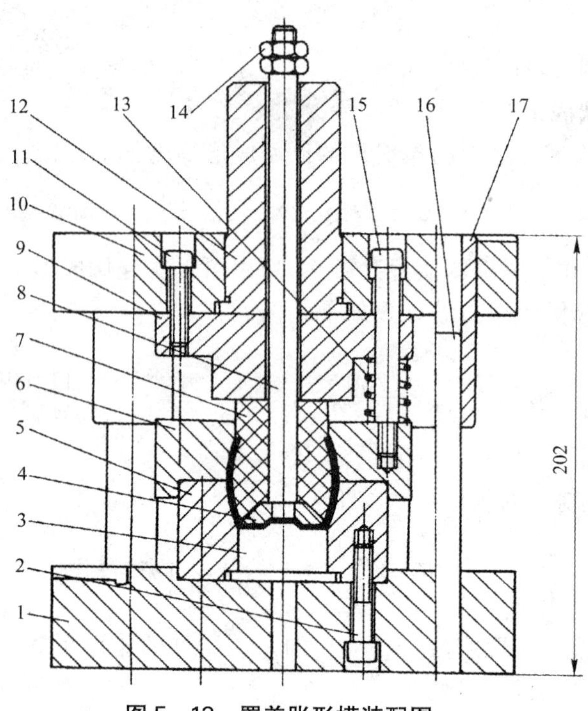

图 5-13 罩盖胀形模装配图

1—下模座；2、11—螺栓；3—压包凸模；4—压包凹模；5—胀形下模；6—胀形上模；7—聚氨酯橡胶；8—拉杆；9—上固定板；10—上模板；12—模柄；13—弹簧；14—螺母；15—卸料螺钉；16—导柱；17—导套

分，上、下凹模之间用止口定位，单边间隙取 0.05 mm，便于制件成形后取出。侧壁由橡胶凸模胀开成形，底部由压包凸模与凹模成形。

模具闭合高度为 202 mm，所需压力约 74.6 kN，因此，选用设备时以模具尺寸为依据，选用 250 kN 开式可倾压力机。

任务二　翻孔与翻边

【学习目标】

1. 了解翻孔与翻边的变形特点及其应用。
2. 掌握翻孔与翻边的工艺计算方法及模具设计的基本要点。

翻孔是在预先冲孔的工序件上沿孔边缘冲制起竖立直边的成形方法；翻边是在坯料的外边缘沿一定曲线冲制起竖立直边的成形方法。翻孔和翻边可以加工形状复杂且刚度较好、合理空间形状的立体零件。大型钣金成形时，翻孔与翻边还可作为控制材料破坏的手段使用。

如图 5-14 所示为几种翻孔和翻边零件的实例。根据材料的应力应变状态不同，翻孔可分为变薄翻孔与不变薄翻孔，翻边可分为伸长类翻边（图 5-14d）和压缩类翻边（图 5-14b）。

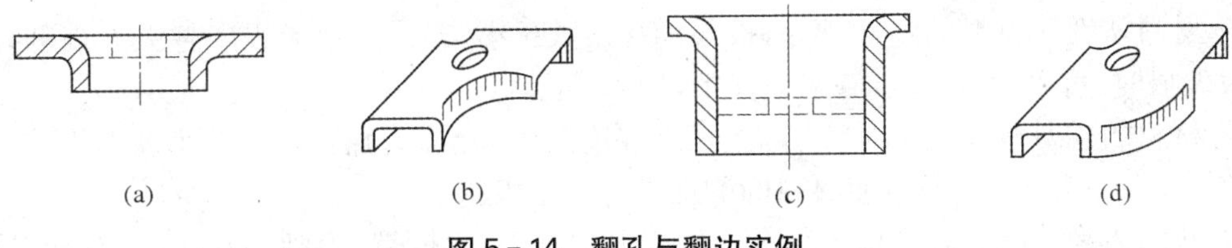

图 5-14　翻孔与翻边实例

(a)、(c) 翻孔；(b)、(d) 翻边

一、翻孔

(一) 圆孔翻孔

1. 圆孔翻孔的变形特点与变形程度

如图 5-15 所示，设翻孔前坯料孔径为 d，翻孔后孔口直径为 D。在翻孔模作用下，d 不断扩大，D 与 d 之间的环形区域材料逐渐向侧壁转移，最终翻成竖立的直边。

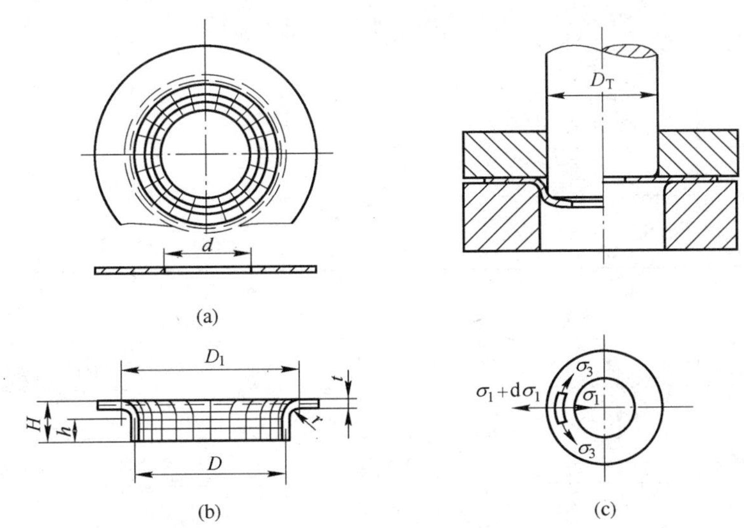

图 5-15　圆孔翻孔时的应力与变形情况

为了便于分析翻孔翻边的变形情况，可以采用网格实验法。如图 5-15 所示，经过翻孔，从坐标网格的变化可以看出：D 与 d 之间的环形区域为变形区，其坐标网格由扇形变为矩形，说明材料沿切向伸长了，且越靠近孔口处伸长量越大；各同心圆之间距离变化不明显，说明材料在径向变形很小。被竖立起的直边厚度变薄了，越靠近孔口处其厚度越薄。变形区受切向拉应力 σ_3 和径向拉应力 σ_1 这两向拉应力作用，其中切向拉应力 σ_3 是最大主应力，而径向拉应力 σ_1 值则较小。变形区内，应力大小是变化的，并在孔口边缘处其值达到最大。所以，圆孔翻孔的危险在于孔口边缘被拉裂，而拉裂的条件取决于变形程度的大小。

圆孔翻孔的变形程度用翻孔系数 K 表示，即翻边前孔径 d 与翻边后孔径 D 之比。

$$K = d/D \tag{5-13}$$

K 值越小，变形程度就越大；K 值越大，变形程度就越小。翻孔时孔口不破裂所能达到的最小 K 值称为极限翻孔系数，用[K]表示。影响极限翻孔系数的因素很多，主要有以下几个：

1）材料塑性　材料的塑性越好，极限翻孔系数越小，允许的变形程度越大。当翻孔允许有不大裂痕时，可以用[K]值，一般情况下，用 K 值。

2）材料的相对厚度 $(t/d)\times 100$　相对厚度越大，允许的翻孔系数越小。因为较厚的材料对拉深变形的补充性较好，使材料断裂前的伸长值变大。

3）孔的边缘状况　翻孔前毛坯孔边缘表面质量高，无撕裂、毛刺及硬化时，有利于翻孔，可取较小的 K 值。如采用冲孔后翻孔，为消除冷作硬化、恢复塑性，应将孔口进行退火，得到与钻孔相近的 K 值。常用钻孔代替冲孔。

4）凸模的形状　凸模工件边缘的圆角半径越大，越有利于翻孔。如球形凸模比圆柱形凸模有利于翻孔，因为前者在翻孔时，孔边是圆滑过渡逐步张开，有利于减小孔边破裂的可能，所以极限翻孔系数值偏小。

各种材料圆孔的翻孔系数、极限翻孔系数见表 5－5 和表 5－6，方孔或其他非圆孔翻孔时，其值可酌情减小 10%～15%。

表 5－5　翻孔系数 K、[K]

退火材料	K	[K]	退火材料	K	[K]
白铁皮	0.70	0.65	软铝 $(t=0.5\sim5\text{mm})$	0.71～0.83	0.63～0.74
碳钢	0.74～0.87	0.65～0.71	硬铝	0.89	0.80
合金结构钢	0.80～0.87	0.70～0.77	纯铜	0.72	0.63～0.69
镍铬合金钢	0.65～0.69	0.57～0.61	黄铜 H62 $(t=0.5\sim6\text{ mm})$	0.68	0.62

表 5－6　低碳钢圆孔的极限翻孔系数[K]

翻孔方法		球形凸模		圆柱形凸模	
制孔方法		钻孔去毛刺	冲孔	钻孔去毛刺	冲孔
相对直径 d/t	100	0.70	0.75	0.80	0.85
	50	0.60	0.65	0.70	0.75
	35	0.52	0.57	0.60	0.65
	20	0.45	0.52	0.50	0.60
	15	0.40	0.48	0.45	0.55
	10	0.36	0.45	0.42	0.52
	8	0.33	0.44	0.40	0.50
	6.5	0.31	0.43	0.37	0.50
	5	0.30	0.42	0.35	0.48
	3	0.25	0.42	0.30	0.47
	1	0.20	—	0.25	—

2. 圆孔翻孔的工艺计算

翻孔后直边厚度变薄了，变薄后的厚度 t' 可按下式近似计算：

$$t' = t\sqrt{d/D} = t\sqrt{K} \tag{5-14}$$

式中　t'——翻孔后竖立直边的厚度；

t——翻孔前坯料的原始厚度；

K——翻孔系数。

1）平板坯料翻孔的工艺计算　如图 5-16 所示，在进行翻孔前平板坯料上应预先加工出待翻孔的孔。翻孔后的直壁和圆弧部分相当于弯曲，因此孔径 d 可按弯曲展开的原则求出，即

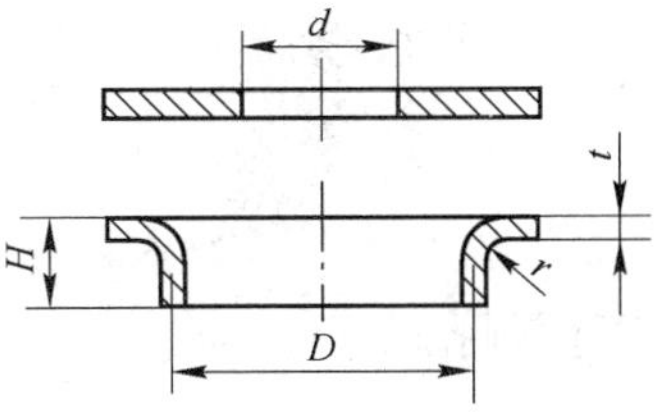

$$d = D - 2(H - 0.43r - 0.72t) \tag{5-15}$$

图 5-16　平板坯料翻孔尺寸计算

式中　D——翻孔中线直径(mm)；

H——翻孔高度(mm)；

r——翻孔圆角半径(mm)。

根据翻孔尺寸，有以下两种方法判别零件能否一次翻孔成形。

(1) 先求出竖边高度：

$$H = \frac{D-d}{2} + 0.43r + 0.72t = \frac{D}{2}(1-K) + 0.43r + 0.72t \tag{5-16}$$

将极限翻孔系数[K]代入上式，可以得到一次翻孔能够达到的最大极限高度 H_{max}，即

$$H_{max} = \frac{D}{2}(1-[K]) + 0.43r + 0.72t \tag{5-17}$$

当零件翻孔高度 $H < H_{max}$ 时，可以一次翻孔成形；反之，则不能一次翻孔成形。

(2) 如果制件的 d/D 大于极限翻孔系数，则可以一次翻孔成形；如果 d/D 小于极限翻孔系数，则不能一次翻孔成形。

一次翻孔难以成形的零件，可以采用加热翻孔、多次翻孔，或者先拉深，再在底部冲预孔，最后翻孔的工艺方法。

若采用多次翻孔的工艺方法，应在工序之间进行退火，并且以后各次的翻孔系数[K′]为

$$[K'] = [1 + (15\% \sim 20\%)][K] \tag{5-18}$$

2）先拉深后冲底孔再翻孔的工艺计算　对于一次不能翻孔成形的零件可以采用预先拉深，在底部冲孔然后再翻孔的方法。

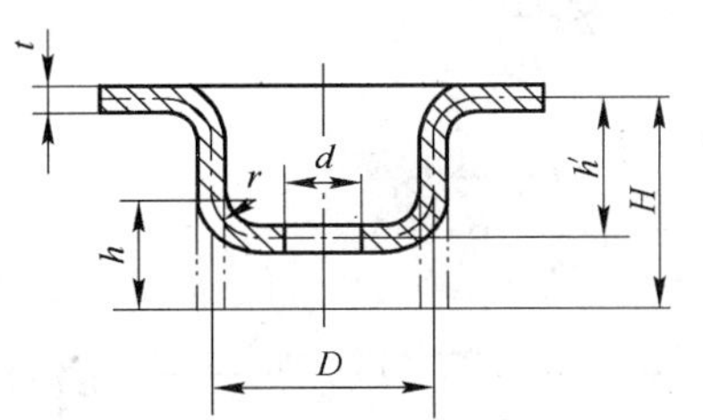

图 5-17　先拉深再翻孔的相关尺寸计算

如图 5-17 所示，拉深高度 h' 为

$$h' = H - h + r \tag{5-19}$$

式中　h——一次翻孔的高度(mm)；

H——零件直边高度(mm)；

r——拉深圆角半径(mm)。

由上式可知，拉深高度取决于一次翻孔高度的大小。这种情况下，应该尽可能将翻孔高

度一次翻到最大，然后根据翻孔高度 h 和零件直边高度 H 来确定拉深的高度 h' 和预冲孔直径 d。

假设拉深后底部预冲孔直径为 d，则一次翻孔高度 h 可按下式计算：

$$h=\frac{D-d}{2}+0.57r=\frac{D}{2}(1-K)+0.57r \tag{5-20}$$

再将极限翻孔系数[K]代入上式，可得翻孔的最大高度 h_{max}，即

$$h_{max}=\frac{D}{2}(1-[K])+0.57r \tag{5-21}$$

而预制孔直径 d 为

$$d=D+1.14r-2h_{max} \tag{5-22}$$

或
$$d=[K]D \tag{5-23}$$

3）翻孔力 F 的计算　圆孔翻孔力 F 一般不大，用圆柱形平底凸模翻孔时，其翻孔力可按下式计算：

$$F=1.1\pi(D-d)t\sigma_s \tag{5-24}$$

式中　D——翻孔后的直径（按中线计算，mm）；

d——翻孔前的预孔直径（mm）；

t——材料厚度（mm）；

σ_s——材料的屈服点强度（MPa）。

4）翻孔模工作部分的设计　翻孔凹模圆角半径一般对翻孔成形影响不大，可以直接按照零件的圆角半径确定。为有利于翻孔变形，翻孔凸模圆角半径应尽量取大些。图 5-18 所示是几种常用的圆孔翻孔凸模的形状和主要尺寸。图 5-18a～c 所示为较大孔的翻孔凸模，从利于翻孔变形看，以抛物线形凸模（图 c）最好，球形凸模（图 b）次之，平底凸模再次之；而从

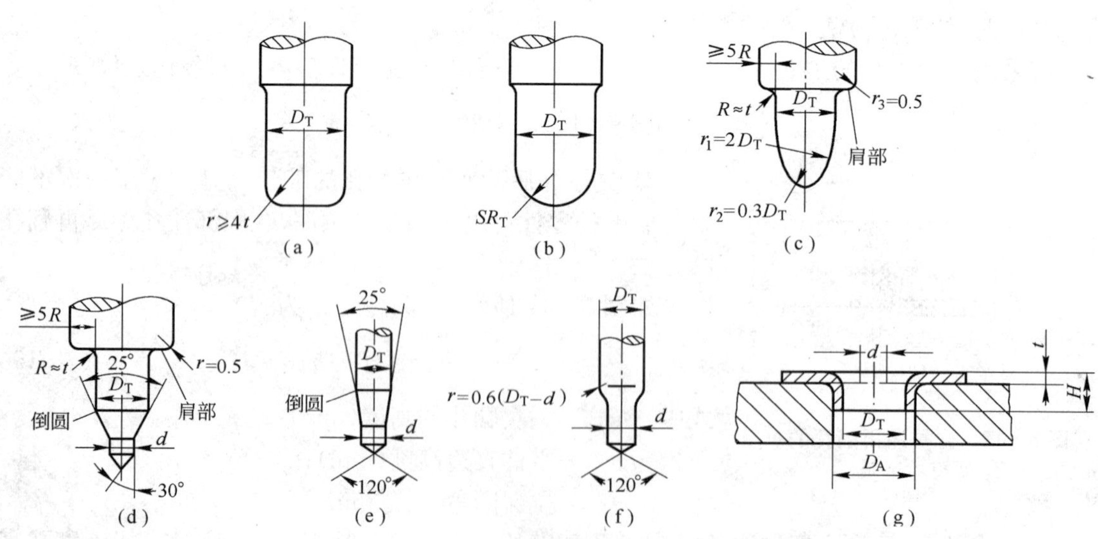

图 5-18　翻孔凸模形状和尺寸

凸模的加工难易看则相反。图 5-18d～e 所示的凸模端部带有定位引导部分，图 5-18d 用于圆孔直径为 10 mm 以上的翻孔，图 5-18e 用于圆孔直径为 10 mm 以下的翻孔；图 5-18f 用于无预孔的不精确翻孔。如翻孔模采用压料圈，凸模不需要肩部。

通常翻孔后材料会变薄，所以翻孔凸、凹模单边间隙 Z 可小于材料原始厚度 t。一般用于拉深后的翻孔取 $Z=0.75t$，用于平板坯料的翻孔取 $Z=0.85t$。

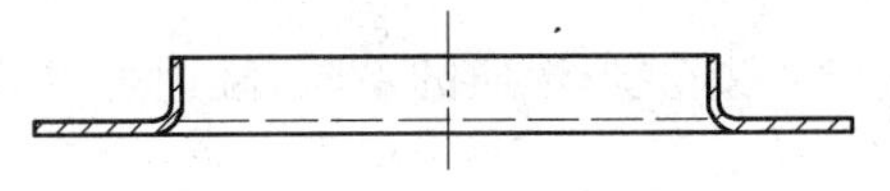

(二) 非圆孔翻孔

图 5-19 所示为沿非圆形的内孔翻孔，称非圆孔翻孔。翻孔前预制孔的形状和尺寸根据孔形分成Ⅰ、Ⅱ、Ⅲ三种不同的变形区，如图所示，Ⅰ区属于圆孔翻孔变形；Ⅱ区为直边，属于弯曲变形区；Ⅲ区与拉深变形情况相似。由于Ⅱ区和Ⅲ区两部分的变形性质可以减轻Ⅰ区部分的变形程度，因此非圆孔翻孔系数 K_f（一般指小圆弧部分的翻孔系数）可小于圆孔翻孔系数 K，两者的关系大致是：

$$K_f=(0.85\sim0.95)K \tag{5-25}$$

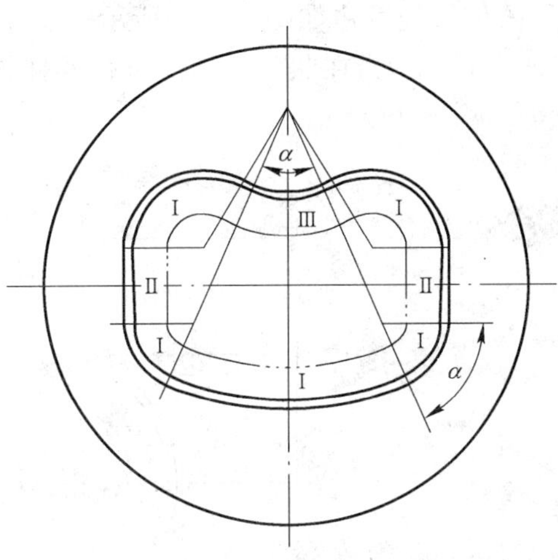

图 5-19　非圆孔翻孔

非圆孔翻孔的极限翻孔系数，可根据各圆弧的圆心角 α 大小查表 5-7。

表 5-7　低碳钢非圆孔翻孔的极限翻孔系数[K_f]

α/°	d/t						
	50	33	20	12.5～8.3	6.6	5	3.3
180～360	0.80	0.60	0.52	0.50	0.48	0.46	0.45
165	0.73	0.55	0.48	0.46	0.44	0.42	0.41
150	0.67	0.50	0.43	0.42	0.40	0.38	0.375
135	0.60	0.45	0.39	0.38	0.36	0.35	0.34
120	0.53	0.40	0.35	0.33	0.32	0.31	0.30
105	0.47	0.35	0.30	0.29	0.28	0.27	0.26
90	0.40	0.30	0.26	0.25	0.24	0.23	0.225
75	0.33	0.25	0.22	0.21	0.20	0.19	0.185
60	0.27	0.20	0.17	0.17	0.16	0.15	0.145
45	0.20	0.15	0.13	0.13	0.12	0.12	0.11
30	0.14	0.10	0.09	0.08	0.08	0.08	0.08
15	0.07	0.05	0.04	0.04	0.04	0.04	0.04
0	弯　曲　变　形						

对于非圆孔翻孔坯料的预制孔形状和尺寸，可以根据作图法将圆孔翻孔、弯曲和拉深等各区进行划分，最后将各区展开线平滑地连接起来。

二、翻边

根据变形性质的不同，翻边可以分为伸长类翻边和压缩类翻边。

（一）伸长类翻边

伸长类翻边如图 5－20 所示。图 5－20a 所示为沿不封闭内凹曲线进行的平面翻边，图 5－20b 所示为在曲面毛坯上进行的伸长类翻边。其变形程度 ε_d 用下式表示：

$$\varepsilon_d = \frac{b}{R-b} \tag{5-26}$$

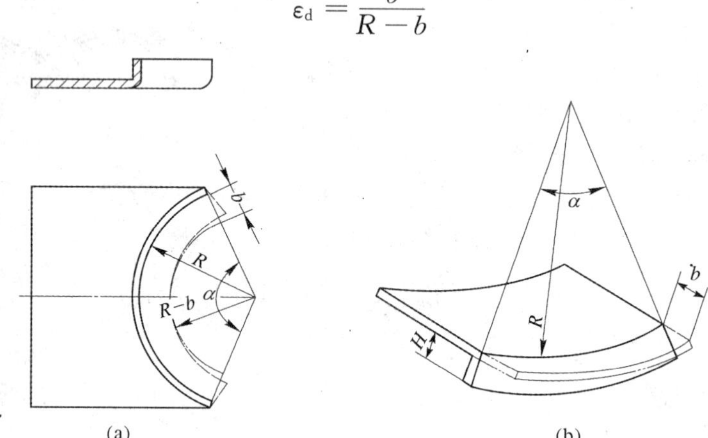

图 5－20 伸长类翻边

(a) 伸长类平面翻边；(b) 伸长类曲面翻边

常用材料的允许变形程度见表 5－8。

表 5－8 翻边时材料允许的变形程度

材料名称及牌号		$\varepsilon_d \times 100$		$\varepsilon_p \times 100$	
		橡皮成形	模具成形	橡皮成形	模具成形
铝合金	L4 软	25	30	6	40
	L4 硬	5	8	3	12
	LF21 软	23	30	6	40
	LF21 硬	20	8	3	12
	LF2 软	5	25	6	35
	LF2 硬	20	8	3	12
	LY12 软	14	20	6	30
	LY12 硬	6	8	0.5	9
	LY11 软	14	20	4	30
	LY11 硬	5	6	0	0

（续表）

材料名称及牌号		$\varepsilon_d \times 100$		$\varepsilon_p \times 100$	
		橡皮成形	模具成形	橡皮成形	模具成形
黄铜	H62 软	30	40	8	5
	H62 半硬	10	14	4	16
	H68 软	35	45	8	55
	H68 半硬	10	14	4	16
钢	10	—	38	—	10
	20	—	22	—	10
	1Cr18Ni9 软	—	15	—	10
	1Cr18Ni9 硬	—	40	—	10
	2Cr18Ni9	—	40	—	10

（二）压缩类翻边

压缩类翻边如图 5－21 所示。图 5－21a 所示为沿不封闭外凸曲线进行的平面翻边，图 5－21b 所示为压缩类曲面翻边。其变形程度 ε_p 用下式表示：

$$\varepsilon_p = \frac{b}{R+b} \tag{5-27}$$

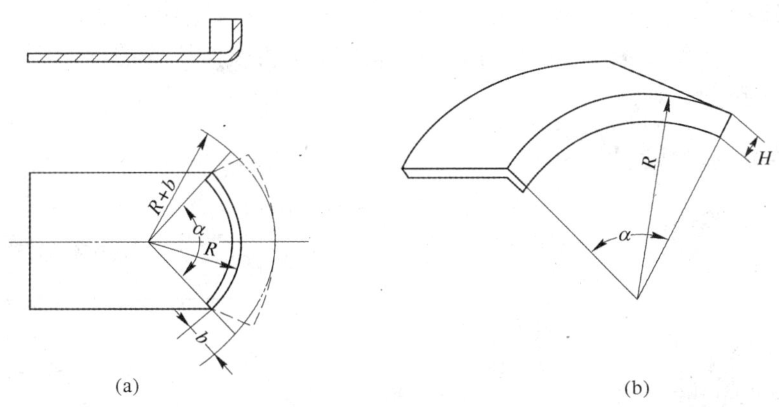

图 5－21　压缩类翻边

(a) 压缩类平面翻边；(b) 压缩类曲面翻边

三、翻孔、翻边模结构

图 5－22 所示为翻孔模，其结构与拉深模相似。图 5－23 所示为翻孔翻边复合模，在同一模具上进行翻孔与翻边。

图 5－24 所示为落料、拉深、冲孔、翻孔复合模。凸凹模 8 与落料凹模 4 固定在下模，以保证同轴度。冲孔凸模 2 和凸凹模 1 固定在上模，且冲孔凸模固定在凸凹模内，并以垫片 10

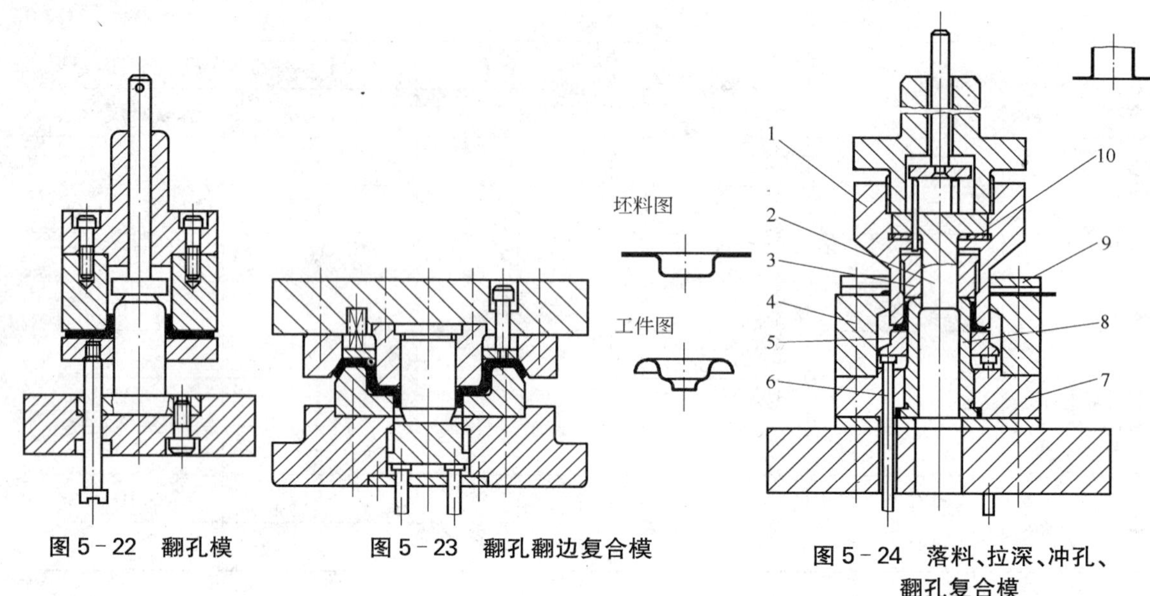

图 5-22　翻孔模

图 5-23　翻孔翻边复合模

图 5-24　落料、拉深、冲孔、翻孔复合模

1、8—凸凹模；2—冲孔凸模；3—推件块；4—落料凹模；5—顶件块；6—顶杆；7—固定板；9—卸料板；10—垫片

调整它们的高度差，以控制冲孔前的拉深高度。该模具的工作过程是：上模开始下行，首先在凸凹模 1 和落料凹模 4 的作用下完成落料。随后上模继续下行，在凸凹模 1 内形和凸凹模 8 外形的相互作用下进行拉深，通过顶杆 6 和顶件块 5 对其施加压料力。上模接着下行，制件达到一定的拉深高度，冲孔凸模 2 进入凸凹模 8 中进行冲孔，伴随上模行程的增加由凸凹模 1 和凸凹模 8 完成翻孔成形。模具打开，在顶件块 5 和推件块 3 的作用下将制件推出，条料通过卸料板 9 卸下。

四、固定套翻孔模的设计

制件名称：固定套

生产批量：中批量

材料：08 钢

料厚：1 mm

零件简图：如图 5-25 所示。

$\phi40$　r1　r1　15　18.5　$\phi80$

图 5-25　固定套零件图

（一）制件工艺性分析

对固定套翻孔件进行工艺分析可知，$\phi40$ mm 处由内孔翻边成形，翻边前应预冲孔，$\phi80$ mm 是圆筒形拉深件，可一次拉深成形。工序安排为落料、拉深、预冲孔、翻孔等。翻孔前为直径 80 mm、高 15 mm 的无凸缘圆筒形工序件，如图 5-25 所示。其翻孔的工艺计算介绍如下。

（二）固定套翻孔件工艺计算

1. 计算预冲孔

$$D = 40 - 1 = 39 \text{ mm}$$

根据式(5-19)得

$$h' = H - h + r = 18.5 - 15 + 1 = 4.5 \text{ mm}$$

由式(5-15)计算翻孔前预冲孔直径 d：

$$d = D - 2(h' - 0.43r - 0.72t) = 39 - 2 \times (4.5 - 0.43 \times 1 - 0.72 \times 1) = 32.3 \text{ mm}$$

2. 计算翻孔系数,判断能否一次成形

由式(5-13)计算翻孔系数为

$$K = d/D = 32.3/39 = 0.828$$

翻孔采用圆柱形凸模，由 $d/t = 32.3$，查表5-6得知08钢极限翻孔系数为0.65。由于 K 大于极限翻孔系数0.65,所以该零件可以一次翻孔成形,预冲孔直径 $d = 32.3$ mm，翻孔前毛坯如图5-26所示。

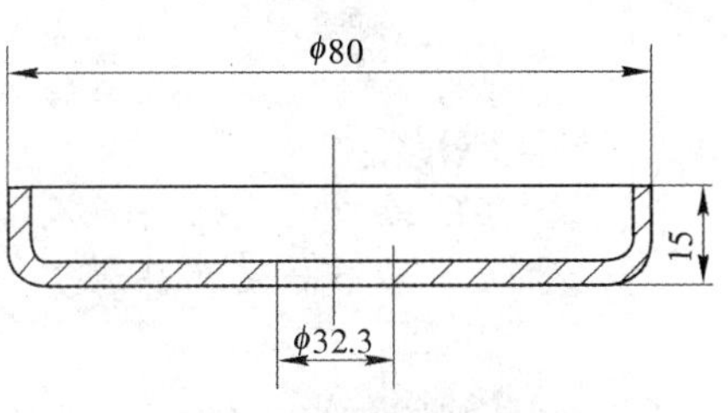

图5-26 翻孔前毛坯

3. 计算翻边力

由式(5-24)得

$$F = 1.1\pi(D - d)t\sigma_s = 1.1 \times 3.14 \times (39 - 32.3) \times 1 \times 200 = 4\,628 \text{ N}$$

查得资料08钢的屈服点强度 $\sigma_s = 200$ MPa。

(三) 翻孔模结构设计

如图5-27所示,翻孔模采用倒装结构,使用大圆角圆柱形翻孔凸模,制件预冲孔套在凸模7上的定位销9上定位,随后上模下行完成翻孔。制件的压边靠下模的弹顶器完成,翻孔结束由压料板将制件顶起,若制件留在上模则通过打杆推动推件块打下。

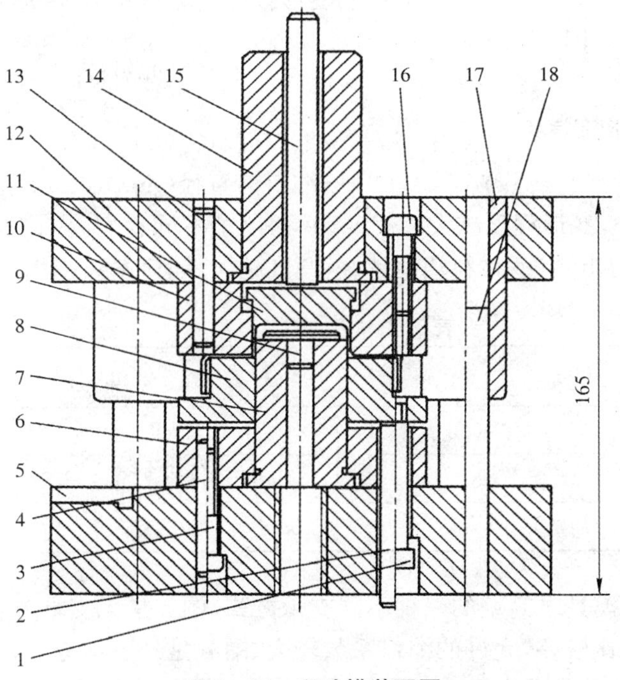

图5-27 翻孔模装配图

1—限位钉；2—顶杆；3、16—螺钉；4、13—销钉；5—下模座板；6—凸模固定板；7—凸模；8—压料板；9—定位销；10—凹模；11—推件快；12—上模座板；14—模柄；15—打杆；17—导套；18—导柱

由于翻孔力较小,则根据压力机固定板尺寸和模具闭合高度选用 160 kN 双柱可倾式压力机。

任务三　缩口

【学习目标】

1. 了解缩口的变形特点及其应用。
2. 掌握缩口的工艺计算方法及模具设计的基本要点。

缩口是利用模具把管形件或预先拉深好的圆筒形件的口部直径缩小的成形方法。缩口在国防领域及民用产品中有广泛应用,如导弹、水壶的壶嘴等。若用缩口代替拉深加工某些零件,可以减少成形的工序。

一、缩口变形特点及变形程度

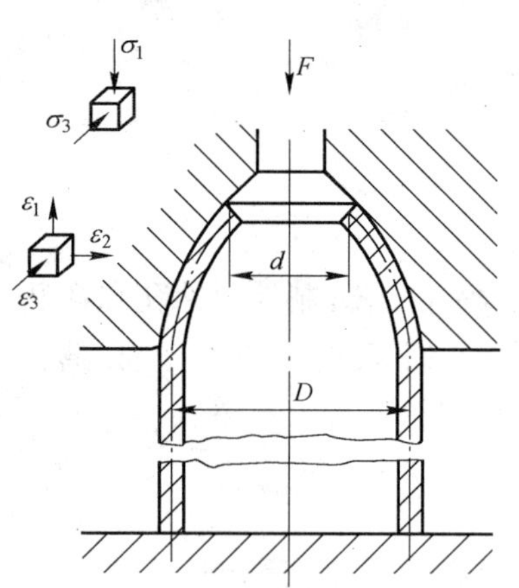

图 5-28　缩口的应力应变特点

在缩口变形过程中,坯料变形区受切向和轴向两向压应力,其中切向压应力为主,使坯料直径减小,壁厚和高度增加,因而切向可能产生失稳起皱,如图 5-28 所示。同时,非变形区的筒壁轴向承受全部缩口压力 F,也可能产生失稳变形。因此,防止失稳是缩口工艺要解决的主要问题,其变形程度受到侧壁抗压强度的限制。

缩口的变形程度用缩口系数 m 表示(图 5-28):

$$m = \frac{d}{D} \tag{5-28}$$

式中　d——缩口后直径(mm);

D——缩口前直径(mm)。

缩口系数 m 越小,变形程度越大。表 5-9 列出了不同材料、不同厚度的平均缩口系数参考值。由表 5-9 得出结论:材料塑性越好,厚度越大,缩口系数越小。

表 5-9　平均缩口系数 m_0

材料	材料厚度 t/mm		
黄铜	0～0.5	0.5～1	>1
钢	0.85	0.8～0.7	0.7～0.65
钢	0.8	0.75	0.7～0.65

图 5-29 所示是模具对筒壁的三种不同支承方式,图 a 是无支承方式,该模具结构简单,缩口时坯料的稳定性比较差,允许的缩口系数较大;图 b 是外支承方式,缩口时坯料的稳定性比前者要好,故允许的缩口系数要小些,但模具结构比前者复杂;图 c 是内外支承方式,缩口时坯料的稳定性最好,其允许的缩口系数最小,但模具结构最复杂。

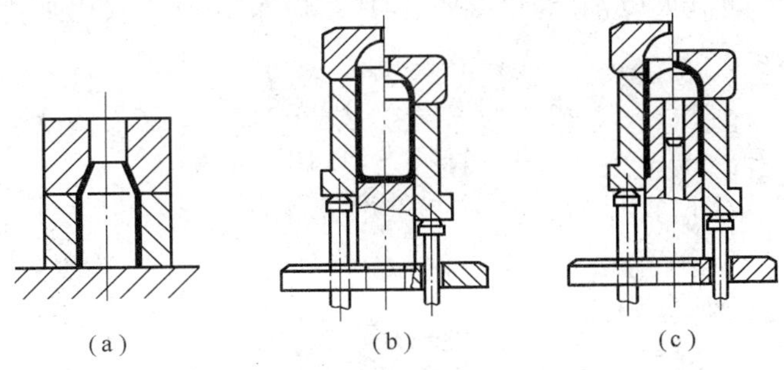

图 5-29 不同支承方式的缩口模

(a) 无支承；(b) 外支承；(c) 内外支承

由此看出，模具对筒壁有支承作用，允许缩口系数较小。不同材料选择不同支承方式时的极限缩口系数参考值见表 5-10。

表 5-10 极限缩口系数[m]

材料	支承方式		
	无支承	外支承	内外支承
软钢	0.70～0.75	0.55～0.60	0.3～0.35
黄铜 H62、H68	0.65～0.70	0.50～0.55	0.27～0.32
铝	0.68～0.72	0.53～0.57	0.27～0.32
硬铝(退火)	0.73～0.80	0.60～0.63	0.35～0.40
硬铝(淬火)	0.75～0.80	0.68～0.72	0.40～0.43

缩口后零件口部略有增厚，其厚度可按下式估算：

$$t' = t\sqrt{D/d} = t\sqrt{1/m} \tag{5-29}$$

式中 t'——缩口后口部厚度(mm)；

t——缩口前坯料原始厚度(mm)；

m——缩口系数。

二、缩口工艺计算

(一) 缩口次数

若零件的缩口系数 m 大于表 5-10 中所列极限缩口系数[m]，则零件可以一次缩口成形。反之，则需进行多次缩口，缩口次数 n 按下式估算：

$$n = \frac{\ln m}{\ln m_0} = \frac{\ln d - \ln D}{\ln m_0} \tag{5-30}$$

式中 m_0——平均缩口系数，见表 5-9。

(二) 各次缩口直径

多次缩口时，对于第一道工序，其缩口系数一般比平均缩口系数小 5%～10%；从第二道工序开始，最好进行中间退火以消除加工硬化，其缩口系数一般取比平均缩口系数大 5%～10%，具体计算方法如下：

首次缩口系数 $m_1 = (0.9 \sim 0.95)m_0$

以后各次缩口系数 $m_n = (1.05 \sim 1.10)m_0$

首次缩口以后各次缩口直径为：

$$d_1 = m_1 D$$
$$d_2 = m_n d_1 = m_1 m_n D$$
$$d_3 = m_n d_2 = m_1 m_n^2 D$$
$$\cdots$$
$$d_n = m_n d_{n-1} = m_1 m_n^{n-1} D \tag{5-31}$$

式中 d_n 应等于制件的缩口直径，零件总的缩口系数即 $m = \dfrac{d_n}{D}$，以后每次缩口系数为 $m_n = \dfrac{d_1}{D} = \dfrac{d_2}{d_1} = \dfrac{d_3}{d_2} = \cdots = \dfrac{d_n}{d_{n-1}}$，即 $m = m_1 m_2 m_3 \cdots m_n = \dfrac{d_n}{D} \approx m_0^n$。

缩口后，由于回弹，制件要比模具尺寸增大 0.5%～0.8%。

（三）毛坯高度

缩口后，零件高度发生了变化，一般根据变形前后体积不变的原则计算。如图 5-30 所示，不同形状的缩口零件，其计算方法如下。

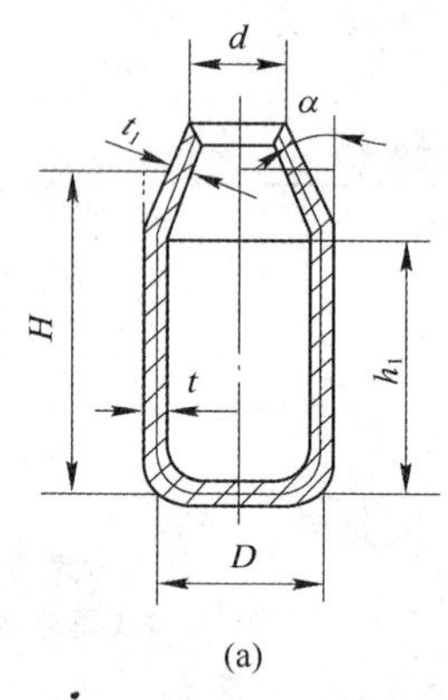

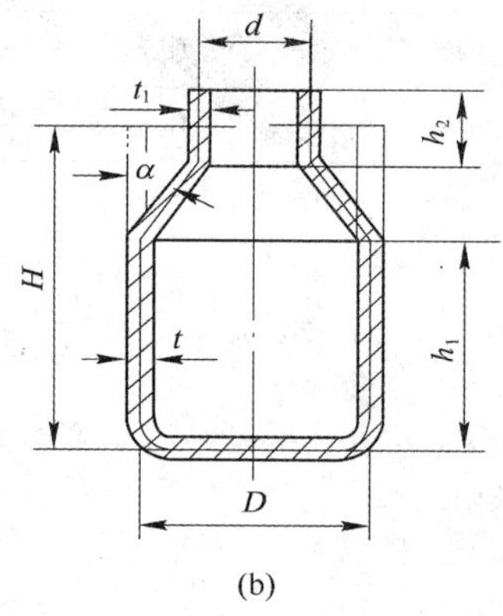

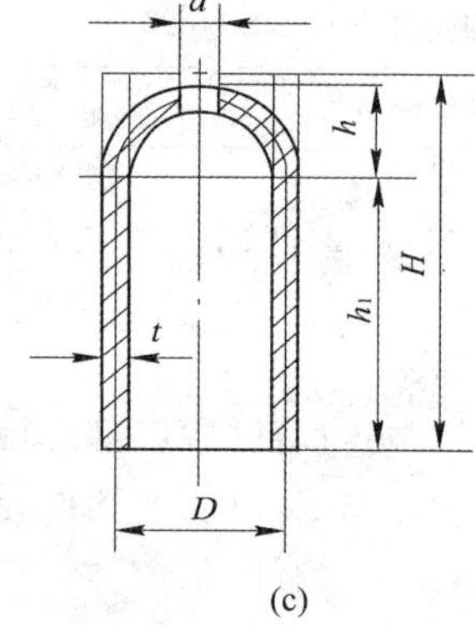

图 5-30 缩口制件

图 5-30a 所示缩口前毛坯高度 H 为

$$H = 1.05\left[h_1 + \frac{D^2 - d^2}{8D\sin\alpha}\left(1 + \sqrt{\frac{D}{d}}\right)\right] \tag{5-32}$$

图 5-30b 所示缩口前毛坯高度 H 为

$$H = 1.05\left[h_1 + h_2\sqrt{\frac{d}{D}} + \frac{D^2 - d^2}{8D\sin\alpha}\left(1 + \sqrt{\frac{D}{d}}\right)\right] \tag{5-33}$$

图 5-30c 所示缩口前毛坯高度 H 为

$$H = h_1 + \frac{1}{4}\left(1 + \sqrt{\frac{D}{d}}\right)\sqrt{D^2 - d^2} \qquad (5-34)$$

式中　α——凹模的半锥角，其值影响缩口成形过程，一般应为 $\alpha < 45°$，最好取 $\alpha < 30°$。

(四) 缩口力

缩口时，坯料在无支承和有支承这两种状态下成形。

1. 无支承

无支承进行缩口时（图 5-30a），缩口力按下式计算：

$$F = K\left[1.1\pi D t \sigma_b\left(1 - \frac{d}{D}\right)(1 + \mu\cot\alpha)\frac{1}{\cos\alpha}\right](\mathrm{N}) \qquad (5-35)$$

2. 有支承

有支承进行缩口时（图 5-30c），缩口力按下式计算：

$$F = K\left\{\left[1.1\pi D t \sigma_b\left(1 - \frac{d}{D}\right)(1 + \mu\cot\alpha)\frac{1}{\cos\alpha}\right] + 1.82\sigma_b' t_1^2[d + R_d(1 - \cos\alpha)]\frac{1}{R_d}\right\}(\mathrm{N}) \qquad (5-36)$$

式中　t——缩口前料厚（mm）；

d——制件缩口部分直径（mm）；

D——制件缩口前直径（mm）；

t_1——缩口后制件口部壁厚，$t_1 = t\sqrt{D/d}$（mm）；

σ_b——材料的屈服强度（MPa）；

μ——制件与凹模之间的摩擦系数；

α——凹模圆锥孔的半锥角（°）；

σ_b'——材料缩口硬化的变形应力（MPa）；

R_d——凹模圆角半径（mm）；

K——速度系数，普通冲床时取 $K = 1.15$。

三、缩口模结构

图 5-31 所示为带有夹紧装置的缩口模。图 5-32 所示为缩口与扩口复合模，可以得到特别大的直径差。

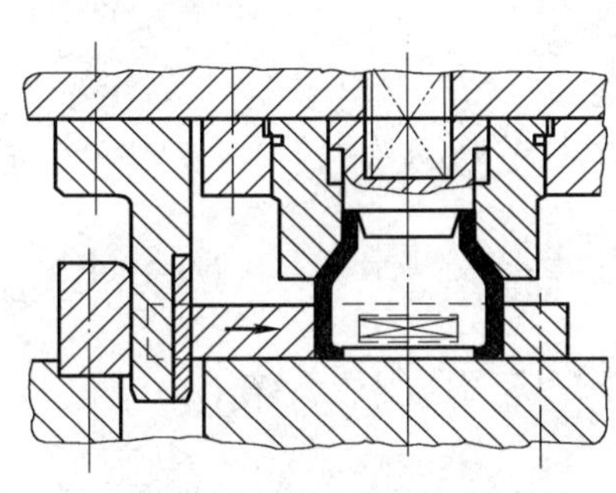

图 5-31　带有夹紧装置的缩口模

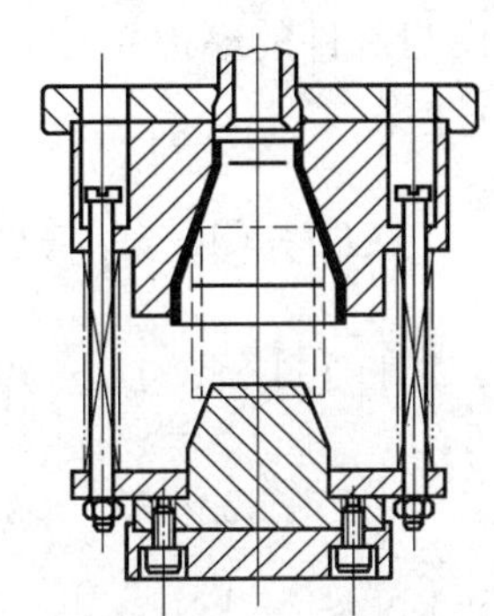

图 5-32　缩口与扩口复合模

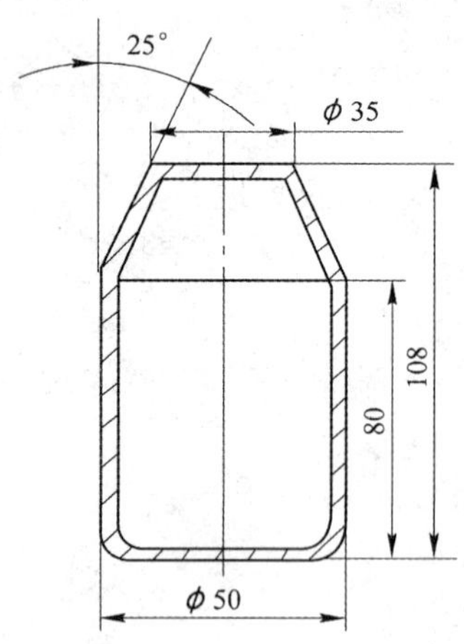

图 5-33 气瓶缩口制件

四、气瓶缩口模设计

制件名称：气瓶

生产批量：中批量

材料：08 钢

料厚：1 mm

制件简图：如图 5-33 所示。

(一) 制件工艺分析

气瓶为带底的筒形缩口制件，可采用拉深工艺制成圆筒形件，再进行缩口成形。缩口下部不变，仅计算缩口部分。

(二) 工艺计算

1. 计算缩口系数

由图 5-33 可知，$d = 35$ mm，$D = 49$ mm。缩口系数 m 计算如下：

$$m = d/D = 35/49 = 0.71$$

因为该制件是有底的缩口件，所以只能采用外支承方式的缩口模具，查表 5-10 得极限缩口系数[m]为 0.55～0.6，由于制件缩口系数 0.71 大于极限缩口系数，所以该制件可一次缩口成形。

2. 计算缩口前毛坯高度

由图 5-33 可知，$h_1 = 79$ mm，$\alpha = 25°$，由式(5-32)计算毛坯高度

$$\begin{aligned} H &= 1.05\left[h_1 + \frac{D^2 - d^2}{8D\sin\alpha}\left(1 + \sqrt{\frac{D}{d}}\right)\right] \\ &= 1.05 \times \left[79 + \frac{49^2 - 35^2}{8 \times 49 \times \sin 25°} \times \left(1 + \sqrt{\frac{49}{35}}\right)\right] \\ &= 99.2\ \text{mm} \end{aligned}$$

取 $H = 99.5$ mm，缩口前毛坯如图 5-34 所示。

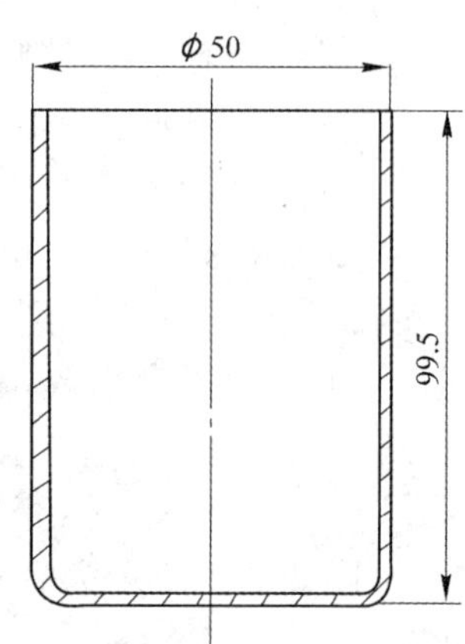

图 5-34 缩口前毛坯

3. 计算缩口力

取凹模与制件的摩擦系数 $\mu = 0.1$，$\sigma_b = 430$ MPa。缩口力 F 按式(5-36)计算

$$\begin{aligned} F &= K\left\{\left[1.1\pi D t\sigma_b\left(1 - \frac{d}{D}\right)(1 + \mu\cot\alpha)\frac{1}{\cos\alpha}\right] + 1.82\sigma'_b t_1^2[d + R_d(1 - \cos\alpha)]\frac{1}{R_d}\right\} \\ &= 1.15 \times \left\{\begin{aligned} &\left[1.1 \times 3.14 \times 49 \times 1 \times 430 \times \left(1 - \frac{35}{49}\right) \times (1 + 0.1 \times \cot 25°) \times \frac{1}{\cos 25°}\right] \\ &+ 1.82 \times 230 \times 1.18^2 \times \left[35 + 1 \times (1 - \cos 25°) \times \frac{1}{1}\right] \end{aligned}\right\} \\ &= 55\,564\ \text{N} \approx 55\ \text{kN} \end{aligned}$$

（三）缩口模结构设计

气瓶缩口模采用外支承式一次缩口成形，如图 5-35 所示。缩口凹模工作面要求表面粗糙度为 Ra 0.4 μm，使用标准弹顶器，采用后侧导柱模架，导柱加长为 210 mm，考虑到模具闭合高度为 275 mm，则选用 400 kN 开式双柱可倾式压力机。

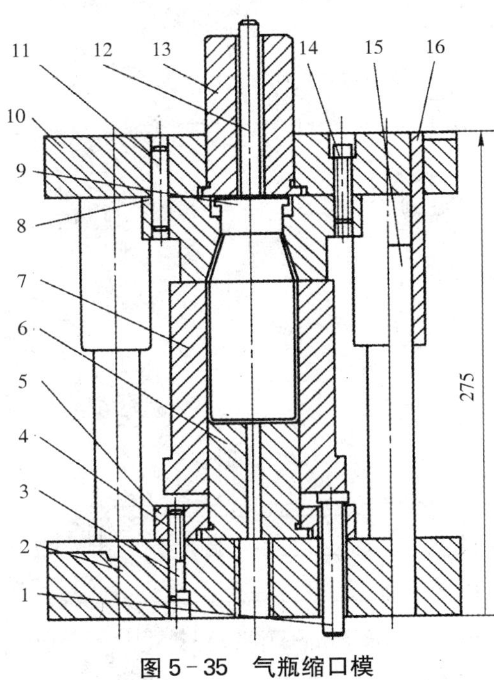

图 5-35 气瓶缩口模

1—顶杆；2—下模板；3、14—螺栓；4、11—销钉；5—下固定板；6—垫板；7—外支承板；8—缩口凹模；9—弹顶器；10—上模板；12—打料杆；13—模柄；15—导柱；16—导套

任务四 限速环成形模具设计

【学习目标】

1. 通过实例了解零件成形工艺分析方法。
2. 了解模具设计的流程。

一、限速环成形工艺分析及相关计算

（一）零件的功用与经济性分析

限速环为汽车变速箱中主要零件，它是变速箱心脏部位，十分重要。如图 5-36 所示，此零件采用 08F 钢及 2.5 mm 厚度保证了足够的强度和刚度。由于该零件要求全尺寸检验，故其精度要求较高。

ϕ57.3±1.0
ϕ51.7max
0.5max
R
1.0max
7.4±0.15
7.0±0.03
ϕ84.2 +0.06 0.10
R1.3max
6.6±0.2
2.6±0.2
9.4max
2.0min
13.30 +0.55 0.00
ϕ51.7±0.10
2.0±0.10平面宽3处（使用于制造）
ϕ95.1

图 5-36　限速环零件图

材料：08F
材料厚度：2.5mm
生产批量：10万件/年
从ϕ7.54到ϕ10.0最小范围
7.6（平面为7.6三处120°均布）
60.0°
ϕ84.2

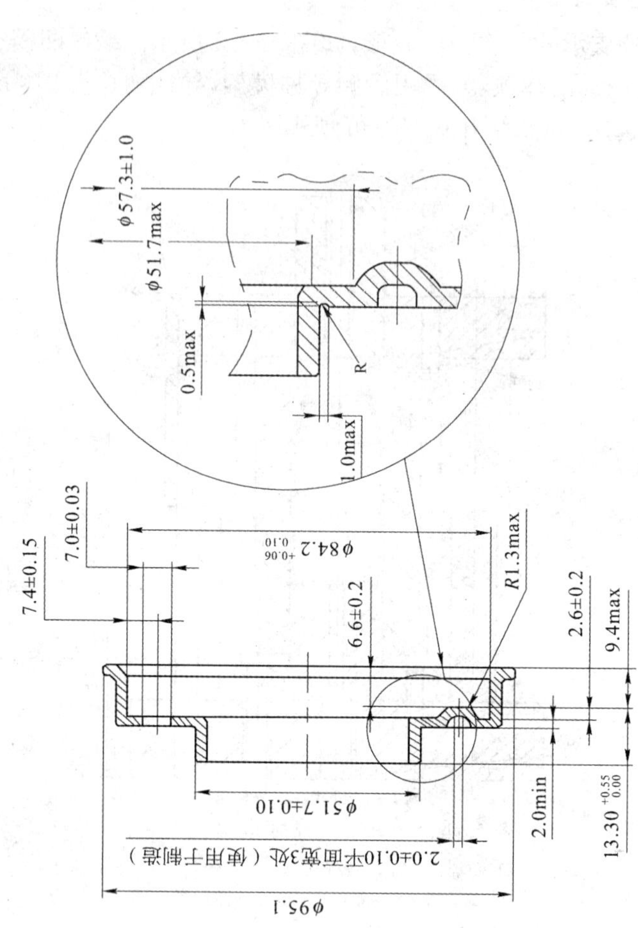

该零件的年产量属于中批量，材料为一般冲压用钢，采用冲压加工经济性良好。

(二) 零件工艺分析及相关计算

通过零件工艺性分析，考虑其加工的可行性，最终将限速环分为九个工序并拟出以下三种冲压工艺方案：

方案一：落料冲孔→压三个小凸包→翻孔→清角及第一道拉伸→第二道拉伸→整 ϕ84.225 直角及内清角和三搭子平面→成 45°角→冲小孔→切边。

方案二：落料冲孔→翻孔→清角及第一道拉伸→第二道拉伸→整 ϕ84.225 直角及内清角和三搭子平面→成 45°角→压三个小凸包→冲小孔→切边。

方案三：采用带料级进拉伸或在多工位自动压力机上冲压。

分析比较上述三种工艺方案，可以看出：

方案三可获得高的生产率，而且操作安全，但这一方案需要专用压力机或自动送料装置，而且模具结构复杂，制造周期长、生产成本高。因此，只有在大量生产中才较适宜。

方案一和方案二虽然工序组合程度较低，生产率也不高，但各工序模具结构简单、制造费用低，对中小批量较为合适。方案二将“压三个小凸包”工序放到拉伸、整形工序之后，这样既影响零件的精度又影响了压凸包的工艺性。

综合以上分析比较，决定采用方案一为本壳体零件的冲压工艺方案。

现针对本项目详细介绍压三个小凸包及翻孔这两个工序，压凸包工序零件图如图 5－37 所示。

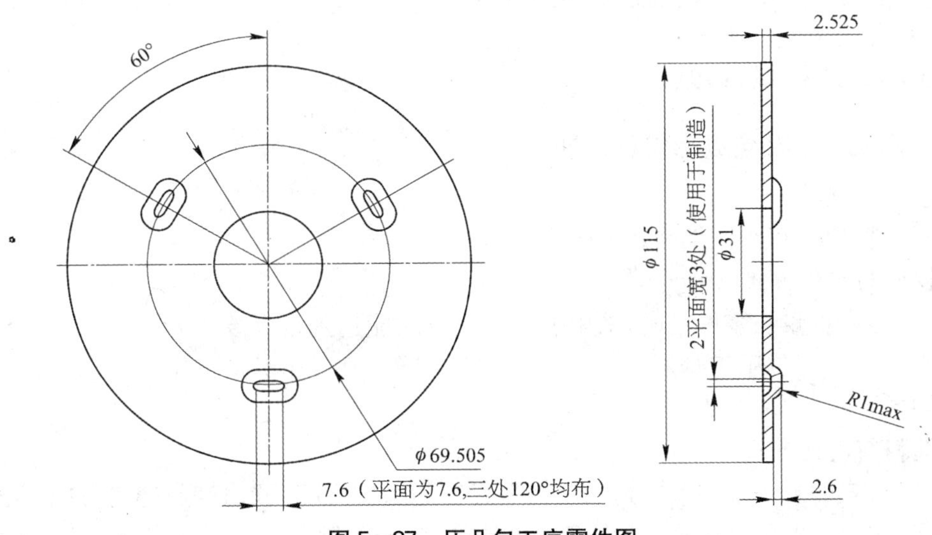

图 5－37　压凸包工序零件图

1. 压凸包相关工艺计算

由于材料的塑性较好，且材料厚度也较大，故不受许用成形高度影响可以压制凸包。取 $\sigma_b = 320$ MPa（查表得 $\sigma_b = 275 \sim 383$ MPa），$t = 2.5$ mm，取 $K = 1$，根据式(5－2)，压凸包所需的冲压力为

$$F = KLt\sigma_b = 1.0 \times (2 \times 5.6 + 2 \times 3.14 \times 4.6) \times 2.5 \times 320 = 32\,070.4\ \text{N}$$

因有三个凸包，故 $F_{冲} = 3F = 3 \times 32\,070.4 = 96\,211.2\ \text{N} \approx 96.2\ \text{kN}$

本模具卸料力较小，可忽略不计。

显然，只要选 160 kN 压力机即可，但考虑零件需要较大闭合高度，故选用 J23－25 型压力机。

2. 翻孔相关工艺计算

1) 预制直径 d　翻孔前的预制直径经过计算确定为 $d = 31$ mm(最终尺寸由试验决定)。

2) 判断能否一次翻孔成形　设采用抛物线形翻孔模，预制孔由冲孔获得，而 $d/t = 31/2.5 = 12.4$，查表得 08F 钢圆孔翻孔的极限系数$[K] = 0.46$，由式(5－17)可求出一次翻孔可达到的极限高度。

$$
\begin{aligned}
H_{\max} &= \frac{D}{2}(1-[K]) + 0.43r + 0.72t \\
&= \frac{51}{2} \times (1-0.46) + 0.43 \times 1 + 0.72 \times 2.5 \\
&= 16\ \text{mm}
\end{aligned}
$$

而零件的翻孔高度

$$H = 13.3 - 2.6 - 2.5 = 8.2\ \text{mm}$$

因零件的翻孔高度 $H = 8.2\ \text{mm} < 16\ \text{mm}$，所以该零件能一次翻孔成形。

3) 翻孔力　08 钢的 $\sigma_s = 196$ MPa，由式(5－24)计算出圆孔翻孔力

$$F = 1.1\pi(D-d)t\sigma_s = 1.1 \times 3.14 \times (51-31) \times 2.5 \times 196 = 33\,849.2\ \text{N} \approx 33.9\ \text{kN}$$

二、限速环成形模设计过程

(一) 压三个小凸包成形模具设计

1. 模具类型

考虑零件结构，可采用倒装式单工序模。

2. 操作与定位方式

考虑到生产批量及零件精度，采用手工送料方式能达到批量要求及精度，且能降低生产成本，因此采用单工位手工送料。由于零件厚度较高、中间孔不是工作尺寸，故直接用中间孔进行定位。

3. 卸料与出件方式

根据本模具的整体结构考虑弹性卸料装置较为适宜，此装置由卸料螺钉、卸料板和弹性元件(弹簧)组成。冲压完成后，考虑零件可能卡在凸模或凹模上，为了不影响生产效率，故设计了上、下两套卸料装置。为了便于操作，提高生产率，特在下卸料板上铣一凹槽，便于取件。

4. 主要工作零件及其他零件的设计

1) 凹模结构设计　凹模采用压入式与凹模固定板连接，在挂台上配钻一小孔，使用止转销防止其转动。

凹模材料选用 Cr12MoV，热处理硬度为 58～60 HRC。

凹模零件图如图 5－38 所示。

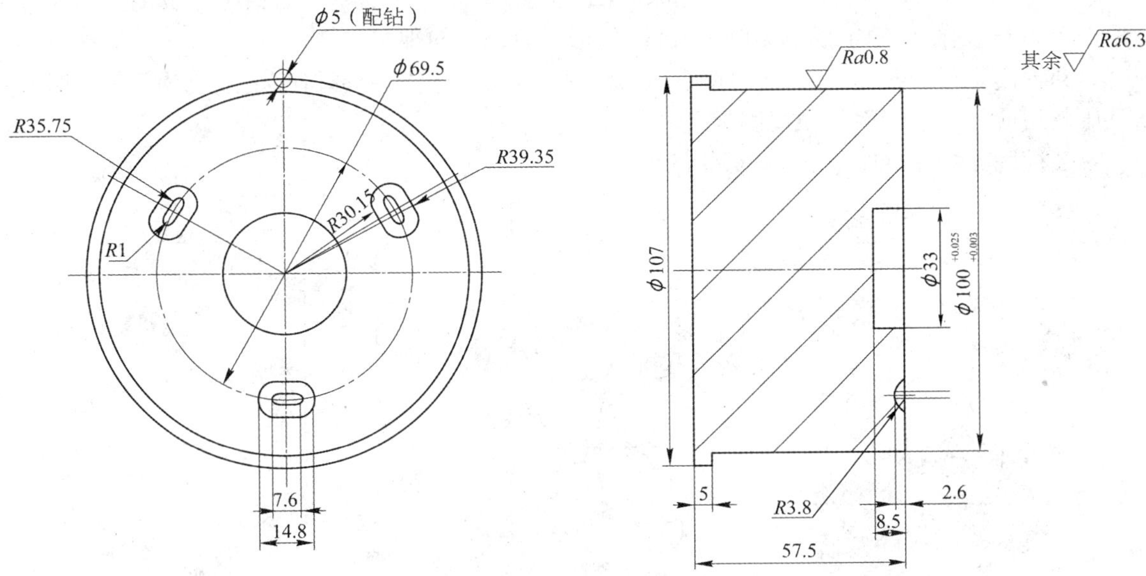

图 5－38　凹模

2）凸模结构设计　凸模为异形，为了便于制造，故设计成直筒形，直接采用线切割加工。考虑到保证凸模的强度，加一凸模保护套，利用保护套与凸模固定板过盈配合，保护凸模刃口。

凸模及其保护套材料均为 Cr12MoV，热处理硬度为 58～60 HRC。

凸模零件图如图 5－39 和图 5－40 所示。

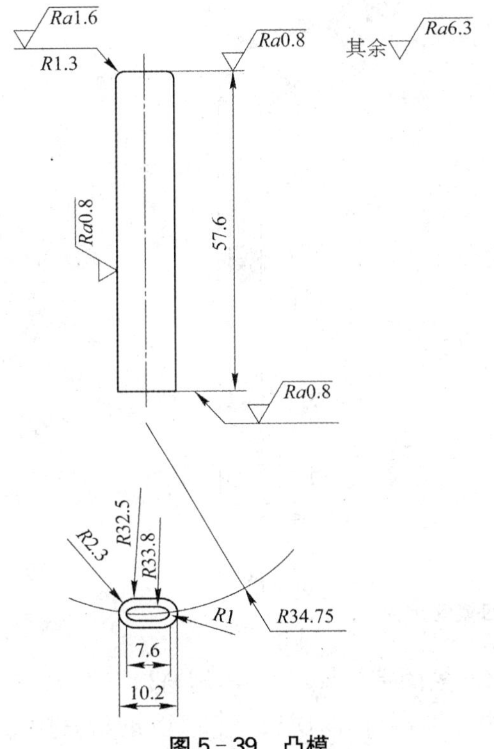

图 5－39　凸模

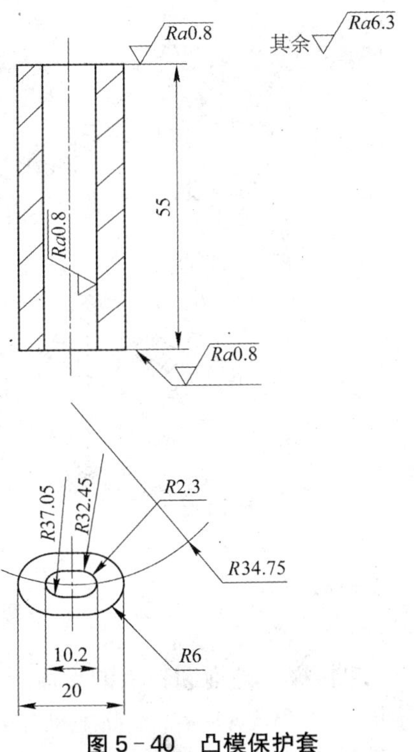

图 5－40　凸模保护套

3）凸模固定板　凸模固定板是用来将凸模正确地固定在下模座的相应位置上。由于零件外形为圆形，凸模固定板也为圆形板件，外形尺寸与凹模保持一致。

凸模固定板的厚度可取凹模厚度的 60%～80%。凸模固定板与凸模配合为 H7/m6，并且压装后应将凸模端面与凸模固定板一起磨平。

凸模固定板零件图如图 5-41 所示。

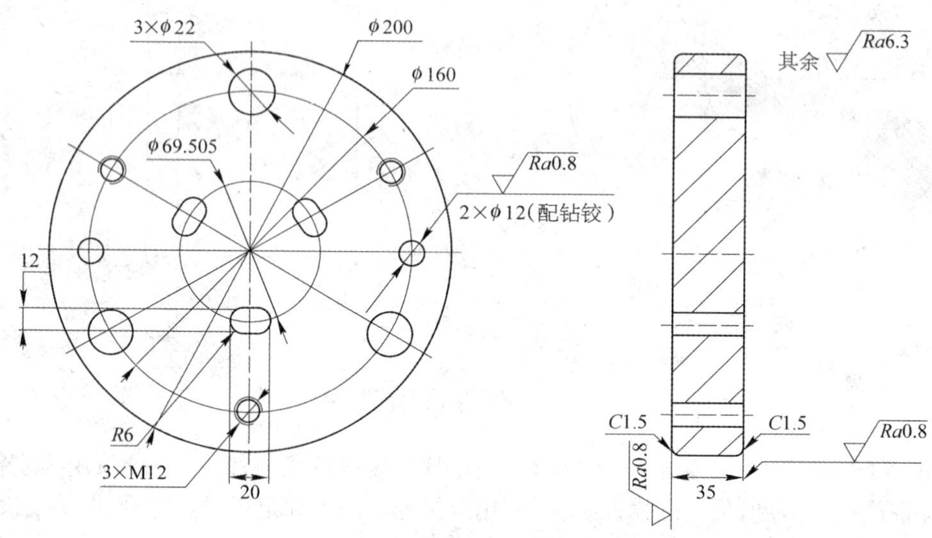

图 5-41　凸模固定板

4）凹模固定板　其零件图如图 5-42 所示。

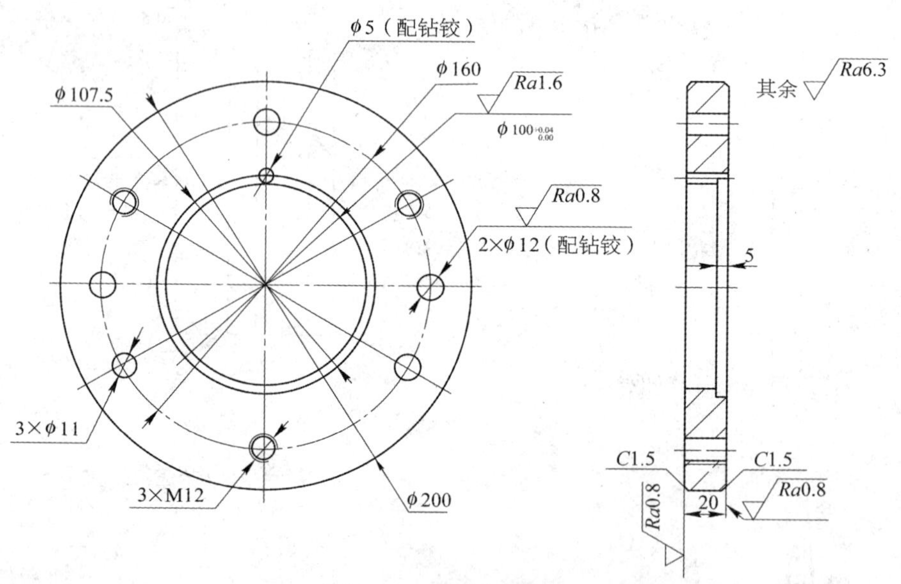

图 5-42　凹模固定板

5）卸料板　弹性卸料板的平面外形尺寸取凹模固定板外形尺寸，卸料板厚度取 20 mm。由于卸料板为圆形且需要不断地动作，故不采用标准螺钉，而使用 3 根 M8 的带台阶的卸料螺钉，装配后保证卸料板水平且均匀卸料。

卸料板零件图如图 5 - 43 和图 5 - 44 所示。

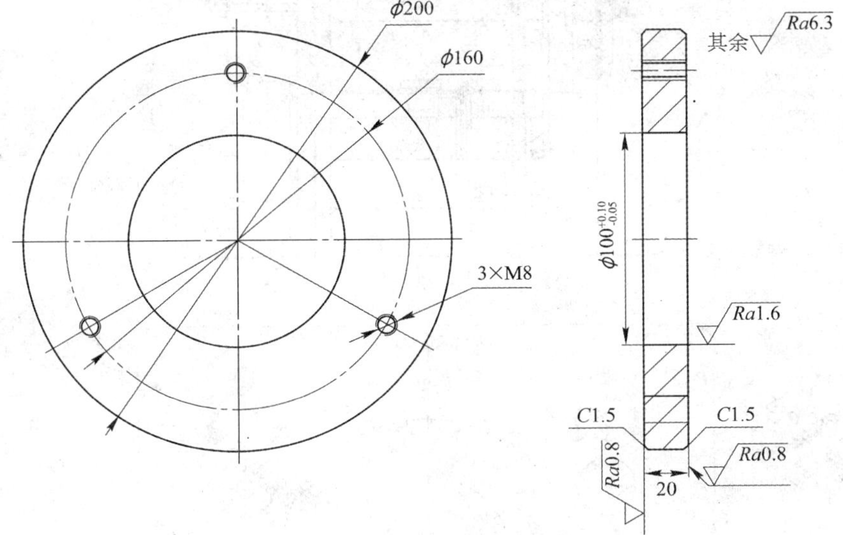

图 5 - 43　上卸料板

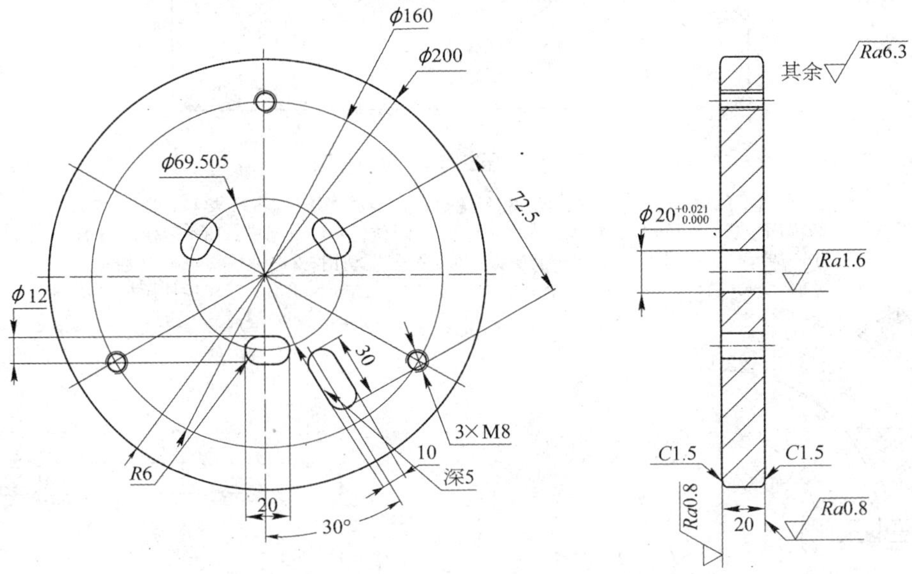

图 5 - 44　下卸料板

5. 模架类型及其他零件选用

由于是单工序模，为了便于手工送取料，采用了后侧导柱模架。因为零件精度要求较高，一般导柱无法达到要求，所以使用滚珠式导柱确保精密导向。

该方案的模具结构简图如图 5 - 45 所示。

(二) 翻孔模具设计

翻孔工序零件图如图 5 - 46 所示。

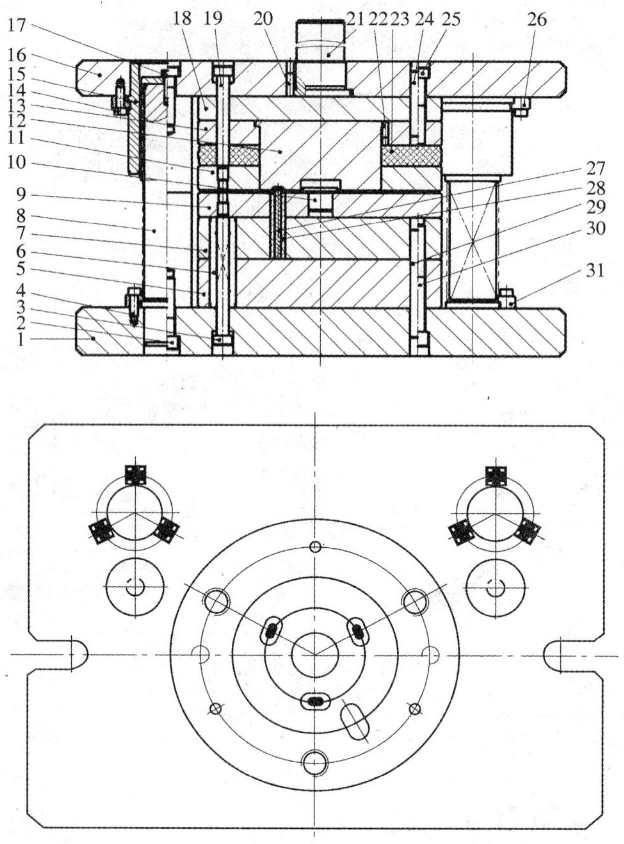

图 5-45 压三个小凸包模具

1—下模座；2、4、14、17、19、25、30—螺钉；3—卸料螺钉；5—下垫板；6—弹簧；7—凸模固定板；8—导柱；9、11—卸料板；10—限位钉；12—凹模；13—凹模固定板；15—导套；16—上模座；18—上垫板；20、22—止动销；21—模柄；23—橡胶；24、29—销钉；26—导套压板；27—凸模；28—凸模保护套；31—导柱压板

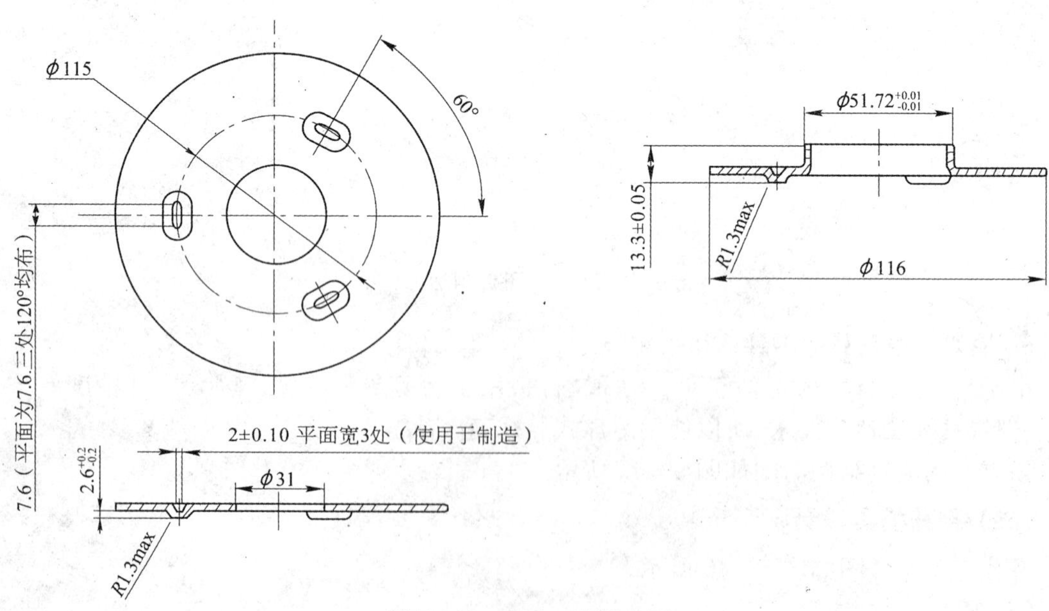

图 5-46 翻孔工序零件图

1. 模具类型

考虑零件结构,可采用倒装式单工序模。

2. 定位方式

利用已经压出的三个小凸包进行定位。在凸模上设置的卸料板上开三个与工件上凸包相同的凹坑,以保证工件的定位。

3. 顶出和推出装置

翻孔凸模要承受很大的径向载荷,同时凹模也要承受材料的张力,在一次成形完成后,上模部分回程,工件可能包在凸模上随凸模一起运动,也有可能卡在凹模孔口里,故要在上模及下模同时设置推件和顶件装置。

4. 主要工作零件及其他零件设计

1) 凹模结构设计　翻孔模的凹模圆角半径对翻孔成形的影响不大,可直接按工件的圆角半径确定,凹模圆角应利于材料进入凹模,利于成形,孔口圆角取 $R3$。

凹模材料为 Cr12MnV,刃口具有一定的耐磨性和刚度要求,故腰形孔同定位件之间放双面间隙 0.010～0.015 进行粘胶配合。与工件相同,凹模内孔圆柱表面的粗糙度与工件的翻孔外表面相配,根据凹模设计原则,其边缘到内孔的最小距离要大于安全距离,选凹模的外径尺寸为 ϕ185 mm。凹模厚度尺寸满足安全要求和经济性的条件下,选用厚度为 30 mm。

凹模零件图如图 5-47 所示。

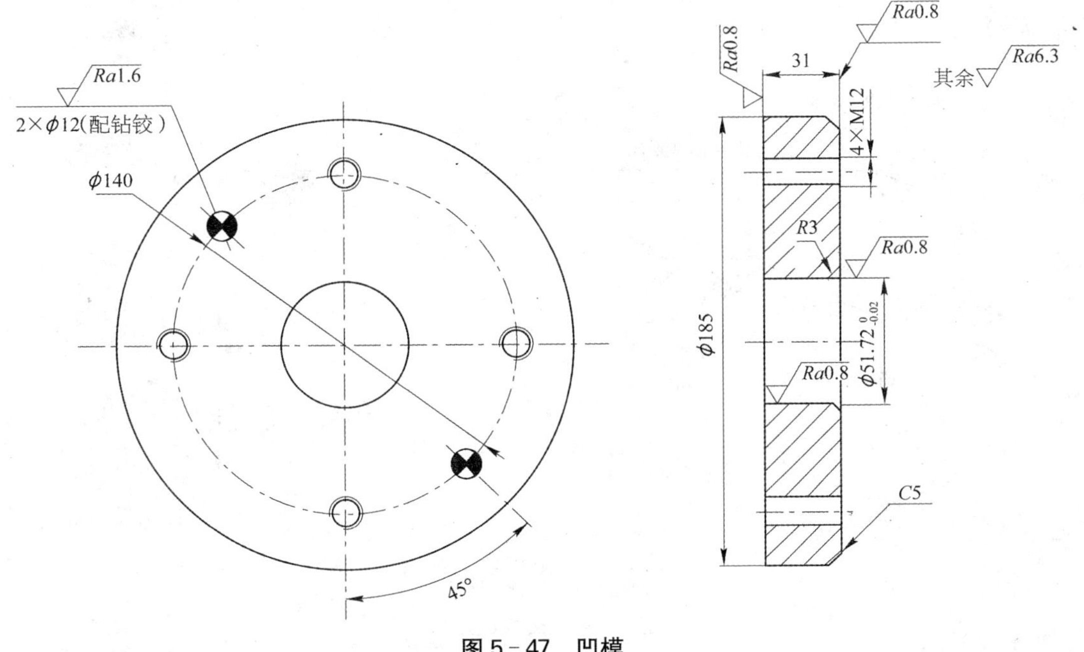

图 5-47　凹模

2) 凸模结构设计　凸模材料为 Cr12MoV,热处理硬度为 58～62 HRC。

凸模零件图如图 5-48 所示。

3) 凸模固定板与凹模固定板　凸模固定板与凹模固定板是用来固定凸模与凹模的,外形尺寸与凸模和凹模的尺寸相同,材料都是 45 钢。

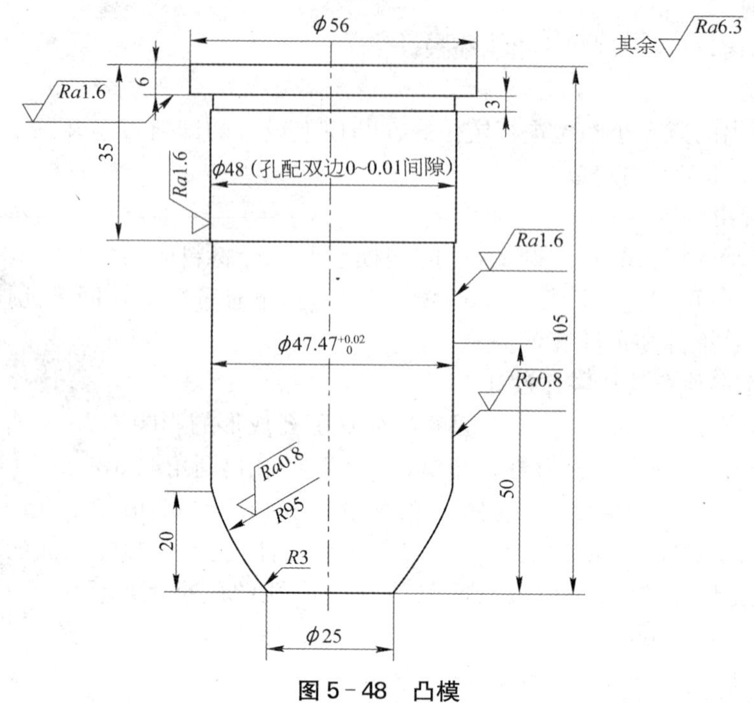

图 5-48 凸模

凸模固定板上的销钉孔与凸模配合为 H7/m6，板厚为 36 mm。其零件图如图 5-49 所示。

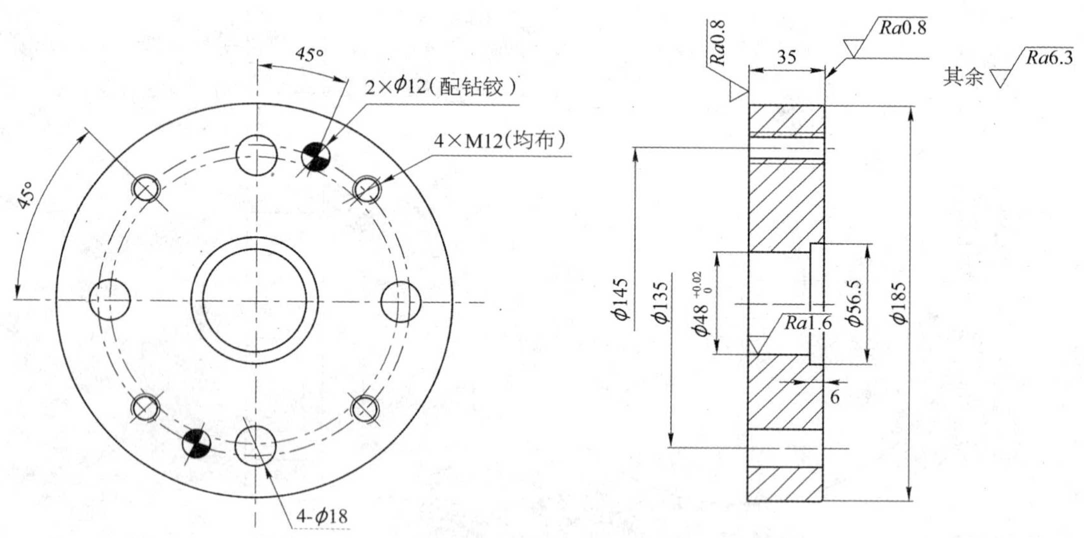

图 5-49 凸模固定板

凹模固定板的零件图如图 5-50 所示。

4）卸料板　翻孔凸模要承受很大的径向载荷，凹模也要承受材料的张力。在一次成形完成后，动模部分回程，工件可能包在凸模上随凸模一起运动，还有可能卡在凹模孔口里，故要同时设置推件和顶件装置，在下模设置卸料板。

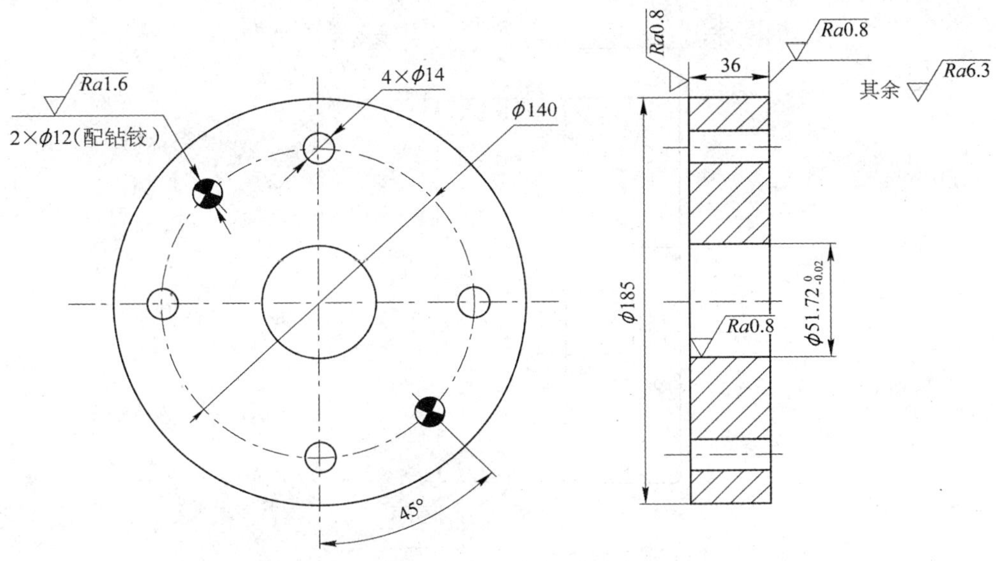

图 5-50　凹模固定板

由于本道工序是成形工序，要充分考虑工件的定位，故卸料板上需开三个与工件上相同的凹坑，以保证工件的定位。同时卸料板通过卸料螺钉与下模座相连，最后装在油压机上，油压机提供预紧力使卸料板先预压工件，同时成形后又提供卸料力。卸料板的材料为 45 钢，其零件图如图 5-51 所示。

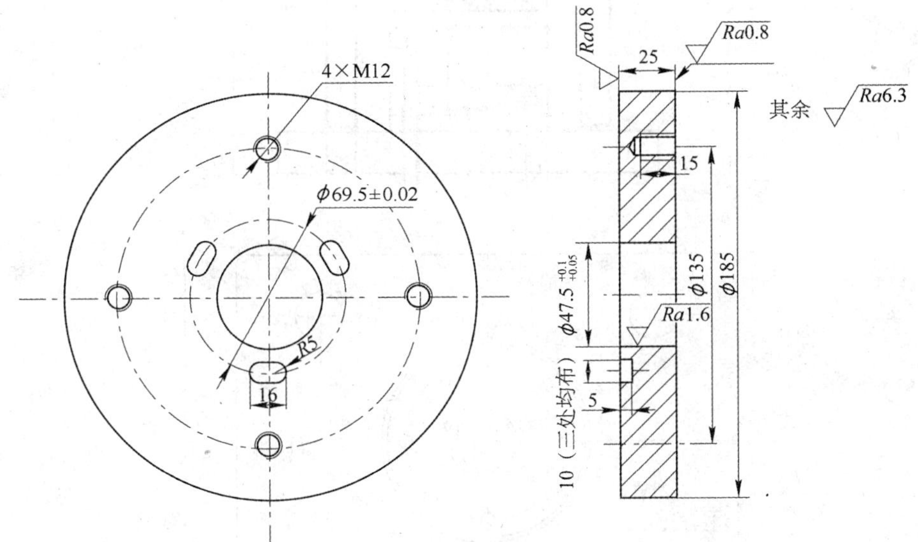

图 5-51　卸料板

推件装置设置在上模中，当工件卡在凹模时，可利用油压机推动打杆、推件板，将工件从凹模中推出，实现出件。推件板与打杆零件图如图 5-52 所示。

5. 模具结构及工作原理

模具结构图如图 5-53 所示。

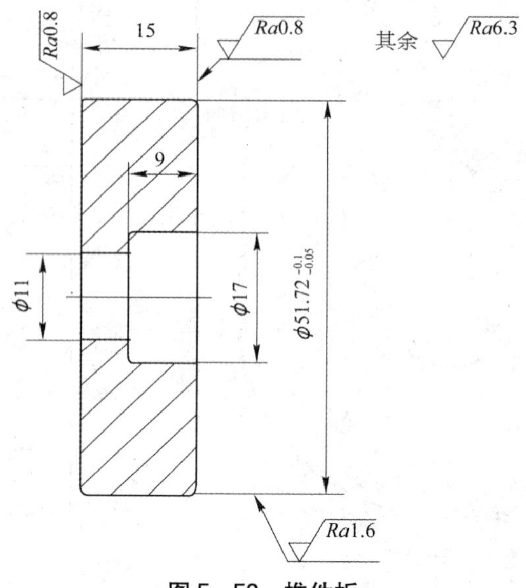

图 5-52 推件板

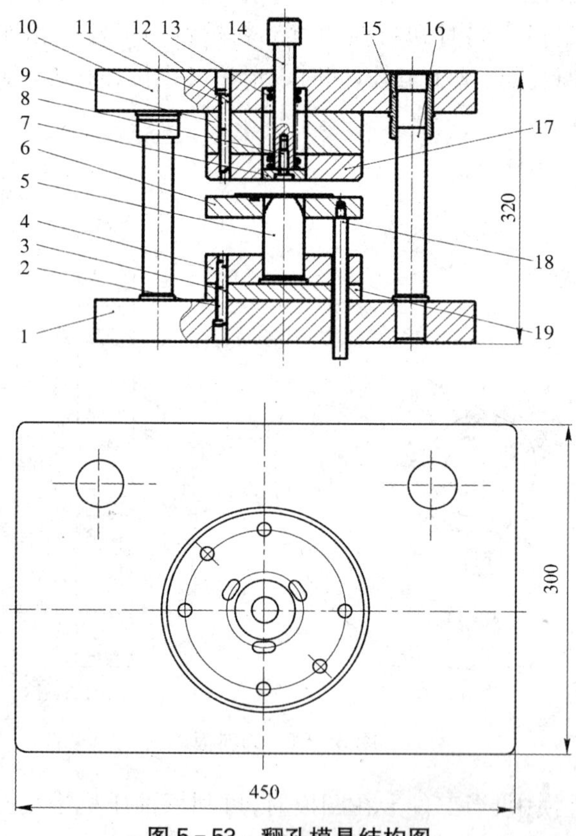

图 5-53 翻孔模具结构图

1—下模座；2、8、11—螺钉；3、12—销钉；4—凸模固定板；5—凸模；6—卸料板；7—推件块；9—凹模固定板；10—上模座；13—弹簧螺栓；14—打杆；15—导套；16—导柱；17—凹模；18—卸料螺钉；19—下垫板

模具工作原理：将毛坯送到卸料板上（卸料板起卸料和定位双重作用），上模下行，毛坯首先被凹模和卸料板压紧并被正确定位；随着上模的继续下行，凸模前端引入部分轴线与预制孔圆心在同一轴线，实现自动定位，上模继续下行，开始成形翻孔；最后凸模直边部分进入凹模，实现翻孔的最后整形。

翻孔完成后，上模回程，工件被卸料板或推件块推出。卸料螺钉与打杆固定在油压机上，上模回程时，卸料板自动与卸料螺钉向上运动，打杆则相对上模座静止，工件被推出。至此，完成一次翻孔工序。

思考与练习

1. 试举例说明日常生活中哪些是胀形件、翻孔件、翻边件、缩口件。
2. 拉深与翻孔工序有什么关系？
3. 简述翻孔与翻边的变形特征以及影响极限翻孔系数与翻边系数的因素。
4. 什么情况下工件需要校平与整形？
5. 试分析图5－54所示底座零件的冲压工艺方案，进行相关的工艺计算。

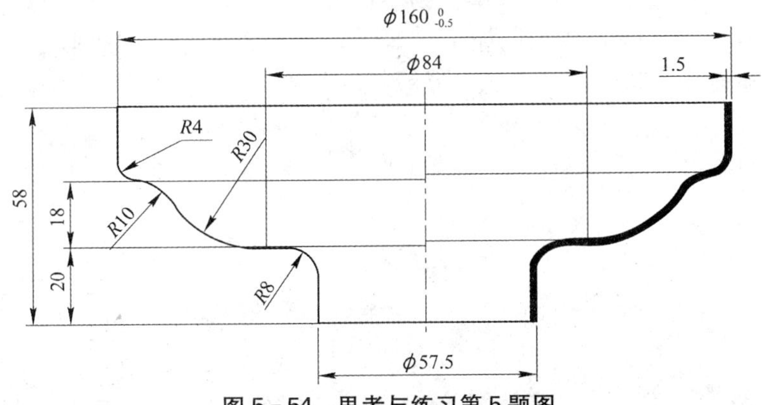

图5－54　思考与练习第5题图

项目六　阶梯轴冷挤压工艺及模具设计

冷挤压是指坯料在冷态(变形温度低于再结晶温度,通常是指常温)下,通过强大的压力使放入模具型腔内的金属毛坯发生塑性变形,充满型腔或从模具型腔中挤出,从而获得所需形状、尺寸以及一定力学性能的制品的塑性成形方法。冷挤压是精密塑性体积成形技术中的一个重要组成部分,是一种高精度、高效率、优质低耗的先进生产工艺技术,较多应用于中小型锻件规模化生产中。与热锻、温锻工艺相比,可以节材30%~50%,节能40%~80%,而且能够提高锻件质量,改善作业环境。

图6-1所示为双阶梯轴零件,该零件易磨损,采用冷挤压成形工艺,可以提高工件精度,降低材料消耗,减少或部分取消机械加工。本项目以阶梯轴冷挤压成形工艺及模具设计为学习任务,将冷挤压模具理论与学习任务联系在一起。

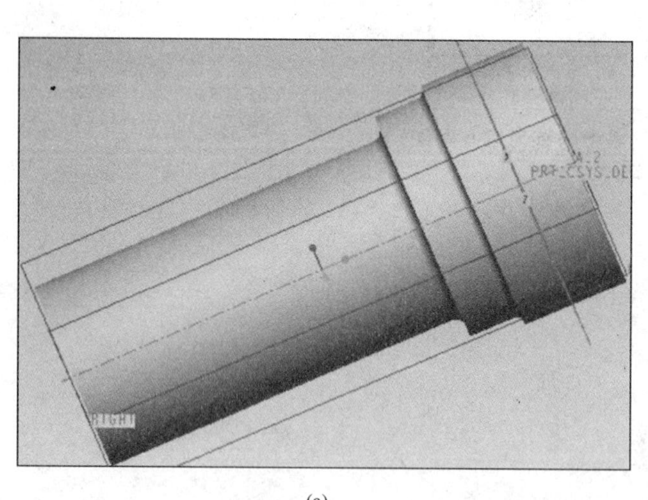

(a)

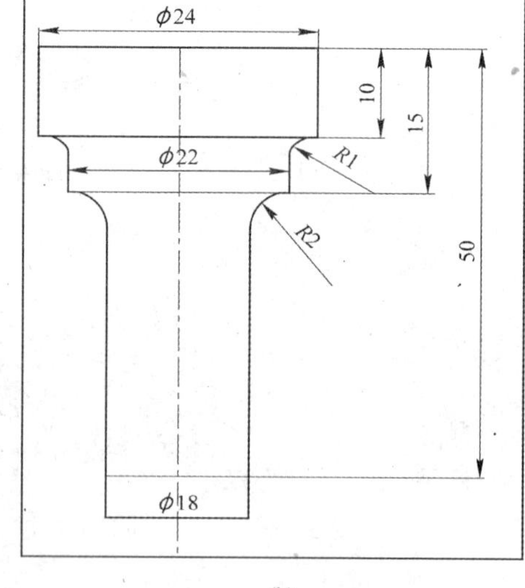

(b)

图6-1　双阶梯轴零件

(a) 实体图; (b) 平面图

任务一 冷挤压概述

【学习目标】

1. 冷挤压工艺的分类。
2. 冷挤压的特点及应用。
3. 冷挤压的工艺性。
4. 冷挤压的模具设计及简介。

一、冷挤压工艺的分类

根据被挤金属的流动方向与加压方向的关系可将冷挤压分为以下几种。

(一) 正挤压

正挤压时被挤金属的流动方向与加压方向相同。如图 6-2 所示为正挤压件的情况。加工时先将毛坯放在凹模内,然后用凸模加压法挤压毛坯,金属在压力的作用下进入塑性状态,强迫金属从凹模的下方孔流出,从而得到所需的工件。常见的正挤压零件有:螺钉、轴、顶杆、支架、管子、管套、弹壳及衬套等。

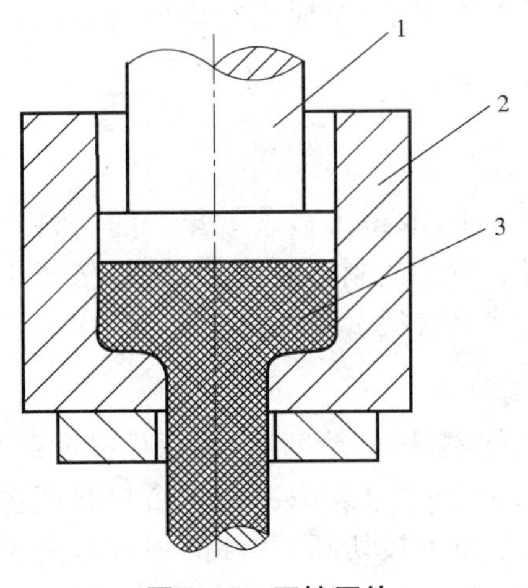

图 6-2 正挤压件

1—凸模;2—凹模;3—坯料

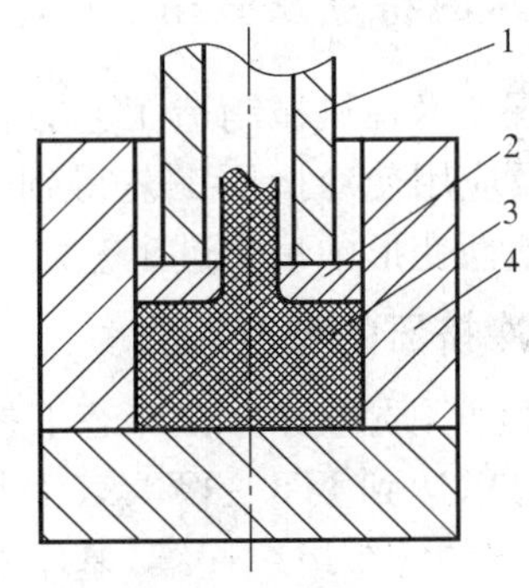

图 6-3 反挤压件

1—推杆;2—凸模;3—坯料;4—挤压筒

(二) 反挤压

反挤压时被挤金属的流动方向与加压方向相反。如图 6-3 所示为反挤压件的情况。加工时将毛坯放在挤压筒(凹模)底上,当凸模向毛坯施加压力时,金属在压力的作用下便沿着凸模的小孔向上流动,从而得到所需的零件。常见的反挤压零件有:罩壳、外壳、套筒、套管、灯座等。

(三) 复合挤压

复合挤压是一部分被挤金属的流动方向与加压方向相同,一部分与加压方向相反。如

图 6－4 所示为复合挤压件的情况。毛坯件在凸模的压力作用下，金属分别向上和向下两个不同的方向流动，发生了双向挤压变形。这是正挤压和反挤压的组合。常见的复合挤压零件有：双杯类零件、汽车活塞销、缝纫机梭芯等。

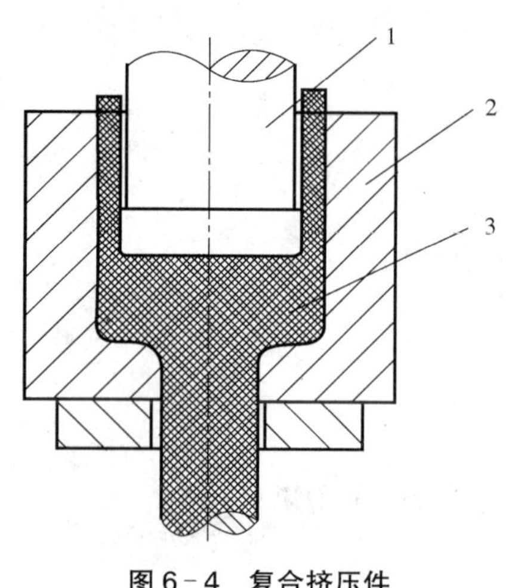

图 6－4 复合挤压件

1—凸模；2—凹模；3—坯料

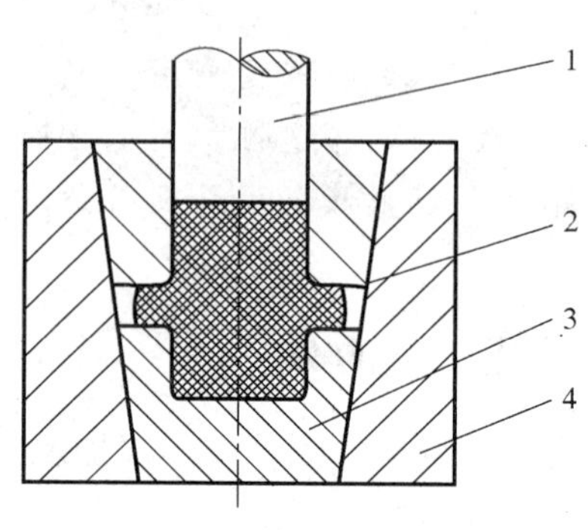

图 6－5 径向挤压件

1—凸模；2—坯料；3—挤压模；4—挤压筒

(四) 径向挤压

径向挤压是被挤金属的流动方向与加压方向相垂直，金属在模具中作径向流动。如图 6－5 所示为径向挤压件的情况。毛坯在凸模的压力作用下，金属沿径向向外流出。径向挤压主要用于制造带凸肩的齿轮坯及十字轴类零件。

二、冷挤压的特点及应用

冷挤压技术在机械制造工艺方面得到了广泛应用，取得了显著效果。随着科学技术的不断发展及应用使冷挤压工艺得到进一步的开拓。与其他制造方法相比，冷挤压工艺已经成为金属塑性变形中最先进工艺之一，在技术和经济上有很多特点。

(一) 冷挤压的特点

1) 精度高，质量好 在冷态下挤压成形，挤压件质量好，精度高，表面粗糙度值小，一般尺寸精度可以达到 IT8～IT9，表面粗糙度可达 $Ra3.2$～$0.4\ \mu m$；冷挤压后材料产生冷作硬化，零件内部的纤维组织连续，基本沿零件外形分布而不被切断，零件的强度远高于原材料的强度；合理的冷挤压工艺还可使零件表面形成压应力，从而提高疲劳强度；但冷挤压零件的塑性、冲击韧性变差，而且零件的残余应力大，容易引起零件变形和耐腐蚀性的降低(产生应力腐蚀)。

2) 生产率高 冷挤压工件切削量少甚至不用切削，属少切削或无切削加工，材料利用率及生产效率都较高，用冷挤压工艺代替切削加工制造零件，能使生产效率提高几倍、几十倍甚至上百倍，生产过程容易实现机械化和自动化；但冷挤压的模具成本高，一般只适用于大批量生产的零件。

3) 变形抗力大 冷挤压加工的变形抗力很大，挤压钢铁材料时单位挤压力可能高达 2 000 MPa 以上，接近甚至超过模具材料的抗压强度，因此模具材料需要具有极高的强度、足够的冲击韧性和耐磨性;金属毛坯在模具中强烈的塑性变形,会使模具温度升高至250～300℃,因此模具材料需要一定的回火稳定性;冷挤压加工的变形抗力大,不宜用于高强度材料加工。

4) 对毛坯的要求高　冷挤压时材料在冷态下发生塑性变形,应选用组织致密和杂质少的材料,避免加工过程过多的中间退火;冷挤压件一般都不进行精加工,所以必须选用精度高的坯料;在冷挤压加工前,毛坯常进行软化退火和表面磷化等润滑处理。

(二) 冷挤压的应用范围

通过以上分析可见,冷挤压工艺是一种"优质、高产、低消耗、低成本"的先进工艺,在技术上和经济上都有很高的应用价值。目前,冷挤压已经在我国汽车、摩托车、仪表、电信器材、轻工、建筑、宇航、船舶、军工等工业部门得到广泛的应用,已成为金属塑性成形技术中不可缺少的重要加工手段之一。

三、冷挤压的工艺性

(一) 冷挤压的变形程度

1. 冷挤压变形程度的表示方法

变形程度是冷挤压工艺设计与计算的重要参数,有三种表示方法。

1) 断面收缩率 ψ

$$\psi = \frac{A_0 - A_1}{A_0} \times 100\% \tag{6-1}$$

2) 挤压比 G

$$G = \frac{A_1}{A_0} \tag{6-2}$$

3) 对数挤压比 ε

$$\varepsilon = \ln(A_0/A_1) \tag{6-3}$$

2. 许用变形程度

冷挤压时,压力作用在模具上时,模具单位面积承受很大的压力,当外力超过模具钢的许用应力(一般为2 000～2 500 MPa)时,模具就容易损坏或降低使用寿命。每一种模具材料都有一个许用变形程度。下面给出一些黑色金属的许用变形程度,如图6-6～图6-8所示。这三幅图是根据碳素钢的不同含碳量与变形程度的关系作出的,图中阴影线以下是许用区域。

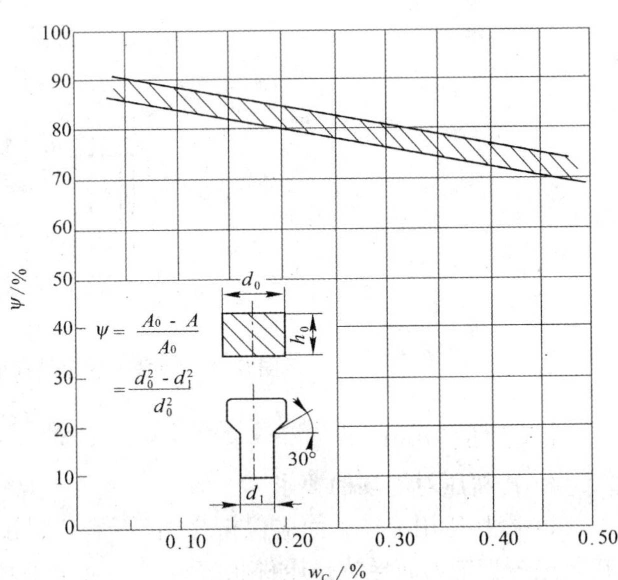

图6-6　黑色金属正挤压实心件的许用变形程度

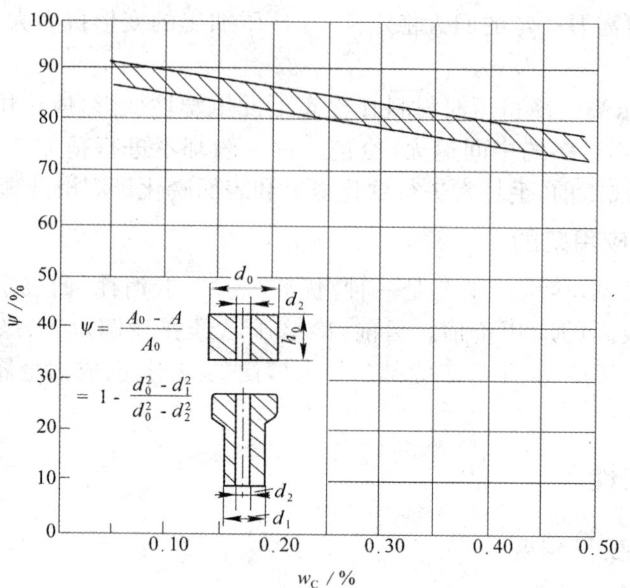

图 6-7 黑色金属正挤压空心件的许用变形程度

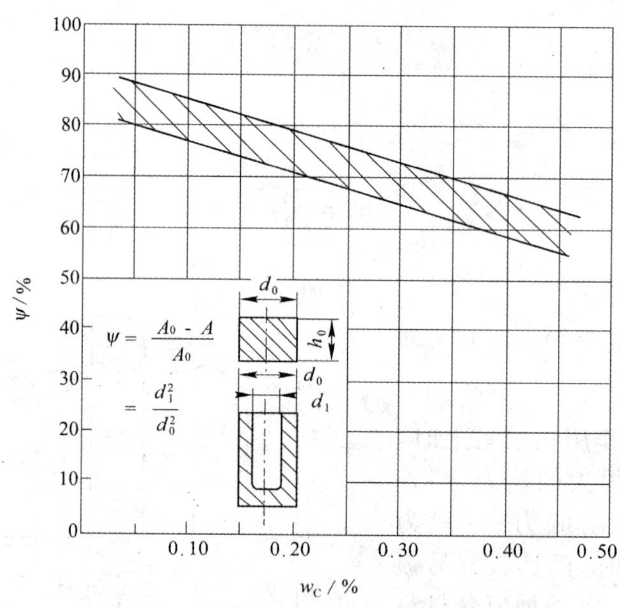

图 6-8 黑色金属反挤压的许用变形程度

(二) 坯料尺寸

1. 冷挤压对毛坯的要求

1) 冷挤压用毛坯表面应保持光洁，不能有裂纹、折叠等缺陷。否则，经挤压后将使上述缺陷进一步扩大而导致挤压件报废。一般要求毛坯表面粗糙度在 *Ra*6.3 μm 以下。表面越光洁，成形质量就越高。

2）毛坯的几何形状尽可能对称、规则，且两端面要保持平行。否则在单位压力很大时，凸模可能会因受力不均而折断。在实际生产中毛坯的形状常采用如图 6－9 所示的基本形状。实心毛坯和空心环状毛坯，如图 6－9a、b 所示，适用于正挤压、反挤压、复合挤压和径向挤压；如图 6－9c、d 所示的两种毛坯是经反挤压预成形制成的，主要用于空心件正挤压，特殊情况下可用于径向挤压和反挤压。

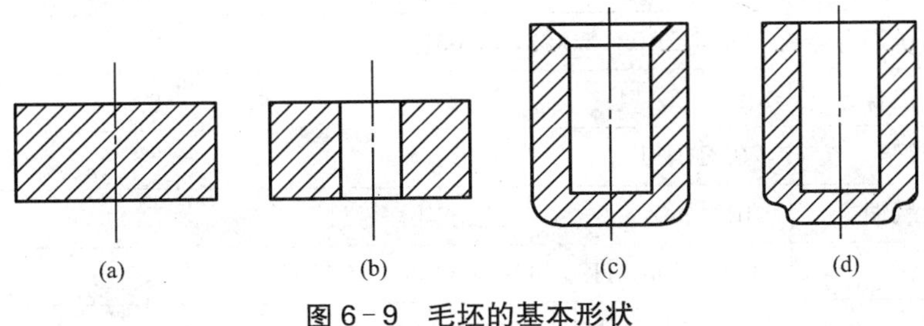

图 6－9　毛坯的基本形状

2. 毛坯尺寸计算

毛坯尺寸是根据挤压件图按毛坯体积与挤压件体积相等原则计算的，为了使毛坯方便放入模具型腔内，毛坯外径比模具型腔尺寸小 0.1 mm 左右，对反挤压毛坯尺寸比模具型腔尺寸小 0.05 mm 左右。

等体积法的公式

$$V_{毛坯}=V_{零件}+V_{修边} \tag{6-4}$$

圆柱形毛坯

$$V_{毛坯}=\frac{\pi}{4}D_0^2H_0=V_{零件}+V_{修边} \tag{6-5}$$

$$H_0=\frac{4(V_{零件}+V_{修边})}{\pi D_0^2} \tag{6-6}$$

其他形状的毛坯

$$H_0=\frac{V_{零件}+V_{修边}}{F_0} \tag{6-7}$$

式中　D_0——毛坯直径（mm）；

H_0——毛坯高度（mm）；

F_0——毛坯横截面积（mm^2）。

（三）毛坯材料

1. 冷挤压材料要求

受冷挤压成形工艺特性的影响，冷挤压常用材料要求有良好的塑性，较低的变形抗力和加工硬化敏感性。冷挤压材料的选择关系产品的质量和性能，也直接影响模具的使用寿命。

2. 冷挤压常用材料

随着现代工业的发展，高性能、大吨位专用压力机及新型模具材料的出现，使冷挤压材料的范围越来越广，许多低塑性高强度材料也可在一定的变形程度内进行冷挤压加工。表 6－1 列举了一些冷挤压的常用材料。

表 6-1 冷挤压常用材料

材料名称		材料牌号
铅、锡、银及其合金		
锌及锌镉合金		
铝及铝合金	纯铝	1070A，1060，1050A，1035，1200
	防锈铝合金	5A01，5A02，5A03，5A05，3A21
	锻铝合金	2A50，2A14
铜及铜合金	纯铜	T1，T2，T3，T4
	无氧铜	Tu1，Tu2
	黄铜	H62，H68，H70，H80，H85，H90，H96
镁合金		MB1，MB2，MB3，MB4，MB5
镍及镍合金	纯镍	N1，N2，N3，N4，N5，N6
	镍铜合金	NiCu70-30
钢	普通碳素钢	Q195，Q215，Q235，Q255
	优质碳素钢	08F，15F，08，10，15，20，25，30，35，40，45，50，15Mn，16Mn，20Mn
	合金结构钢	20MnV，20MnB，15Cr，20Cr，30Cr，40Cr，45Cr
	深冲钢	S10A，S15A，S20A
	轴承钢	GCr9，GCr15
	碳素工具钢	T8，T9
	高速钢	W18Cr4V
	不锈钢	Cr17，0Cr13，1Cr13，2Cr13，3Cr13，Cr14，0Cr18Ni9，1Cr18Ni9

(四) 冷挤压力的计算

冷挤压时由于材料是在冷态下成形，而且变形量一般都很大，挤压过程中作用在模具上的单位压力很大，尤其是钢材等高强度材料的冷挤压，挤压力达到甚至超过 2 000 MPa，此时模具有开裂破坏的可能，对压力机也构成威胁，因此冷挤压时要进行挤压力的计算。挤压力的计算是模具设计的重要依据，也是选择挤压设备的依据。

1. 总压力的计算

在冷挤压中总压力的计算公式为

$$P = cpA \tag{6-8}$$

式中 P——挤压力(kN)；

p——平均单位挤压力(MPa)；

A——凸模与毛坯直接接触表面在水平面上的投影面积(mm^2)；

c——安全系数，一般 $c \geqslant 1.3$。

由上式可知，计算冷挤压力 P 的关键因素是确定冷挤压的平均单位挤压力 p。

2. 单位挤压力的计算

在冷挤压过程中，由于一系列工艺因素的影响，挤压力很难准确计算，尤其是形状复杂的工件，下面介绍一种简易计算法。

简易计算法是从表中查取各种不同材料的单位挤压力的近似值，再乘以挤压的真实作用面积，即可求出近似的挤压力，计算公式为

$$P = pA \tag{6-9}$$

式中　P——挤压力(kN)；

p——单位挤压力(MPa)，由表 6－2 查取；

A——挤压的作用面积(mm^2)，形状复杂的工件按投影面积进行计算。

表 6－2　挤压时单位挤压力的近似值

变形状态 / 材料	正挤压		反挤压		封闭校形	
	断面收缩率 ψ/%	单位挤压力 p/MPa	断面收缩率 ψ/%	单位挤压力 p/MPa	断面收缩率 ψ/%	单位挤压力 p/MPa
纯铝	97～99	600～800	97～99	～800	97～99	
铝合金	92～95	800～1 000	75～82	800～1 200	97～99	1 000～1 600
黄铜	75～87	800～1 200	75～78	800～1 200	97～99	1 000～1 600
10 钢	50～80	1 400～2 000	40～75	1 600～2 200	97～99	1 000～1 600
30 钢	50～70	1 600～2 500	40～70	1 800～2 500	97～99	1 600～2 000
50 钢	40～60	2 000～2 500	30～60	2 000～2 500	97～99	1 800～2 500

实践证明，按上述经验数据进行的估算，与实际情况是接近的，基本满足要求。

(五) 冷挤压工艺方案

1. 冷挤压基本工艺方案

对于任何一种冷挤压件，从不同的角度和设计观点出发，会有多个工艺方案。在制定工艺方案时，既要考虑技术上的可能性和先进性，又要注重经济效益。应该拟定两个或更多个工艺方案，然后进行经济技术分析，以便得出合理的工艺方案。冷挤压工艺过程大体包括四个过程：毛坯准备(下料及预成形)—辅助处理(退火和润滑)—冷挤压成形(中间预成形和最终挤压成形)—挤压后的切割加工。图 6－10 列出了上述基本成形工序及常见工序的组合及其排列次序。

2. 典型挤压件的工艺方案

冷挤压时，每一变形工序力求用最大的变形程度，最好能通过一次变形就达到冷挤压件图的要求。但由于冷挤压时每一道工序的变形量不能超过许用变形程度，有时也因受到模具结构的限制，使许多零件在冷挤压时需用多道工序才能完成。

在挤压黑色金属时，因材料的强度高，对变形程度过大的零件常需通过多道变形工序才能完成。而在挤压有色金属时，因材料的强度低、塑性好，通常能用一次挤压完成变形程度大而形状复杂的零件。下面对几种典型形状零件的冷挤压工艺及设计要点进行介绍。

1) 轴类零件　当轴类零件不超过材料的许用变形程度时，一般用一次正挤压成形完成。

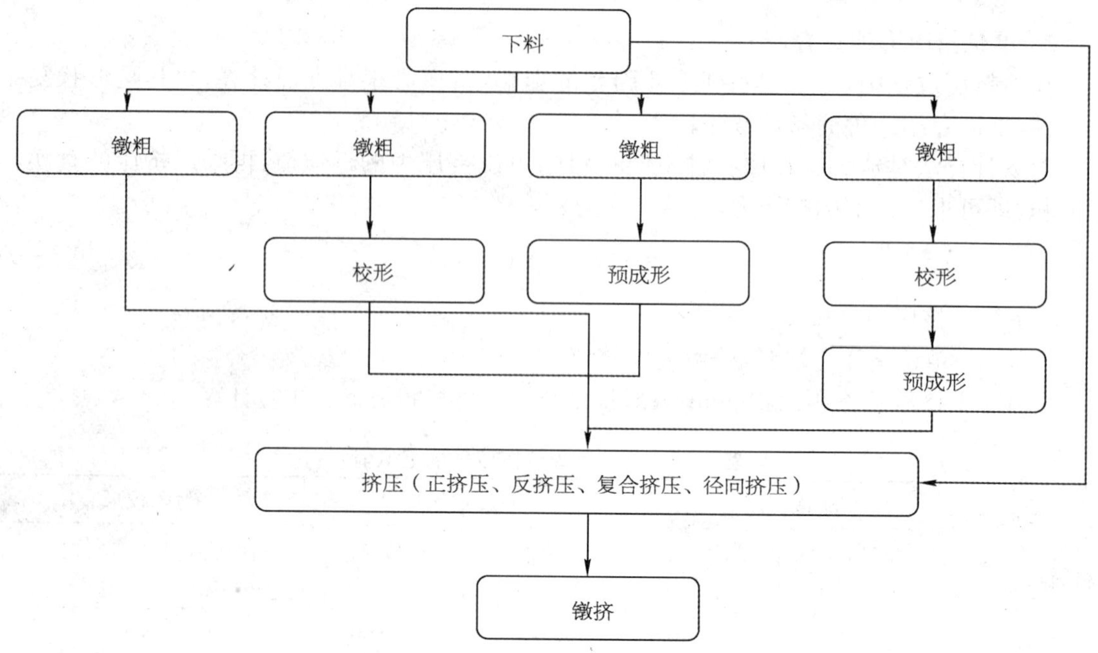

图 6-10　冷挤压成形工序及工序组合

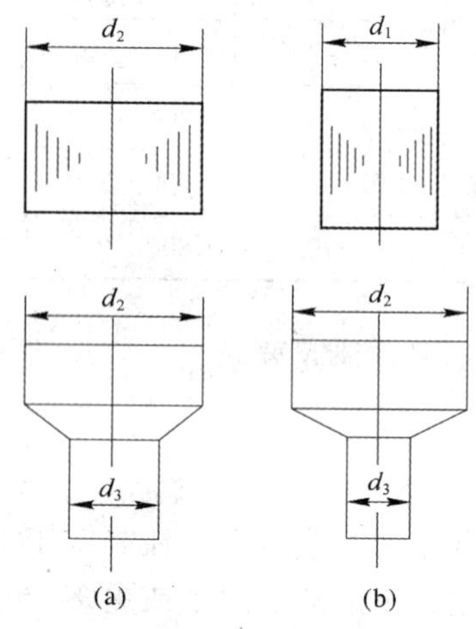

图 6-11　阶梯轴的冷锻

挤压图 6-11 所示的零件有 a、b 两种工艺方案。在 a 方案中，毛坯取最大台阶直径 d_2，用正挤压工艺挤出直径 d_3 部分；b 方案中，毛坯直径取次级台阶直径 d_1，先挤出直径 d_3，再将 d_1 镦粗到 d_2。但是，在变形程度较小（$\psi \leqslant 50\%$）时，也可同时进行两个或两个以上台阶的挤压。

2）具有阶梯内孔零件　图 6-12 所示零件的成形基本分为两道反挤压：第一次反挤大孔 d_1，第二次再反挤小孔 d_2。反挤大孔时的变形程度应取小于许用的合理变形程度。一次反挤压孔的相对深度 l_1/d_1 受凸模长径比的限制（钢 $l_1/d_1 \leqslant 2.5 \sim 3$，有色金属 $l_1/d_1 \leqslant 6 \sim 7$），反挤压阶梯孔深也不能太大，一般 $l_2/d_2 \leqslant 1$。

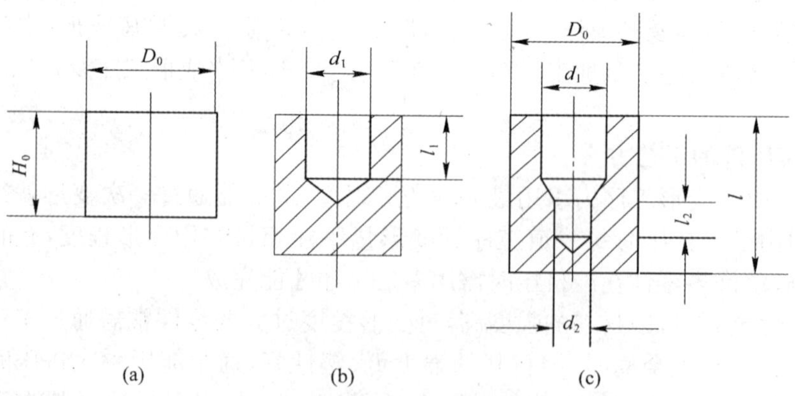

图 6-12　有阶梯内孔件的挤压工序

3）深孔薄壁零件　如图 6－13 所示。壁厚 S 很薄 $l_3/d_0 \geqslant 2.5 \sim 3$。因此要用一道工序成形是不可能的。通常第一道工序反挤成杯形件，再进行第二道与第三道正挤压，使外径逐渐变小。这类零件还可以采用挤压与变薄拉深相结合的方法成形。图 6－14 所示的零件与深孔薄壁件的挤压成形基本相似，只是多一道反挤压杯形后冲底工序。

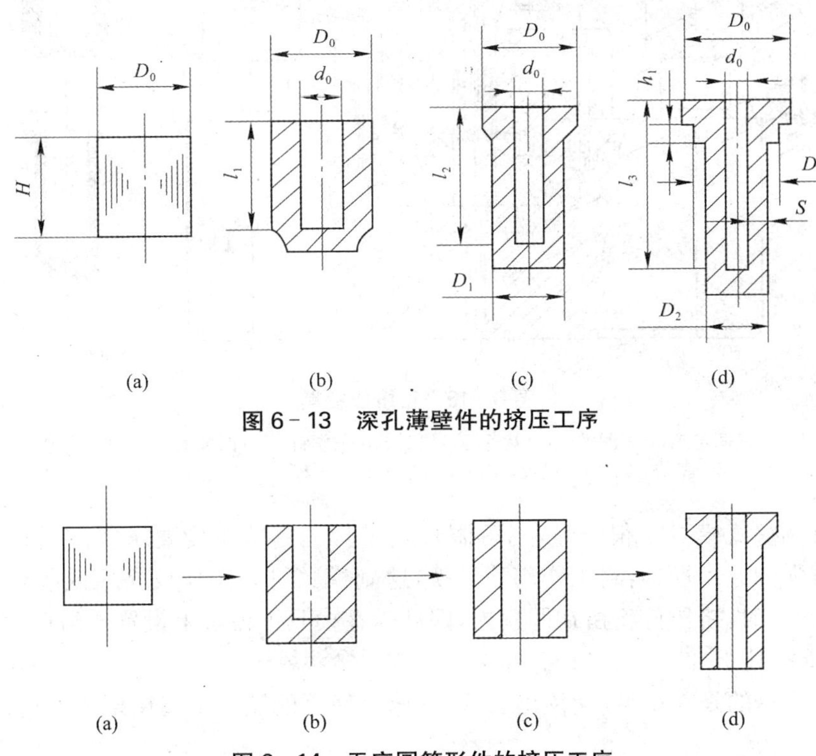

图 6－13　深孔薄壁件的挤压工序

(a)　(b)　(c)　(d)

图 6－14　无底圆筒形件的挤压工序

四、冷挤压的模具设计及简介

与一般冷冲模相比，冷挤压模具工作时所受的压力大得多，因而在强度、刚度和耐磨性等方面的要求都较高。冷挤模不同于其他冷冲模的地方主要有：

（1）上、下模板更厚，材料选择得更好，满足模具的强度要求。

（2）导柱直径尺寸较大，满足模具的刚度要求。

（3）工作零件尾部位置均加有淬硬的垫板。

（4）模具易损件的更换、拆卸更方便。

（一）典型冷挤压工艺模具结构

1. 正挤压模具

图 6－15 所示是用于黑色金属空心零件正挤压的模具简图。模具的工作部分为凸模和凹模。凸模 16 的心部装有凸模芯轴 15，芯轴 15 的心部设有通气孔与模具外部相通。凸模 16 的上顶面与淬硬的垫板 13 接触，以便扩大上模板 3 的承压面积。凹模 2 经垫块 8 与垫板 9 固定于下模板 11 上。由图可看出，凸模与凹模的中心位置是不能调整的，凸、凹模之间的对中精度完全靠导柱 7 与导套 6 以及各个固定零件之间的配合精度来保证，因此这种模具结

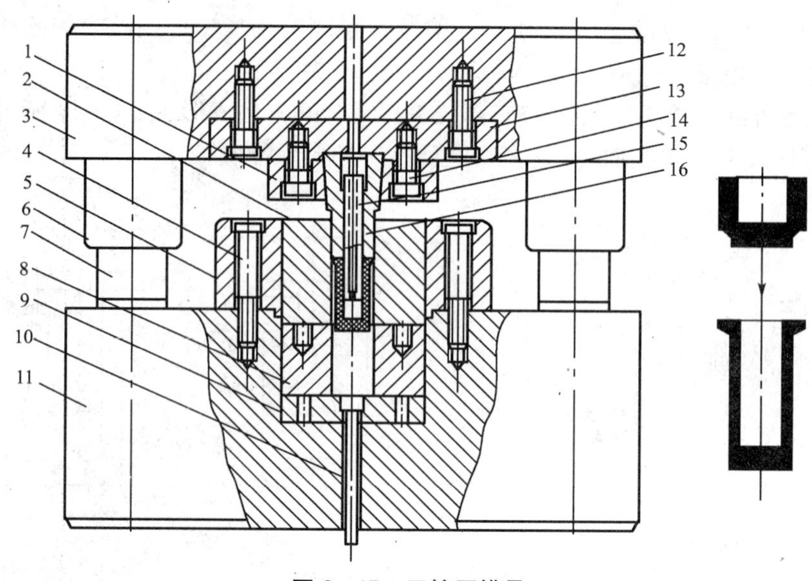

图 6-15 正挤压模具

1—凸模固定圈；2—凹模；3—上模板；4、12、14—螺钉；5—凹模固定板；6—导套；7—导柱；8—垫块；9、13—垫板；10—顶出杆；11—下模板；15—凸模芯轴；16—凸模

构常称为不可调整式模具。很明显，不可调整式模具的制造精度要求很高；但安装方便，而且模架具有较强的通用性，若将工作部分更换，这副模具可以用作反挤压或复合挤压。由图还可知，凸模回程时，挤压件将留在凹模内，因此需在模具下模板上设置顶出杆 10。

2. 反挤压模具

图 6-16 所示的是在小型(无顶出装置)冲床上使用的黑色金属反挤压模具，它是一种典

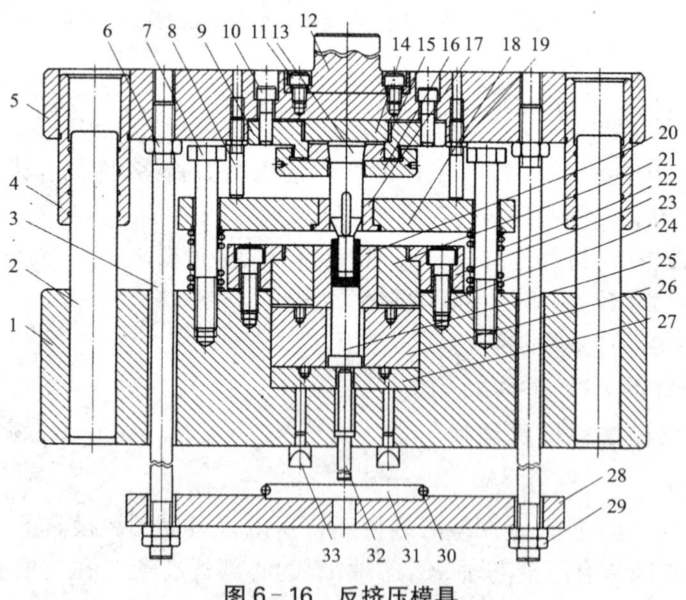

图 6-16 反挤压模具

1—下模座；2—导柱；3—拉杆；4—导套；5—上模座；6、7、29—螺母；8—压柱；9—定位圈；10、11—螺钉；12—模柄；13—凸模；14、26、27—垫块；15—加强圈；16—紧固圈；17—卸料圈；18—卸料板；19—压力垫块；20—凹模；21—预应力圈；22—弹簧；23—压板；24—螺钉；25—顶出杆；28—顶板；30—拉簧；31—活动板；32—顶杆；33—斜块

型的具有导向装置的反挤压模。为便于反挤压件从凹模中取出，设计了间接顶出装置，反挤压力在下模完全由顶出杆 25 承受，顶件力由反拉杆式联动顶出装置（由件 3、28、30、31、32、33 组成）提供，该顶出装置在模座下方带有活动板 31，当挤压件顶出一段距离后，通过带斜面的斜块 33 将 31 撑开，使顶杆 32 的底面悬空，使之靠自重复位，为下一次放置毛坯做好准备。而活动板 31 靠其外圈的拉簧 30 合并。上模也设计了卸件装置，由于杯形挤压件较深，为了加强凸模的强度，除工作段外，凸模的直径加粗并开出三道卸料槽，供带有三个内爪形的卸料圈 17 卸料。

只要将凸模、凹模、顶出杆、垫块 26、27 加以更换，这副模具就可以挤压不同形状和尺寸的工件；也适用于正挤压和复合挤压。

(二) 冷挤压凸模、凹模结构设计

1. 冷挤压凸模结构形式

1) 正挤压凸模

(1) 凸模结构。图 6-17 所示是常用的正挤压凸模结构形式。其中，a 型用于实心件的正挤压，b 型用于空心件的正挤压。其芯轴与凸模间为动配合，在工作时芯轴可随金属一起向下移动一定的距离，可减小挤出件的孔壁与芯轴表面间的摩擦力，从而改善了芯轴在挤压过程中的受力条件。凸模过渡部分应光滑过渡，防止应力集中。

另外，当挤压不通孔的空心件（图 6-17b）时，其芯轴心部需有通气孔，以利于挤压件的成形和退件。

(2) 凸模尺寸。实心件的凸模尺寸，凸模工作部分直径等于坯料上端直径，也等于凹模型腔直径，凸模工作部分长度等于挤压行程加上 10～12 mm。凸模固定部分长度等于凸模固定板厚度，不小于25 mm。空心件的凸模尺寸，凸模芯轴直径等于挤压件孔径，芯轴工作部分长度等于毛坯高度＋卸料板厚度＋10 mm。

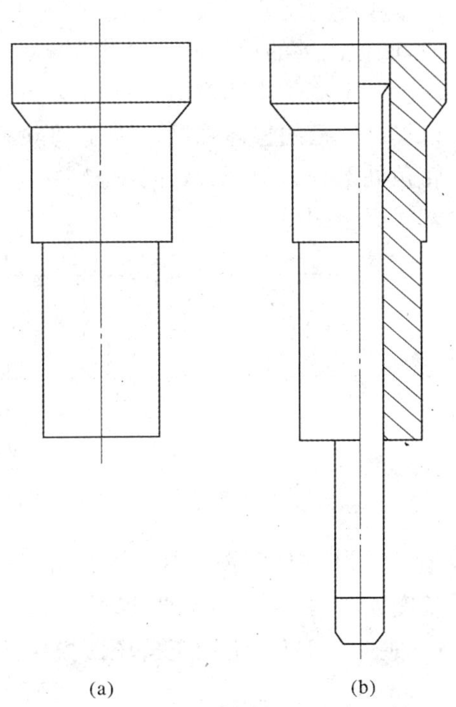

图 6-17　常用正挤压凸模的结构形式

(a) 实心件；(b) 空心件

2) 反挤压凸模

(1) 凸模结构。常用的反挤压凸模结构形式如图 6-18 所示。与正挤压凸模相比，各种形式的反挤压凸模的共同特点是具有一段长 2～3 mm 的工作带（图 6-18 中的尺寸 t）。工作带的公称直径与杯形件内孔的公称直径相等。工作带以上部分的直径比工作带直径小 0.1～0.2 mm，其目的是减小挤压过程中凸模与挤出件孔壁间的摩擦。

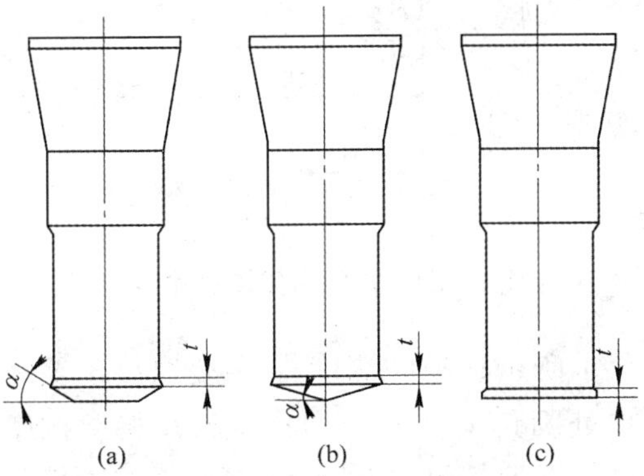

图 6-18　常用反挤压凸模的结构形式

(a) 锥台式；(b) 锥底式；(c) 平底式

反挤压凸模有三种形式：锥台式有利于金属流动，是最常用的一种结构形式；锥底式有利于

金属流动，多用于深孔件的挤压；平底式虽然不利于金属流动，但当挤压件要求孔底必须为平底时，则应采用平底式凸模。图 6－18a 的凸模端面斜角 α 一般取 3°～25°；图 6－18b 的凸模端面斜角 α 一般取 7°～13°。同样，凸模过渡部分也应光滑过渡，防止应力集中。

（2）凸模尺寸。反挤压凸模直径 d 等于挤压件内径；凸模工作带高度 $t = 2 \sim 4$ mm，工作带以上的直径要减小。

2. 冷挤压凹模结构形式

1）凹模的形式　分整体式凹模和组合式凹模两大类。组合式凹模又分预应力组合凹模和分割型组合凹模。整体式凹模如图 6－19a 所示，此种凹模加工方便，但强度低。在凹模内孔转角处有严重的应力集中现象，容易开裂。

预应力组合凹模如图 6－19b 所示，冷挤压时，凹模内壁承受极大的压力，挤压黑色金属时，凹模内壁的单位压力高达 1 500～2 500 MPa。在这样高的内壁压力下，单靠增加凹模的厚度已不能防止凹模沿纵向开裂。而在凹模的外壁上套装具有一定过盈量的预应力套，可以提高凹模的整体强度。为了消除整体式凹模转角处的应力集中，可将整体式凹模于内孔转角处剖分为两部分，即为分割式组合凹模。图 6－19c、d 所示分别为横向分割式和纵向分割式组合凹模。

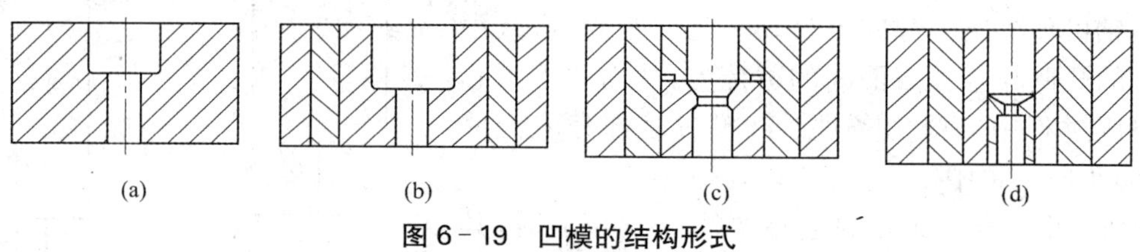

图 6－19　凹模的结构形式

(a) 整体式凹模；(b) 预应力组合凹模；(c) 横向分割式组合凹模；(d) 纵向分割式组合凹模

2）正挤压凹模　其结构尺寸如图 6－20 所示。凹模入口角 $\alpha = 90° \sim 126°$；凹模工作带长度 $h_3 = 2 \sim 4$ mm；凹模的过渡部分均用圆角连接；$D_2 = d_1 + (0.5 \sim 1.0)$mm，$h_2 = (1.1 \sim 1.2)D$。常用正挤压凹模形式如图 6－19 所示。

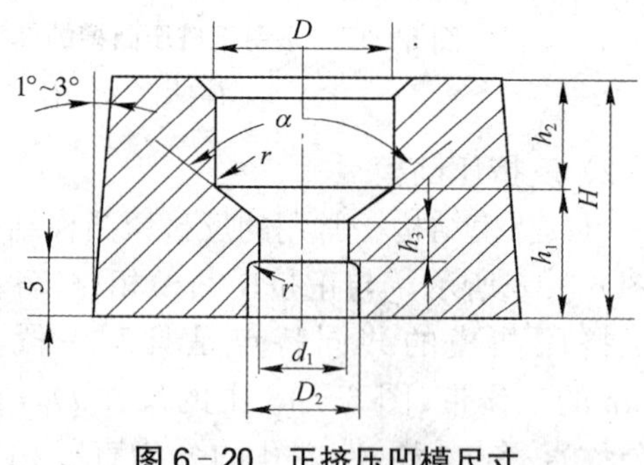

图 6－20　正挤压凹模尺寸

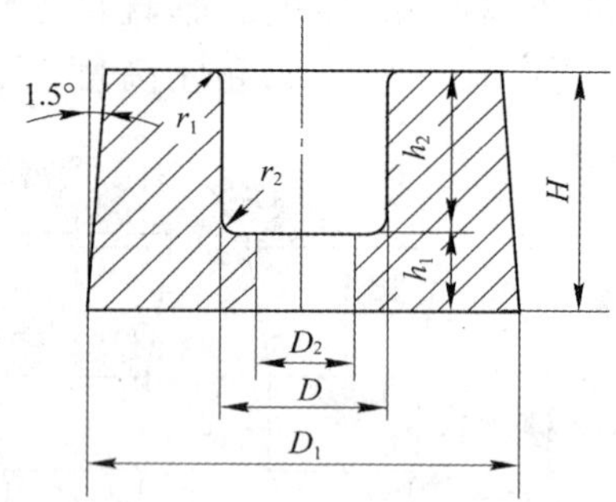

图 6－21　反挤压凹模尺寸

3）反挤压凹模　反挤压凹模结构尺寸如图 6－21 所示。模腔深度 h_2 主要取决于毛坯高度；凹模底部高度 $h_1 = (1/3 \sim 1/2)D$；凹模入口处圆角半径 $r_1 = 2 \sim 3$ mm；模腔内壁可做成 10′～30′的斜度。反挤压凹模形式如图 6－22 所示。图中 a、b、c 用于不需顶件装置的挤压件，如用于反挤压有色金属薄壁件。凹模 a 结构简单，但底部 R 处易开裂下沉，适用于批量不是很大的条件。凹模 b 的寿命比凹模 a 长得多，凹模 c 为上下组合式，寿命更长，但模具的制造精度要求高，否则难于保证同轴度，凹模 d 有顶出装置，常用于黑色金属挤压。

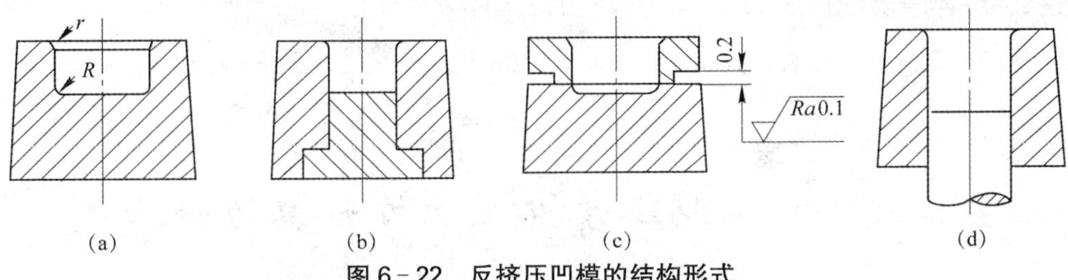

图 6－22　反挤压凹模的结构形式

3. 预应力组合凹模的设计

将凹模分层，使外层(压套)与内层(凹模)过盈装配并对内层产生很大预加压力的组合式凹模结构形式称为预应力组合凹模(简称组合凹模)。它广泛应用于钢铁材料的冷挤压。组合凹模的优点是同样外形尺寸(包括外套在内的整个组合凹模外形尺寸)和相同内腔尺寸的条件下，其强度要比单层(即整体式)凹模的强度大得多，而且也节省了模具钢。但它增加了凹模加工的工作量和难度，主要表现在压合面的加工和装配上。

1) 组合凹模的形式　根据理论分析可知：对于同一尺寸的凹模，两层预应力组合凹模的强度是整体式凹模强度的 1.3 倍；三层预应力组合凹模的强度是整体式凹模强度的 1.8 倍。层数越多，凹模补强越大，但是，其加工及装配也越复杂。故二层、三层预应力组合凹模应用较多。图 6－23 绘出了冷挤压凹模的形式。由于凹模总直径比(外径与内径之比)a 越大，凹模强度越大，但在 a 增加到 4～6 以后，再继续加大 a 便没有多大意义。因此，在生产中常采用的总直径比 $a = 4 \sim 6$。当 $a = 4 \sim 6$ 时，各种凹模的许用单位压力的大致范围为：当 $p \leqslant$ 1 100 MPa 时，采用整体式凹模；当 $p = 1\,100 \sim 1\,400$ MPa 时，采用两层式凹模；当 $p = 1\,400 \sim$ 2 500 MPa 时，采用三层式凹模。

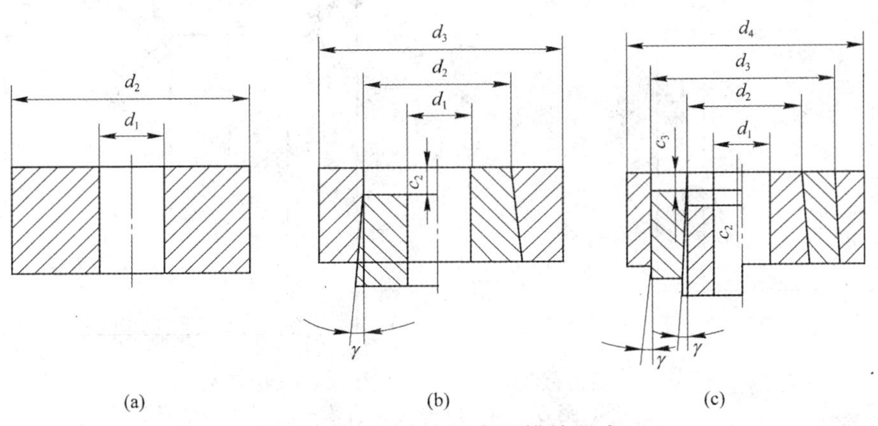

图 6－23　预应力组合凹模的形式

(a) 整体式；(b) 两层组合；(c) 三层组合

2) 组合凹模尺寸设计　组合凹模各圈直径的决定如上所述，凹模总直径比一般取 $a = 4 \sim 6$。

对两层组合凹模(图 6-23b),其中 d_1 为挤压件最大外径

$$d_3 = (4 \sim 6)d_1,\ d_2 = \sqrt{d_1 d_3}$$

对三层组合凹模(图 6-23c),其中 d_1 为挤压件最大外径

$$d_2 = 1.6d_1,\ d_3 = 1.6d_2 = 2.56d_1,\ d_4 = 1.6d_3 = 4.1d_1$$

任务二 阶梯轴冷挤压工艺及模具设计实例

【学习目标】

1. 了解阶梯轴冷挤压工艺分析方法。
2. 了解阶梯轴冷挤压模设计过程。

一、阶梯轴冷挤压工艺分析

(一) 阶梯轴的冷挤压工艺方案

1. 第一种工艺方案

如图 6-24 所示是第一种成形工艺方案,工艺过程为:下料—退火—酸洗、皂化处理—正挤压成形。毛坯直径取零件的最大外直径,用正挤压同时挤出最小直径和中间直径。

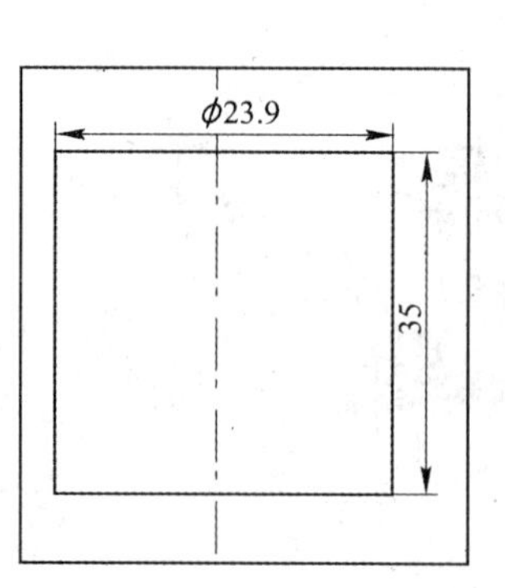

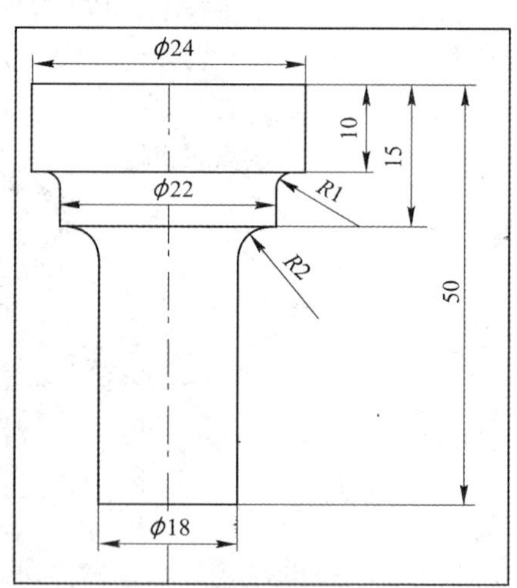

下料 ⟹ (退火 酸洗 皂化) ⟹ 正挤压两个台阶

图 6-24 成形工艺方案一

2. 第二种工艺方案

如图 6-25 所示是第二种成形工艺方案,工艺过程为:下料—退火—酸洗、皂化处理—正挤压成形—镦粗头部(直径最大部分)。毛坯直径取中间台阶直径,先挤出最小直径部分,再将头部镦粗为最大直径。

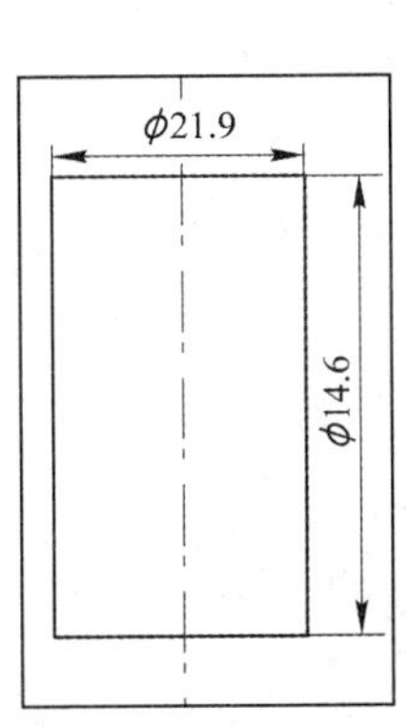

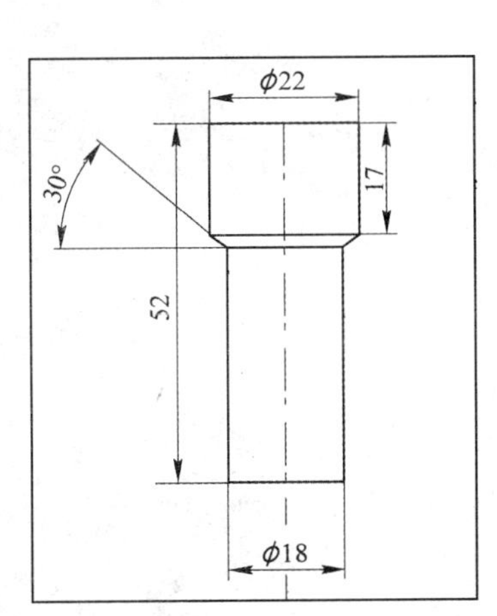

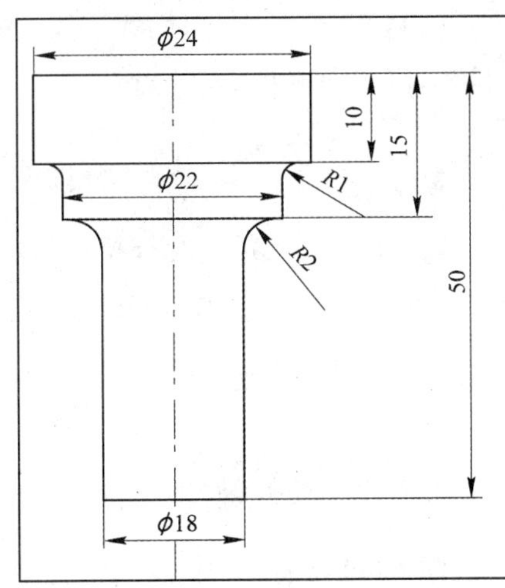

下料 ⟹ （退火 酸洗 皂化） ⟹ 正挤压两个台阶 ⟹ 镦粗头部

图 6-25　成形工艺方案二

方案一一次复合变形即可成形，方案二需两次变形成形。由于该零件变形量不大，可采用方案一，可以简化模具制造和实际生产时的步骤。

(二) 冷挤压毛坯图的确定

1. 产品的特点及要求

阶梯轴的特点是双阶梯的实心件，沿中心线对称，零件比较简单，尺寸精度中等，可以采用正挤压成形。

2. 毛坯尺寸的确定

根据零件的特点，毛坯选圆柱形棒料。毛坯的直径取零件的最大台阶直径。为了使毛坯方便放入模具型腔内，毛坯外径比模具型腔尺寸小 0.1 mm 左右。

$$D_0 = d_1 - 0.1 = 24 - 0.1 = 23.9\ \text{mm}$$

毛坯的高度根据式(6-6)计算如下：

$$H_0 = \frac{4(V_{零件} + V_{修边})}{\pi D_0^2} = \frac{4 \times (15\,325 + 500)}{3.14 \times 23.9^2} = \frac{4 \times 15\,825}{3.14 \times 23.9^2} = 35\ \text{mm}$$

(三) 冷挤压毛坯材料

该零件选用的材料是 40Cr，其力学及物理性能见表 6-3。

表 6-3　40Cr 的力学及物理性能

材料	抗拉强度 σ_b/MPa	屈服强度 σ_s/MPa	伸长率 δ/%	断面收缩率 ψ/%	硬度/HBS
40Cr	≥980	≥785	≥9	≥45	≤207

材料在冷挤压之前要进行如下处理：

(1) 退火处理。

(2) 表面处理：磷化处理，皂化处理，目的是减小挤压时的摩擦，提高模具寿命。

(四) 冷挤压变形程度

正挤压变形程度的计算：

$$\psi = \frac{A_0 - A_1}{A_0} \times 100\% = \frac{d_0^2 - d_1^2}{d_0^2} \times 100\% = \frac{23.9^2 - 18^2}{23.9^2} \times 100\% = 43.28\%$$

43.28% < 45%，没有超过材料的许用变形程度。

(五) 冷挤压力的计算

挤压力的计算：

$$P = pA = 1\,121\ \text{kN}$$

考虑安全系数，挤压设备选万能液压机 Y32-200。

二、阶梯轴冷挤压模设计过程

(一) 凸模的结构设计

根据挤压件的特征，选正挤压实心件凸模，如图 6-26 所示。凸模工作部分直径 $d=23.9$ mm，长度等于 25 mm。

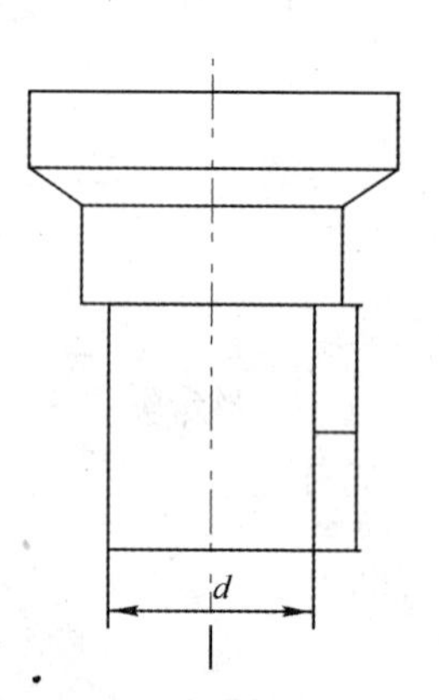

图 6-26 阶梯轴凸模结构

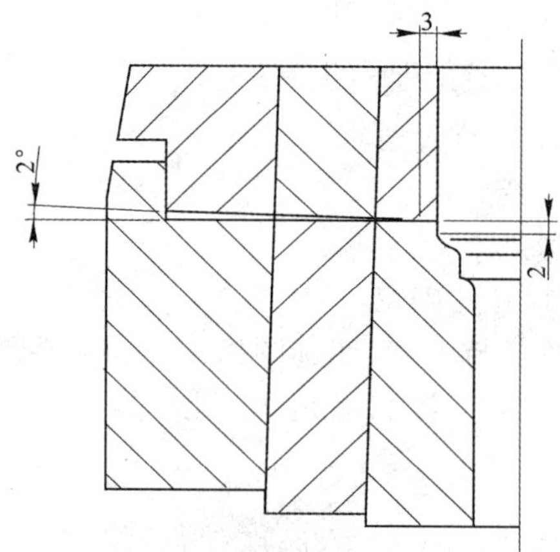

图 6-27 阶梯轴凹模结构

(二) 凹模的结构设计

正挤压时，阶梯轴件要一次正挤压来成形两个台阶轴，所以挤压力很大，如果采用整体式凹模，在型腔的直筒部分与锥角相交处会产生应力集中，容易开裂，因此本设计采用三层预应力分割式组合凹模。要挤压成形两个台阶轴，如果采用整体式凹模很容易开裂，故将凹模和预应力圈作横向分割，为了防止金属挤入接合面间，应精心设计分割处的接合面。凹模结构如图 6-27 所示。

凹模具尺寸：

$$d_1 = 24\ \text{mm}$$
$$d_2 = 1.6d_1 = 1.6 \times 24 = 38.4\ \text{mm}$$
$$d_3 = 1.6d_2 = 1.6 \times 38.4 = 61.44\ \text{mm}$$
$$d_4 = 1.6d_3 = 1.6 \times 61.44 = 98.30\ \text{mm}$$

(三) 模具总装图

根据零件的特点,设计了模具总装图,如图 6-28 所示。该模具主要由顶杆 6,凹模垫块 7,凹模 8、16,凹模中套 9、17,凹模外套 10、18,凸模 15、凸模套 14、凸模垫块 13 等主要零件组成。

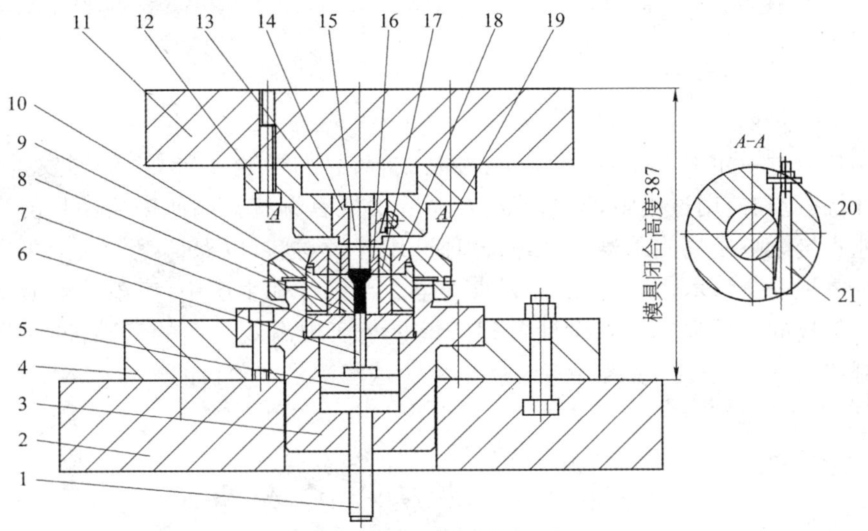

图 6-28　模具总装结构图

1—下顶杆;2—下模座;3—下固定圈;4—下模板;5—顶出过渡垫块;6—顶杆;7—凹模垫块;8、16—凹模;9、17—凹模中套;10、18—凹模外套;11—上模座;12—上模板;13—凸模垫块;14—凸模套;15—凸模;19—凹模固定圈;20—垫圈;21—斜楔

思考与练习

1. 冷挤压成形有哪些特点?

2. 为什么采用预应力组合凹模?有什么优点?

3. 如图 6-29 所示的冷挤压件,材料为 20 钢,请设计出可能的冷挤压工艺方案。

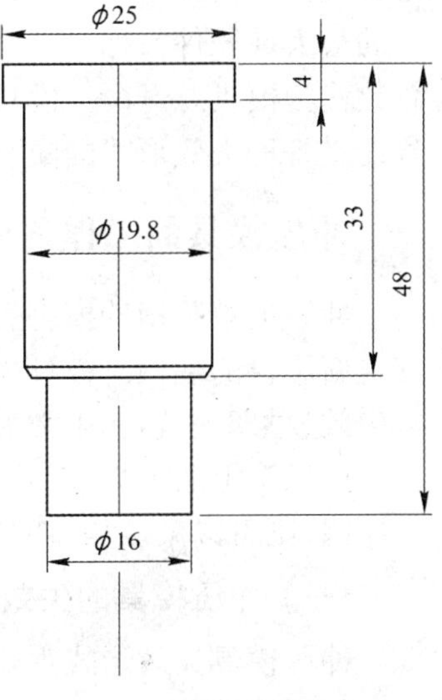

图 6-29　思考与练习第 3 题图

项目七　冷冲压模具的寿命、材料、安全措施及设计步骤

冲压模具经过一定时间的使用，不能再完成合格制件，也不能修复，即发生模具失效。在模具设计、制造和使用过程中，影响模具寿命的因素有哪些？如何提高模具的寿命？模具材料的性能直接影响模具使用寿命，如何合理选用冲模材料，以保证模具安全可靠？在冲压工作中特别重视安全技术，尤其是确保人身安全。在设计和生产中，应该采取哪些安全措施以防止安全事故的发生呢？一副设计合理的模具是实现高效生产的基础，冲模设计的内容和步骤有哪些？在冲模设计中要注意哪些事项？这些都是本项目的学习内容。

任务一　冲压模具寿命

【学习目标】

1. 掌握冲压模具的工作条件及失效形式。
2. 掌握影响冲压模具寿命的因素及提高冲压模具寿命的措施。

模具因为磨损或其他原因而失效，最终不可修复而报废之前所加工的冲压件总数，称为模具寿命。模具寿命分为刃磨寿命和模具总寿命。模具从前一次修复到下一次修复前所加工的最大冲压件数称为刃磨寿命；模具从开始使用到失效而不能修复为止所加工的冲压件总数称为模具总寿命。模具寿命与模具类型、结构、材料、制造工艺及工作条件等有关，模具寿命受各种失效形式的限制。

一、冲压模具的工作条件及失效形式

冲模失效是指冲模丧失正常的使用功能，不能通过一般的修复方法（如刃磨、抛磨等）使其重新服役的现象。模具失效既有达到预定寿命的正常失效，也有远低于预定寿命的非正常失效（早期失效）。正常失效比较安全，而非正常失效则常常造成人身或设备的恶性事故，并造成经济上的损失，因此应尽量加以避免。通过对冲模失效进行分析，找出模具失效的具体原因，则可以采取相应的措施加以改进，以提高模具的使用寿命。

（一）冲压模具的失效形式

冲压模具失效形式主要有以下几种：

1. 磨损

模具在工作中，与成形坯料接触，并受到相互作用的力，产生一定相对运动而造成磨损，

当磨损使模具的尺寸、精度、表面质量等发生变化而不能冲出合格件时，称为磨损失效。

按磨损机理，模具磨损可分为以下几种：

1）磨粒磨损　硬质颗粒存在于坯料与模具接触面之间，或坯料表面的硬凸出物，刮擦模具表面引起材料脱落的现象称为磨粒磨损。

2）黏附磨损　模具工作零件黏着坯料微粒，在相对运动过程中，导致摩擦增大，磨损加剧，黏着部分发生剪切断裂，使模具表面材料转移或脱落的现象称为黏附磨损。

3）疲劳磨损　坯料与模具表面相对运动，在循环应力作用下，使表面材料疲劳脱落的现象称为疲劳磨损。

4）腐蚀磨损　在摩擦过程中，模具表面与周围介质发生化学或电化学反应，引起表层材料脱落的现象称为腐蚀磨损。

在冲压工作中，实际磨损情况非常复杂，多种磨损形式相互促进，最后以一种磨损形式失效。

2. 变形

模具在使用过程中，当工作零件内的应力超过材料本身的屈服极限，便会产生塑性变形，过量的变形使模具工作零件的几何形状和尺寸超过许可范围，模具无法再使用，称为变形失效。如凸模的镦粗和弯曲，凸、凹模工作表面的塌陷和皱纹等，如图 7－1 所示。

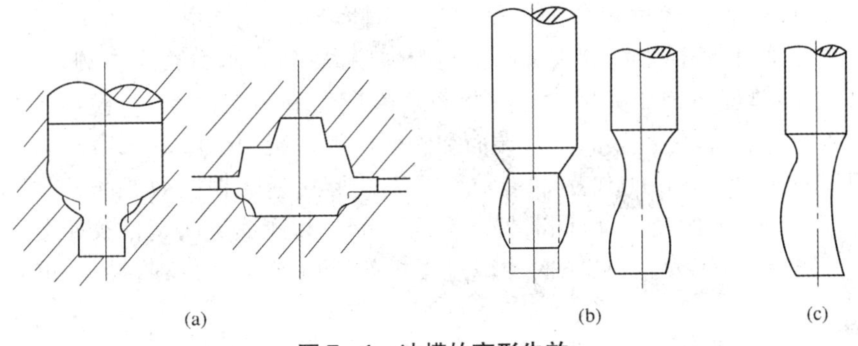

图 7－1　冲模的变形失效

(a) 塌陷；(b) 镦粗；(c) 弯曲变形

3. 断裂

模具在使用过程中突然出现裂纹或分离而丧失工作能力，称为断裂失效，如图 7－2 所示。按断裂过程特征分为疲劳断裂和早期断裂。疲劳断裂一般是在承受周期性变化重载荷模具上冲压一定数量工件后发生，如冷挤压模。早期断裂是由于模具材料存在冶金、热加工、切削加工的缺陷或操作不当等原因造成的。早期断裂一般发生比较突然，模具寿命很短，还可能发生事故，必须引起注意。

4. 啃伤

由于模具装配质量差、压力机导向精度低、模具安装调整不当、送料误差等原因，使凸、凹模相互啃刃造成崩裂，冲压件毛刺突然增大，称为啃伤失效，如图 7－3 所示。一旦发生啃伤，模具修模量会很大甚至不可修复。

模具工作条件复杂多变，一套模具在使用过程中可能出现多种损伤形式的交互作用，最后以一种主要形式失效。

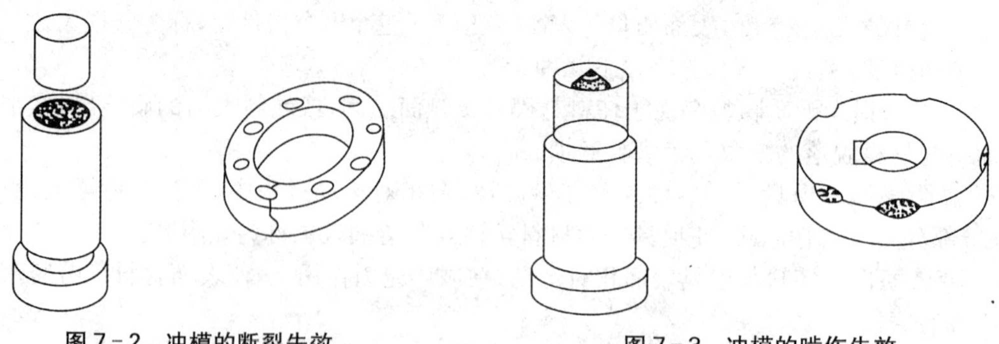

图 7-2 冲模的断裂失效

图 7-3 冲模的啃伤失效

(二) 典型冲压模具的工作条件及失效形式

每套模具都由许多零件组成，其中对模具的质量和寿命起决定作用的是工作零件，因而通常主要研究模具工作零件的工作条件与失效形式等问题。模具在服役中以何种形式失效，取决于多种因素，而首要的外界因素是模具的工作条件。生产中不同类型的冷作模具，其具体工作条件不同，它们的失效形式各有不同的特点。

1. 冲裁模

冲裁模主要用于各种板料的冲切成形，其主要工作部位是凸模和凹模的刃口。从冲裁工艺分析可知，板料的冲裁过程分为三个阶段：弹性变形阶段、塑性变形阶段和剪裂阶段。在板料弹性变形阶段，凸模端面的中央部位与板料脱离接触，压力集中在刃口附近的狭小范围内，使刃口上的单位面积压力增大。在板料塑性变形和剪裂阶段，凸模切入板料，同时金属板料被挤入凹模洞口，使模具的刃口端面和侧面产生挤压和摩擦。

模具刃口在压力和摩擦力作用下最常见的失效形式是磨损失效。凸、凹模刃口处于端面压应力和侧面压应力的交汇处，同时处于端面摩擦力和侧面摩擦力的交汇处，因此磨损较严重。其中，凸模受力较大，且在一次冲裁过程中经受两次摩擦过程（冲入和退出各一次），磨损最快。

冲裁模刃口的磨损过程可分为初期磨损、稳定磨损和急剧磨损三个阶段，如图 7-4 所示。对应每个阶段，模具刃口的损伤不同，如图 7-5 所示。

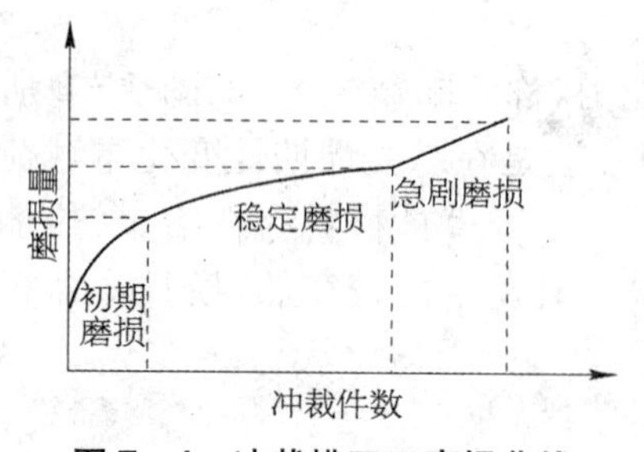

图 7-4 冲裁模刃口磨损曲线

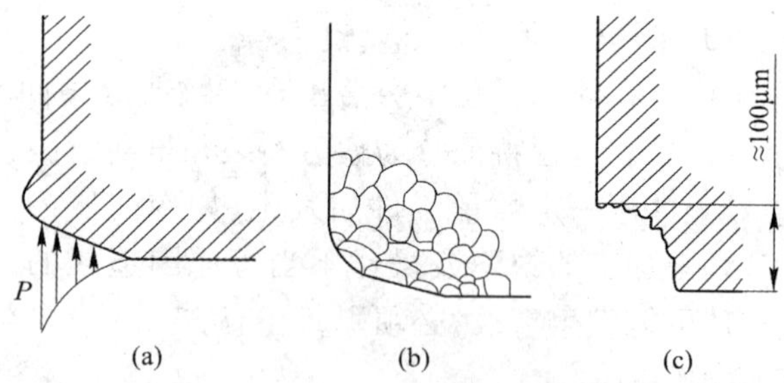

图 7-5 冲裁模刃口损伤过程示意图

(a) 局部塑变；(b) 摩擦磨损；(c) 疲劳损坏

在模具服役初期，刃口锋利，与板料接触面积小，单位面积压力大，易造成刃口局部塑变，如图 7-5a 所示，故初期磨损阶段的磨损速度较大。刃口磨损到一定程度后，单位面积压力减小，且刃口表面塑变强化，不再继续塑变，如图 7-5b 所示，此时刃口的磨损主要由坯料的摩擦引起，磨损速度变缓，即进入稳定磨损阶段。模具服役一定时间后，刃口因经受多次冲裁而趋于疲劳，局部表面开始脱落，如图7-5c所示，即进入急剧磨损阶段，此时磨损速度较大，会因冲裁件不合格而导致模具失效。

被冲板料的厚度和硬度对模具载荷的影响较大，而且凸模承受的压力通常大于凹模，所以常把冲裁模分为薄板冲裁模（冲裁厚度 $t \leqslant 1.5$ mm）和厚板冲裁模（冲裁厚度 $t > 1.5$ mm）。软质薄板冲裁模受力较小，其失效的主要形式是磨损。厚板冲裁模受力较大，尤其是在厚钢板上冲裁小孔时，凸模还要承受冲击力、剪切力和弯曲力的作用，其失效形式除了磨损外，还可能产生局部断裂（崩刃）。如果冲裁凸模较细长时，还会引起弯曲变形或折断。

2. 拉深模

拉深模主要用于将金属板料进行延伸，使之成为具有一定尺寸、形状的产品。拉深时，凸模下压板料毛坯，拉深力通过凸模底部和凸模圆角部位传导给毛坯，板料毛坯的外缘部分通过凹模端面与压边圈之间被拉入凸模与凹模之间的间隙，板料与凹模和压边圈之间产生相对运动，存在强烈摩擦，而模具冲击力小，单位面积压力也不大，凸模主要承受压力和摩擦力，凹模承受径向张力和摩擦力，因而模具的主要失效形式是磨粒磨损和黏附磨损，并以黏附磨损为主。黏附磨损一般发生在凸、凹模的圆角半径处，以及压边圈和凹模的端面，特别是在压边圈口部和凹模的端面圆角半径以外的区域产生的黏附磨损更为严重。

在拉深过程中，模具工作表面某些区域负荷较大，摩擦热积累较多，承受挤压力较大。在温度和压力共同作用下，模腔局部表面可能与坯料间产生“焊合”，使小块坯料黏附在模腔表面形成很硬的黏结瘤，即发生了黏模。这些坚硬的黏结瘤将使拉深件的表面粗糙度增大，严重时在工件表面产生划痕或擦伤，降低其表面质量，并且加速模具的不均匀磨损。

3. 冷挤压模

冷挤压模是使金属坯料在模具的作用下，沿凸、凹模间隙或凹模模口流动而成形为成品或半成品的模具。

冷挤压模在工作时，坯料受到强烈的三向压应力作用，发生剧烈的塑性流动，由于被挤压坯料的变形抗力较大，如在挤压钢材时，正挤压力为2 000～2 500 MPa，反挤压力为3 000～3 500 MPa，使模具承受较大的挤压反作用力和摩擦力。在挤压过程中产生的摩擦功和变形功会转变成热能，产生热效应，导致模具表面升温达300℃左右（局部温度可达300℃以上）。此外，每次挤压过程都在很短的瞬间完成，则每个挤压周期，模具都要承受一个温度升高后又下降的过程，因此，冷挤压模还要承受冷热交变温度和多次冲击载荷的作用。

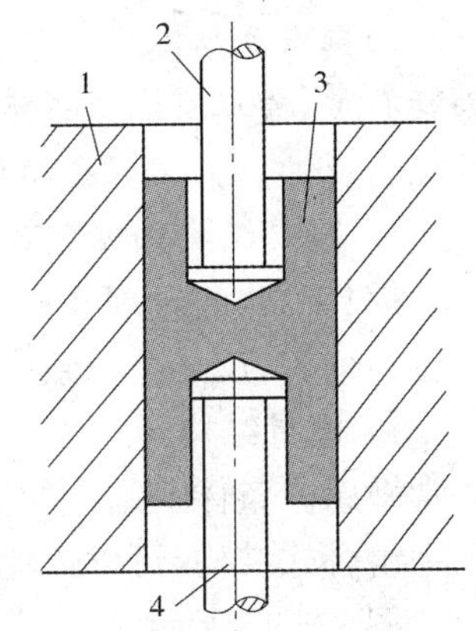

图7-6　冷挤压活塞销示意图

1—凹模；2—上冲头；3—坯料；4—下冲头

冷挤压模具的凸、凹模由于受力状况有所不同，其失效形式也有所差异。以挤压活塞销的正、反复合挤压工艺为例，如图7-6所示，挤压时，凸模承受很大的三向应力，在凸模过渡处，实际应力水平更高。而在脱模时，凸模承受挤压件对其作用的摩擦阻力所引起的拉应力。此外由于坯料端面不平整，凸模与凹模间隙不均匀及中心线不一致等因素，还会使冲头在挤压时承受很大的偏载或横向弯曲载荷。在这些应力作用下，冷挤压凸模的失效形式可能有塑性变形、折断、疲劳断裂和纵向开裂，如图 7－7 所示。简单的冷挤压凹模内壁应力最大，且处于二向应力（切向拉应力和径向压应力）状态，其失效形式为塑性变形或胀裂，如图 7－8 所示。

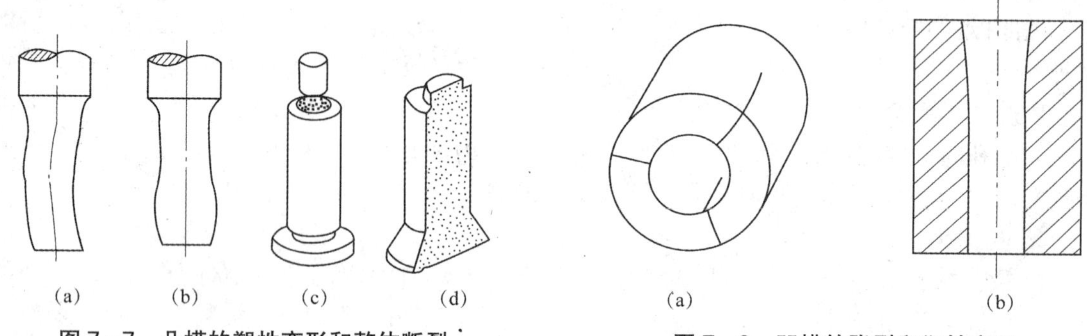

图 7－7　凸模的塑性变形和整体断裂

(a) 弯曲；(b) 镦粗；(c) 折断；(d) 劈裂

图 7－8　凹模的胀裂和塑性变形

(a) 胀裂；(b) 塑性变形

若凹模型腔结构复杂，有截面尺寸变化、沟槽或台阶，则由于应力集中和应力状态变化，会增大脆性开裂倾向，或更易引起棱角倒塌等塑性变形失效。

若凹模外面有预应力镶套，则不论凹模工作与否，模壁存在切向压应力。在进行多次挤压载荷作用下，模壁承受拉压交变循环应力的多次作用，则整体凹模和未经纵向分割的凹模模芯会发生疲劳开裂。当模具负荷较重时，坯料变形和摩擦生热使型腔表面瞬时升温至 200～300℃，由此造成的循环热应力将加速疲劳裂纹的萌生。

冷挤压凸模和凹模都要经受坯料塑变流动的剧烈摩擦，产生磨粒磨损和黏附磨损。磨损主要发生在凸模端面和凹模内壁。模具工作表面的磨损损伤会导致应力集中，在拉应力作用下有可能成为裂纹源。模具表面温度升高可导致模具材料表面软化或屈服强度降低，从而加速磨损失效的过程。

二、影响冲压模具寿命的因素及提高冲压模具寿命的措施

(一) 影响冲压模具寿命的因素

模具寿命与模具类型、结构以及服役条件、设计和制造过程、安装使用与维护等一系列因素有关，模具寿命是一定时期内对模具材料性能、设计制造水平、热处理技术及维护水平的综合反映。为了提高模具寿命，就必须了解影响模具寿命的因素。

1. 模具结构和参数对模具寿命的影响

模具结构的合理性对模具的受力状态有很大的影响，合理的结构和几何参数可以使模具受力均匀；反之会导致应力集中，加剧磨损等，促使模具早期失效。

1）模具结构形式的影响　冷作模具材料大多在高强度高硬度状态下工作，对应力集中非常敏感。整体式结构的模具，不可避免存在凹凸转角，易造成应力集中而使模具开裂。若采用组合式结构，可以避免出现模具开裂现象。

图 7－9a 所示为正挤压空心零件的整体式凸模，挤压时在芯轴根部容易产生应力集中而折断。若设计为图 7－9b、c 所示的组合式结构，则可避免应力集中，显著提高模具寿命。

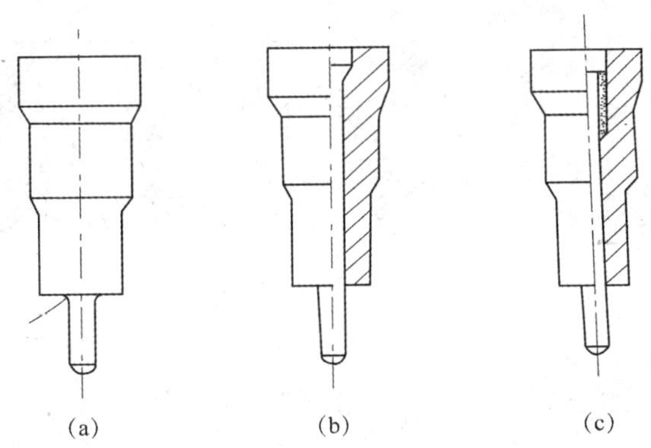

图 7-9　空心零件正挤压凸模的结构形式

(a) 整体式；(b) 过盈配合组合式；(c) 黏结固定组合式

冷挤压凹模受力复杂，如图 7-10 所示，整体式凹模常因底部 R 处应力集中而开裂。若按照纵向分割或横向分割设计成镶块组合结构，可大大减少 R 处的应力集中。

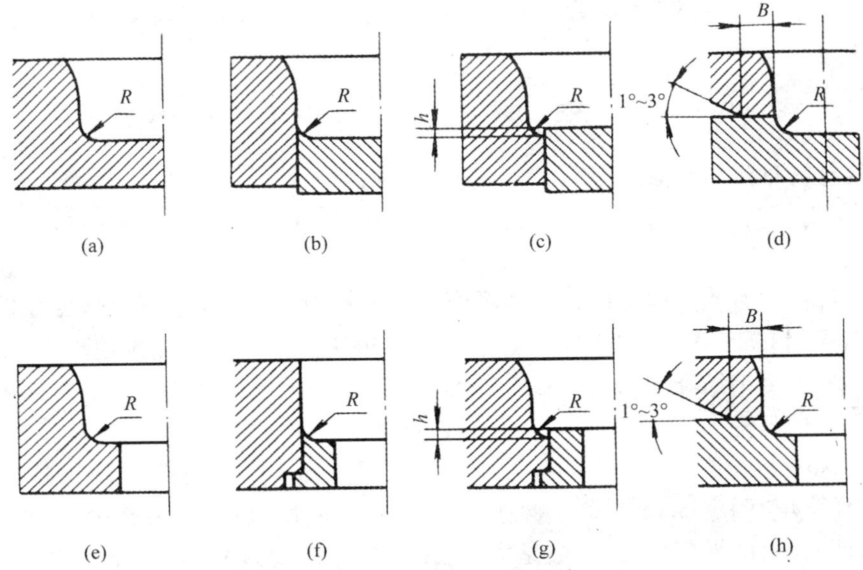

图 7-10　冷挤压凹模(实心和空心)镶块的各种分割组合式

(a)、(e) 整体式；(b)、(c)、(f)、(g) 纵向分割式；(d)、(h) 横向分割式

2) 模具几何参数的影响　凸、凹模的形状、间隙和圆角半径大小对模具的磨损影响很大，如拉深模过小的凸、凹模圆角半径在拉伸过程中会增大坯料流动阻力，增大摩擦力和成形力，从而加剧模具磨损或使冲件拉裂。

冷挤压凹模圆角半径对模具使用寿命的影响，如图 7-11 所示。又如反挤压凸模工作部位的角度对成形过程中金属的流动有很大的影响，从而影响模具寿命。如图 7-12 所示是反挤压凸模的几种结构形式，采用图 7-12a、b 比图 7-12c 所示结构所承受的单位挤压力要下降 20%，模具寿命显著提高，但其顶部斜角也不宜太大，否则易因偏载而导致弯曲折断。

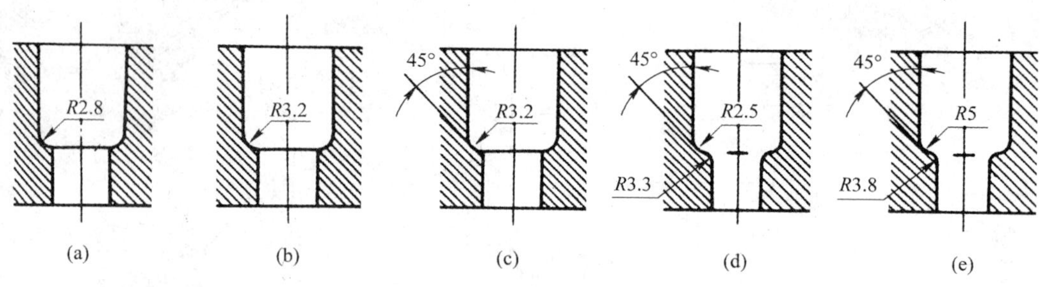

图 7-11　正挤压凹模截面过渡圆角尺寸对模具寿命的影响

(a) 15 000 次；(b) 20 000 次；(c) 80 000 次；(d) 150 000 次；(e) 300 000 次

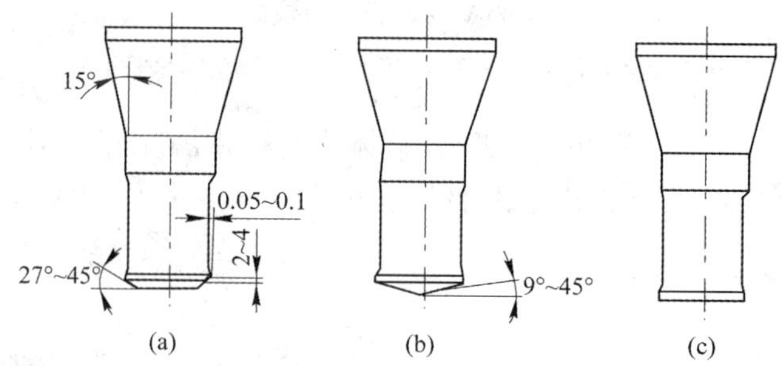

图 7-12　反挤压凸模工作部位的角度对模具寿命的影响

2. 模具材料对模具寿命的影响

模具材料对模具寿命的影响因素有：模具材料种类、工作硬度和冶金质量、化学成分、组织结构等。

1) 模具材料种类　模具材料的种类对模具寿命影响很大，如拉深镍基合金板料时极易发生咬合，若采用 Cr12MoV 钢制作拉深模，拉深时很快会出现咬合和拉毛现象，使用寿命极低；若采用 GT35 型钢结硬质合金制作拉深凹模，热处理硬度为 65～67 HRC，则可大大减弱咬合现象，提高模具寿命。

2) 模具材料工作硬度　模具材料最佳工作硬度与具体服役条件有关。随着硬度提高，模具钢的抗压强度、耐磨性和抗咬合能力等也提高，而韧性、冷热疲劳抗力及可磨削性能下降。实践证明，模具的早期失效，多数是由于硬度过高而断裂，少数是由于硬度过低而变形、磨损。因而，一定条件下存在模具工作硬度最佳值。例如，采用 T10A 钢制作硅钢片的小孔冲模，硬度为 56～58 HRC 时，仅冲几千件就因磨损导致毛刺过大而失效；若将硬度升至 60～62 HRC，刃磨寿命可达 2 万～3 万件；若继续提高硬度，易出现早期断裂。采用 Cr12MoV 制作六角冷镦冲头，硬度为 57～59 HRC 时，一般寿命为 2 万～3 万件；若硬度降至 52～54 HRC，寿命最高，可达 6 万～8 万件。

3) 模具材料冶金质量　模具材料的冶金质量对大中型截面的模具以及碳和合金元素含量高的模具钢影响较大，具体表现为非金属夹杂、碳化物偏析、中心疏松和白点等，尤其是高碳高合金钢，冶金缺陷较多，易造成模具淬火开裂和早期失效。

3. 模具零件毛坯的锻造和预处理对模具寿命的影响

锻造是模具工作零件制造过程中的重要环节。锻件常见的表面缺陷有裂纹、鳞皮、凹坑、折叠等，内部缺陷有过热、过烧、疏松、组织偏析、流线分布不良等。例如高碳高合金模具钢锻件，因其塑性低、塑变抗力大、导热性差、锻造温度区间窄、组织缺陷严重、淬透性高、内应力大，很容易产生锻造缺陷。这些缺陷可导致模具产生裂纹，或影响模具热处理工艺性及热处理后的强韧性，增加模具早期失效的倾向。除了锻造一般缺陷外，还有碳化物形态和分布不均匀、流线走向和分布不合理等，均会促使模具早期失效。

锻造后的模具零件毛坯一般需进行预处理（退火、正火、调质等），以消除毛坯中的残余内应力和锻造组织的某些缺陷，改善加工工艺性。模具钢经过适当预处理，可使碳化物球化和细化，并提高其分布均匀性，这样的组织经淬火回火后质量高，可大大提高模具寿命。

4. 模具的热处理工艺对模具寿命的影响

模具热处理包括：预先热处理、粗加工后的消除应力退火、淬火与回火、磨削后或电加工后消除应力退火等。模具的热处理质量对模具的性能和使用寿命影响很大。实践证明，模具工作零件的淬火变形与开裂，使用过程中的早期断裂等，都与模具的热处理工艺关系很大。据模具失效原因的统计分析，热处理不当导致的失效占 50%以上。只有经过正确的热处理工艺，才能真正发挥材料的潜力。

5. 模具制造工艺对模具寿命的影响

模具制造一般经过切削加工、磨削加工和电火花加工，加工质量（特别是表面质量）会显著影响模具的耐磨性、断裂抗力、疲劳强度及热疲劳抗力等。

1）切削加工的影响　切削加工中要注意尺寸准确，保证尺寸过渡处的圆角半径和圆弧连接，保证表面粗糙度要求，不留刀痕。否则会严重降低模具的疲劳强度和热疲劳抗力，萌生疲劳裂纹，造成模具的疲劳失效。

2）磨削加工的影响　磨削加工中最常见也最严重的是磨削烧伤和磨削裂纹，要严格控制磨削工艺过程，这些问题的出现会严重降低模具的疲劳强度和断裂抗力。

3）电火花加工的影响　电火花加工中会产生电火花烧伤层，烧伤层中拉应力较大，当其厚度较大时会出现显微裂纹，从而降低模具的韧度和断裂抗力。

6. 冲压工艺对模具寿命的影响

1）冲压件材料对模具寿命的影响　冲压件材料的材质性能及表面状况对模具寿命的影响很大。成形有色金属件的模具要比成形黑色金属件的模具寿命长。坯料表面粗糙，会加重模具的磨损，降低模具使用寿命。如 T10A 钢制冷冲模，当冲裁表面光的薄钢板时，每次刃磨寿命为 3 万次；当冲裁等厚度的热轧钢板（表面有氧化黑皮）时，每次刃磨寿命降为 1.7 万次。坯料表面层的状态也影响模具寿命。如 Cr12MoV 钢制冷冲模冲裁经酸洗的硅钢片，平均刃磨寿命可达 12 万次，而冲裁具有绝缘层的硅钢片时，寿命降至 3 万次以下。

2）排样与搭边对模具寿命的影响　某些需往复送料的排样法和过小的搭边值会造成模具急剧磨损和凸、凹模啃伤。

7. 冲压设备的刚度和精度对模具寿命的影响

冲压设备的刚度和精度对模具使用寿命的影响较大。如在开式压力机上进行冲裁加工，由于压力机刚度差，在冲裁力作用下，机架开口处发生弹性变形，使凸模和凹模的中心线相对倾斜和偏斜。轻者造成间隙不均匀，加剧模具磨损；重者会造成凸模和凹模侧壁咬死，导致崩刃或刮刃。在冲裁结束瞬时，由于载荷骤减，弹性变形突然恢复，使凸、凹模间的相对运动瞬时加速，也致使急剧磨损。如 Cr12MoV 钢制硅钢片复杂冲裁模在开式压力机上工作，平均刃磨寿命仅 1 万～4 万次；改用新型闭式压力机，寿命可达 8 万～15 万次。

（二）提高冲压模具寿命的措施

1. 正确选用模具材料

在满足模具零件使用性、工艺性和经济性的条件下，结合模具的使用特点，考虑被冲压零件的生产批量，根据各种材料的硬度、强度、韧度、耐磨性、耐疲劳强度等性能特点，优选出合适的模具材料，可大大提高模具寿命。

2. 合理设计模具结构

1）合理选择模具间隙　特别是冲裁模，为获得高质量冲裁断面的最佳间隙值与为保证模具较高寿命的最佳间隙值往往并不一致，设计时应全面考虑具体要求，作出合理选择。

2）保证结构刚度　模具结构必须具有足够的刚度和可靠的导向，才能确保凸、凹模间的动态间隙和工作精度，避免凸、凹模相互卡死和啃伤，从而保证其正常工作并延长使用寿命。这对于无间隙、小间隙和大中型多型孔冲裁模尤为重要。

（1）合理设计凸模的截面形状和尺寸，尽量减小其长径比，使之具有足够的强度、刚度和抗压稳定性。

（2）适当加大凸模柄部的承载面积和固定长度，如使固定长度由占总长的 1/5～1/4 增加到 1/3～1/2，以提高其刚度。

（3）加大凸模垫板厚度或采用多层淬硬垫板，避免由于垫板面积小、厚度薄或硬度不足而出现变形、凹坑等损伤，致使凸模产生附加弯曲应力。

（4）对细长凸模可设置导向板等辅助支承。导向板的位置应尽量减小凸模悬臂部分的长度，且使凸模始终不脱离导向板，同时应保证导向精度。

3）采用组合式凸、凹模　采用组合式凸模和凹模，可有效减少应力集中，延缓疲劳裂纹的产生。还可根据工作状况，对不同镶块选用不同材料，以便于加工、更换，提高模具整体的寿命。

3. 合理制定模具加工工艺

良好的锻造和预处理有利于减小淬火变形；合理调整模具冷、热加工工序；合理制定热处理工艺，实现对变形的有效控制；采用合适的表面强化改性工艺可以大大改善模具的使用性能，提高模具的使用寿命。

4. 合理制定冲压工艺

合理安排冲压工序；选用冲压成形性能好、厚度均匀、表面质量较高的材料；安排必要的润滑和热处理等辅助工序，可以大大简化模具设计与制造过程，提高模具寿命。

如图 7－13a 所示工件，若采用一次挤压成形，不仅模具的载荷大，而且难以满足工件的形状和尺寸要求。若先挤压成图 7－13b 所示形状的预成形毛坯，再挤压成形，则不仅能最大限度地满足工件设计要求，而且使模具载荷大为减轻，提高模具寿命。

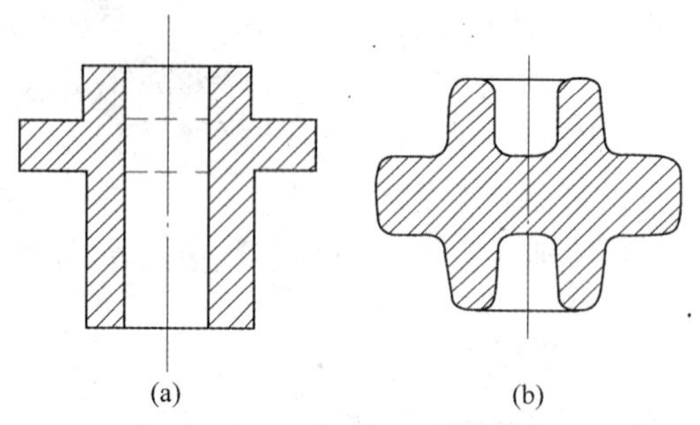

图 7－13　采用预成形毛坯以减载

（a）制动器轮盘零件；（b）预成形毛坯

5. 模具的正确使用与维护

模具寿命与正确地操作、使用和维护有很大关系。它包括正确安装与调整；严格操作；

定时检查，及时排除故障；保持模具清洁和有效润滑；适时维护保养，消除应力，以提高模具寿命等。

此外，提高冲压设备的刚度和精度，在整个模具设计、制造和使用过程中实行全面的质量管理也是提高模具寿命的有效措施。

任务二　冲压模具材料

【学习目标】

1. 了解对冲压模具材料的要求。
2. 掌握冲压模具材料的种类和特性。
3. 掌握冲压模具材料的选用及热处理要求。

模具材料性能的好坏和使用寿命的长短，直接影响加工产品的质量和生产的经济效益。根据调查，在所有的模具失效因素中，模具的材料和热处理因素约占70%，成为影响模具寿命的主要因素。因此，在模具的整个设计制造过程中，模具材料的选用和热处理工艺是否适当显得尤为重要。

一、对冲压模具材料的要求

(一) 对材料使用性能的要求

对冲压模具钢使用性能的基本要求是具有高硬度和高强度，有良好的耐磨性，有足够的韧性，热处理变形小，有一定的热硬性、热稳定性，有良好的抗疲劳性和抗黏合性。

不同的冲压模对模具钢性能的要求有所区别。冲裁模要求高硬度、高耐磨性和一定的韧度；拉深等成形模要求高耐磨、抗黏合能力；冷挤压模要求高耐磨性、抗疲劳强度和较高的韧度。

(二) 对材料工艺性能的要求

冲压模工作零件一般要经过较复杂的制造过程，因而必须具备对各种加工工艺的适应性。对冲压模具材料的工艺性要求主要包括可锻性、可加工性、可磨削性和热处理工艺性(包括淬透性、淬硬性、脱碳与氧化的敏感性、过热敏感性、淬火裂纹敏感性等)。

二、冲压模具材料的种类和特性

在冷作模具中，使用了各种金属材料和非金属材料，主要有各种工具钢、硬质合金、钢结硬质合金、铸铁、铸钢、锌基合金、低熔点合金、铝青铜、聚氨酯以及合成树脂等。其中各种工具钢是模具工作零件的主要材料；硬质合金一般用于高寿命大批量生产的模具；其他材料主要用于制造大型冲件的成形模或简易冲模。

(一) 冲压模具材料的分类与特性

冲模用钢(常称为冷作模具钢)按工艺性能和使用性能特点可分为八组，见表7－1。同一组的材料具有共同的特性，在一定条件下可以互相代用。

表 7-1 冷作模具钢分类表

组别	名称	钢号
1	低淬透性冷作模具钢	T7A、T8A、T10A、T12A、8MnSi、Cr2、9Cr2、CrW5、GCr15
2	低变形冷作模具钢	9Mn2V、9Mn2、CrWMn、MnCrWV、9CrWMn、SiMnMo、9SiCr
3	高耐磨微变形冷作模具钢	Cr6WV、Cr12MoV、Cr12、Cr4W2MoV、Cr2Mn2SiWMoV
4	高强度高耐磨冷作模具钢	W6Mo5Cr4V2、W12Mo3Cr4V3N、W18Cr4V
5	高强韧性冷作模具钢	6W6Mo5Cr4V、CG2、65Nb、LD
6	高耐磨高强韧冷作模具钢	9Cr6W3Mo2V2、Cr8MoWV3Si(ER5)
7	抗冲击冷作模具钢	4CrW2Si、5CrW2Si、6CrW2Si、60Si2Mn、5CrNiMo、5CrMnMo、5SiMnMoV
8	特殊用途冷作模具钢	9Cr18、Cr18MoV、Cr14Mo、Cr14Mo4、7MnNi5Cr2Al3V2WMo

1. 低淬透性冷作模具钢

低淬透性冷作模具钢包括碳素工具钢和部分低合金工具钢，其特点是经退火后可加工性好，具有一定的韧度和疲劳抗力。但淬透性较差，淬火变形大，回火稳定性较低，耐磨性不高，承载能力也较低。价格较低，主要用于制造中小批量生产、要求一定抗冲击载荷的冲模。

T10A 和 Cr2 是这组钢的代表性钢种。T10A 性能好，常用来制作小型切边模、落料模及小型拉深模，是碳素工具钢中制造冲模的通用钢材。Cr2 相当于在 T10A 中加入质量分数为 1.5%的铬，使淬透性大为提高。小型模具用分级淬火或等温淬火可获得硬度和韧度良好配合的性能；大中型模具淬火后形成表面硬化层，有良好的耐疲劳能力。Cr2 用作轴承行业中的冲模和冶金行业中的冷拔模均有良好效果。

2. 低变形冷作模具钢

低变形冷作模具钢是低合金工具钢，其特性是淬硬性(61～64 HRC)和淬透性较好，淬火变形开裂倾向小，但回火稳定性、韧度和耐磨性仍较低。主要用于制造中小批量生产的形状比较复杂的冲模。

MnCrWV 是这组钢中综合性能优良的代表。CrWMn 目前在我国应用较广，但由于存在碳化物偏析，致使在使用时易断裂，因此必须严格控制热加工工艺。它主要用于制造要求变形小，形状复杂的轻载冲裁模(冲裁板料厚度小于 2 mm)、轻载拉深模、弯曲模、翻边模等。9Mn2V 应用较广，它不仅可代替碳素工具钢，而且可代替 CrWMn、9SiCr 等，用以制造板料厚度小于 4 mm 的冲裁模、弯曲模等。

3. 高耐磨微变形冷作模具钢

高耐磨微变形冷作模具钢是高合金钢，其特性是高淬透性、高淬硬性、高耐磨性、微变形、中等回火稳定性、高抗压强度(比高速钢低)。淬后体积变化可控制到微小，但变形抗力及抗冲击能力有限。这组钢是冲模的主要材料，用于制造生产批量大、载荷较大、要求耐磨性高、热处理变形小、形状较复杂的冲模。

Cr12 和 Cr12MoV 是高碳高铬钢的代表性钢，其优点如上所述，缺点是碳化物偏析倾向严重。Cr12 广泛用于制造形状复杂的重载冷作模具，如落料模、切边模、拉丝模等，由于该类钢脆断倾向性大，将逐渐被其他新钢种取代，适用范围在逐渐缩小。Cr4W2MoV 是针对高碳高铬钢的缺点而研制的高碳中铬钢，是一种性能良好的冲模用钢，其耐磨性、强韧性稍优于 Cr12，其碳化物颗粒较小，分布均匀，淬火变形小，可替代 Cr12 等高碳高铬钢。Cr2Mn2SiWMoV 在轻载精密冲模上可代替 Cr12MoV，其可锻性好，耐磨性与 Cr12MoV 相近，在较低温度加热后可空冷淬硬，变形小，属于低温空淬微变形钢，回火稳定性亦较好，这种钢主要用于制造各种轻载的复杂形状的冲模、高精度多孔冲模、电动机硅钢片冲裁模等。

4. 高强度高耐磨冷作模具钢

高强度高耐磨冷作模具钢是通用高速钢，其特性是高强度、高硬度、高抗压性、高淬透性、高耐磨性和高热硬性。承载能力比其他冲模用钢大，但价格贵，冷、热加工工艺性较差，热处理工艺复杂。主要用于各种重载冲模，适于制造中厚钢板的冲孔凸模，小直径凸模，冲裁奥氏体钢、弹簧钢、高强度钢板的中、小型凸模和冷挤压凸模、冷镦凸模及各种高寿命冷冲、冷剪工具。传统的高速钢 W18Cr4V、W6Mo5Cr4V2 是此类钢的典型钢种。

5. 高强韧性冷作模具钢

传统的重载冷挤压模一般采用高速钢或高碳高铬钢、高碳中铬钢，因其韧度不理想，模具早期断裂较严重。为此，目前国内外已研制出多种高强韧性模具钢，其强度、韧度、耐冲击疲劳能力均明显提高，但耐磨性稍差。在重载冲模中，其使用寿命比高速钢或高碳高铬钢、高碳中铬钢高得多。

1) 6W6Mo5Cr4V　它是降碳减钒型高速钢，与 W6Mo5Cr4V2 相比，碳、钒含量降低，改善了碳化物分布的均匀性，提高了抗弯强度和冲击韧度，且仍保持了良好的回火稳定性。它主要用于取代高速钢或高碳高铬钢，制造易于崩刃、脆断的黑色金属冷挤压凸模或冷镦凸模，寿命可提高 2～10 倍。

2) 基体钢　它是具有高速钢正常淬火后基体成分的钢。65Nb(65Cr4W3Mo2VNb)、CG2(6Cr4Mo3Ni2MV)、LD(7Cr7Mo2V2Si)是我国近年来研制成功的一些使用性能优良的新型冷作模具钢。65Nb、CG2 属于基体刚，其含碳量和合金元素降低，特点是既保证了高的强度、硬度和耐磨性，又具有较高的冲击韧度和抗疲劳强度，工艺性能也得到极大改善。适于制作形状复杂的有色金属的冷挤压模、冷冲模、冷剪模及单位压力为 2 450 MPa 左右的黑色金属冷挤压模。LD 是一种不含钨的基体钢，具有更好的综合性能，其淬透性和二次硬化能力有所提高，在保持较高韧度的情况下，抗压强度、抗弯强度及耐磨性均比 65Nb 和 CG2 高，广泛用于制造冷挤压、冷镦、冲压和弯曲等冷作模具，其寿命比高速钢和高铬钢提高几倍到几十倍。

3) GD(6CrNiSiMnMoV)　它是新型高强韧性低合金模具用钢，其特点是强韧性高，淬火变形小，淬透性和耐磨性好。可代替 CrWMn、Cr12、GCr15、9SiCr、9Mn2V、6CrW2Si 等钢，用于制造各种异形、细长或薄片状冷冲凸模，形状复杂的大型薄壁凸凹模，中厚钢板冲裁模等，可有效解决崩刃、断裂等早期失效问题，模具寿命大幅度提高，具有显著的经济效益。

4) CH-1(7CrSiMnMoV)　又称火焰淬火模具钢，其淬火温度范围宽，利于火焰加热淬火，淬透性、淬硬性高，热处理变形小，韧度高，耐磨性好，且焊接工艺性好，具有良好的综合力学性能。适用于制造多孔位形状复杂的薄板冲裁模、切边模、整形模、冷挤压模。对于强韧性要求较高的冷作模具，用 CH－1 取代 9Mn2V、Cr12MoV 等钢，模具寿命可提高 3～4 倍。

5）8Cr2　其特点是淬硬性、淬透性好，强韧性高，可加工性好，热处理工艺简单，热处理变形小，有良好的表面处理性能，可进行渗氮、渗硼、镀铬、镀镍处理。对于形状非常复杂或配合精度特别高的模具，要求一定的强韧性和耐磨性，且必须具有良好的可加工性、组织稳定性和热处理变形小，8Cr2 就是适应这种要求的易切削的精密冷作模具钢。作为高硬态钢，主要制作精密零件冲裁模，如手表零件冲裁模，电器零件冲裁模，寿命较传统模具钢都大幅提高。

6. 高耐磨高强韧冷作模具钢

高强韧性钢虽克服了高铬钢、高速钢的脆断倾向，但由于钢中含碳量减少，其耐磨性不如高铬钢和高速钢。对于一些以磨损为主要失效形式的模具，上述钢种仍不能满足要求。为此，研制了高耐磨高韧性的冷作模具钢，其典型钢种为 GM（9Cr6W3Mo2V2）和 ER5（Cr8MoWV3Si）。

与 Cr12 相比，此类钢的成分配比合理，热处理组织为高强韧基体和均匀分布的细小碳化物。它们的强韧性、硬度、耐磨性均优于 Cr12。GM 同时兼有良好的冷、热加工性能和电加工性能，主要用于制造高速压力机多工位级进模冲裁冷轧钢带，高强度螺栓滚丝模和电动机转子片复式冲模，其寿命比 65Nb、Cr12MoV 提高 2～6 倍。ER5 是在美国专利钢种的成分基础上研制的新型冷作模具钢，与 GM 有类似的性能特点，而抗磨损性比 GM 还要好。它在锻造、热处理、切削加工、电火花加工等方面无特殊要求，生产加工工艺简单可行，材料成本适中，适用于制作大型重载冷镦模、精密冷冲模及其他冷冲、冷成形模具。用它制造的电机硅钢片冲裁模一次刃磨寿命达 21 万次，总寿命高达 360 万次。

7. 抗冲击冷作模具钢

抗冲击冷作模具钢属于中碳低合金工具钢，具有高韧度、高抗弯强度和高耐冲击疲劳抗力，但抗压和耐磨性不高。主要用于冲、剪工具和大中型冷挤压模、精压模等。

铬钨硅系列模具钢中有三个典型牌号，即 4CrW2Si、5CrW2Si、6CrW2Si。4CrW2Si 渗碳淬火后具有外硬内韧的特点，承载能力及耐磨性均超过低淬透性冷作模具钢，主要用于制造大、中型重载冷镦冲头及精压模；5CrW2Si 综合力学性能良好，应用较广，主要制造大、中型重载冷剪刃和中厚钢板的冲孔凸模等，有高级剪刃钢之称；6CrW2Si 回火抗力、耐磨性稍高于 5CrW2Si，但韧性较差，常用于失效形式为磨损或堆塌的重载冲模、压模。60Si2Mn 属于弹簧钢，可用于制造硬质合金凹模预应力圈、小型冲孔凸模等。

8. 特殊用途冷作模具钢

典型耐蚀性冷作模具钢 9Cr18、Cr18MoV 和 Cr14Mo4 等既具有高的硬度和耐磨性，又具有良好的耐蚀性，主要用来制造耐蚀模具。典型无磁模具钢 7MnNi5Cr2Al3V2WMo 具有较高的强度、硬度和耐磨性，但可加工性差，主要用来制造磁性材料用的无磁模具。

（二）硬质合金和钢结硬质合金

硬质合金是一种多相结合的粉末冶金材料，它比模具钢具有更高的硬度、耐磨性、热硬性和抗压强度，但冲击韧度、抗弯强度和可加工性差。只能采用电加工或砂轮磨削的方法进行加工，且一般将硬质合金制件钎焊，黏结或机械夹固在模具上使用，切削和磨削采用高硬度硬质合金刀具和金刚石磨具。因此只能制造小型的，形状简单的模具零件或镶块，不需热处理。硬质合金可用于制造各种冷作模具，如冷拉模、冷冲模、冷挤压模、冷镦模和精轧辊等。

用于制造冲模的硬质合金是钨钴类。对于冲击力小和要求耐磨的冲模应选 YG6、YG8 等；对于冲击力较大的冲模应选 YG15、YG20、YG25 等。用硬质合金制造的冲模寿命比合金工具钢的寿命高得多，目前，用硬质合金制造冲模工作零件，总冲压次数可达上亿次。

钢结硬质合金因其基体是钢，其性能介于高速钢和硬质合金之间，热硬性、耐磨性比一般硬质合金差，比高速钢好；冲击韧度比硬质合金好，是一种较理想的模具材料。它经过退火后，可进行切削加工，经淬火回火后，具有相当于硬质合金的高硬度、耐磨性和一定的耐热、耐蚀及抗氧化性，可以进行焊接和锻造。但是，钢结硬质合金毕竟是碳化物硬质相较多的粉末冶金材料，可锻性和可加工性较差，因而对锻造温度和锻造方法及切削加工规范都有严格要求。

用于制造冲模的钢结硬质合金的牌号、成分和性能见表 7－2。钢结硬质合金经球化退火后供应，常用的牌号有 GT35、TLM(W50)、GW50 和 DT 等。它价格贵，韧性差，宜以镶嵌件形式在模具中使用。如 GT35、TLM(W50)等多用于制造冷挤压凸模、凹模或凹模镶块等；DT 合金一般采用组合连接方法(镶套、焊接、黏结和机械连接)。钢结硬质合金模具不能承受较大冲击载荷，断裂韧度也较低，在用作凹模时，应尽量减少模具承受拉应力，否则会因卡模等产生裂纹以致扩展、碎裂。钢结硬质合金具有普通模具钢无法比拟的高硬度和高耐磨性，因而是较理想的高寿命冲压模具材料，适用于大批量冲压生产，使用寿命可提高几十倍甚至百倍以上。目前，钢结硬质合金已在冷冲模、冷挤压模、整形模、冷镦模等方面得到广泛应用。硬质合金与钢结硬质合金性能比较见表 7－3。

表 7－2 钢结硬质合金的牌号、成分和性能

牌号	硬质相及含量/%	硬度 HRC		抗弯强度 σ_b/MPa	冲击韧度 a_k/(J/cm^2)	密度 ρ/(g/cm^3)
		加工态	工作态			
TLM(W50)	w_{WC}50	35～42	66～68	2 000	8～10	10.2
DT	w_{WC}40	32～38	61～64	2 500～3 600	18～25	9.8
GW50	w_{WC}50	35～42	66～68	1 800	12	10.2
GT40	w_{WC}40	34～40	63～64	2 600	9	9.8
GT33	w_{TiC}33	38～45	67～69	1 400	4	6.5
GT35	w_{TiC}35	39～46	67～69	1 400～1 800	6	6.5

注：w_{WC}、w_{TiC}分别为 WC、TiC 的质量分数。

表 7－3 硬质合金与钢结硬质合金性能比较

材料	硬度	机械加工	热处理	模具寿命
硬质合金	高	不可以	不需要	高
钢结硬质合金	高	可以	需要	较高

三、冲压模具材料的选用及热处理要求

合理选用模具材料及实施正确的热处理工艺是保证模具寿命的关键。对于用途不同的模具,应根据其工作状态、受力条件以及被加工材料的性能、生产批量及生产率等因素综合考虑,并对上述要求的各项性能有所侧重,然后合理选择相应钢种及热处理工艺。

(一) 模具材料选用原则

(1) 根据模具种类及其工作条件,选用材料要满足模具使用要求,应具有较高的强度、硬度、耐磨性、耐冲击、耐疲劳性等;

(2) 根据冲压材料和冲压件生产批量选用材料;

(3) 考虑材料的冷、热加工性能和现有生产条件,满足加工要求;

(4) 在满足主要条件的前提下,选用价格低廉的材料以降低成本。

(二) 冲压模具材料选用步骤

冲压模具种类较多,形状结构差异较大,工作条件和性能要求不同,因此必须综合考虑才能合理选材。具体可按下列步骤进行:

1) 按模具的尺寸大小考虑　模具尺寸不大时,可选用碳素工具钢;尺寸较大时,选用高碳合金工具钢;尺寸大时,可选用高合金耐磨钢。

2) 按模具形状和受力情况考虑　模具形状简单,不易变形,截面尺寸不大,载荷较小时,可选用碳素工具钢或高碳低合金钢;模具形状复杂,易变形,截面尺寸较大,载荷较大时,可选用高耐磨性模具钢,如 Cr12、Cr12MoV、Cr6WV 和 Cr4W2MoV 等。

3) 按模具的使用性能考虑　通常要求冷作模具耐磨性高,当淬火变形较小时,可选用高碳钢或高碳中铬钢,也可选用基体钢和高速钢制造;对冲击载荷较大的模具,可选用冲击韧度较高的中碳合金模具钢,如 GD、CH－1、5CrNiMo、4CrMnSiMoV 等。

4) 按模具的生产批量考虑　当用于压制中小批量产品时,常选用成本较低的碳素工具钢或高碳低合金钢制造;当生产批量大,要求模具使用寿命长时,可选用高耐磨、高淬透性及变形小的高碳中铬钢、高碳高铬钢、高速钢、基体钢或高强韧性低合金冷作模具钢制造;当生产批量特别大,要求使用寿命特别长时,可选用硬质合金或钢结硬质合金制造。

5) 按模具的用途来选材　冷作模具包括冷挤压模、冷冲裁模、冷压弯模、冷镦模等,其用途不同,选择钢材也不同。

综上所述,在选择模具材料时,应根据被加工工件的材料种类、尺寸和形状,模具受力情况,生产批量,复杂程度,精度要求及用途等因素,合理进行选材。

(三) 冲压模具材料选用及热处理要求

冲压模具材料种类较多,要合理选择模具材料,提出恰当的热处理要求,必须结合实际条件,认真分析比较。表 7－4 和 7－5 分别列出冲压模具工作零件和一般零件的常用材料及热处理要求,可供选用时参考。

表 7-4　冲压模具工作零件的材料选用及热处理要求

类别	适用范围		推荐使用钢号	热处理工序	硬度/HRC	
					凸模	凹模
冲裁模	形状简单冲件，料厚 $t<3$ mm，带凸肩的、快换式结构、形状简单的镶块		T7A，T8A，T10A	淬火	58～62	60～64
	各种易损小，冲头形状复杂冲件，料厚 $t>3$ mm，复杂形状镶块		9CrSi，CrWMn Cr12MoV	淬火	58～62	60～64
	要求耐磨寿命高的模具		Cr12MoV GCr15(凸模) YG15(凹模)	淬火 淬火 —	60～62 60～62 —	62～64 — —
	冲薄材料 $t<0.2$ mm		T8A	淬火 调质	56～60 —	— 28～32
	形状复杂或不宜进行一般热处理		7CrSiMnMoV	表面淬火	56～60	56～60
弯曲模	一般弯曲		T8A，T10A	淬火	56～60	56～60
	形状复杂，要求高耐磨寿命，特大批量的弯曲		CrWMn，Cr12 Cr12MoV	淬火	60～64	60～64
	材料加热弯曲		5CrNiMo 5CrNiTi	淬火	52～56	52～56
拉深模	一般拉深		T8A，T10A	淬火	58～62	60～64
	复杂连续拉深大批量生产条件		CrWMn，Cr12， Cr12MoV	淬火	58～62	60～64
	要求高耐磨寿命的凹模		Cr12，Cr12MoV	淬火	—	62～64
			YG15，YG8	—	—	—
	拉深不锈钢材料		W18Cr4V(凸模)	淬火	62～64	—
			YG15，YG8(凹模)	—	—	—
	材料加热拉深		5CrNiMo 5CrNiTi	淬火	52～56	52～56
	大型覆盖件拉深		HT250，HT300	—	—	—
	小批量生产用简易模具		低熔点合金 锌基合金	—	—	—
成形模	弯曲、翻边模	轻型、简单 简单易裂 轻型、复杂 大量生产用 高强度钢板及奥氏体钢板	T10A T7A MnCrWV Cr12MoV Cr12MoV	淬火 淬火 淬火 淬火 氮化	57～60 54～56 57～60 57～60 65～67	57～60 54～56 57～60 57～60 65～67

表 7-5　冲压模具一般零件的材料选用及热处理要求

零件名称	选用材料牌号	热处理	硬度/HRC
上、下模座	HT200，HT250，ZG320-580，厚钢板刨制的 Q235，Q275	—	
模柄	Q275	—	
导柱	20，T10A	20 钢渗碳深 0.5～0.8 淬火　回火	60～62
导套	20，T10A	20 钢渗碳深 0.5～0.8 淬火　回火	57～60
凸、凹模固定板	Q235，45	—	
承料板	Q235	—	
卸料板	Q275	—	
导料板	Q275，45	淬火　回火	43～48
挡料销	45，T7A	淬火　回火	43～48(45 钢)，52～56(T7A)
导正销、定位销	T7，T8	淬火　回火	52～56
垫板	45，T8A	淬火　回火	43～48(45 钢)，52～56(T7A)
螺钉	45	头部　淬火　回火	43～48
销钉	45，T7	淬火　回火	43～48(45 钢)，52～56(T7A)
推杆、顶杆	45	淬火　回火	43～48
顶板	45，Q235	—	
拉深模压料圈	T8A	淬火　回火	54～58
螺母、垫圈、螺堵	Q235	—	
定距侧刃、废料切刀	T8A	淬火　回火	58～62
侧刃挡板	T8A	淬火　回火	54～58
定位板	45，T8	淬火　回火	43～48(45 钢)，52～56(T8A)
楔块与滑块	T8A，T10A	淬火　回火	60～62
弹簧	65Mn，60SiMnA	淬火　回火	40～45

任务三 冲压模具的安全措施

【学习目标】

1. 了解冲压生产常见事故的原因。
2. 掌握冲压模具的安全措施。

一、冲压生产常见事故的原因

冲压生产发生事故的原因很多,客观上是因为冲压使用的设备多为曲柄压力机,其离合器、制动器及安全装置容易发生故障。但是,根据事故发生原因的统计,主观原因还是主要的。综合起来,主要有以下几方面:

(1) 操作者疏忽大意,在压力机滑块下降时将手、臂、头等伸入模具危险区。

(2) 模具结构不合理,给手指、手臂等进入危险区造成方便;在冲压过程中,工件或废料回升而没有预防的结构措施;单个毛坯或工序件在模具上定位不准确而需用手校正位置等。

(3) 模具零件强度不够,在冲压过程中突然断裂飞出;模具本身具有尖锐的边角。

(4) 模具的安装、调整、搬运不当,尤其是手工起重模具。

(5) 压力机的安全装置发生故障或损坏。

(6) 操作频繁、动作单一重复、加之噪声和振动等环境因素,易导致操作者疲劳而误操作;多人操作时,缺乏严密统一指挥,动作不协调而发生事故。

(7) 违反操作规程、冒险作业或由于定额过高而加班操作等生产组织上的原因造成事故发生。

上述各原因所引发的事故比例有所不同,据不完全统计,因送料、取件所发生的事故约占38%;因工件定位不准所发生的事故约占20%;因调整、安装模具所发生的事故约占21%;因清除模具工作区废料和其他异物所发生的事故约占14%;因机械故障所发生的事故为7%。

二、冲压模具的安全措施

冲压模具的安全措施主要从本身结构和设置安全装置两方面考虑。

(一) 冲压模具结构的安全措施

冲压模具结构的安全措施主要是从模具各零件的结构和模具装配后有关空间尺寸以及模具运动零件的可靠性等方面考虑的安全措施。

(1) 凡与模具工作无关的转角或棱边都应倒角或作出铸造圆角,以防止搬运和使用模具时刮伤手指,如图7-14a所示。

(2) 当用手工放置或取出工件时,应在定位板和凹模相应部位加工出工具让位槽,以保证操作安全与取、放工件方便,如图7-14b所示。

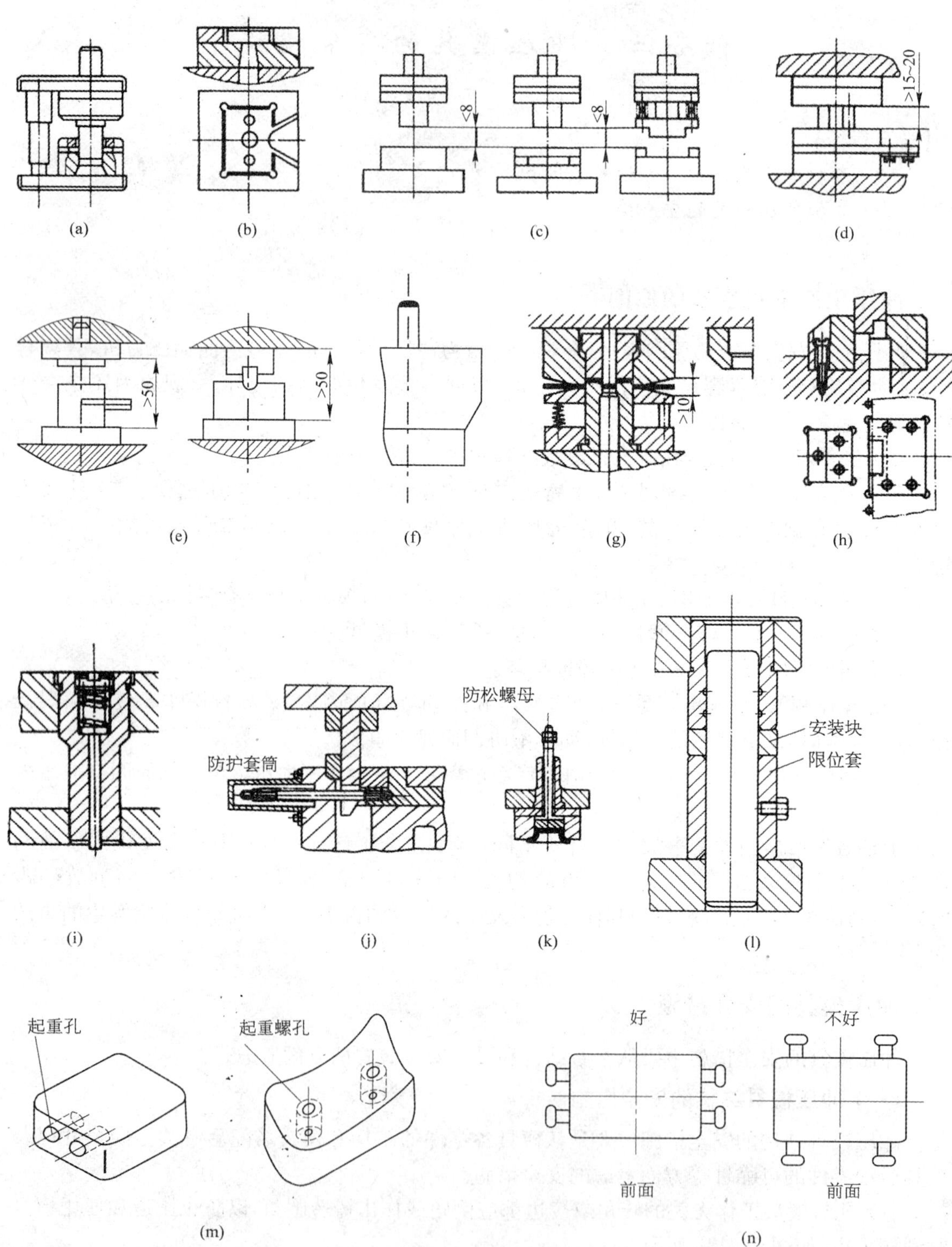

图 7-14 冲模结构的安全措施

(3) 当上模处于上止点位置时，应使凸模（或弹性卸料板）与下模上平面之间的空隙小于 8 cm，以免手指伸入，如图 7－14c 所示；当上模处于下止点位置时，凸模固定板与固定卸料板之间的空隙一般应大于 15～20 mm，以防压手事故，如图 7－14d 所示。

(4) 从模具的下模座上平面至上模座下平面或压力机滑块底平面的最小距离应不小于 50 mm，如图 7－14e 所示，或将上模座正面做成斜面，如图 7－14f 所示。

(5) 复合模中，当凹模与卸料板（或压料板）轮廓尺寸较大时，最好在其接合面上距刃口或型孔适当位置作出斜面或凹槽，以扩大安全空间，如图 7－14g 所示。

(6) 单面冲裁或弯曲时，应设置平衡挡块，以防止凸模因受偏载折断而影响操作者安全。同时，还应尽量将平衡挡块设置在模具的后面或侧面，以方便操作，如图 7－14h 所示。

(7) 薄板冲裁时，通常应在凸模上设置顶料销，以防止冲件或废料黏附在凸模端面上，再次冲裁时可能损坏模具刃口，甚至造成碎块伤人事故，如图 7－14i 所示。

(8) 在操作者手容易接触的模具可动部分等危险处，加上防护套筒或防护板，如图 7－14j 所示。

(9) 为避免模具在使用过程中顶件损坏而下落造成安全事故，必要的部位设置防松装置（如防松螺母），如图 7－14k 所示。

(10) 对于大型模具，可设置安装块和限位支承装置，如图 7－14l 所示。安装块不仅给模具的安装、调试带来方便，而且在模具存放期间，能使工作零件保持一定距离，以防止上模倾斜或碰伤刃口，并可防止橡胶老化或弹簧失效。限位支承装置可限制冲压工作行程的最低位置，避免凸模进入凹模太深而加快模具的磨损。

(11) 冷冲模中在 2 kg 以上的模具零件上都应开设起重孔或起重腿，如图 7－14m、n 所示，对于大中型模具，模座上的起重腿应放在长度方向，便于模具翻转和模具在压力机上的安装。

(二) 冲模操作的安全装置

(1) 压力机的脚踏板应该有防护罩，如图 7－15 所示，以免扳手、锤子等杂物坠落到脚踏板上使压力机意外开动而发生安全事故。

(2) 图 7－16 所示的双按钮电磁铁安全装置是一种防止将双手伸进危险区域的装置。电磁铁心 3 平时插在操纵杆 5 的销孔内，使脚踏板无法踩下。只有用两手同时按住压力机前

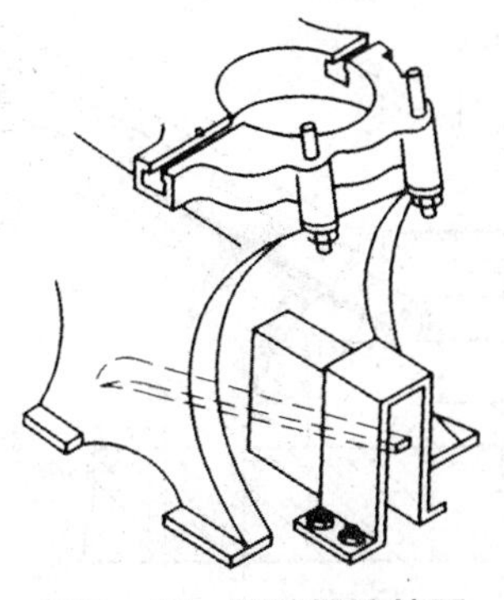

图 7－15　脚踏板防护罩

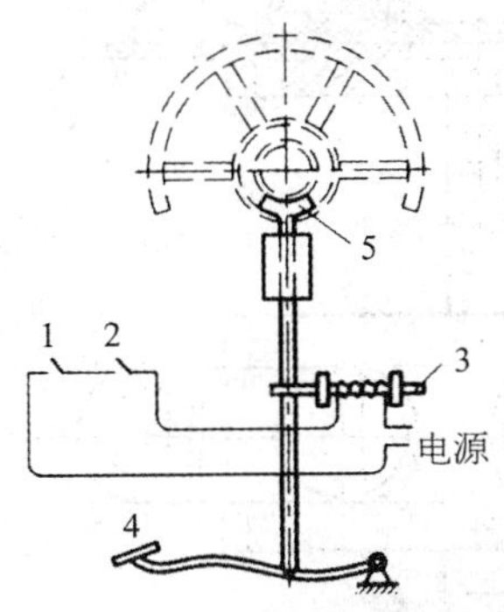

图 7－16　双按钮电磁铁安全装置

1、2—按钮；3—电磁铁心；4—脚踏板；5—操纵杆

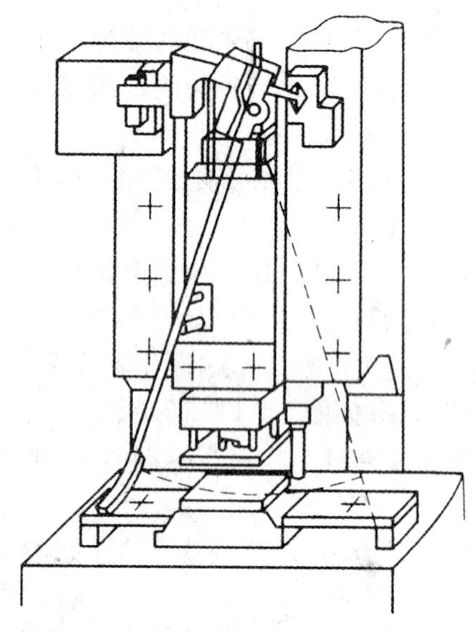

图 7－17 机械推手装置

面的两个按钮 1、2，才能接通线路，产生吸力将铁心 3 拉出后，脚踏板才会被踩下，这样，操作者的双手必然脱离了危险区域。

（3）图 7－17 所示是机械推手装置，压力机滑块下降时，推手在冲模前面摆动，将操作工人的手推出危险区域。推手宜用软材料制成。

（4）如果压力机采用的任意位置离合器，如摩擦离合器等，可采用光电管防护装置。当工人的手伸进危险区域内时，由光源射至光电管的光线就会被遮断，使继电器动作，离合器脱开，同时制动器刹住曲轴，阻止滑块下降。

（5）在手工操作中，为防止操作者接触危险区，应将冲模工作区用如图 7－18 所示的防护板或防护罩封闭起来，但不能妨碍观察冲压工作情况。

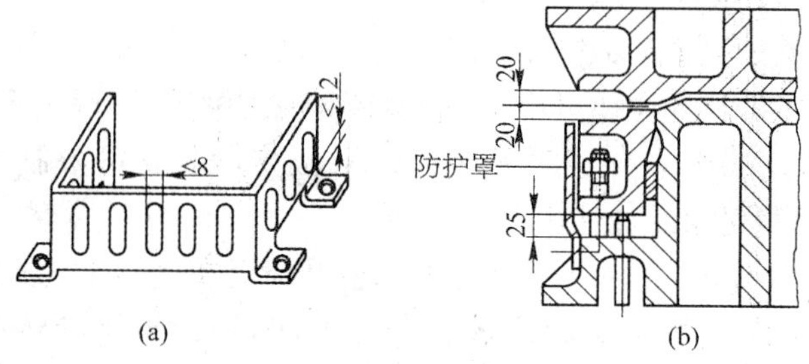

图 7－18 防护罩

（6）对于单个坯料或工序件的冲压，当无自动送料装置时，可设置模外手动送料的辅助装置，以避免人工进入冲模工作区，如图 7－19 所示。

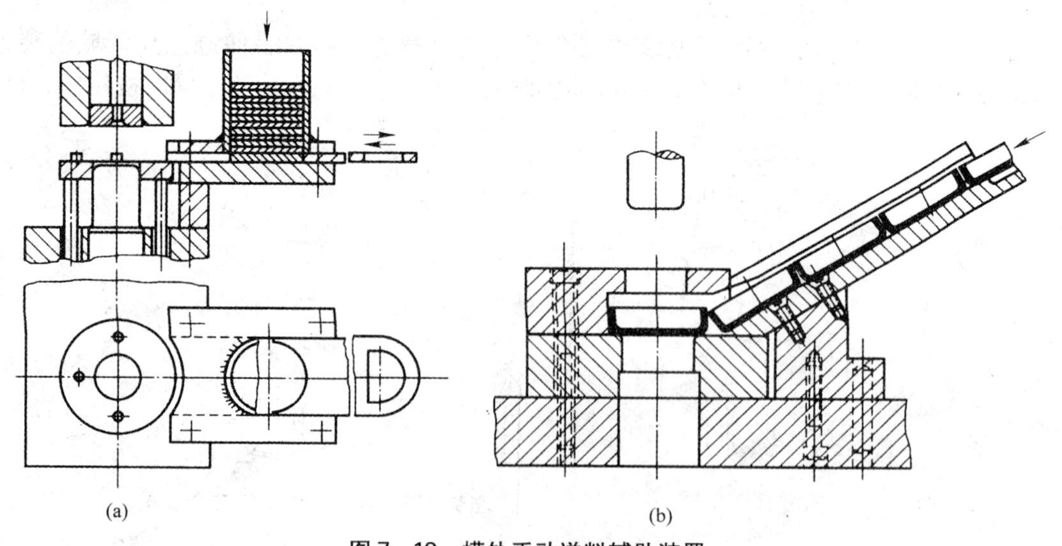

图 7－19 模外手动送料辅助装置

(a) 手动推板式；(b) 手动滑槽式

(7) 在冲模内取放零件的工具,如钳子、磁铁吸取器、真空吸取器等,应该用软铝或其他软材料制作而成。防止操作工人不慎将工具掉入模具内使模具毁坏。

(8) 在经济性和工艺性许可的条件下,尽量将冲模设计成具有自动送料、自动出件和自动检测装置的自动模或半自动模,则可以避免或减少人工操作,从而防止或降低安全事故的发生。

三、工厂安全守则

冲压工作中必须特别重视安全技术,严格遵守操作规程,防止安全事故的发生。冲压工作安全操作规程如下:

(1) 工作前应穿戴好劳动护具。

(2) 开车前应详细检查机床各转动部位安全装置是否良好。主要紧固螺钉有无松动,模具有无裂纹;操作机构、急停机构或自动停止装置、离合器、制动器是否正常;润滑系统有无堵塞或缺油,并进行空车试验。必要时对大压床可开动点动开关试车,对小压床可手扳试车。如有迟滞、连冲现象或其他故障,要及时排除,禁止带病作业。

(3) 暴露在外的传动部件,必须安装防护罩。禁止在卸下防护罩的情形下开车或试车。

(4) 安装模具,必须将滑块移到下死点,闭合高度必须正确,尽量避免偏心载荷,模具必须紧固,并通过试压检查。

(5) 工作中注意力要集中,严禁将手和工具等伸进危险区域内,取放小工件要用专用工具操作。使用的工具零件要清理干净,冲压引伸工具应按规定使用。

(6) 工作中冲床的转动部位和模具不准用锤打或手去擦。工件若粘在模具上或模具上有脏物及往模具上注油时,必须用专用工具进行。

(7) 发现冲床运转或声响异常(如连击爆裂声),应停止送料,检查原因,如是冲具有问题或零件堵塞在模具内,或转动部件松动、操纵装置失灵等均应停车检修。

(8) 每次冲完一个工件时,手和脚必须离开按钮或踏板,以防失误操作。凡有脚踏板的冲床,须有脚踏板垫铁,不操作或工作完毕时,一定要将垫铁垫在闸板上。

(9) 如发现冲头有自动落下或连冲现象时,应立即停车检查修理,绝不准带病运行。

(10) 机床在运转过程中,严禁到转动部位检查与修理,需到机床顶部工作时,必须停车关闭电源,下边有人监护才可进行。

(11) 两人以上操作时,应定人开车,要相互配合协调一致。

(12) 油压冲床的各种仪表要保持正确灵敏。

(13) 大型曲轴压力机和油压机等,上部安全栏杆和手扶梯子,必须保持完整牢靠,如有操作损坏及时修理。

(14) 生产中工件及坯料堆放要稳妥、整齐、不超高,冲压床工作台上禁止堆放坯料和其他物件,废料应及时清理。

(15) 工作完毕滑块应在落下位置,将模具落靠,断开电源、气源,并认真进行必要的清扫。

任务四　冷冲压模具设计

【学习目标】

1. 掌握冷冲压模具设计内容及步骤。
2. 了解冷冲压模具设计注意事项。

一、冷冲压模具设计内容

冲压模具设计是一项技术性和经验性很强的工作，它包括冲压工艺设计和模具设计两大基本工作。冲压工艺设计是冲模设计的基础和依据，冲模设计的目的是保证实现冲压工艺。

（一）冲压工艺设计原始资料

冲压工艺设计应在收集、调查、研究并掌握有关原始资料的基础上进行。冲压工艺设计的原始资料主要包括以下内容：

1. 冲压件的产品图样及使用要求

冲压件的产品图样对冲压件的结构形状、尺寸大小、精度要求及有关技术条件作出了明确的规定，它是制定冲压工艺规程的主要依据。而了解冲压件的使用要求及在机器中的装配关系，可以进一步明确冲压件的设计要求，并且在冲压件工艺性较差时向产品设计部门提出修改意见，以改善零件的冲压工艺性。当冲压件只有样件而无图样时，一般应对样件测绘后绘出图样，作为分析与设计的依据。

2. 冲压件的生产批量及定形程度

冲压件的生产批量及定形程度是制定冲压工艺规程中必须考虑的重要内容，它直接影响加工方法及模具类型的确定。

3. 冲压件原材料的尺寸规格、性能及供应状况

冲压件原材料的尺寸规格是确定坯料形式和下料方式的依据，材料的性能及供应状况对确定冲压件变形程度与工序数量、冲压力计算、是否安排热处理辅助工序等都有重要影响。

4. 冲压设备条件

工厂现有冲压设备状况不但是模具设计时选择设备的依据，而且对工艺方案的制定有直接影响。冲压设备的类型、规格、自动化程度等是确定工序组合程度、选择各工序压力机型号、确定模具类型的主要依据。

5. 模具制造条件及技术水平

冲压工艺与模具设计要考虑模具的制造。工厂现有的模具制造条件及技术水平决定了工厂的制模能力，从而影响工序组合程度、模具结构与精度的确定。

6. 有关的技术标准、设计资料与手册

制定冲压工艺规程和设计模具时，要充分利用与冲压有关的技术标准（国家标准、部颁标准及企业标准）、各种设计资料与手册（冲压手册、冲模设计手册、机械设计手册、机械工程材料手册及冲压模具图册），这有助于设计者进行分析与设计计算、确定材料与尺寸精度、选用相应标准和典型结构等，从而简化设计过程，缩短设计周期，提高工作效率。

(二) 冲压件分析

1. 冲压件功用与经济性分析

根据产品图样或样件，了解冲压件的使用要求及功用；根据冲压件的结构形状特点、尺寸大小、精度要求、生产批量及所用原材料，分析是否利于材料的充分利用，是否利于简化模具设计与制造，产量与冲压加工特点是否相适应，从而确定采用冲压加工是否经济。

2. 冲压件的工艺性分析

根据冲压件图样或样件，分析冲压件的形状、尺寸、精度及所用材料是否符合冲压工艺性要求，裁定该冲压件加工的难易程度，确定是否需要采取特殊的工艺措施。良好的冲压工艺性表现在材料消耗少、冲压成形时不必采取特殊的控制变形的措施、工序数目少、占用设备数量少、模具结构简单而且寿命长、冲压件质量稳定、操作方便等。如发现冲压件工艺性很差(如零件形状过于复杂，尺寸精度和表面质量要求太高，尺寸标注、基准选择不合理，材料选择不当等)时，则应会同设计人员，在不影响使用要求的前提下，对冲压件的形状、尺寸、精度要求乃至原材料的选用作必要的修改。如图 7－20a 所示的原设计左边 $R3$ 和右边封闭的铰链弯曲，在板厚为 4 mm 情况下都很难实现，修改后的零件就比较容易冲压加工；图 7－20b 的原设计为两个弯曲件焊接而成，若在不影响使用的条件下改为一个整体零件，则可减少一个零件，工艺过程变得很简单，既不需要焊接，又节约了材料；图 7－20c 所示为某汽车消声器后盖，在满足使用要求的条件下，修改后的形状简单，工艺性好，冲压工序由原来的八道减至两道，材料消耗也减少一半。

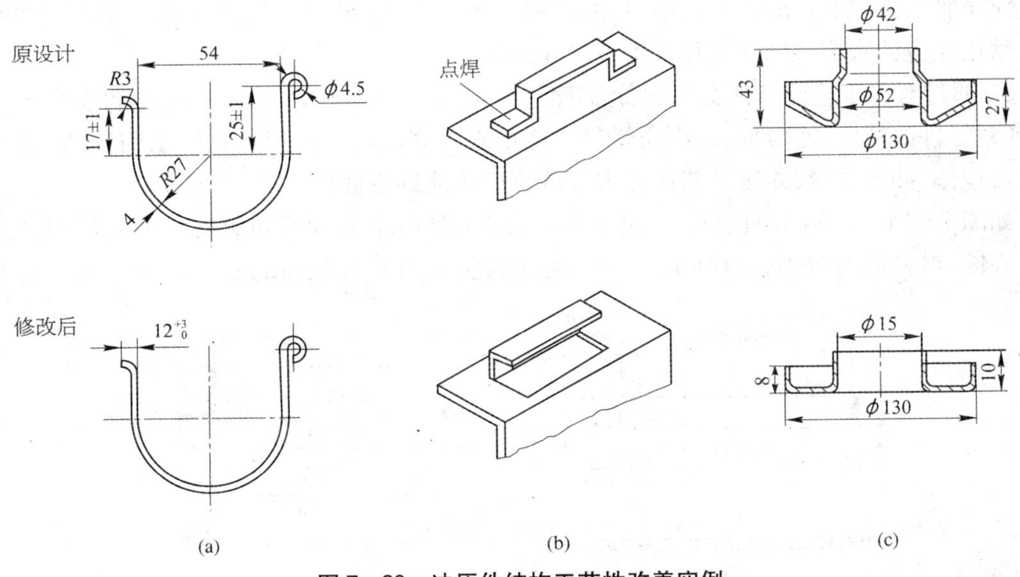

图 7－20　冲压件结构工艺性改善实例

分析冲压件工艺性的另一个目的在于明确冲压该零件的难点所在，因而要特别注意冲压件图样上的极限尺寸、设计基准以及变薄量、翘曲、回弹、毛刺大小和方向要求等，因为这些要求对确定所需工序的性质、数量和顺序，对选择工件的定位方法、模具结构与精度等都有较大的影响。

(三) 冲压工艺方案确定

在对冲压件进行工艺分析的基础上，通过对各次冲压加工的工序性质、工序数量、工序顺序和工序组合方式的综合分析，提出各种可能的冲压工艺方案，然后综合考虑产品质量、生产效率、设备占用情况、模具制造的难易程度和模具寿命高低、工艺成本、操作方便和安全程度等方面，有时还需要进行必要的工艺计算，经过分析、比较，确定适合于工厂具体生产条件的经济合理的最佳工艺方案。

1. 冲压工序性质的确定

冲压工序性质是指成形冲压件所需要的冲压工序种类，如落料、冲孔、切边、弯曲、拉深、翻孔、翻边、胀形、整形等都是冲压加工中常见的工序。它们各有其不同的变形性质、特点和用途。实际确定时，要根据冲压件的形状、尺寸、精度、成形规律及其他具体要求等综合考虑。

1) 从零件图上直观地确定工序性质　有些冲压件可以从图样直观地确定其冲压工序性质。如带孔和不带孔的各类平板件，当产量小、形状规则、尺寸要求不高时采用剪裁工序；当产量大、有一定精度要求时采用落料、冲孔、切口等工序；当零件的平面度要求较高时，还需增加校平工序进行精压；当工件的断面质量和尺寸精度要求较高时，需在最后增加修整工序，或直接用精密冲裁工序进行加工。

弯曲件冲压时，常采用剪裁、落料、弯曲工序；若弯曲件上有孔，还需增加冲孔工序；当弯曲件弯曲半径小于允许值时，常需在弯曲后增加一道整形工序。

拉深件冲压时，常采用剪裁、落料、拉深、切边工序；带孔的拉深件需增加冲孔工序；当拉深件径向尺寸精度要求较高或圆角半径小于允许值时，需增加整形工序。

对于胀形件、翻边(翻孔)件、缩口件，若能一次成形，常采用冲裁或拉深工序制出坯料后直接采用相应的胀形、翻边(翻孔)、缩口工序成形。

2) 通过有关工艺计算或分析确定工序性质　有些冲压件由于一次成形的变形程度较大，或对零件的精度、变薄量、表面质量等方面要求较高时，需要进行有关工艺计算或综合考虑变形规律、冲件质量、冲压工艺性要求等因素后才能确定性质。

如图 7-21a、b 所示的油封内、外夹圈冲压件，是两个形状相同而尺寸不同的带凸缘无底空心件，材料均为 08 钢，料厚 1.5 mm，翻孔高度分别为 8.5 mm 和 13.5 m。从表面看似

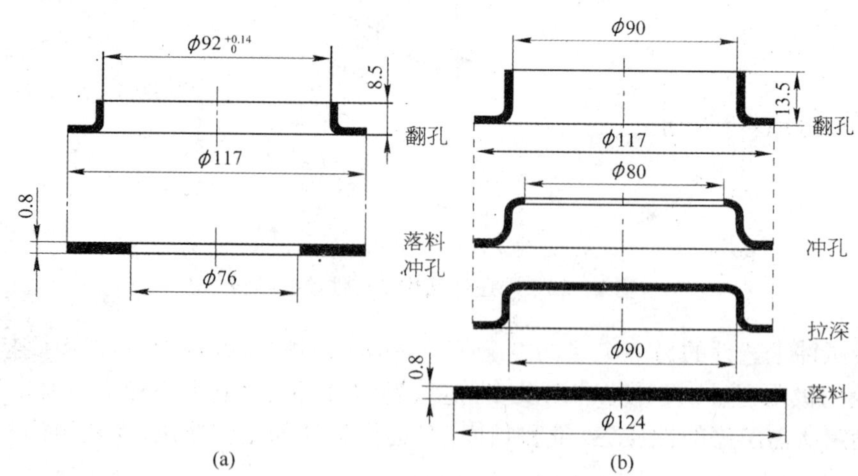

图 7-21　油封内、外夹圈的冲压工艺过程

乎都可用落料、冲孔、翻孔三道工序完成，但经过计算分析表明，图 7－21a 的翻孔系数为 0.83，远大于其极限翻孔系数 0.7（球头凸模），故可以通过落料、冲孔、翻孔三道工序完成；而图 7－21b 的翻孔系数为 0.68，小于其极限翻孔系数，这时若直接冲孔后翻孔，由于反翻孔力较大，在翻孔的同时可能产生坯料外径缩小的拉深变形，达不到零件的要求尺寸，因而改用落料、拉深、冲孔和翻孔四道工序成形。若零件直边部分变薄量要求不高，也可采用拉深（一般需多次拉深）后切底。

3）增加附加工序　有时为了改善冲压变形条件或方便工序定位，需增加附加工序，所增加的附加工序使工序性质及工艺过程的安排也发生相应变化。如图 7－22 所示零件，由于四个凸包的高度太大，一次胀形容易胀裂，为增加其成形高度，在不影响零件使用的前提下，可预先在坯料成形部位冲出 4 个孔，使凸包的底部和周围都成为可以产生一定变形量的弱区，在成形凸包时孔径扩大，补充了周围材料的不足，从而增加了成形高度，也避免了产生胀裂。这里预冲孔工序是一个附加工序，所冲孔起转移变形区的作用，所以称为变形减轻孔。在成形复杂形状零件时，变形减轻孔能使不易成形或不能成形部位的变形成为可能，适当采用还可以减少部分零件的成形次数。生产中常采用这类变形减轻孔或工艺切口，达到改善冲压变形条件、提高成形质量的目的。

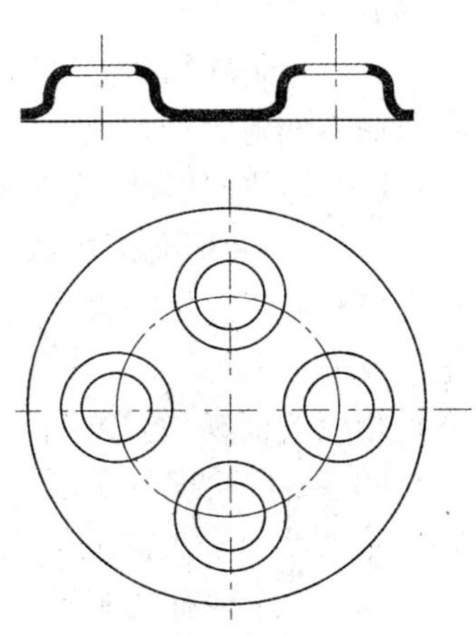

图 7－22　增加冲压变形减轻孔

对于图 7－23a 所示非对称形零件，由于冲压工艺性较差，在成形时坯料会产生偏移，很难达到预期的变形效果，为便于冲压成形和定位，生产中常采用成对冲压的方法，成形后增加一道剖切或切断工序，这对改善坯料的变形均匀性、简化模具结构和方便操作等都有很大好处。有时不宜成对冲压时，也应在坯料上适当位置冲出工艺孔，利用工艺孔进行定位，防止坯料发生偏移。对于多角弯曲件或复杂形状的拉深、成形件，有时为保证零件质量或方便定位，需在坯料上冲制工艺孔作定位用，冲制这种工艺孔也是附加工序。

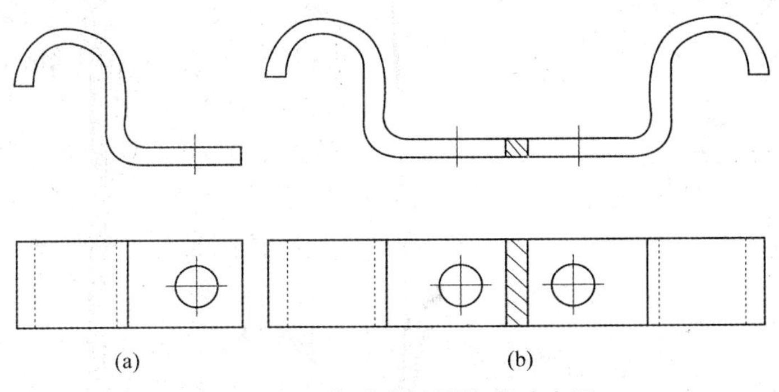

图 7－23　非对称形零件成对冲压

2. 工序数量的确定

在冲压加工中，工序数量狭义上是指同一性质的工序重复进行的次数，广义上是指在整个冲压加工过程中所需总的工序数目。无论哪一种，确定工序数量的基本原则是：在保证工件质量的前提下，考虑生产率和经济性的要求，工序数量应尽可能少些。

1）确定同一性质的工序数量时应遵循的基本原则　同一性质的工序数量主要取决于零件几何形状复杂程度、尺寸大小与精度要求、材料冲压成形性能、模具强度等，并与冲压工序性质有关。

（1）对于冲裁件，形状简单时，一般内、外形只需一次冲孔和落料工序；形状复杂或孔边距较小时，常将内、外轮廓分成几部分依次冲出，其工序次数取决于模具强度与制模条件。

（2）对于拉深件，其拉深次数主要根据零件的形状、尺寸及极限变形程度通过拉深工艺计算确定。

（3）弯曲件的弯曲次数一般根据弯曲件结构形状的复杂程度、弯角数量、相对弯曲半径及弯曲方向等情况确定。

（4）其他成形件，主要根据具体形状和尺寸以及极限变形程度来决定。

2）确定冲压总工序数量时应考虑的若干问题

（1）生产批量的大小。大批量生产时，应尽量合并工序，采用复合冲压或级进冲压，提高生产效率，降低成本。中小批量生产时，常采用单工序简单模或复合模，有时也可考虑采用各种相应的简易模，以降低模具制造费用。

（2）零件精度的要求。如拉深后增加整形或精整工序，是适应其圆角半径要求较小或径向尺寸精度要求较高的需要。

（3）工厂现有的制模条件和冲压设备情况。为确保确定的工序数量、采用的模具结构和精度要求能与工厂现有条件相适应，必须认真考虑这些因素。

（4）工艺的稳定性。保证冲压工艺稳定性也是确定工序数量时不可忽视的问题。工艺稳定性较差时，冲压加工废品率会显著提高，而且对原材料、设备性能、模具精度、操作水平等的要求也会严格些。为此，在保证冲压工艺合理的前提下，应适当增加冲压成形工序的工序数量（如增加修边工序、预冲工艺孔等），以降低变形程度，避免在接近极限变形程度的情况下成形，提高冲压工艺稳定性。

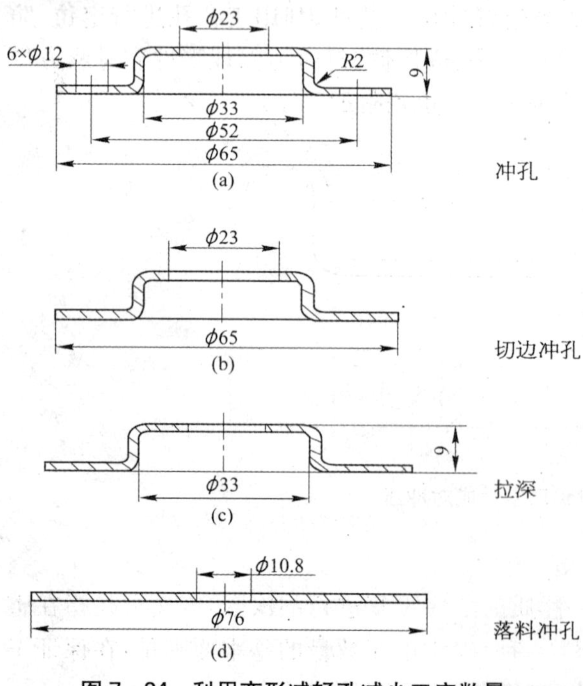

另外，对于拉深、胀形等成形工序，有时适当利用变形减轻孔也可减少工序数量。如图 7－24 所示拉深件，经计算拉深前的坯料直径为 81 mm，其拉深系数 $m = 33/81 = 0.4$，小于极限拉深系数，不能一次拉深成形。但若采用图中所示预先在坯料上冲出 $\phi10.8$ mm 的变形减轻孔，由于该孔在拉深时对外部坯料（大于 $\phi33$ mm 的部分）的变形有减轻作用，从而一次拉深便可得到直径为 33 mm、高度为 9 mm 的拉深件。因拉深时 $\phi10.8$ mm 孔有所变大，所以再进行一次切边冲孔即得到 $\phi23$ mm 底孔，且坯料直径也只需 76 mm。同样，图 7－22 所示零件采用变形减轻孔以后，也使胀形次数变为一次，否则需采用两次或多次胀形。

φ23
6×φ12
R2
9
φ33
φ52
φ65
(a)
冲孔
φ23
φ65
(b)
切边冲孔
9
φ33
(c)
拉深
φ10.8
φ76
(d)
落料冲孔

图 7－24　利用变形减轻孔减少工序数量

3. 工序顺序的确定

冲压件各工序的先后顺序，主要决定于冲压变形规律和零件质量要求。当工序顺序的变更不影响零件质量时，则应根据操作、定位方便及利于简化模具结构等因素确定。在安排冲压工序时，既要考虑技术上的可行性，使前后工序不相互影响，符合冲压变形规律，又要保证冲压件质量的稳定性和经济上的合理性。

工序顺序的确定一般应遵循下列原则：

(1) 弱区必先变形，变形区应为弱区。按照这一原则，前工序要为后工序的变形区成为弱区创造条件，并杜绝前工序削弱后工序的非变形区。如图 7－24 所示的第一道工序预冲 ϕ10.8 mm 孔，使坯料变形区(弱区)由平面凸缘部分转移至内部(小于 ϕ33 mm 的部分)，为减小毛坯直径和拉深次数起了重要作用。

各工序的先后顺序应保证每道工序的变形区为相对弱区，同时非变形区应为相对强区而不参与变形。当冲压过程中坯料上的强区与弱区对比不明显时，对零件有公差要求的部位应在成形后冲出。如图 7－25 所示的套圈，其内径 ϕ22 mm 是配合尺寸，如果采用先落料、冲孔后再成形，由于成形时整个坯料都是变形区，很难保证内孔公差要求，因而应采用落料、成形、冲孔的工序顺序。

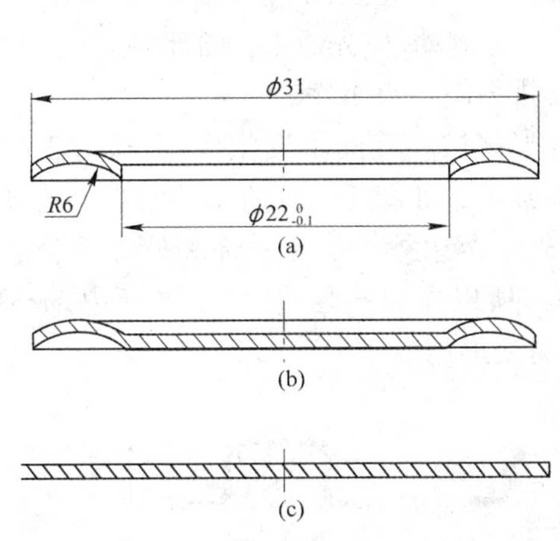

图 7－25　套圈的冲压工序顺序

(a) 冲孔；(b) 成形；(c) 落料

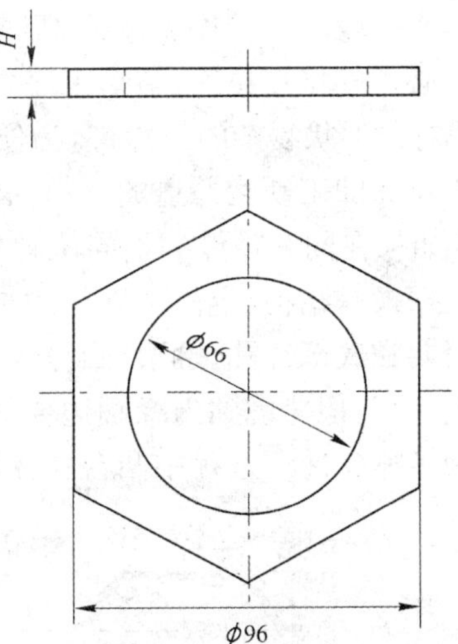

图 7－26　冲压工序顺序的合理安排

(2) 前工序成形后得到的符合零件图样要求的部分，在以后各道工序中不得再发生变形。如图 7－26 所示零件，若先冲出 ϕ66 mm 内孔，则在外缘落料时冲裁力的水平分力会使内孔部分参与变形，孔径胀大 2～3 mm。因此，即便使用复合冲裁模也要把冲孔凸模高度降低 7～8 mm，以保证落料先于冲孔，得到合格零件。

(3) 工件上所有的孔，只要其形状和尺寸不受后续工序影响，都应在平面坯料上先冲出。先冲出的孔可以作为后续工序的定位用，而且可使模具简单，生产效率高。如图 7－27 所示的两个弯曲件，孔位离弯曲线较远，弯曲变形不会

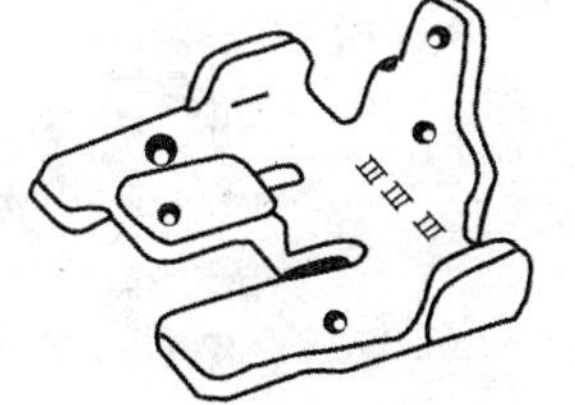

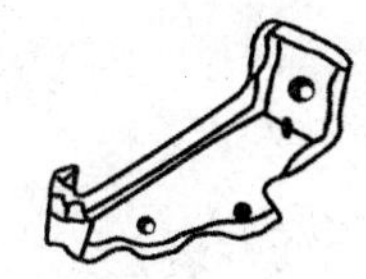

图 7－27　零件孔弯曲前冲出

扩展到孔的边缘，因而零件上的孔在弯曲前先冲出。

（4）对于带孔的或有缺口的冲裁件，如果选用单工序模冲裁，一般先落料、再冲孔或切口；使用级进模冲裁时，则应先冲孔或切口，后落料。若工件上同时存在两个直径不同的孔或两个精度不同的孔，且其位置又较近不能同时冲出，则应先冲大孔或精度一般的孔，再冲小孔或精度要求较高的孔。对于靠近工件边缘的孔，应先落料后冲孔，防止落料时作用力过大而使孔变形。若工件上的孔在表面冲压（例如压印、压花、压字等）时有减薄的可能性，应在表面冲压后再冲孔。

（5）对于带孔的弯曲件，孔边与弯曲变形区的间距较大时，可以先冲孔，后弯曲。孔边在弯曲变形区附近或以内，必须先弯曲再冲孔。孔间距受弯曲回弹影响时，也应先弯曲后冲孔。弯曲件上位置精度要求较高的孔，应在弯曲后冲出，以保证孔位精度。若U形弯曲件两侧翼上孔的同轴度要求不高时，最好在弯曲前冲孔，可使模具结构简单；若同轴度要求较高时，应在弯曲后利用带斜楔机构的模具同时将两孔冲出；若同轴度要求过高时，只好在弯曲后再机加工两孔。

（6）对于多角弯曲件，主要从弯曲时材料变形和材料运动两方面考虑安排弯曲的先后顺序，一般先弯外角，再弯内角，可同时弯曲的弯角数取决于零件的允许变薄量。

（7）对于带孔的拉深件，一般先拉深，后冲孔；但当孔的位置在零件的底部，且孔径尺寸相对筒体直径较小并精度要求不高时，也可先在坯料上冲孔，再拉深。拉深件需要整形时，冲孔工序必须安排在拉深、整形工序之后。大部分拉深件在拉深成形后要采用修边工序。

（8）对于形状复杂的拉深件，为便于材料的变形流动，应先成形内部形状，再拉深外部形状。多次拉深加工硬化严重的材料，必须注意安排中间退火工序。

（9）如果在同一零件的不同位置冲压时，变形区域相互间不发生作用，这时工序顺序的安排要根据模具结构、定位和操作的难易程度来确定。如图7－28所示的消声器盖经过第三次拉深后要在底部冲孔、翻边，凸缘部分切边和外缘翻边等。虽在底部和外缘部分成形时相互不发生作用，但考虑到内缘翻边要靠外缘压料，所以先内孔翻边，后凸缘翻边，最后冲出4个槽是为了避免冲压过程中凸台在操作和堆放时变形。

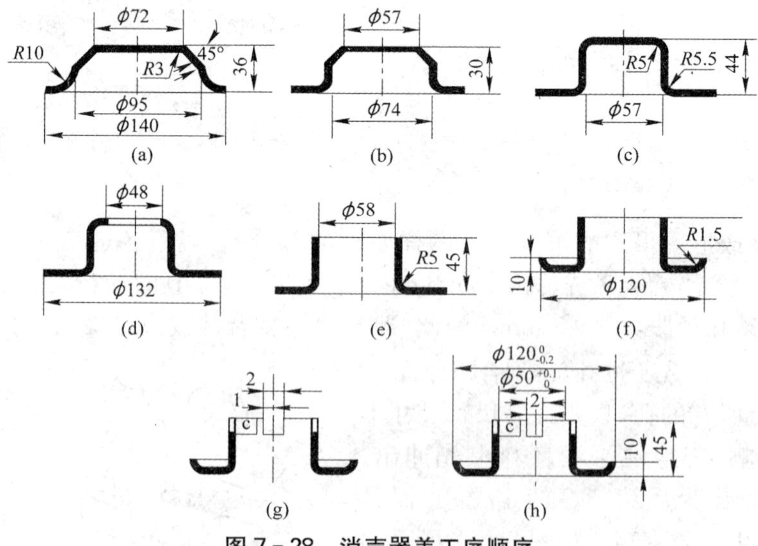

图7－28 消声器盖工序顺序

(a) 落料拉深；(b)、(c) 拉深；(d) 冲孔修边；(e) 内缘翻边；(f) 外缘翻边；(g) 冲4个槽；(h) 零件图

(10) 工件需整形或校平等工序时,均应安排在基本成形以后进行。

4. 工序组合方式的选择

对于多工序加工的冲压件,制定工序方案时,必须考虑是采用单工序模分散冲压,还是将工序组合起来采用复合模或级进模冲压。一般来说,根据冲压件的生产批量考虑工序组合的必要性和经济性;从冲压件形状、尺寸、精度及模具结构和强度出发考虑工序组合的可能性;从模具制造与维修能力及现有设备能力方面考虑工序组合的可行性。

(1) 生产批量大时,冲压工序应尽可能地组合在一起,采用复合模或级进模冲压,以提高生产效率,降低成本。

(2) 生产批量小时,常以单工序模分散冲压为宜。但有时为了操作方便、保障安全,或为了减少冲压件在生产过程中占地面积和传递工作量,也把冲压工序相对集中,采用复合模或级进模进行冲压。

(3) 对于尺寸过小或过大的冲件,考虑到多套单工序模制造费用比复合模还高,生产批量不大时也可考虑将工序组合起来,采用复合模冲压。对于精度要求较高的零件,为了避免多次冲压的定位误差,也应采用复合模冲压。

工序组合时必须注意:工序集中组合必然使模具结构复杂化,工序组合的程度受到模具结构、强度、制造与维修以及设备能力的限制。例如,孔边距较小的冲孔落料复合和浅拉深件的落料拉深复合,受到凸凹模壁厚的限制;落料、冲孔和翻孔复合,受到凸凹模强度的限制;较大零件的多工位级进冲压,模具轮廓尺寸受到压力机台面尺寸的限制,冲压力过大时又受到压力机许用压力的限制;工序集中后,如果冲模工作零件的工作面不在同一平面上,就会给修磨带来一定困难;等等。尽管如此,随着冲压技术和模具制造技术的发展,在大批量生产中工序组合程度还是越来越高。

在实际生产中,确认工序组合的必要后,选择复合冲压组合还是级进冲压组合,要根据零件的尺寸、精度、冲压设备、制模条件及生产安全性等具体情况而定。常见的复合冲压工序组合方式和级进冲压工序组合方式见表7-6和表7-7。

表7-6　常见的复合冲压工序组合方式

工序组合	模具结构简图	工序组合	模具结构简图
落料和冲孔	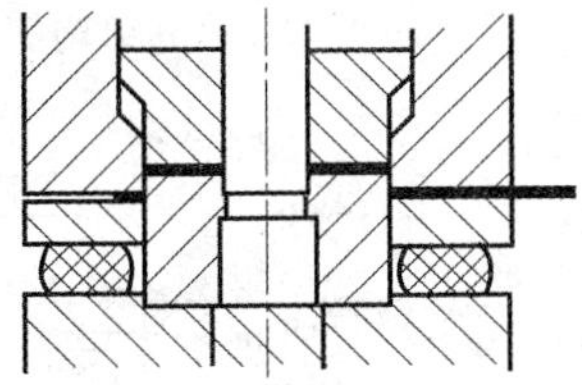	冲孔和切边	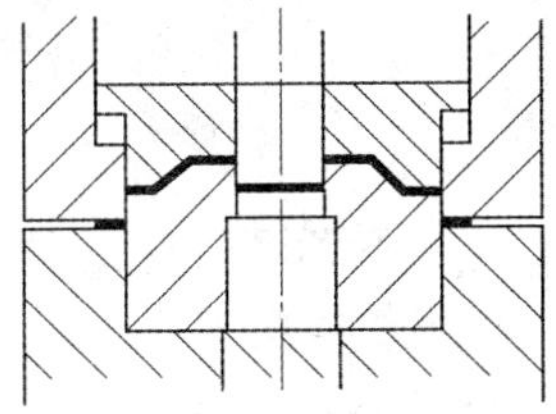
切断和弯曲	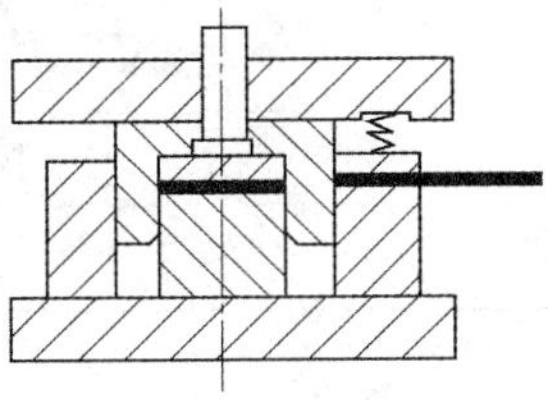	落料、拉深和冲孔	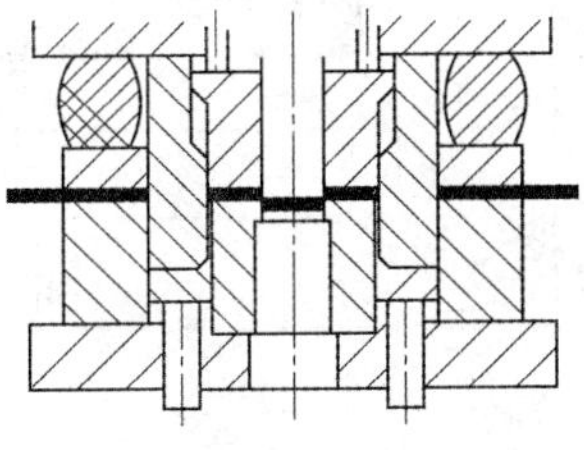

（续表）

工序组合	模具结构简图	工序组合	模具结构简图
切断、弯曲和冲孔	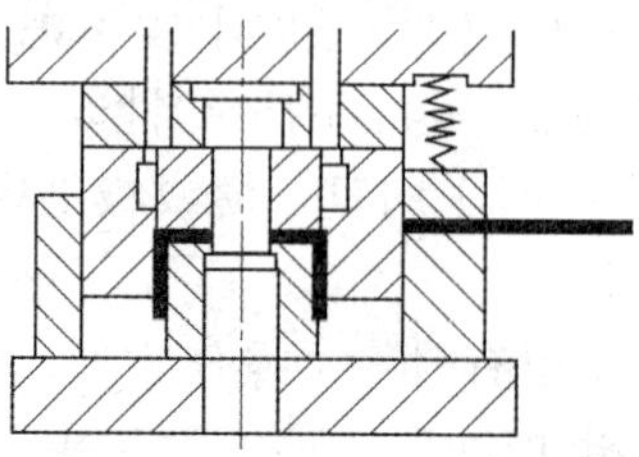	落料、拉深、冲孔和翻边	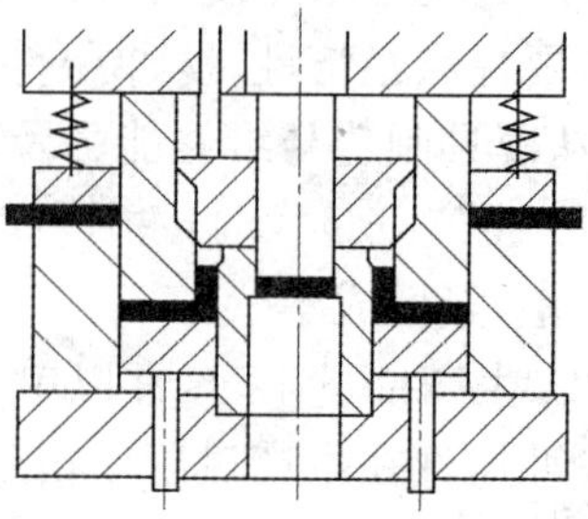
落料和拉深	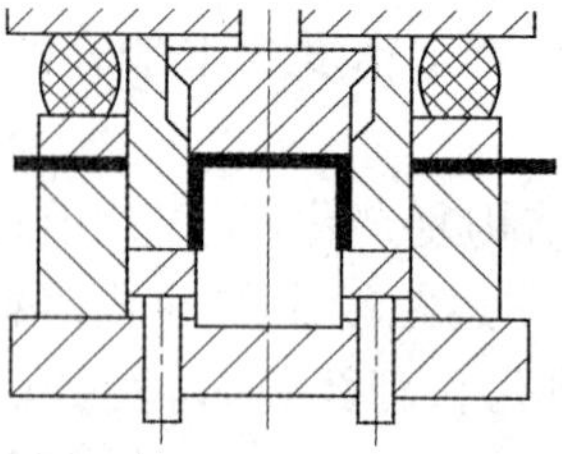	冲孔和翻边	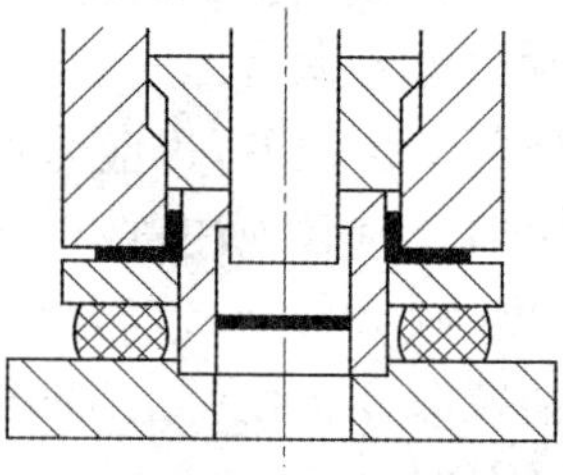
落料、拉深和切边	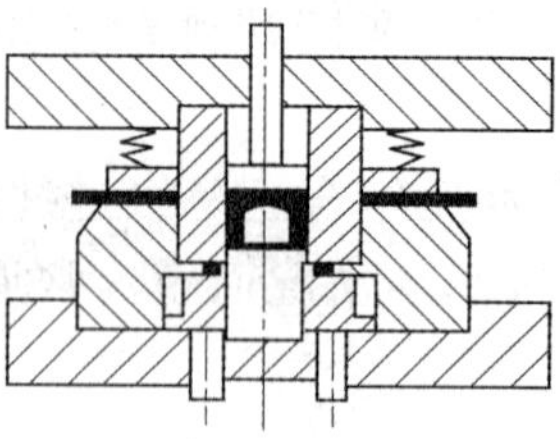	落料、成形和冲孔	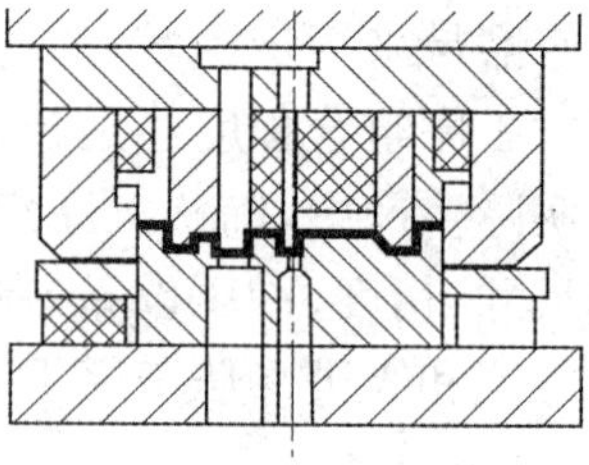

表 7-7 常见的级进冲压工序组合方式

工序组合	模具结构简图	工序组合	模具结构简图
冲孔和落料	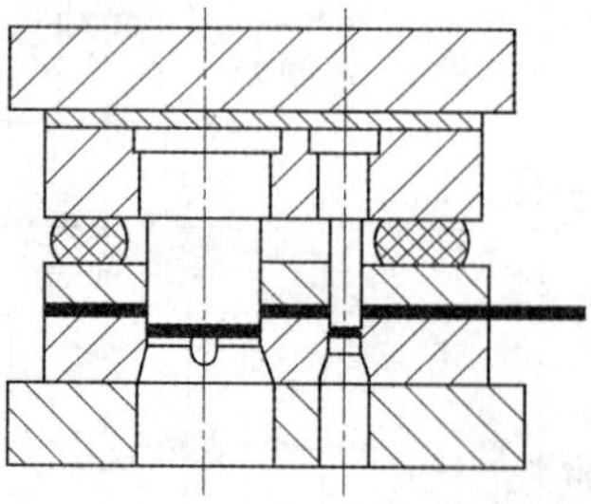	冲孔和切断	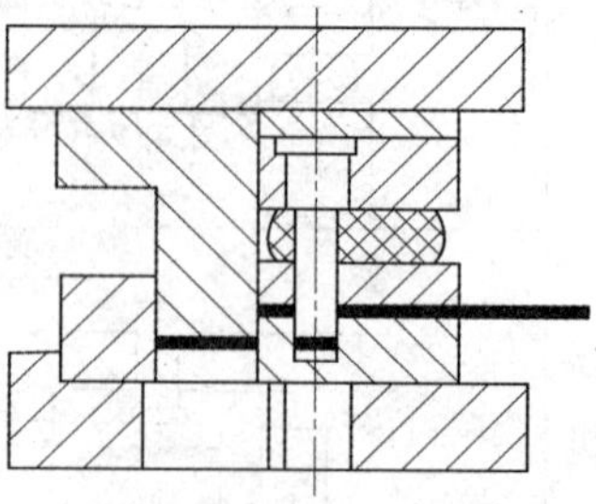

（续表）

工序组合	模具结构简图	工序组合	模具结构简图
冲孔和截断	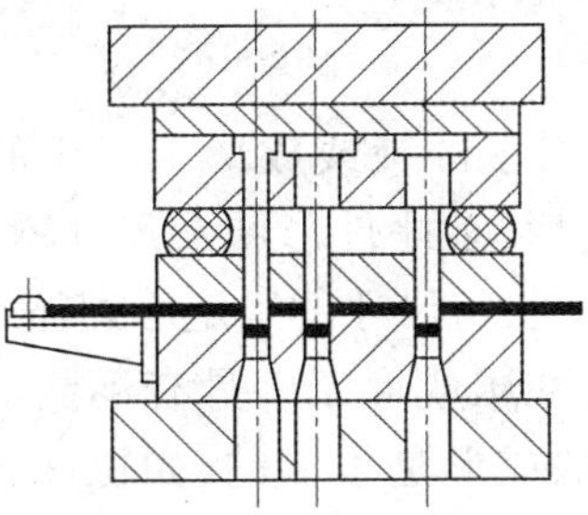	级过拉深和落料	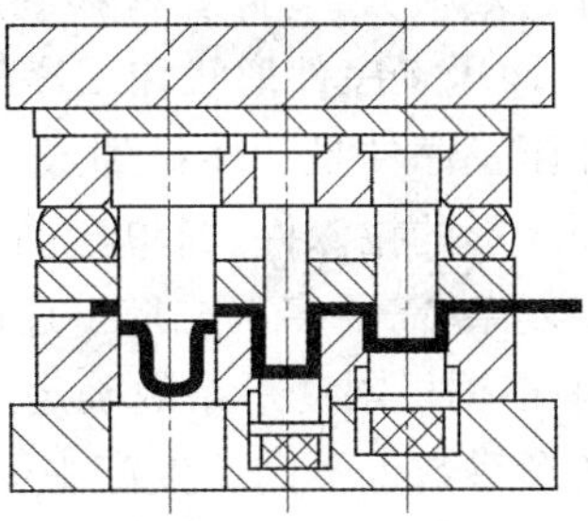
冲孔、弯曲和切断	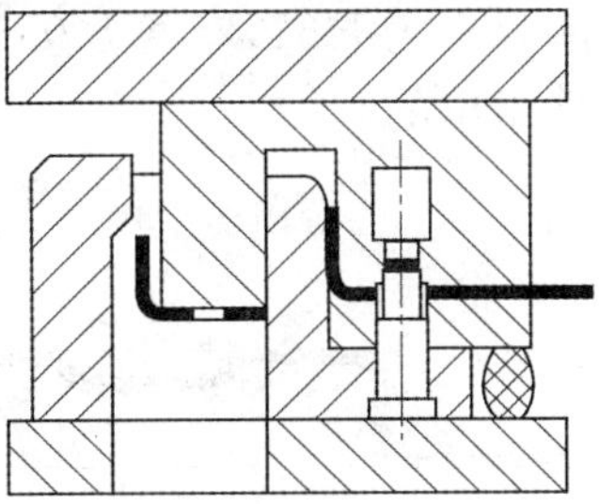	冲孔、翻边和落料	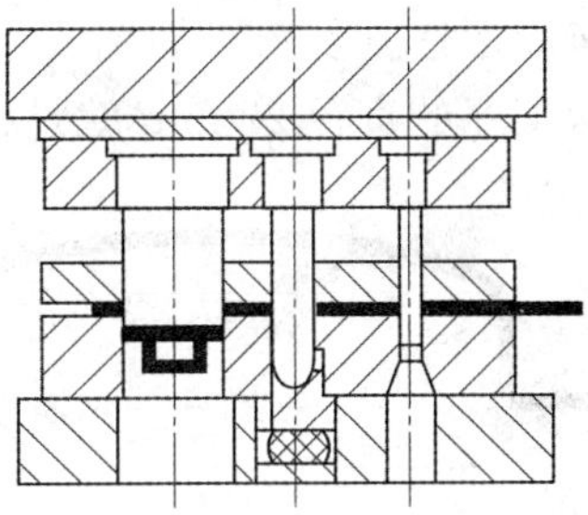
冲孔、切断和弯曲	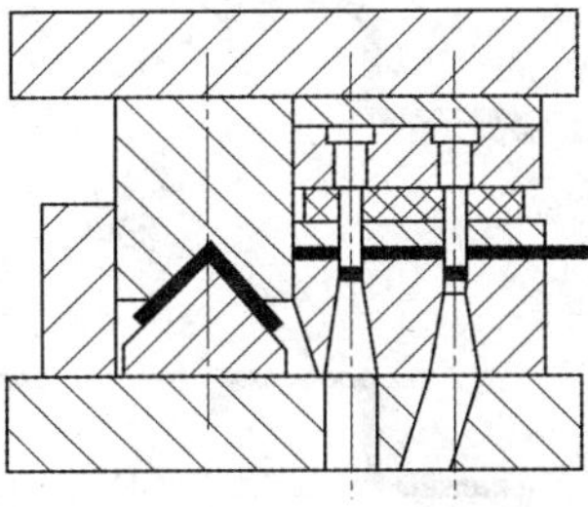	冲孔、压印和落料	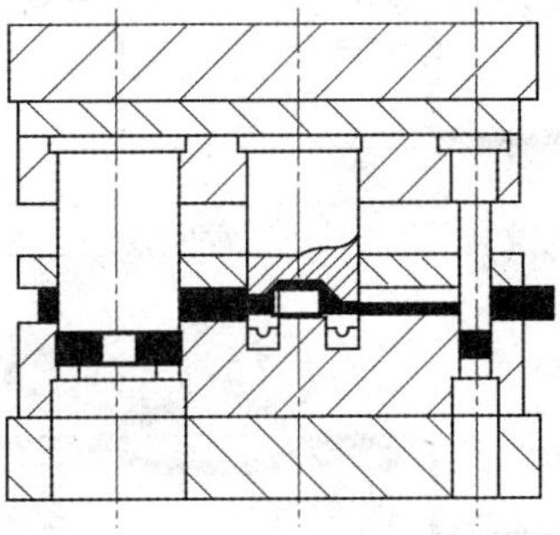
冲孔、翻边和落料	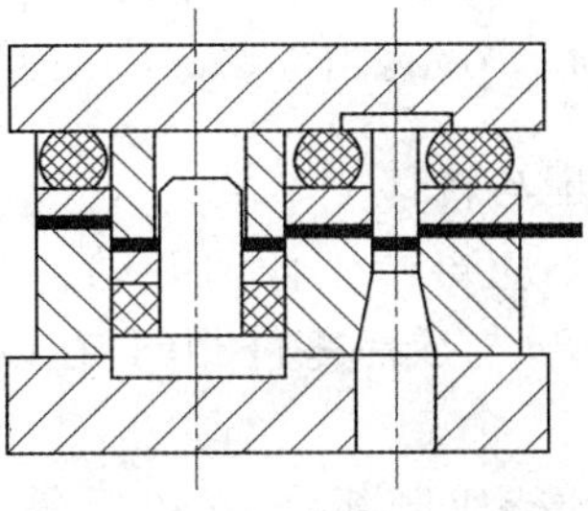	级过拉深、冲孔和落料	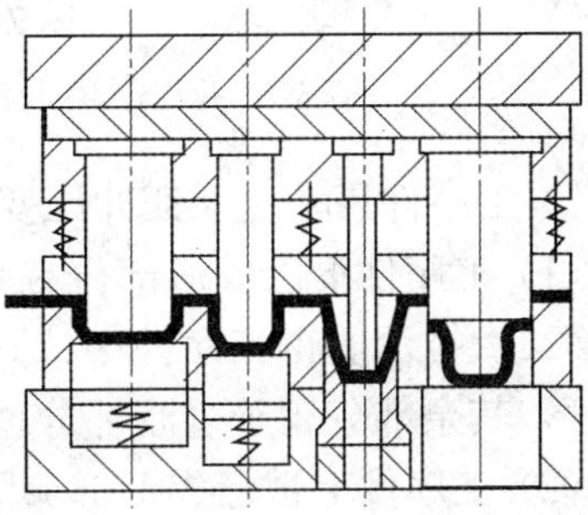

(四) 有关工艺计算

1. 排样与裁板方案的确定

根据冲压工艺方案,确定冲压件或坯料的排样方案,计算条料宽度与步距,选择板料规格并确定裁板方式,计算材料利用率。

2. 冲压工序件形状和工序件尺寸的确定

冲压工序件是从坯料到成品零件间的过渡件。对于冲裁或成形工序少的冲压件(如一次拉深成形的拉深件、简单弯曲件等),工艺过程确定后,工序件形状及尺寸就已确定。而对于形状复杂,需要多次成形工序的冲压件,其工序件形状与尺寸的确定应遵循下列基本原则:

1) 根据极限变形系数确定工序件尺寸　不同的冲压成形工序具有不同的变形性质,其极限变形系数也不同。生产中受极限变形系数限制的成形是很多的,如拉深、胀形、翻孔、翻边、缩口等,它们的直径、高度、圆角半径等都受极限变形系数的限制,如最小弯曲半径、拉深的圆角半径等,这些尺寸都应根据需要(如工艺性要求)和变形程度的可能加以确定,有的需要逐步成形达到要求。如图 7-29 所示的出气阀罩盖,材料为 H62,厚度为 0.3 mm。其第一道拉深工序的直径 22 mm 就是根据极限拉深系数计算得出的。

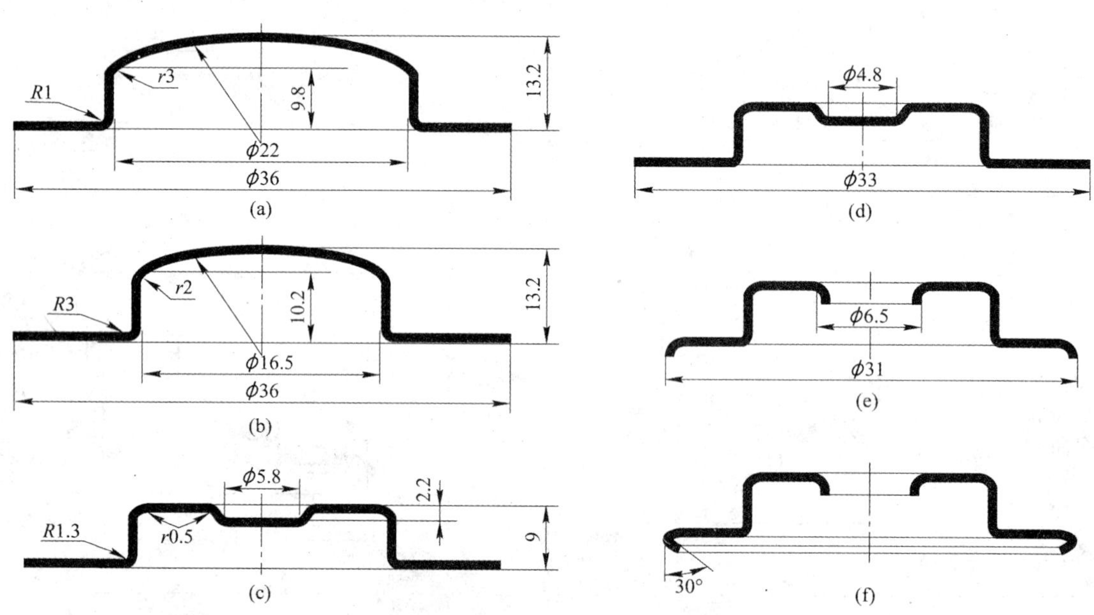

图 7-29　出气阀罩盖的冲压工艺过程

(a) 落料、拉深;(b) 拉深;(c) 成形;(d) 冲孔、切边;(e) 内、外缘翻边;(f) 折边

2) 工序件尺寸应保证冲压变形时金属的合理分配与转移

(1) 工序件上已成形部分在以后的各道工序中不应再产生任何变动。如图 7-29b 所示,第二次拉深所得工序件中,ϕ16.5 mm 的圆筒形部分与成品零件相同,在以后的工序中不再变形,其余部分属于过渡部分。

(2) 工序件上被已成形部分隔开的内部与外部的待成形部分,在以后各工序的变形中,都必须保证在各自范围内进行材料的分配和转移,不允许从其他部分补充材料,也不应有多余的材料。

3）工序件的形状和尺寸应有利于下一道工序的成形

（1）工序件要能起到储料作用。如图 7－29c 所示第三道工序形成 $\phi5.8$ mm 的凹坑，前两次拉深所得工序的底部不是平底而是球面形状，这是为了储备材料以满足压出凹坑的需要。若采用平底筒形工序件胀形得出，会使材料变薄严重而导致破裂。

（2）工序件的形状应具有较强的抗失稳能力，尤其对曲面形状零件拉深时，以防下道拉深发生起皱。如图 7－30 所示第一道拉深后的工序件形状，其底部不是一般的平底形状，而做成外凸的曲面。在第二道工序反拉深时，当半成品的曲面和凸模曲面逐渐贴合时，半成品底部所形成的曲面形状具有较高的抗失稳能力，从而有利于第二道拉深工序。

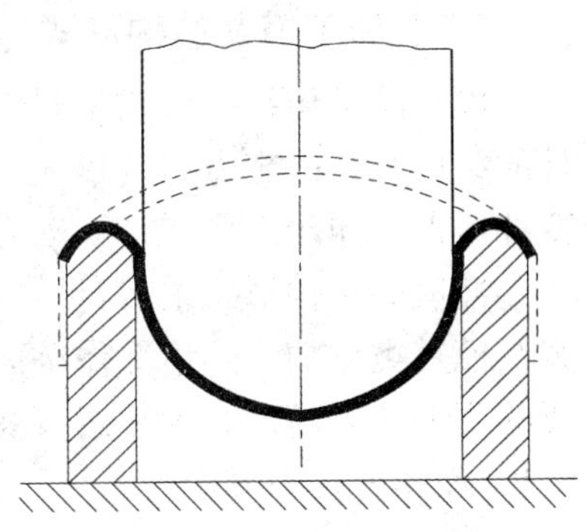

图 7－30　曲面零件拉深时的半成品形状

4）工序件的形状和尺寸应有利于保证冲压件表面的质量

（1）工序件的某些过渡尺寸会直接影响成品零件的表面质量，尤其对复杂形状的零件更是如此。例如多次拉深的工件底部或凸缘处的圆角半径不宜取得过小，否则会在成品零件表面留下圆角处的弯曲与变薄的痕迹。

（2）工序件的过渡形状也会直接影响成品零件的表面质量。例如拉深锥角大的深锥形零件，若采用阶梯形状过渡，所得锥形件壁厚不均匀，表面留有明显印痕，尤其当阶梯处的圆角半径较小时，表面质量更差。若采用锥面逐步成形法或锥面一次成形，可获得较好的成形效果。

5）工序件的形状和尺寸应能满足模具强度和定位方便的要求　如图 7－31 所示的零件，用落料冲孔和翻边两道工序完成。若取较大的冲孔直径，则利于满足极限翻边系数，且厚度变薄量也小，且翻边后零件口部平齐能收到较好的翻边效果。但同时落料冲孔复合模中凸凹模壁厚减小，受模具强度限制，冲孔直径不能过大。

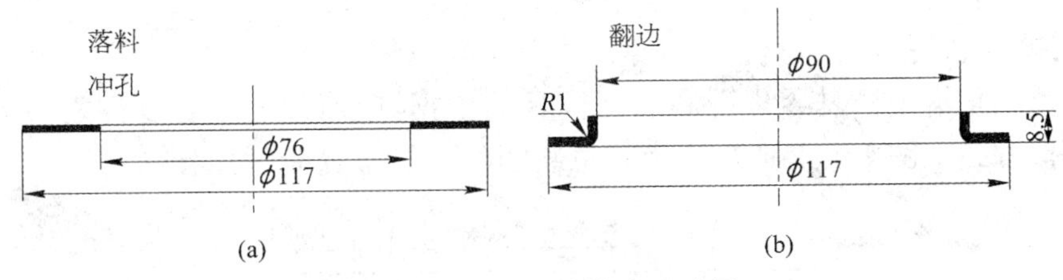

图 7－31　翻边件的冲压过程

3. 计算各工序冲压力

根据冲压工艺方案，初步确定各冲压工序所用冲压模具的结构方案（如卸料与压料方式、推件与顶件方式等），计算各冲压工序的变形力（冲裁力、弯曲力、拉深力、膨胀力、翻边力等）、卸料力、压料力、推件力、顶件力等。对于非对称形状件冲压和级进冲压，还需计算压力中心。

二、冷冲压模具总体设计步骤

模具总体设计步骤包括确定模具类型和确定模具结构形式。

（一）确定模具类型

冲模的类型与冲压工艺方案是相互对应的，两者都是根据生产批量、零件形状和尺寸、零件质量要求、材料性质和厚度、冲压设备和制模条件、操作等因素确定，因此，冲压工艺方案确定后，冲模类型随之而定。

（二）确定模具结构形式

模具的具体结构形式主要包括送料与定位方式的确定、卸料与出件方式的确定、工作零件的结构及其固定方式的确定、模具精度及导向形式等。对于复杂的弯曲模及其他需要改变冲压力方向和工作零件运动方向的模具，还要确定传力和运动的机构。

冲模的结构形式很多，设计中要将各种结构形式的特点及适用场合与所设计的工艺方案及模具类型的实际情况作全面的比较分析，选用最合适的结构形式，并有针对性地进行必要的改进和创新。必须注意：在满足质量与工艺要求的前提下，模具结构设计应充分注意其维护、操作方便与安全性。

（三）设计模具主要零部件结构

模具主要零部件的结构设计包括：工作零件、定位零件、卸料装置和推件装置、导向零件、连接与固定零件的结构形式和固定方法、模架零件等的结构设计。

在设计时，要考虑零部件的加工工艺性和装配工艺性。

（四）选择冲压设备

根据工厂现有设备情况、生产批量、冲压工序性质、冲压件尺寸与精度、冲压加工所需的冲压力、变形功以及估算的模具闭合高度和轮廓尺寸等主要因素，合理选定冲压设备的类型和规格。

（五）绘制模具图

绘制冲模总装图和零件图均应严格遵守制图标准，并在实际生产中，结合冲模的工作特点和安装、调整的需要。

1. 绘制模具总装图

模具总装图是拆绘模具零件图和装配模具的依据，应清楚表达各零件之间的装配关系以及固定连接方式。图 7－32 所示为模具总装图的一般布置情况。

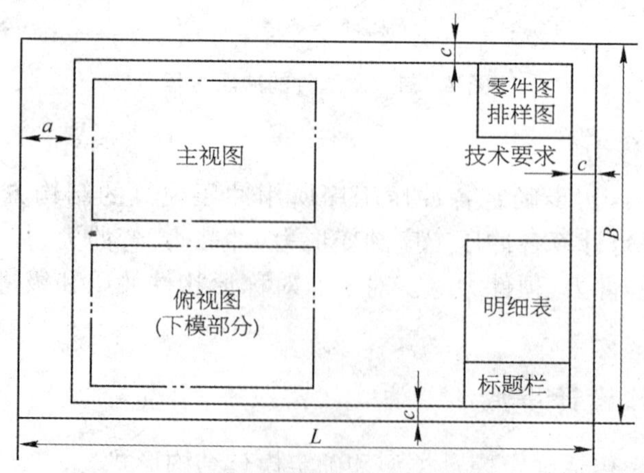

图 7－32 模具总装图的一般布置情况

2. 绘制模具零件图

模具总装图中的非标准零件一般都需要画出零件图，模具零件图是模具加工的重要依据。通常的顺序为：先画工作零件图，再依次画其他各部分的零件图。有些标准件需要补充加工（例如上、下标准模座上的螺孔、销孔等）时，也需画出零件图，但在此情况下，通常仅画出加工部位，而非加工部位的形状和尺寸则可省去不画或只用细双点画线表示轮廓，并在图中标明标准件代号与规格。

（六）编写冲压工艺文件

上述各项工作完成以后，根据需要再安排适当的非冲压辅助工序（如机械加工、焊接、铆合、热处理、表面处理、清理和去毛刺等）。为了将制定的冲压工艺过程实施于生产，需要用工艺文件的形式确定下来，以作为生产准备（如下料与制造模具等）、经济核算和指导生产的依据。

冲压工艺文件主要是冲压工艺过程卡和工序卡。其中，冲压工艺过程卡表示零件整个冲压工艺过程的有关内容，而工序卡具体表示每一工序的有关内容。在大批量生产中，需要制定每个零件的工艺过程卡和工序卡；在成批和小批量生产中，一般只需制定工艺过程卡。

在冲压生产中，冲压工艺过程卡尚无统一格式，各单位可根据既简单又有利于生产管理的原则进行确定。一般冲压工艺过程卡主要内容应包括工序号、工序名称、工序内容、工序草图（加工简图）、工艺装备、设备型号、工序检验要求、工时定额、材料牌号与规格、毛坯形状尺寸等项目。

（七）编写模具设计计算说明书

对一些重要的冲压件工艺设计和模具设计，应编写设计计算说明书，以供审阅和备查。设计计算说明书应简明而全面地记录冲压工艺性分析及结论，毛坯展开尺寸计算，排样方式及其经济性分析，工艺方案的分析比较和确认，工序性质和冲压次数的确定，工序件形状与尺寸的计算，模具类型与结构形式的分析，模具主要零件材料的选择、技术要求及强度校核、凸、凹模工作部分尺寸与公差的确定，冲压力的计算与压力中心的确定，冲压设备的选择依据与结论，弹性元件的选择计算等。必要时，说明书中可插图表达。

三、冷冲压模具设计注意事项

（一）冲模设计注意事项

设计冲压模具时，主要从模具结构工艺性、使用方便性、安全性及经济性等方面考虑，其注意事项如下。

1. 保证冲模结构工艺性

(1) 冲模结构力求简单，加工容易。对于复杂形状零件，尽量采用镶拼形式，便于加工。对结构及工作零件应考虑热处理要求，尽量减少或避免由此引起的变形和开裂。因此设计冲模零件时，尽量减少冲模零件有尖角和窄槽，断面不能有急剧变化，各孔的位置分布尽量均匀对称，选用钢材要合适。

(2) 合理选择冲模零件制造精度和表面粗糙度等级，设计冲模零件尽可能利用本单位设备能力，使工时尽可能减少。

(3) 设计的冲模结构要便于装配。

2. 保证冲模使用方便、安全

(1) 冲模的定位装置和定位零件要稳定可靠,并有足够的定位精度。如挡料销尽可能设计的高一点,即使材料翘曲,也能方便定位。

(2) 冲模的卸料和顶出装置一定要灵活,并有足够的卸料力。卸料板、顶出器的弹簧要有足够的预压量和压缩行程,弹簧与卸料橡皮要布置均匀。

(3) 冲模应力求使坯料的传递路线方便、缩短取料时间。

(4) 在结构设计上应尽量保证进料、定料、出件、清理废料的方便。

(5) 为方便操作,尽量采用自动送料及自动出料机构,以减轻工人的劳动强度。

(6) 冲模设计要根据操作者的心理及操作习惯,保证有活动空间和安全防护措施。

3. 便于冲模维修

(1) 要使所设计的冲模,确切地区分出哪些是易损件,以便于备料,准备损坏时维修。

(2) 冲模的易损部位,设计时应力求形状简单,易于加工,并易于拆卸和装配。

(3) 冲模的较大零件,要设计有吊孔,便于维修。

(4) 同一副模具的螺钉、销钉及其他标准件要力求选用规格一致。

(5) 对于易损的刃口凸、凹模,最好采用沉孔座固定和定位,尽量不采用销钉定位。

(二) 常见级进模、复合模设计注意事项

1. 级进模设计注意事项

级进模设计时,应注意以下几方面:

1) 要合理确定工步数　连续模的工步数等于分解的单工序之和,如冲孔-落料级进模的工步数,通常是等于冲孔与落料两个单工序之和。但为了增加冲模的强度及便于凸模加工,有时可根据内孔的数量分几步完成。其工步数的确定原则,主要是在不影响凹模强度的前提下,其工步数选用得越少越好,累积误差越小,冲出的工件尺寸精度越高。

2) 要设计完好的导料系统　在级进模中,一般为条料或卷料送进,对其材质、厚度、料宽等均有严格要求。为防止条料送进过程中发生摆动,必须设计完好的导料系统。在模具结构强度和位置允许的情况下,多工步的模具要尽量采用浮动导料销。

3) 要设计出可靠的卸料机构　每次冲压完后,应立即将条料从凸模上刮下。常用的卸料机构主要有固定式和弹压式两种,应用较多的是弹压式卸料机构,采用此种结构时,往往在固定板与卸料板间采用辅助导柱、导套导向,以使卸料板与凸模有良好的配合,又起到保护细小凸模的作用。

4) 凸、凹模设计结构要合理　在设计级进模时,凸模与凹模孔的数量较多,故设计凸、凹模时,除能保证正常冲压要求外,还应注意以下几点:

(1) 凸模的结构设计要充分考虑其安装稳定性,尤其对于高速连续冲压的凸模设计更要注意这一点。

(2) 凸模的安装要便于拆卸,便于刃磨与维修。

(3) 形状复杂的凹模型孔,采用镶嵌结构。

(4) 针对凸模的固定方式,在实现连续冲压时,要采用挂台和反压块的固定方式,以保证在连续冲压中不会发生凸模掉下而损坏模具的事项。

5) 要设计出良好可行的定距机构　级进模多采用侧刃定距或导正钉及自动送料机构定距。一定要定距准确,并保证条料准确送进。

6）要合理安排工序

（1）在冲孔与落料工序次序安排时，应先安排冲孔，后安排落料，以便于借助冲好的孔作为导正定位孔，以提高工件的精度。但在与某些弯曲后的尺寸或某凸出部分位置成关联尺寸时，就要根据实际确定冲孔的位置。

（2）在没有圆形孔的工件中，为了提高送料步距精度，可以在凹模的首次步序中设计一工艺孔，以其作为导正孔定位，提高冲件精度。但现在的模具设计中，对一些精密件的冲压已经逐步或全部采用外框式的导料带。这样有利于保证复杂工件的加工精度。

（3）产品要求孔与外形的某凸出部位位置精度时，应将此部位与孔设计在同一工步成形。

（4）同一尺寸基准的精度要求较高的不同孔，在不影响凹模强度的情况下，应安排同一工步成形。

（5）尺寸精度要求较高的工步，应尽量安排在最后一道工序，而精度要求不太高的工步，则最好安排在较前工序。工步越靠前，其累积误差越大。

（6）在多工步的级进模中，如冲孔、切口、切槽、弯曲、成形、切断等工序的安排次序，一般应把分离工序如冲孔、切口、切槽安排在前面，接着可安排弯曲、拉深成形工序，最后再安排切断及落料工序。

（7）冲不同形状及尺寸的多孔工序时，尽量不要把大孔与小孔同时放在同一工序上，以便修模时能确保孔距精度。

7）要合理固定凸模　在设计时，若成形及冲裁在同一冲模上完成，则成形凸模与冲裁凸模应分别固定，而不要固定在同一固定板上。尽量把成形凸模固定在脱板上面，后面加装背板。

8）不破坏已成形部分　在设计时，一定要使各工步已成形部分不受破坏，使带料保持在同一送料线上。

2. 复合模设计注意事项

复合模设计时，应注意以下几方面：

（1）要确保凸、凹模及凸凹模的自身强度。凸凹模是复合模的核心零件，其尺寸精度和形状要设计合理，尤其要注意其最小壁厚。若超过极限值，可在有效刃口以下适当加大尺寸，以增强凸凹模强度。

（2）必须保证各工序复合时的先后次序配合，以利于工件成形及模具的制造与维修。

（3）应充分考虑模具各部位的配合精度要求。

（4）复合模适用的模柄结构有多种形式，对于小间隙及薄板料冲裁，设计时尽可能采用浮动式模柄结构，以消除由于压力机精度不良而影响冲模的精度。

（5）在能够保证工作零件强度和工件质量的前提下，为操作方便、安全及提高生产效率，应优先选用倒装结构。

（6）要有良好的导向机构，对于小孔、薄板料及精度要求较高的冲压件，应采用Ⅰ级导柱模架或滚珠式导柱模架；一般精度应采用Ⅱ级导柱模架。

（7）对既有刃口部位又有成形部位的凸凹模，应使刃口部位和成形部位分开设计，以便于维修。

思考与练习

1. 冲压模具的失效形式有哪些？怎样防止模具失效？
2. 影响冲压模具寿命的主要因素有哪些？
3. 如何提高冲压模具的寿命，具体措施有哪些？
4. 冲压模具材料有哪些种类？各有什么特性？
5. 如何选用冲压模具材料？
6. 比较 Cr12MoV、CrWMn、65Nb 三种模具材料的性能、特点及应用。
7. 冲压模具的安全措施有哪些？
8. 简述冲压模具设计的内容和步骤。
9. 冲压模具设计注意事项有哪些？

项目八　模具报价

目前,我国大部分企业对模具的计价多采用估算的方法,就是事前对模具及产品的材料成本、加工费用进行估算,再进行财务整理,作出对外报价,并由相关负责人与客户进行谈判,最终达成共识,签订合同。本项目主要结合模具专业知识和财务知识,介绍中小型模具及其产品的报价估算方法。

任务一　模具报价基本知识

【学习目标】

1. 模具价格构成。
2. 模具定价策略。

一、模具生产的一般过程和特点

为全面了解模具估价所包含的项目,以下简要论述模具开发生产的过程和环节。

1. 技术开发

技术开发包括成形工艺分析及模具结构设计等过程。模具的开发有两种方式:①包括模具设计和模具制造;②只进行模具制造,客户自己设计模具或客户委托专门设计公司设计模具,模具制造厂家按照客户提供的设计图样进行模具制造。

按客户提供的完整CAD(2D或3D)产品图样进行模具计价、设计和制造,这是模具厂家的基本职责,但本书建议将根据样品反求测绘及其CAD造型划归到产品设计,因为它不属于模具设计范围,应另列单项,但现实情况中往往仍将测绘放在设计当中。

客户产品确定后,需根据产品的材质、形状、尺寸、批量等选取合适的成形方法以及模具类型并进行询价,模具厂家紧接着要进行工艺分析和工艺设计,进而进行模具的详细结构设计,最终生成装配图和零件图样,以及明细表,作为采购和加工安排及加工编程的依据。

2. 坯料准备与外协准备

专业化生产方式是现代工业生产的重要特征,模具结构确定后,应尽可能考虑购买标准件或采用外协加工,缩短模具交货时间。例如,注塑模的模架国内都有标准化系列,有些专业化模架生产厂家还可为客户生产定制模架,甚至为客户进行模具工作部件的初加工和半精加工。

坯料准备是为模具零件加工提供相应的坯料。模具材料的选用原则是:生产批量小的用廉价材料、易熔材料,如低熔点合金、铸铁、球铁、铝、预硬钢以及含有增强填料的塑料等。制件生产批量大的模具,多采用高耐磨材料,如各种合金工具钢、高速钢、硬质合金等。一副模具中不同功能的模板,所选用的材料也可能不同,当前我国模具行业已广泛采用国外进口坯料(如 SKD11、D2 等)。

3. 加工制造

这里所说的加工是指模具制造主要承担厂家具体实施的加工,一般包括机加工、电加工、钳加工、试模。机加工包含各类机床切削加工,与模具计价密切相关的是要区分常规设备加工和数控设备加工,传统机加工比 CNC 机床加工的精度和效率都要差得多,因而其收费标准只有 CNC 机床加工的几分之一,甚至几十分之一。加工过程中根据加工工艺安排,有时要对材料进行热处理。钳加工包含型腔表面抛光处理、修模、模具的装配等。试模一般是必不可少的步骤。在加工过程中或加工完成后有时要对加工精度进行一些特殊的检验等。

4. 后续

后续过程有包装、运输、售后服务等。

二、模具价格的基本构成及计算公式

根据上述模具开发内容,模具的基本成本应由以下部分组成:材料费、制造费、技术开发费(俗称设计费)、管理费、其他费用等。模具价格计算的通用公式如下:

$$P = M_1 + M_2 + M_3 + D + Q + R + T \tag{8-1}$$

式中 P——模具销售价格(Price),即模具的总价格(含税收价);

M_1——材料费(Material cost),包括原材料费及所有外购部分的价格;

M_2——制造费(Manufacturing cost);

M_3——管理费(Management cost);

D——技术开发费(Development cost);

Q——其他费用,如包装运输费、售后服务费、差旅费等由合同规定的费用;

R——利润(Return);

T——税金(Tax)。

其中前 4 项为模具生产成本(不含利润、税收):

$$P_C = M_1 + M_2 + M_3 + D \tag{8-2}$$

P_C 加上 Q 即为销售成本价格,式(8-1)也可写成:

$$P = P_C + Q + R + T$$

1. 材料费

$$M_1 = m_{11} + m_{12} + m_{13} + m_{14} \tag{8-3}$$

式中 m_{11}——坯料费;

m_{12}——各种辅助材料费;

m_{13}——辅助部件购入费;

m_{14}——模具标准件费。

2. 制造费

$$M_2 = G_a + M_{HT} + U + E \tag{8-4}$$

式中　G_a——加工工时费，或称制造工费；

M_{HT}——热处理费（Heat treatment cost），其收费计算主要考虑按吨位和热处理方式；

U——试模费（调试费），一般以 3 次为限，含设备使用费、试模材料费、运输费，由于此项费用计算方法和一般机加工不同，也可将其划分归为“其他费用”类，或单列一类；

E——外委（外协）加工费。

$$G_a = m_{CM} + m_{CNC} + m_{EDM} + m_{WC} + m_{GR} + m_o \tag{8-5}$$

式中　m_{CM}——常规机加工费；

m_{CNC}——CNC 机床加工费；

m_{EDM}——电火花成形加工费；

m_{WC}——线切割加工费；

m_{GR}——磨削加工费；

m_o——其他加工费。

上述制造费用包括模具零件和专用工具（如电极等）的制造费。G_a 的特点是可以按工作小时数计算费用。

3. 技术开发费

$$D = D_1 + D_2 + D_3 + D_4 + D_5 \tag{8-6}$$

式中　D_1——模具结构设计费用，包括成形工艺分析与模具结构设计费用；

D_2——产品和模具 3D 造型费；

D_3——CAM 编程费用，当前许多软件都提供了自动 CAM 编程及其模拟加工功能，但 CAM 工程师的经验对于选择合理的加工方式、加工参数等仍起重要作用，本书将其列入开发费；

D_4——检测费（包括根据样品反求测绘费和试模样品检测等）；

D_5——计算机辅助工艺分析与成形过程分析费用。

需要指出的是，技术开发费是知识、经验、技术含量和工作量的综合体现，凡属国内首创、进口模具国产化，或者模具开发中运用了必需的新技术、新工艺、诀窍等，则技术开发费就要高；开发某一相同产品或系列产品的第一副模具时，技术开发费应该较后续模具高一些，因为模具厂家承担了较大的风险并付出了较多的创造性劳动。

目前，常取制造费的一定比例计算技术开发费，在有充分原始积累数据的基础上，对类似模具的开发也可按照技术开发费的各项项目累计。

4. 管理费

管理费（M_3）包括管理摊派费用（即企业为管理和组织全厂生产所发生的各项费用）、商务费以及其他间接费用等。管理费的计算常采用材料费、制造费和技术开发费之和的一定比例计算。

5. 其他费用

这部分费用需由双方商定，以合同方式确定，如产品的测量与建模费、模具的包装运输费、售后服务费、风险费、不可预见费等。

6. 利润

定义成本利润率为 P_r(Profit margin rate)。利润率高低是各企业在细分市场的地位所决定的，据调查，我国当前模具行业利润率一般为 10%～30%。若采用独特工艺(包括新生工艺)，往往意味着大量的资本投资或者长期的知识积累、交叉知识的有效运用，其模具利润自然应偏高，各企业可根据市场的变化有针对地自我调节。

7. 税金

税率由国家的法规确定，定义增值税率为 t_r(tax rate)；目前我国模具行业取 17%，若材料费或劳务费是含税价，在计算税收时应予以扣除。

根据上述各项细分费用，总的模具销售价(含税价)为

$$P=(M_1+M_2+M_3+D+Q)(1+P_r)(1+t_r)-t_r(M_1+E) \tag{8-7}$$

三、模具报价策略及结算方式

(一) 模具报价策略

模具的报价与结算是模具估价后的延续和结果。从模具的估价到模具的报价，只是第一步，而模具的最终目的，是通过模具制造交付使用后的结算，形成最终模具的结算价。在这个过程里，人们总是希望模具估价＝模具报价＝模具价格＝模具结算价。而在实际操作中，这四个价并不完全相等，有可能出现波动误差值。这就是以下所要讨论的问题。当模具估价后，需要进行适当处理，整理成模具的报价，为签订模具加工合同提供依据。通过反复洽谈商讨，最后形成双方均认可的模具价格，签订合同，才能正式开始模具的加工。

1. 模具估价与报价

模具估价后，并不能直接作为报价。一般说来，还要根据市场行情、客户心理、竞争对手、状态等因素进行综合分析，对估价进行适当的整理，在估价的基础上增加 10%～30%提高第一次报价。经过讨价还价，可根据实际情况调低报价。但是，当模具的商讨报价低于估价的 10%时，需重新对模具进行改进细化估算，在保证保本有利的情况下，签订模具加工合同，最后确定模具加工价格。模具价格是经过双方认可且签订在合同上的价格。这时形成的模具价格，有可能高于估价或低于估价。当商讨的模具价格低于模具的保本价格，需重新提出修改模具要求、条件、方案等，降低一些要求，以期可能降低模具成本，重新估算后，再签订模具价格合同。应当指出，模具是属于科技含量较高的专用产品，不应当用低价，甚至是亏本价去迎合客户。而是应该做到优质优价，把保证模具的质量、精度、寿命放在第一位，而不应把模具价格看的过重，否则，容易引起误导动作。追求模具低价，就较难保证模具的质量、精度、寿命。廉价一般不是模具行业之所为。但是，当模具的制造与制品开发生产是同一核算单位或是有经济利益关系时，应以其成本价作为报价。模具的估价仅估算模具的基本成本价部分，其他的成本费用、利润暂不考虑，待以后制品生产的利润再提取模具费附加值来作为补偿。但此时的报价不能作为真正的模具的价格，只能是作为模具前期开发费用。今后，一旦制品开发成功，产生利润，应提取模具费附加值，返还给模具制造单位，

两项合计，才能形成模具的价格。这时形成的模具价格，有可能会高于第一种情况下的模具价格，甚至回报率很高，是原正常模具价格的几十倍、数百倍不等。当然，也有可能回报率等于零。

2. 模具价格的地区差与时间差

还应当指出，模具的估价及价格，在各个企业、各个地区、国家，在不同的环境，其内涵是不同的，也就是存在着地区差和时间差。为什么会产生价格差呢，一方面，各企业、各地区、国家的模具制造条件不一样，设备工艺、技术、人员观念、消费水准等各个方面的不同，产生的对模具成本、利润目标等估算不同，因而产生了模具价格差。一般是较发达的地区、或科技含量高、设备投入较先进，比较规范大型的模具企业，其目标是质优而价高，而在一些消费水平较低的地区或科技含量较低、设备投入较少的中小型模具企业，其相对估算的模具价格要求低一些。另一方面，模具价格还存在着时间差，即时效差。不同的时间要求，产生不同的模具价格。这种时效差有两方面的内容：一是一副模具在不同的时间有不同的价格；二是不同的模具制造周期，其价格也不同。

3. 模具报价单的填写

模具价格估算后，一般要以报价的形式向外报价。报价单的主要内容有：模具报价，周期，要求达到的模次（寿命），对模具的详细技术要求与条件，付款方式和结算方式以及保修期等。

模具的报价策略正确与否，直接影响模具的价格，影响模具利润的高低，影响所采用的模具生产技术管理等水平的发挥，是模具企业管理的重要内容，是成功与否的体现。

（二）模具结算方式

模具的结算是模具设计制造的最终目的。模具的价格也以最终结算的价格为准，即结算价。这才是最终实际的模具价格。

模具的结算方式从模具设计制造一开始，就伴随着设计制造的每一步、每道工序在运行，设计制造到什么程序，结算方式就运行到什么方式。待设计制造完成交付使用，结算方式才全终结，有时，甚至还会运行一段时间。所有设计制造中的质量问题最终全部转化到经济结算方面来。可以说，经济结算是对设计制造的所有技术质量的评价与肯定。

结算的方式，是从模具报价就开始提出，以签订模具制造合同开始之日，就与模具设计制造开始同步运行。反过来说，结算方式的不同，体现了模具设计制造的差异和不同。结算方式，各地区、各企业均有不同，但随着市场经济的逐步完善，也形成一定的规范和惯例，结算方式一般有以下几种：

1. “五五”式结算

模具合同一签订生效之日，即预付模具价 50%，余下 50%待模具试模验收合格后，再付清。

这种结算方式，在早期的模具企业中比较流行。它的缺点如下：

（1）50%的预付款一般不足于支付模具的基本制造成本，制造企业还要投入，也就是说，50%的预付款，还不能与整副模具成本运行同步。因此，对模具制造企业来说存在一定的投入风险。

（2）试模验收合格后，即结算余款，使得模具保修费用与结算无关。

（3）在结算 50%余款时，由于数目款项较多，且模具已基本完工，易产生结算拖欠现象。

(4) 万一模具失败,一般仅退回原 50%预付款。

2. “三四三”式结算

模具合同一签订生效之日,即预付模价款的 30%,等参与设计会审,模具材料备料到位,开始加工时,再付 40%模价款。余下 30%等模具合格交付使用后,一周内付清。

这种结算方式,是目前比较流行的一种。这种结算方式的主要特点如下:

(1) 首期预付的 30%模价款作为订金。

(2) 根据会审,检查进度和可靠性,进行第二次 40%的付款,加强了模具制造进度的监督。

(3) 余款 30%,在模具验收合格后,再经过数天的使用期后,才结算余款,这种方式基本靠近模具设计制造使用的同步运行。

(4) 万一模具失败,模具制造方,除返还全部预付款外,还要加付赔偿金,赔偿金一般是订金的 1~2 倍。

3. 提取制件生产利润的模具费附加值方式

在模具设计制造时,模具使用方仅需投入小部分的款项以保证模具制造的基本成本费用(或根本无需支付模具费用)。待模具交付使用,开始制件生产,每生产一个制件提取一部分利润返还给模具制造方,作为模具费。这种方式,把模具制造方和使用方有机地联系在一起,形成利润一体化,把投资风险与使用效益紧密地联系起来,把技术、经济、质量与生产效益完全挂钩在一起,这样也最大限度地体现了模具的价值与风险。这种方式是目前一种横向联合的发展趋势。其主要特点是:充分发挥模具制造方和模具使用方的优势,资金投入比较积极合理。但对于模具制造方来说,其风险较大,但回报率也较为可观。

模具的结算方式还有很多,也不尽相同。但是都有一个共同点,即努力使模具的技术与经济指标有机地结合,产生双方共同效益。使得模具由估价到报价,由报价到合同价格,由合同价格到结算价格,即形成真正实际的模具价格,实行优质优价,努力把模具价格与国际惯例接轨,不断向生产高、精、优模具方向努力,形成共同良好的、最大限度的经济效益局面。这是模具设计制造使用的最终目标。

任务二 中小型冲压件的报价

【学习目标】

1. 中小型冲压件报价方法。
2. 中小型冲压件报价实例。

一、中小型冲压件报价方法

(一) 冲压件价格涉及的几个方面

冲压件价格主要由以下内容决定:材料费、冲压费、机加工费(如钻、铰、攻等加工)、表面处理(如去毛刺、氧化、喷漆、丝印、喷涂、表面镀等),除此以外,还需考虑边角废料的价值,以及最后企业的利润。

(二) 报价的大致内容

(1) 材料费。将零件展开后进行排样，再用公式计算：

$$材料费 = 步距(mm) \times 条料宽度(mm) \times 厚度(mm) \times 密度(g/cm^3) \times 10^{-6} \times 单价(元/kg) \times (1.1 \sim 1.2)(损耗系数)$$

(2) 冲压费。按压力机的吨位来计算，油压机等还要根据需多少个冲次才能完成来计算冲压费，见表 8－1。

表 8－1　压力机加工费参考表

序号	压力机种	压力机吨位/t	压力机加工费/(元/次)
1	机械压力机	6.3	0.02
2	机械压力机	10	0.03
3	机械压力机	16	0.04～0.05
4	机械压力机	25	0.05～0.06
5	机械压力机	40	0.06～0.08
6	机械压力机	63	0.08～0.10
7	机械压力机	80	0.10～0.14
8	机械压力机	100	0.15～0.20
9	机械压力机	110	0.25
10	机械压力机	120	0.30
11	机械压力机	160	0.35
12	机械压力机	200	0.50
13	机械压力机	250	0.85
14	油压机	40、63、100	0.40～0.90
15	油压机	160、200	0.60～1.20
16	油压机	315、500	0.80～1.50

注：加工费随地域、时间有所变化，以即时价为准。

(3) 机加工费，如果不需要就不必算入。

(4) 表面处理费用，如氧化、喷漆、丝印、喷涂、表面镀等。

(5) 包装、运输费用。

(6) 利润率目前一般在 30%左右，税率目前是 17%。

二、中小型冲压件报价实例

零件如图 8－1 所示，制件相关信息如下，请报价。

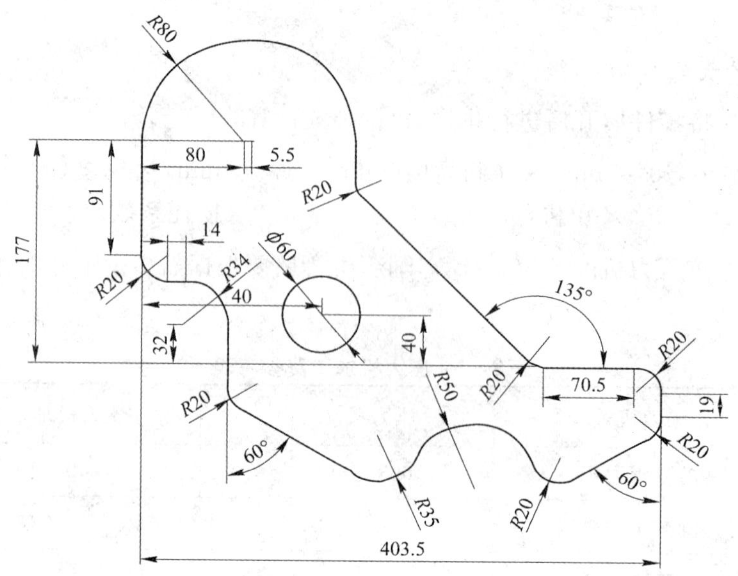

图 8－1 输送机工件图

零件名称：某机械零件；材料：ST12－ZF(普通级冷轧镀锌薄钢板)；厚度：1.5 mm；大批量生产；制件周长：1 275 mm；制件面积：64 611 mm²。

该零件形状不复杂，符合冲裁的工艺性原则，零件能满足冲压工艺要求，可以用复合模具进行生产，现报价过程如下。

1. 零件的净重

欲求零件的落料净重必先求落料净面积。求复杂零件的落料净面积的方法是：先把落料冲裁图形在 CAD 里绘制出来，再点击绘图面域，框选全部分离出来的图形，点击鼠标右键，再左键双击图形，弹出特性对话框，里面的面积数据就是面积。

一个步距内产品的面积已给出：64 611 mm²。

$$
\begin{aligned}
\text{零件的净重} &= \text{净面积} \times \text{料厚} \times \text{该材料的密度} \\
&= 64\,611 \times 1.5 \times 7.8 \times 10^{-3} \\
&= 755\,948.7 \times 10^{-3} \\
&\approx 756\ \text{g} \approx 0.76\ \text{kg}
\end{aligned}
$$

2. 零件的耗料净重

根据排样图 8－2 可知其步距是 466.65 mm，条料宽度 252 mm。

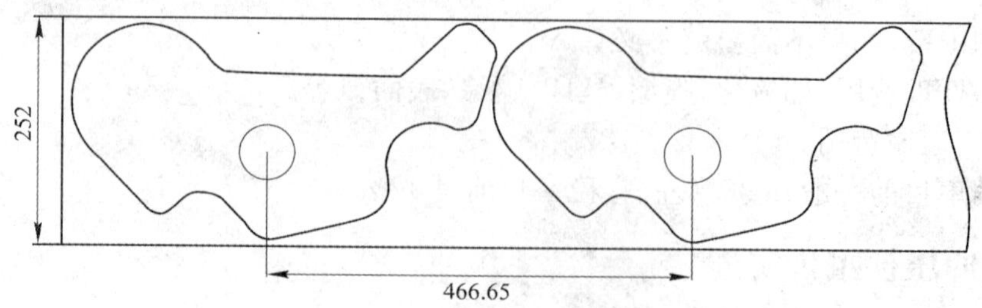

图 8－2 工件的排样图

$$\begin{aligned}\text{一个步距内材料的耗料净重} &= \text{条料宽度} \times \text{步距} \times \text{料厚} \times \text{该材料的密度} \\ &= 252 \times 466.65 \times 1.5 \times 7.8 \times 10^{-3} \\ &= 1\,375\,870.8 \times 10^{-3} \approx 1\,376\ \mathrm{g}(\times 1.1) \\ &\approx 1\,514\ \mathrm{g} \approx 1.51\ \mathrm{kg}\end{aligned}$$

这里的损耗系数为1.1～1.2，是多加10%～20%的材料，因为生产时料头、料尾是不可以使用的。所以最后所得为耗料净重的实际数据。

3. 产品报价演算

进行工序件产品（指单工序模具冲压出来的产品，包括中间工序出来的半成品或过渡性半成品）报价的原则如下：

1）确认该产品耗料价格

$$\begin{aligned}\text{该产品的材料价格} &= \text{该零件的耗料净重} \times \text{当地此时这种材料的出售价格} \\ &= 1.51 \times 23\text{（以上海宝钢生产的 ST12－ZF 为例）} \\ &= 34.73\ \text{元}\end{aligned}$$

这34.73元是含税的价，税是$(34.73/1.17) \times 17\% = 5.05$元。这5.05元是进项税，以后要减去的（抵扣）。

2）确认冲制费（适用于单工序模和连续模）　一个产品往往由多个工序构成，每个工序可能用不同吨位的压机，不同吨位的冲床冲制一次的价格见表8－1。

该冲件所选压力机为160 t机械压力机，一次冲成，冲制价格为0.35元/次。

3）总价

$$\begin{aligned}\text{总价} &= \text{材料费} + \text{冲制费} + \text{产品如有后处理的费用（如电镀、刷纹、螺钉、螺柱等加工费）} \\ &= 34.73 + 0.35 = 35.08\ \text{元}\end{aligned}$$

考虑允许有3%的废品率，故为$35.08 \times 1.03 = 36.13$元。那么这是否就是最终报价？这里还需考虑以下三个因素：

（1）冲制该零件的时候会有废料产生，这些废料是可以卖钱的，而且是现金，这里的废料重量是：零件的耗料净重－零件的净重，就是$1.51 - 0.76 = 0.75$ kg，而这0.75 kg废料是以废料价格回收的，收购ST12－ZF废料价格约为12元/kg，因此废料回收后：$0.75 \times 12 = 9$元。$36.13 - 9 = 27.13$元，一般客户是不需要边角料的，因此最低出厂价是27.13元，最高出厂价是36.13元。

（2）企业的利润。按照30%企业利润，$27.13 \times 1.3 = 35.27$元，$36.13 \times 1.3 = 46.97$元。

（3）加税后卖出价格。在35.27元和46.97元基础上分别加上17%的税金，$35.27 \times 1.17 = 41.27$元，$46.97 \times 1.17 = 54.95$元。

给客户报价就是上面的41.27元和54.95元之间，先从最高报价54.95元开始，注意控制底价，掌握好分寸。

任务三 中小型冲压模具的报价

【学习目标】

1. 中小型冲压模具报价方法。
2. 中小型冲压模具报价实例。

中小型模具的报价核心即为其计价(详见本项目一任务一当中“模具报价策略”),故在此将详细介绍中小型模具的若干计价方法,报价策略不再赘述。

一、中小型冲压模具的计价方法

(一) 基点工时估算法

1. 基点工时估算法的计算公式及参数

根据中小型冲压模具的特点以及行业惯例,它的生产成本一般以其制造工费为基准予以核算。因此,中小型冲压模具的销售成本的表达式为

$$\begin{aligned} M_e &= G_a(1+d)+M_1+M_3+Q+U \\ &= [G_a(1+d)+M_1+U](1+g)+Q \end{aligned} \quad (8-8)$$

式中 M_e——中小型冲压模具的销售成本;

G_a——中小型冲压模具的制造费;

d——中小型冲压模具的设计费系数;

M_1——中小型冲压模具的材料费;

U——模具的试模费;

Q——其他由合同确定的包装运输费等费用;

M_3——模具制造的管理费;

g——模具制造的管理费系数。

从式(8-8)可知,中小型冲压模具的制造费 G_a 和材料费是其销售成本的主要组成部分,下面就先从给出这两项主要费用的计算公式入手,然后再导出计算中小型冲压模具销售价格公式。

2. 计算中小型冲压模具制造费的公式及参数

1) 制造费计算公式

中小型冲压模具的制造费 G_a 是其制作全过程中发生的全部工时费用的总和,即

$$G_a = \sum TA \quad (8-9)$$

式中 $\sum T$——中小型冲压模具制造全过程中的总工时(h);

A——单位工时的平均费用,简称工时单价(元/h)。

模具的制造总工时 $\sum T$ 与冲模的类型、结构、规格、精度、凹(凸)模刃口带的周长以及模架

外购或自制等因素直接相关。因此,可以得出如下估算中小型冲压模具制造总工时的公式:

$$\sum T = T_0 K_{20} + \sum N_i \tag{8-10}$$

式中 T_0——中小型冲压模具的制造基点工时(h),见表 8-2;

K_{20}——基点工时修正系数,见表 8-3;

N_i——中小型冲压模具由于各种不同的因素所增加的工时(h)。

表 8-2 中小型冲压模具的制造基点工时 T_0 (h)

模具类型	模具结构或冲件形状	凹模周界/mm									
		63×50(ϕ63)	80×63(ϕ80)	100×80(ϕ100)	125×100(ϕ100)	160×125(ϕ160)	200×160(ϕ200)	250×160(ϕ250)	315×200(ϕ315)	400×315(ϕ400)	500×400(ϕ500)
落料模	固定卸料工件下漏	37	40	45	56	68	98	125	183	278	365
	弹压卸料工件下漏	41	43	49	60	72	105	131	191	285	373
	固定卸料工件下顶	43	46	53	65	76	110	138	199	298	388
	弹压卸料工件下顶	47	50	56	68	81	114	143	205	306	395
	凹模倒装工件上打	43	46	53	65	76	110	138	199	299	388
	平均值 T_0'	42	45	51	61	75	107	135	195	293	382
冲孔模	固定卸料工件下漏	38	40	46	56	68	98	126	185	278	369
	弹压卸料工件下漏	41	43	49	59	73	105	130	190	285	373
	弹压倒装工件上打	43	46	53	65	76	110	138	199	298	388
	工件上打废料下漏	47	50	56	67	80	113	143	202	303	391
	平均值 T_0'	42	45	51	62	74	107	134	194	291	380
复合模	倒装	56	59	66	77	91	126	157	235	326	418
	顺装	62	66	73	86	99	135	169	247	344	418
	平均值 T_0'	59	63	71	82	95	131	161	228	335	418
弯曲模	V形	27	31	35	38	41	48	53	63	73	90
	U形	41	43	48	51	59	69	79	88	99	108
	平均值 T_0'	34	37	43	45	50	59	66	76	86	99
拉延模	圆形落料拉延	40	41	43	47	53	59	68	81	106	121
	矩形拉延	57	62	68	79	93	113	153	201	258	325
	平均值 T_0'	49	50	56	63	73	86	111	141	182	223

注:1. 模具规格栏括号中的圆形件基点工时参考表 8-3 修正。
2. 矩形凹模模板周界以"长×宽"表示,圆周界以"直径"表示。
3. 各类模具的基点中均不含模架工时。
4. 各类模具的基点工时,均是以其凸、凹模型面采用电火花、线切割加工为基础条件而设定的,若采用磨削或数控加工,其值要作修正。

表 8-3 基点工时修正系数 K_{20}

系数	非冲裁模或非圆形冲裁模	圆形件冲裁模凹模周界/mm									
		$\phi63$	$\phi80$	$\phi100$	$\phi125$	$\phi160$	$\phi200$	$\phi250$	$\phi315$	$\phi400$	$\phi500$
K_{20}	1.00	0.74	0.73	0.70	0.66	0.61	0.50	0.45	0.37	0.30	0.28

由式(8-10)可知，模具制造的总工时由基点工时和因相关因素增加的工时两部分组成。其中影响制造总工时的主要因素有六项，称为因素工时，分别以 N_1、N_2、N_3、N_4、N_5、N_6 来表示，其中：N_1 为冲裁件周长因素工时(h)；N_2 为自制铸铁标准底板模架的因素工时(h)；N_3 为自制钢底板模架的因素工时(h)；N_4 为采用慢速走丝线切割机床加工的因素工时(h)；N_5 为多孔冲孔模的因素工时(h)；N_6 为复合模冲各种型孔的因素工时(h)。

2) 制造工费计算公式中的参数

(1) 工时单价 A。工时单价 A 是将完全成本中的原材料费、设计费、试模费、销售费用等非制造费用除去后的非完全成本与制造过程中实际发生的所有工时之和的比值。

由于中小型冲压模具的类型很多，而且模具的结构、规格、精度等也不尽相同，所以工时单价 A 的数值在不同类别、规格、精度的模具上也应有区别，据调查，中小型模具的工时单价一般为 80～100 元/h。

(2) 中小型冲压模具的制造基点工时 T_0。常见典型结构类型的模具，按全国平均先进水平制造的工时称为基点工时，用 T_0 表示，T_0 因模具结构、规格的不同而不同，详见表 8-2。

(3) 基点工时修正系数 K_{20}。由于表 8-2 中所列关于冲裁模的基点工时，均为非圆形件冲裁模的基点工时，而在多数情况下，圆形件冲裁模具要比同类型、同结构、同规格的非圆形件冲裁模在生产中所消耗的工时要少，所以圆形件冲裁模的基点工时需要在表 8-2 中相应的基点工时的基础上通过系数 K_{20} 修正后得到。基点工时修正系数 K_{20} 的值详见表 8-3。

(4) 冲裁件周长因素工时 N_1。对于两套同类型、同结构、同规格的冲裁模而言，它们的基点工时是完全相同的，但它们冲裁的周长却不一定相等，那么它们的制造中工时 $\sum T$ 也不一定相等，这时就要引入冲裁件周长因素工时 N_1。表 8-2 中关于各规格冲裁模的基点工时，均是以冲裁某一固定的周长为基础条件而设定的。该周长称为周长基数。因此，在冲裁实际周长大于周长基数时均要予以修正。因素工时 N_1 的计算公式为

$$N_1 = T_0 K_{20} K_{21}(Z/Z_0 - 1) \quad (8-11)$$

式中 K_{21}——冲裁周长因素工时的系数，见表 8-4；

Z——冲裁实际周长(mm)；

Z_0——冲裁周长基数(mm)，见表 8-4。

表 8-4 系数 K_{21} 和周长基数 Z_0

凹模周界/mm		63×50 ($\phi63$)	80×63 ($\phi80$)	100×80 ($\phi100$)	125×100 ($\phi125$)	160×125 ($\phi160$)	200×160 ($\phi200$)	250×200 ($\phi250$)	315×250 ($\phi315$)	400×315 ($\phi400$)	500×400 ($\phi500$)
Z_0/mm		60	90	120	200	300	420	560	740	1 000	1 360
K_{21}	圆形件	0.28	0.32	0.38	0.45	0.50	0.52	0.54	0.56	0.58	0.60
	非圆形件	0.30	0.34	0.40	0.48	0.53	0.55	0.57	0.60	0.62	0.64

(5) 自制铸铁标准底板模架的因素工时 N_2。由于表 8-2 中所列举的各类模具的基点工时均不含模架制造工时，所以当自制铸铁标准模架时需要增加一部分相应的工时，即自制铸铁标准底板模架的因素工时 N_2，N_2 的计算公式如下：

$$N_2 = T'_0 K_{22} \tag{8-12}$$

式中 T'_0——各种结构或各种冲件形状的同类型模具的基点工时平均数值，见表 8-2；

K_{22}——自制铸铁底板模架因素工时系数，见表 8-5。

表 8-5 系数 K_{22}

凹模周界/mm	63×50	80×63	100×80	125×100	160×125	200×160	250×200	315×250	400×315	500×400
K_{22}	0.058	0.058	0.058	0.058	0.064	0.064	0.064	0.070	0.070	0.070

(6) 自制钢底板模架的因素工时 N_3。由于表 8-2 中所列举的各类模具的基点工时均不含模架制造工时，所以当自制钢底板模架时，需增加一部分相应的工时，即自制钢底板模架因素工时 N_3，N_3 的计算公式如下：

$$N_3 = T'_0 K_{23} \tag{8-13}$$

式中 K_{23}——自制钢底板模架因素工时系数，见表 8-6。

表 8-6 系数 K_{23}

凹模周界/mm	63×50	80×63	100×80	125×100	160×125	200×160	250×200	315×250	400×315	500×400
K_{23}	0.38	0.37	0.35	0.31	0.28	0.20	0.17	0.13	0.10	0.07

(7) 采用慢速走丝线切割机床加工的因素工时 N_4。在模具制造过程中，当快速走丝线切割机床的加工精度达不到模具的精度要求时，就要采用高精度慢速走丝线切割机床加工，而后者的切割效率比前者的切割效率要低。因此在采用慢速走丝线切割加工时，需要相应地增加加工工时，记为因素工时 N_4，N_4 的计算公式如下：

$$N_4 = T_0 K_{20} K_{24} \tag{8-14}$$

式中 K_{24}——采用慢速走丝线切割机床加工的因素工时系数，见表 8-7。

表 8-7 系数 K_{24}

凹模周界/mm		63×50 (ϕ63)	80×63 (ϕ80)	100×80 (ϕ100)	125×100 (ϕ125)	160×125 (ϕ160)	200×160 (ϕ200)	250×200 (ϕ250)	315×250 (ϕ315)	400×315 (ϕ400)	500×400 (ϕ500)
K_{24}	圆形冲件	0.59	0.68	0.81	0.95	1.06	1.01	1.14	1.19	1.23	1.27

(8) 多孔冲孔模的因素工时 N_5。由于表 8-2 中所列举的冲孔模的基点工时，是以冲其中 1 个相应直径大小的孔为前提而设定的。当冲孔模所冲的孔多于 1 个时，其制造总工时将随孔数的增多而增加，这时就要引入多孔冲孔模的因素工时 N_5，N_5 的计算公式如下：

$$N_5 = \sum t_i - T_0K_{21} \tag{8-15}$$

式中　t_i——各种孔的单孔工时(h)，见表 8－8；

$\sum t_i$——所有孔的工时之和(h)；

T_0K_{21}——所选取的用来确定基点工时的孔的工时(h)。

表 8－8　各种孔的单孔工时 t

孔的规格	圆孔直径 ϕ/mm						非圆孔周长/mm						
	≤6	6～12	12～16	16～20	20～25	25～30	≤60	60～80	80～100	100～150	150～200	200～250	250～300
t	4	4.5	6	7.5	8.5	9	13.5	15	17.5	22.5	24	32	36

(9) 复合模冲各种型孔的因素工时 N_6。由于表 8－2 中所列举的复合模的基点工时未含冲孔工时，因此在计算复合模的制造总工时 $\sum t_i$ 时，需将复合模内所有冲孔的工时逐个累加于它的基点工时之中，这时就要引入复合模冲各种型孔的因素工时 N_6，N_6 的计算公式如下：

$$N_6 = \sum t_i \tag{8-16}$$

式中　t_i——各种孔的单孔工时(h)，见表 8－8；

$\sum t_i$——所有孔的工时之和(h)。

3. 计算中小型冲压模具材料费的公式及参数

中小型冲压模具的材料费由两部分费用构成，其中一部分为标准件(含标准模架)的采购费；另一部分为凸模、凹模、固定板、垫板、卸料板等原材料费。由于中小型冲压模具自身特点的原因，材料费在其生产成本中所占的比例较小，为生产成本的 20%～25%，对于中小型冲压模具中规格偏小的模具，其材料费可按此比例予以估算。对于中小型冲压模具中规格偏大的或主要零件的材质为硬质合金的模具，其原材料费就要按模具零件的坯料重量来计算，计算公式为

$$M_1 = \sum 1.3V_i\rho_i \times 10^{-3}a_1 + \sum a_0 \tag{8-17}$$

式中　M_1——中小型冲压模具材料费的计算价(元)；

V_i——所用各种模具钢材的体积(cm^3)；

ρ_i——各种模具钢材的密度(kg/m^3)；

a_1——所用各种模具钢材的单价(元/kg)；

$\sum a_0$——所用标准模架及标准件的总价(元)。

中小型冲压模具的结构多为典型结构，因此利用式(8－17)计算冲压的材料费时，即使是在已有模具图样的情况下，也无需将其所有零件的体积累加起来，而只需将其影响材料总重的主要零件予以粗算即可，因为普通中小型冲压模型的材料费在生产成本中所占的比例较小，即使粗算也不会对其总价格产生大的影响。

4. 计算中小型冲压模具销售价格的公式及参数

综上所述，可以得出中小型冲压模具的销售价格表达式为

$$\begin{aligned} P &= M_c + R + T \\ &= [G_a(1+d) + M_1 + U](1+g) + Q + R + T \end{aligned} \tag{8-18}$$

式中　P——模具销售价格；

Q——其他费用，包括模具的包装费、运输费、运输中的保险费等；

R——利润；

T——应缴增值税（税金）。

如果将上式中的利润 R、税金 T 分别以成本利润率 P_r、税率 t_r 来体现，那么就可以得到如下计算模具销售价格 P 的公式：

$$P = \{[G_a(1+d) + M_1 + U](1+g) + Q\}(1+P_r)(1+t_r) \tag{8-19}$$

式中　d——模具设计费系数，见表 8－9；

P_r——成本利润率，见表 8－10；

t_r——税率，见表 8－10；

g——管理费系数，见表 8－10。

表 8－9　中小型冲压模具设计费系数 d

设计分类	审核模具图样	依冲件图或数模设计模具	依冲件样品设计模具
d	0.02～0.03	0.08～0.10	0.12～0.15

注："审核模具图样"指对模具用户提供的模具设计图样，"依冲件样品设计模具"的系数内包含了测绘冲件样品的因素。

表 8－10　中小型冲压模具的成本利润率、税率、管理费系数

成本利润率 P_r	税率 t_r	管理费系数 g
20%～30%	17%	5%～8%

5. 计算中小型冲压模具价格的步骤

综前所述，计算中小型冲压模具价格的公式共计有三组，即：

(1) 计算制造费：式(8－9)、式(8－10)。

(2) 计算材料费：式(8－17)。

(3) 计算销售价格：式(8－19)。

计算销售价格 P 的参数共有 8 个：制造费 G_a、材料费 M_1、设计费系数 d、试管费 U、管理费系数 g、其他费用 Q、成本利润率 P_r 和税率 t_r。在这 8 个参数中，制造费 G_a 和材料费 M_1 通过计算求取，而其余的 6 个参数只需直接赋值即可。

计算中小型冲压模具的销售价格 P 时，通常需要经过以下三个步骤。

1) 计算中小型冲压模具的工费 G_a

(1) 根据模具类型、模具结构或弯曲模及拉伸模的冲件形状、凹模板周界尺寸由表 8－2 确定基点工时 T_0 的值。

(2) 根据圆形件冲裁模的凹模板周界尺寸，由表 8-3 选取基点工时修正系数 K_{20} 的值。

(3) 列出需增加工时的相关因素，依据式(8-11)～式(8-16)分别确定各因素工时 $N_1 \sim N_6$，然后逐一累加计算因素工时。

(4) 依据式(8-10)计算制造总工时 $\sum T$。

(5) 确定工时单价 A。

(6) 依据式(8-9)计算制造费 G_a。

2) 计算中小型冲压模具的材料费 M_1

(1) 估算模具的总体积 V(不含模架)。

(2) 确定所用模具钢的综合单价。

(3) 累计外购标准模架及标准件的总价。

(4) 依据式(8-17)计算原材料费 M_1。

3) 计算中小型冲压模具的销售价格 P

(1) 由表 8-9 选取设计费系数 d。

(2) 由表 8-10 选取成本利用率 P_r 和税率 t_r。

(3) 按实际发生费用确定试模费 U 和其他费 Q。

(4) 依据式(8-19)计算销售价格 P。

(二) 吨位估算法

1. 吨位估算法的含义

吨位估算法又称重量估算法。顾名思义，它是一种将模具的销售成本按照一定比例分解到模具重量中，并以模具重量和单位重量价格(又称含金额度，单位万元/t，记作 A_0)作为主要价格要素来计算模具价格的方法。它具有简单、快捷的特点，适应当今某些制品的模具报价批量大、周期短的特点，是最常用的报价方法之一。

2. 吨位估算法的计算公式

中小型冲压模具的工艺较典型，可选性不大，结构较简单且很常见，故“模具结构”与“冲压工艺”这两个因素对 A_0 值的影响较小，可以不予考虑，这也是和中、大型冲压模具的主要区别之一。制件的形状复杂、模具材料影响单位重量的加工和材料费用。此外，制件厚度对 A_0 值的影响尤为突出，它是直接影响模具材料类型的主要因素，从而影响加工难度，比如热处理的方式及难度、加工设备的刀具选择等，最终对模具价格产生较大影响。由此，本书选取上述三个特征为计价系数，故有：

$$
\begin{aligned}
P &= WA_0(1+K_1+K_2+K_3)(1+g)(1+P_r)(1+t_r) \\
&= V\rho K_w A_0(1+K_1+K_2+K_3)(1+g)(1+P_r)(1+t_r) \\
&= LBH\rho K_w A_0(1+K_1+K_2+K_3)(1+g)(1+P_r)(1+t_r)
\end{aligned}
\tag{8-20}
$$

式中 P——模具销售价格(万元)；

W——模具实体重量(t)；

K_w——模具实体重量系数；

ρ——模具材料的密度(kg/m^3)；

A_0——模具重量的含金额度(即吨价，万元/t)；

L——模具的长度(m)；

B——模具的宽度(m)；

H——模具的闭合高度(m)；

K_1——制件的形状复杂系数；

K_2——模具材料系数；

K_3——制件厚度系数；

g、P_r、t_r 含义同前。

以下对各主要因素进行说明：

1) 模具销售价格 P　以模具重量和单位重量价格作为价格要素估算的模具销售价格，模具的设计开发费、材料费、加工制造的费用都包含在重量的含金额度(即吨价 A_0)中。

2) 模具实体重量 W　这里所说的模具实体重量是指，在没有设计制造前，通过零件尺寸以及设计制造经验估算的模具尺寸计算的实体重量。公式如下：

$$W = LBH\rho K_w \tag{8-21}$$

因为模具的尺寸是估算的，在估算时已经对整个模具的尺寸进行了放量，故在公式中不用再考虑放量问题。

3) 模具实体重量系数 K_w　由于模具本身并不是轮廓尺寸包含的实体，有些地方是中空的(例如上、下模之间)，所以，在计算模具实体重量时要乘以一个系数，即模具重量实体系数 K_w，$0.6 \leqslant K_w \leqslant 1.0$。

4) 模具材料的密度 ρ　模具制造常用材料的有45钢、T10A、Cr12MoV等模具钢，以及HT250、HT300等铸造材料，其密度都与铁的密度非常接近，所以在计算公式中模具材料的密度 ρ 取7 850 kg/m^3。

5) 模具重量的含金额度 A_0　模具重量的含金额度即吨价，它是设计、制造、装配、调试、运输、售后服务等所有费用分解到单位重量中的量化体现。在不同的国家、不同的企业，由于加工制造的手段、模具原材料等方面的不同，其 A_0 值也不同；此外，模具的种类不同，其 A_0 值肯定不一样，如一般成形类模具的 A_0 值就比修冲类模具的 A_0 值大，其具体取值大小需要经验积累。

6) 制件的形状复杂系数 K_1、材料系数 K_2、厚度系数 K_3　制件的形状复杂程度、制件材料以及制件板料厚度都会对模具的计价具有显著影响，根据经验，相关参数见表8-11～表8-13。

表8-11　制件的形状复杂系数 K_1

类型 \ 明细	冲裁类		成形类	
	平面制件	立体制件	一般成形制件	拉延成形制件
K_1	0	0.1～0.3	0.1～0.2	0.3

表8-12　模具材料系数 K_2

类型及明细	冲裁类			成形类		拉延类	
选用材料	45钢	T10A	CH-1、Cr12MoV	CH-1、T10A	Cr12、Cr12MoV	HT300	MoC铸铁
K_2	0	0.03	0.05	0.05	0.1	0.05	0.1

表 8－13　制件厚度系数 K_3

材料制件厚度 t/mm	K_3	材料制件厚度 t/mm	K_3
$t<1$	0.2	$2<t\leqslant 6$	0.2
$1<t\leqslant 2$	0	$6<t$	0.3

7）税率 t_r、成本利润率 P_r　税率、成本利润率是模具厂家通常选用的参数，也是模具价格的重要组成部分，两个参数的选取详见表 8－10。

二、中小型冲压模具计价实例

如图 8－3 所示输送机零件落料冲孔复合模，底板落料冲孔模的制件图和模具外形如图 8－3 所示，制件及模具的相关信息见表 8－14。

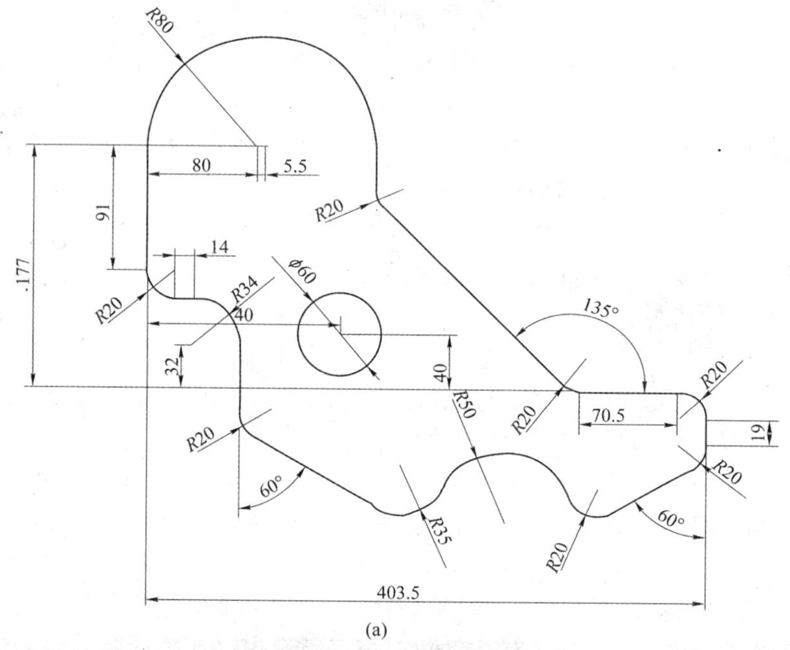

(a)

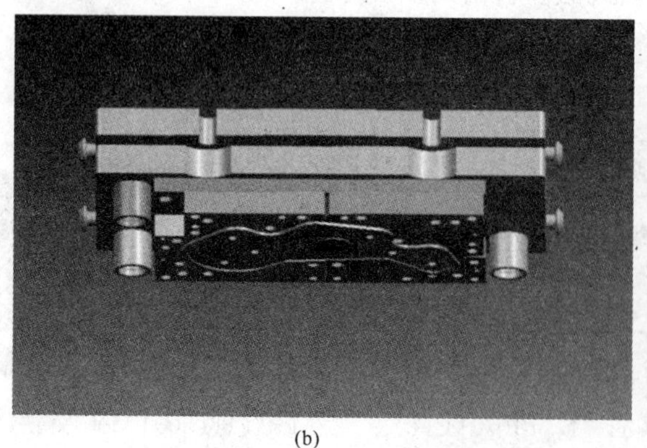

(b)

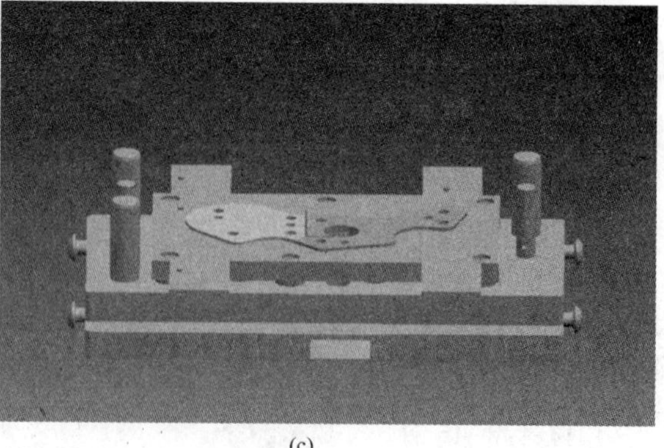

(c)

图 8－3　工序制件图及模具外形图

(a) 工序制件图；(b) 模具上模部分；(c) 模具下模部分

表 8-14 制件及模具相关信息 (mm)

制件名称	制件材料	制件厚度	制件周长	模具尺寸	模具类型
输送机零件	ST12-ZF	1.5	1 275	800×520×325	落料冲孔模

1. 基点工时估算法

1) 工费的计算　将 $T_0=235$，$K_{20}=1$，$K_{21}=0.62$，$Z=1\,268.8\,\text{mm}$，$Z_0=1\,000\,\text{mm}$，$T_0'=228\,\text{h}$，$A=80$ 元/h，$K_{22}=0.07$，$\sum t_i=13.5\,\text{h}$ 分别代入以下公式：

$$G_a=\sum TA$$
$$\sum T=T_0K_{20}+\sum N_i$$
$$N_1=T_0K_{20}K_{21}(Z/Z_0-1)$$
$$N_2=T_0'K_{22}$$
$$N_6=\sum t_i$$

可得到：

$$\begin{aligned}G_a&=\sum TA\\&=[T_0K_{20}+(N_1+N_2+N_6)]A\\&=[235\times1+(235\times1\times0.62\times0.268+228\times0.07+13.50)]\times80\text{ 元}\\&=2.43\text{ 万元}\end{aligned}$$

2) 材料费的计算

$$M_1=\sum 1.3V_i\rho_i\times10^{-3}a_1+\sum a_0$$

3) 销售价格的计算　将 $d=0.1$，$U=0.16$，$Q=0$，$g=5\%$，$P_r=20\%$，$t_r=17\%$ 代入式(8-19)，可以得到

$$\begin{aligned}P&=\{[G_a(1+d)+M_1+U](1+g)+Q\}(1+P_r)(1+t_r)\\&=(2.43\times1.1+0.31+0.16)\times1.05\times1.2\times1.17\text{ 万元}\\&=4.63\text{ 万元}\end{aligned}$$

2. 吨位估算法

将 $L=800\,\text{mm}$，$B=520\,\text{mm}$，$H=325\,\text{mm}$，$\rho=7.85\times10^{-9}\,\text{t/mm}^3$，$K_w=0.7$，$A_0=4.2$ 万元/t，$K_1=0$，$K_2=0.03$，$K_3=0$，$g=5\%$，$P_r=20\%$，$t_r=17\%$ 代入式(8-20)，得到

$$\begin{aligned}P&=WA_0(1+K_1+K_2+K_3)(1+g)(1+P_r)(1+t_r)\\&=V\rho K_wA_0(1+K_1+K_2+K_3)(1+g)(1+P_r)(1+t_r)\\&=LBH\rho K_wA_0(1+K_1+K_2+K_3)(1+g)(1+P_r)(1+t_r)\\&=800\times520\times325\times7.85\times10^{-9}\times0.7\times4.2\times1.03\times1.05\times1.2\times1.17\text{ 万元}\\&=4.74\text{ 万元}\end{aligned}$$

此时得出该模具的基本计价，在对外报价时还需考虑市场行情、客户心理、竞争对手等条件。现给出一参考报价 5.2 万元(加价 10%)。

参考文献

[1] 许法樾.实用模具设计与制造手册.北京:机械工业出版社,2004.
[2] 钟毓斌.冲压工艺与模具设计.北京:机械工业出版社,2002.
[3] 翁其金.冷冲压技术.北京:机械工业出版社,2004.
[4] 张荣清.模具设计与制造.北京:高等教育出版社,2003.
[5] 洪慎章.冷挤压实用技术.北京:机械工业出版社,2004.
[6] 贾俐俐.挤压工艺及模具.北京:机械工业出版社,2004.
[7] 金仁钢.实用冷挤压技术.哈尔滨:哈尔滨工业大学出版社,2005.
[8] 翟德梅.挤压工艺及模具.北京:化学工业出版社,2004.